新世纪土木工程系列教材

结构力学

上 册

主　编　王　来　王彦明
副主编　王崇革　马世荣
参　编　郇筱林　都　浩

机械工业出版社

本书根据建设部高等学校土木工程专业指导委员会制定的"结构力学教学大纲",结合教育部高等学校非力学专业力学基础课程教学指导分委员会制定的"结构力学课程教学基本要求"(A类)编写,重在介绍结构力学的基本概念、基本理论和基本方法,学习各类结构的受力性能,培养工科学生的结构受力分析能力。本书分上、下两册,结构力学上册内容包括:绪论、平面杆件体系的几何构造分析、静定梁和静定刚架、静定桁架、三铰拱与悬索结构、虚功原理和结构的位移计算、力法、位移法、渐近法和近似法、影响线及其应用。

本书可作为高等工科院校土木工程、水利工程及工程力学等专业的通用教材,也可用作自学考试和电大、函大的教学参考书,并可供土木工程类工程技术人员参考。

图书在版编目(CIP)数据

结构力学. 上册/王来,王彦明主编. —北京:机械工业出版社,2010.8
(2022.6重印)

(新世纪土木工程系列教材)

ISBN 978-7-111-31139-3

Ⅰ.①结… Ⅱ.①王… ②王… Ⅲ.①结构力学—高等学校—教材 Ⅳ.①O342

中国版本图书馆 CIP 数据核字(2010)第 124143 号

机械工业出版社(北京市百万庄大街22号 邮政编码100037)
策划编辑:马军平 责任编辑:马军平
版式设计:霍永明 责任校对:陈延翔
封面设计:张 静 责任印制:刘 媛
涿州市般润文化传播有限公司印刷
2022年6月第1版第8次印刷
184mm×260mm·17.75印张·435千字
标准书号:ISBN 978-7-111-31139-3
定价:39.80元

电话服务　　　　　　　　　网络服务
客服电话:010-88361066　　机　工　官　网:www.cmpbook.com
　　　　　010-88379833　　机　工　官　博:weibo.com/cmp1952
　　　　　010-68326294　　金　书　网:www.golden-book.com
封底无防伪标均为盗版　　　机工教育服务网:www.cmpedu.com

前言

本书是根据建设部高等学校土木工程专业指导委员会制定的"结构力学教学大纲",结合教育部高等学校非力学专业力学基础课程教学指导分委员会制定的"结构力学课程教学基本要求"(A类),在总结编者多年教学实践经验的基础上编写的,包括结构力学上、下两册。本书重在介绍结构力学的基本概念、基本理论和基本方法,学习各类结构的受力性能,培养工科学生的结构受力分析能力。本书为上册,内容包括:绪论、平面杆件体系的几何构造分析、静定梁和静定刚架、静定桁架、三铰拱和悬索结构、虚功原理和杆件结构的位移计算、力法、位移法、渐近法和近似法、影响线及其应用。

本书在内容和语言上力求精练,重点突出结构力学基本概念、基本原理和基本方法的讲授,强化结构受力分析计算能力的基本训练,结合土木工程特点,以工程实践为背景,加强工程应用能力和专业能力的培养。

本书选材适当,叙述简明,思路清晰,精选例题和习题,突出专业特色,符合认识规律。

本书编写人员均为从事结构力学教学十几年的教师,编写内容融入了编者多年来结构力学教学研究的成果。

本书可以供高等工科院校土木工程、水利工程及工程力学等专业作为教材,也可供其他相关专业选用。

参加本书编写的人员有:第7章由山东科技大学王来编写;第5、6章由山东大学王彦明编写;第1、3、4章由山东科技大学王崇革编写;第2、9章由山东大学马世荣编写;第10章由山东科技大学郇筱林编写;第8章由山东科技大学都浩编写。全书由山东科技大学王来教授统稿。

在编写过程中,参考了许多专家、学者的一些书籍和文献资料,在此表示由衷的感谢。

限于编者水平,书中难免存在错误,恳请读者批评指正。

编 者

主要符号表

A	图形面积，振幅	I	惯性矩，冲量
$\mathbf{A}$	振幅矢量	$\mathbf{I}$	单位矩阵
c	支座广义位移，粘滞阻尼系数	k	刚度系数，侧移刚度
C	弯矩传递系数	$\mathbf{K}$	结构的整体刚度矩阵
c_{cr}	临界阻尼系数	$\bar{\mathbf{k}}^e$	局部坐标系下单元刚度矩阵
d	结间长度	$\mathbf{k}^e$	整体坐标系下单元刚度矩阵
E	弹性模量	l	长度，跨度
E_P	结构总势能	m	质量
f	拱高，矢高，工程频率	$\mathbf{M}$	质量矩阵
F	集中荷载	M	力矩，力偶矩，弯矩
F_H	水平推力	M^F	固端弯矩
F_{Ax}	A 支座沿 x 方向的反力	M_u	极限弯矩
F_{Ay}	A 支座沿 y 方向的反力	M_s	弹性极限弯矩
F_{AH}	A 支座沿水平方向的反力	P	广义力，广义荷载
F_{AV}	A 支座沿竖直方向的反力	$\bar{\mathbf{P}}^e$	局部坐标系下单元等效结点荷载矢量
F_N	轴力，悬索张力	$\mathbf{P}^e$	整体坐标系下单元等效结点荷载矢量
F_P	荷载，作用力	$\mathbf{P}$	结构的等效结点荷载矢量
$\mathbf{F}_P$	结构荷载矢量	q	均布荷载集度
F_e	欧拉临界荷载	r	半径，反力影响系数，单位位移引起的广义反力
F_{cr}	临界荷载		
F_{Pu}	极限荷载	R	半径，广义反力
F_P^+	可破坏荷载	S	转动刚度，截面静矩，影响线量值
F_P^-	可接受荷载	t	温度，时间
F_e	弹性力	T	周期，动能
F_t	惯性力	$\mathbf{T}$	坐标转换矩阵
F_R	阻尼力，广义反力	U	弯曲应变能
F_Q	剪力	u	水平位移
F_Q^F	固端剪力	v	竖向位移，挠度，速度
F_V	悬索张力竖直分量	V_F	外力势能
$\bar{\mathbf{F}}^e$	局部坐标系下单元杆端力矢量	V_e	应变能
$\mathbf{F}^e$	整体坐标系下单元杆端力矢量	W	功，体系的外力虚功，抗弯模量，计算自由度，弯曲截面系数，重量
$\bar{\mathbf{F}}_P^e$	局部坐标系下单元固端约束力矢量		
$\mathbf{F}_P^e$	整体坐标系下单元固端约束力矢量	W_i	体系的内虚功
		X	广义未知力，广义多余未知力
G	切变模量	Y	位移幅值矢量，主振型矢量，主振型矩阵
h	杆件截面高度		
i	线刚度	y	位移

Z	影响线量值，广义未知位移	σ_b	强度极限
α	线膨胀系数，初相角	σ_s	屈服应力
δ	柔度系数，位移影响系数，单位荷载引起的广义位移	σ_u	极限应力
		ϕ	振型矩阵
β	动力系数，杆件的旋转角	ω	圆频率
γ	切应变	κ	曲率
γ_0	平均切应变	Δ	广义位移
ε	线应变	$\boldsymbol{\Delta}$	结构结点位移矢量
ζ	阻尼比	$\overline{\boldsymbol{\Delta}}^e$	局部坐标系下单元杆端位移矢量
θ	角位移，干扰力频率	$\boldsymbol{\Delta}^e$	整体坐标系下单元杆端位移矢量
μ	力矩分配系数，截面剪力分布不均匀系数	$\boldsymbol{\lambda}^e$	单元定位矢量
		φ	截面转角
ν	剪力分配系数		

目录

前言
主要符号表

第1章 绪论 ………………………………………………… 1
1.1 结构力学的任务和内容 ……………………………… 1
1.2 荷载及其分类 ………………………………………… 2
1.3 结构的简化及计算简图 ……………………………… 3
1.4 结构的分类 …………………………………………… 8

第2章 平面杆件体系的几何构造分析 ………………… 11
2.1 几何构造分析的几个概念 …………………………… 11
2.2 平面杆件体系的计算自由度 ………………………… 15
2.3 平面几何不变体系的基本组成规则 ………………… 16
2.4 几何构造分析的方法与举例 ………………………… 19
2.5 体系的几何构造与静力特性 ………………………… 23
习题 ………………………………………………………… 24

第3章 静定梁和静定刚架 ……………………………… 27
3.1 梁式杆件的内力计算 ………………………………… 27
3.2 分段叠加法作弯矩图 ………………………………… 30
3.3 静定多跨梁 …………………………………………… 31
3.4 静定平面刚架 ………………………………………… 35
3.5 快速绘制刚架的弯矩图 ……………………………… 43
习题 ………………………………………………………… 44

第4章 静定桁架 ………………………………………… 48
4.1 概述 …………………………………………………… 48
4.2 结点法 ………………………………………………… 49
4.3 截面法 ………………………………………………… 52
4.4 结点法与截面法的联合应用 ………………………… 55
4.5 对称性的利用 ………………………………………… 57
4.6 各式桁架比较 ………………………………………… 58
习题 ………………………………………………………… 60

第5章 三铰拱与悬索结构 ……………………………… 63
5.1 概述 …………………………………………………… 63
5.2 三铰拱的数值解法 …………………………………… 64
5.3 三铰拱的合理拱轴线 ………………………………… 69

  5.4 静定组合结构 ··· 72
* 5.5 悬索结构 ··· 76
  5.6 静定结构总论 ··· 81
  习题 ··· 86

第6章　虚功原理和结构的位移计算 ·· 89
  6.1 概述 ··· 89
  6.2 刚体体系的虚功原理 ·· 90
  6.3 变形体体系的虚功原理 ·· 94
  6.4 结构位移计算的一般公式 ··· 96
  6.5 静定结构在荷载作用下的位移计算 ····································· 98
  6.6 图乘法 ··· 104
  6.7 静定结构在温度改变和制造误差作用时的位移计算 ················· 110
  6.8 静定结构在支座移动作用时的位移计算 ······························ 112
* 6.9 具有弹性支座的静定结构的位移计算 ································· 114
  6.10 线弹性结构的互等定理 ··· 116
  习题 ·· 119

第7章　力法 ·· 124
  7.1 超静定结构概述 ··· 124
  7.2 力法原理和力法典型方程 ··· 127
  7.3 超静定梁、刚架和排架的计算 ··· 132
  7.4 超静定桁架和组合结构的计算 ··· 138
  7.5 对称性的应用 ··· 140
  7.6 超静定拱的计算 ··· 149
  7.7 支座移动和温度变化时超静定结构的计算 ··························· 154
  7.8 超静定结构位移的计算 ··· 157
  7.9 超静定结构计算结果的校核 ·· 161
  7.10 超静定结构的特性 ·· 163
  习题 ·· 164

第8章　位移法 ·· 169
  8.1 概述 ·· 169
  8.2 等截面直杆的刚度方程 ··· 170
  8.3 位移法的基本未知量和基本结构 ······································ 174
  8.4 位移法的典型方程 ··· 177
  8.5 位移法的计算实例及步骤 ·· 180
  8.6 对称性的应用 ··· 193
* 8.7 支座位移与温度改变时的内力计算 ··································· 196
  8.8 直接利用平衡条件建立位移法方程 ··································· 199
  习题 ·· 201

第9章　渐近法和近似法 ·· 205

9.1	概述	205
9.2	力矩分配法	205
9.3	无剪力分配法	218
*9.4	力矩分配法和位移法的联合应用	224
*9.5	近似法	227
习题		233

第10章 影响线及其应用 ··· 238

10.1	移动荷载和影响线的概念	238
10.2	静力法作静定梁的影响线	239
10.3	间接荷载作用时静定梁的影响线	242
10.4	静力法作静定桁架的影响线	243
10.5	机动法作静定梁的影响线	245
10.6	铁路和公路的标准荷载制	249
10.7	影响线的应用	250
10.8	简支梁的内力包络图和绝对最大弯矩	255
*10.9	超静定结构反力、内力影响线	258
*10.10	连续梁的最不利荷载分布及内力包络图	259
习题		262

习题参考答案 ··· 265

参考文献 ··· 273

第1章 绪 论

1.1 结构力学的任务和内容

1.1.1 工程结构

工程结构是指工程中各种结构的总称,如房屋建筑中的梁柱体系、水工建筑物中的闸门和水坝、公路和铁路上的桥梁和隧洞等。在建筑物和工程设施中承受和传递荷载并起骨架作用的部分称为工程结构,简称结构。结构受荷载(如风力、屋面雪荷载、起重机荷载、构件自重等)作用时,其几何形状和尺寸均会发生一定程度的改变,称为变形。

结构的组成部分称为构件。建筑工程结构中的基础、梁、板、柱等均为构件(见图1-1)。狭义中的结构通常指杆件结构,结构力学指杆件结构力学。

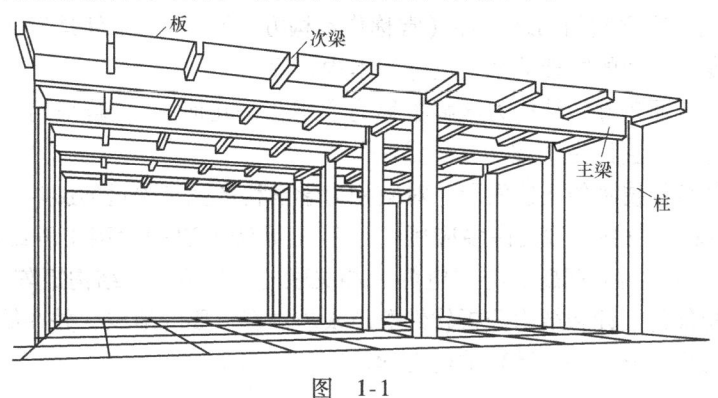

图 1-1

1.1.2 结构力学研究对象和内容

结构力学是一门专业基础课,它一方面要用到数学、理论力学和材料力学等课程知识,另一方面又为学习建筑结构、钢筋混凝土结构和钢结构等专业课程提供必要的基本理论和计算方法。结构力学与理论力学、材料力学、弹性力学和塑性力学有着密切的联系。结构力学重点讨论工程结构的受力及传力规律;理论力学重点讨论机械运动的一般规律;材料力学、弹性力学和塑性力学着重讨论结构和构件的强度、刚度、稳定性和动力反应等问题。结构力学以杆件结构为主要研究对象;理论力学主要以刚体系统为研究对象;材料力学以单根杆件为主要研究对象;弹、塑性力学主要以实体结构和板壳结构为主要研究对象。

结构力学的任务是根据力学原理,研究结构的几何组成规则,以及在荷载或其他因素(如支座移动、温度变化等)作用下工程结构的内力和变形、强度、刚度、稳定性和动力反应等问题,以保证工程结构按设计要求正常工作,并能充分发挥建筑材料的力学性能,使设计的结构既安全可靠,又经济合理。

结构力学的内容包括以下几方面：

1）研究结构的几何构造和合理形式，以及结构计算简图的合理选择。

2）研究结构在荷载等因素作用下的内力和变形的计算方法。在求出内力和位移之后，即可利用材料力学方法进行结构的强度条件和刚度条件计算来选择各杆的截面尺寸，在结构力学中一般不再叙述。

3）结构的稳定性以及在动力荷载作用下的结构反应问题。

结构力学问题的研究手段常包括理论分析、实验研究和数值计算三方面。结构力学课中主要讨论理论分析和数值计算方面的问题；实验研究方法问题将在实验力学和结构试验课中进行讨论。

工程结构分析中，先把实际结构简化为计算模型，称为结构计算简图，然后再对计算简图进行计算。在进行结构计算时，要考虑以下三方面条件：

（1）力系的平衡条件或运动条件　结构在荷载作用下，如果处于静止的平衡状态，则结构的整体或其中任何一部分都应满足力系的平衡条件。

（2）变形几何连续条件　结构在荷载作用下会产生变形。结构在变形之前是连续的整体，在变形之后仍是连续整体，不能出现材料重叠或脱开现象。同时，结构的变形应满足支座约束条件。

（3）应力与应变之间的物理条件（常称作本构方程）　物理条件是指通过力学实验建立的结构应力和变形之间的物理关系，也称为本构方程。

应用以上三方面条件的结构力学解法称为"平衡—几何法"；若采用虚功和能量的形式来表述的结构力学解法称为"虚功—能量法"。

随着现代计算机技术的飞速发展，对结构力学学科产生了深远的影响，工程结构逐步由"手算"向"电算"发展。过去许多应用"手算"无法解决的大型工程结构计算问题，现在应用"电算"成了常规问题。与"电算"相关联的能量原理、结构矩阵分析、有限元法、半解析法、结构优化设计和结构分析软件等越来越占据重要的地位，并在结构力学学科领域形成了一个新的科学分支——计算结构力学。

1.2　荷载及其分类

荷载是指工程结构所承受的外力，如结构的自重、作用于结构的水压力和土压力。除外力以外，还有其他因素可以使结构产生内力与变形，如温度变化、基础沉陷、材料收缩等，从广义上讲，这些因素也可以称为荷载。

对结构进行计算之前，必须首先确定结构所受的荷载。荷载的确定也是结构设计中极为重要的一项工作。荷载估计过大，则设计的结构会过于笨重，造成材料浪费；荷载估计过低，则设计的结构将不够安全。因此，确定结构的荷载应该经过周密的思考和谨慎的工作。在工程实际中，结构和构件所承受的荷载多种多样，为便于分析与计算，可将荷载按不同的方式分为不同的类型。

1.2.1　恒荷载与活荷载

荷载按其作用在结构上的时间长短，可分为恒荷载与活荷载。恒荷载是长期作用在结构上的不变荷载，如结构的自重、固定在结构上的永久设备、土压力等。活荷载是在建筑物施工和使用期间暂时作用于结构上的可变荷载，如车辆荷载、起重机荷载、风荷载、雪荷载及人群荷载等。

1.2.2 固定荷载与移动荷载

对结构进行计算时，恒荷载和大部分活荷载（如风荷载、雪荷载等）在结构上作用位置可以认为是固定的，这种荷载称之为固定荷载。有些活荷载如起重机梁上的起重机荷载、公路桥梁上的汽车荷载，这些在结构的位置上是移动的，这种荷载称为移动荷载。

1.2.3 静力荷载与动力荷载

荷载按其作用在结构上的性质分为静力荷载与动力荷载。静力荷载是指由零逐渐缓慢增加至最终值的荷载，这样不致使结构产生显著的振动与冲击，可略去惯性力的影响。当增至最终值时，荷载的大小、作用位置及方向不再随时间变化。例如，将工程设备缓慢地放置在基础之上，工程设备对基础的作用力便是静力荷载。动力荷载是指大小或方向随时间而改变的荷载，如地震力、打桩机产生的冲击荷载等。动荷载是突然施加的或随时间迅速变化的荷载，它将使结构受到显著的冲击和振动，产生不容忽视的加速度。

1.2.4 分布荷载与集中荷载

荷载按其作用在结构上的范围分为分布荷载与集中荷载。分布作用在体积、面积和线段上的荷载称为分布荷载，亦可分别称为体荷载、面荷载和线荷载。连续分布于物体内部各点的重力属于体荷载，风、雪压力属于面荷载。结构力学研究的是杆件结构，可将杆件所受的分布荷载视为作用于杆件的轴线上。这样，杆件所受的分布荷载均为线荷载。

如果荷载作用的范围与物体的尺寸相比十分微小，这时可认为荷载集中作用于一点，并称为集中荷载。

当以刚体为研究对象时，作用于构件上的分布荷载可用其合力（集中荷载）来代替。例如，分布的重力荷载可用作用在重心上的集中合力来代替。当以变形固体为研究对象时，作用在构件上的分布荷载则不能任意地用其集中合力来代替。

荷载的确定往往是比较复杂的。荷载规范总结了设计经验和科学研究的成果，供设计时应用。但是在许多情况下，设计者需要深入现场，结合实际情况进行调查研究，才能对荷载作出科学合理的确定。

1.3 结构的简化及计算简图

一个实际工程结构，无论是本身构造，还是连接方式以及荷载的作用与传递方式都是非常复杂的。进行相关力学分析与计算时，必须将实际结构或构件抽象为理想化模型，简化为既能反映实际受力和变形状态，又便于理论分析与计算，并能保证计算精度的图形。这种代替实际结构的简化图形称为该结构的计算简图。

选择计算简图的原则：
1）从实际出发，计算简图应反映实际工程结构的主要性能。

2) 分清主次，略去细节，计算简图应便于实际工程结构的计算。

对实际结构或构件的抽象、简化，主要包括对其几何形状、荷载、支座以及对构件与构件之间的连接方式进行简化。计算简图的选择是结构力学计算的基础，极为重要。选取计算简图时，需要在多方面进行简化，下面简要叙述杆件结构的计算简图的简化要点。

1.3.1 材料性质的简化

土木工程结构所选用的建筑材料通常有钢、混凝土、砖、石、木料等。在结构分析时必须建立材料的受力与变形之间的关系模型，为了简化计算，而且结构一般都是在小变形弹性范围内工作，因此，本课程一般都假定结构材料是理想的线性弹性材料。线性是指材料的应力与应变是线性关系，结构的位移与所受的荷载成正比；弹性是指材料在荷载作用下产生变形，当荷载卸除之后变形能够完全恢复的特性，没有残余变形。

1.3.2 荷载简化

结构承受的荷载常可分为体积力和表面力两大类。体积力是指结构的自重或惯性力在三维空间的作用力；表面力则是指由其他物体通过接触面传给结构的二维空间里的作用力，如土压力、车辆的轮压力等。在结构力学所讨论的杆件结构中，通常把杆件简化为轴线。因此，无论是体积力还是表面力均可以简化为作用在杆件轴线上的作用力，譬如作用在结构杆轴线上的集中荷载和均布荷载等。

1.3.3 结构体系简化

一般的工程结构都是三维空间的，各部分之间相互连接成一个空间整体，承受各个方向可能出现的荷载。但是在多数情况下，常常可以忽略一些次要空间约束，考虑主要因素和计算方便等实际情况，将空间结构简化为平面结构，使计算得以简化。本课程主要讨论平面结构的计算问题。

1.3.4 杆件的简化

杆件的截面尺寸（宽度、厚度）通常比杆件长度小得多，截面上的应力可根据截面的内力（弯矩、轴力、剪力）来确定。因此，在计算简图中，杆件用其轴线来表示，杆件之间的连接用结点表示，杆长用结点间的距离表示，而荷载的作用点也转移到轴线上。当截面尺寸增大时（如超过长度的1/4），杆件用其轴线表示的简化，将会引起较大的误差。

1.3.5 支座简化

为便于计算，在确定结构的计算简图时，应分析实际结构支座的主要约束功能与哪种理想约束相符合，将真实支座简化为理想支座。结构与基础的连接装置称为支座。将所受的荷载通过支座传到基础与地基。支座对结构的反作用力称为支座反力。根据支座的构造和所起的作用不同，平面结构的支座可以简化为以下五种：

（1）活动铰支座　桥梁中的滚轴支座即属于活动铰支座（见图1-2a）。它允许结构绕铰链转动和沿支承面方向的移动，但是却不能垂直于支承面方向移动。因此，当不考虑支承面上的摩擦力时，这种支座的反力将通过铰链中心并与支承平面相垂直，即反力的作用点和方向都是确定的,只有它的大小是一个未知量。根据以上特征,这种支座可以用一根垂直于支承面的链杆表示(见图 1-2b)。

(2)固定铰支座 这种支座的构造如图 1-3a 所示,它允许结构在支承面处绕铰链转动,但是却不能作水平运动和竖向移动。支座反力将通过铰链中心,但其大小和方向都是未知的,通常可以用沿着两个确定方向的反力,如水平和竖向反力来表示。这

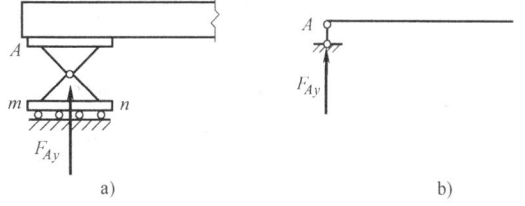

图 1-2

种支座的计算简图可用交于铰链中心的两根支承链杆来表示,如图 1-3b、c 所示;也可以用一个三角形支座上面画一铰链的图 1-3d 来表示。

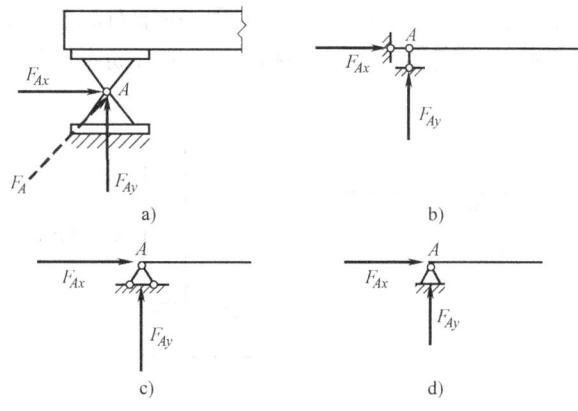

图 1-3

(3)固定支座 这种支座不允许结构在支承处发生任何移动和转动(见图 1-4),它的反力大小、方向和作用点位置都是未知的,通常用水平反力、竖向反力和反力偶来表示。这种支座的计算简图如图 1-4 所示。

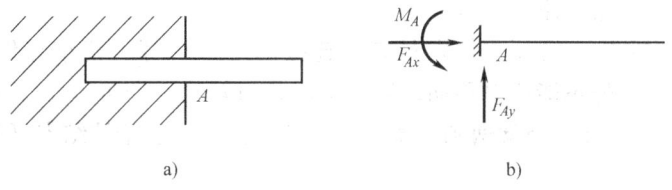

图 1-4

(4)滑动支座 这种支座又称为定向支座。结构在支承处不能转动,不能沿垂直于支承面的方向运动,但是可以沿着支承面方向滑动。这种支座的计算简图可用垂直于支承面的两根平行链杆表示,其反力为一个垂直于支承面(通过支承中心)的力和力偶。图 1-5a 所

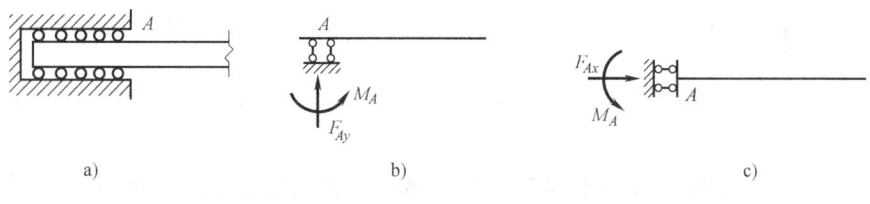

图 1-5

示为一个水平滑动支座，图 1-5b 所示为其计算简图；图 1-5c 所示为竖向滑动支座的计算简图（这种支座在实际结构中不常见，但在对称结构取一半的计算简图中，以及用机动法研究影响线时会用到）。

上述四种支座在荷载作用下都是假定本身不发生任何变形。计算简图中的支承杆件被认为是刚性链杆，这类支座称为刚性支座。

(5) 弹性支座 在荷载作用下，如果要考虑支座本身的弹性变形，则这类支座称为弹性支座。弹性支座允许结构在支承处发生某种位移，并对该位移有一定的约束作用。在计算简图中，弹性支座用弹簧来表示，一般有抗移动弹性支座和抗转动弹性支座两种类型，如图 1-6 所示。弹性支座的刚度为常数，反力与支座变形的大小成正比。

支座一般根据具体的约束情况，进行不同的简化。图 1-7 所示的预制钢筋混凝土柱置于杯形基础中，基础埋置于坚实地基土壤中。如杯口四周用细石混凝土填实（见图 1-7a），柱端被坚实的固定，则可简化为固定端支座。若杯口四周填入沥青麻丝（图 1-7b），柱端可发生微小转动，则简化为固定铰支座。

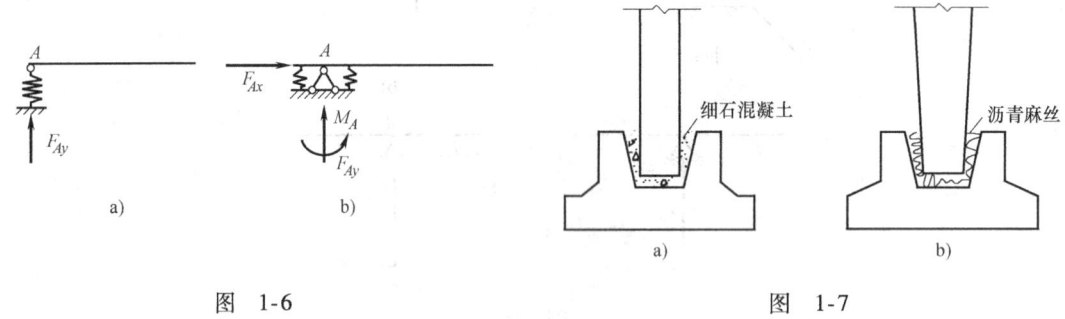

图 1-6 　　　　　　　　　　　图 1-7

1.3.6 结点简化

在杆件结构的计算简图中，杆件均用其轴线来表示。杆件之间连接处称为结点。结构的结点通常可简化为铰结点或刚结点。

(1) 铰结点 铰结点的基本特点是它所连接的各杆件都可绕结点作自由转动（见图 1-8b）。被连接的杆件处不能相对移动，但是可以相对转动，即可以传递力，但不能传递力矩。这种理想情况，实际中经常遇到。木屋架的结点比较接近于铰结点（见图 1-8a）。

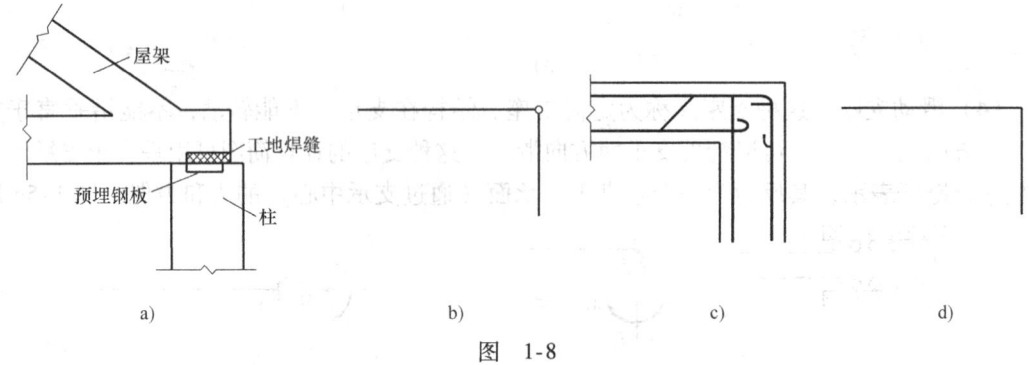

图 1-8

(2) 刚结点 刚结点的特点是它所连接的各杆不能绕结点作自由转动，即刚结点所连接的各杆之间的夹角始终不变（见图 1-8d）。杆件的连接处既不能相对移动，又不能相对转动；既可以传递力，也可以传递力矩。现浇混凝土梁柱结点通常属于这类情形（见图 1-8c）。

1.3.7 计算简图

怎样才能恰当的选取实际结构的计算简图，是结构设计中比较复杂的问题，也需要有较多的实际经验，并善于判断主次因素。

例如，一根梁的两端搁在墙体上，梁上放一重物（见图 1-9a）。如果要完全按照实际情况进行分析，就需要确定墙体对梁的支承反力沿墙的分布规律，而这是难以确定的。现假定反力沿墙宽均匀分布，并以作用于墙宽中点的合力来代替分布的支承反力。同时又考虑到支承面有摩擦，梁不能左右移动，但受热膨胀时仍可伸长，这样就可以分别用固定铰支座和活动铰支座代替墙对梁的支承。同时，梁本身用其轴线来代替，梁的自重视为均布荷载，重物近似看做集中荷载，于是得到图 1-9b 所示的计算简图。显然，

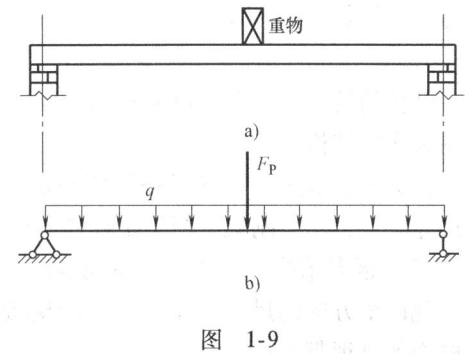

图 1-9

只要梁的截面尺寸、墙宽及重物与梁的接触长度均比梁的长度小很多，则作上述简化在工程上是完全许可的。

再如图 1-10a 所示的单层厂房结构是一个空间结构。厂房的横向是由柱子和屋架组成的若干横向单元。沿厂房的纵向，由屋面板、起重机梁等构件将各横向单元联系起来。由于各横向单元沿厂房纵向有规律地排列，且风、雪等荷载沿纵向均匀分布，因此，可通过纵向柱距的中线，取出图 1-10a 中阴影所示部分作为一个计算单元，从而将空间结构简化为平面结构来计算，如图 1-10b 所示。梁和柱都用它们的几何轴线来代表，且梁和柱的截面尺寸比其长度小得多，轴线都可以近似地看做直线。而且梁和柱的连接只依靠预埋钢板的焊接，梁端和柱顶之间虽不能发生相对移动，但是仍有可能发生微小的相对转动，因此可以简化为铰结点连接。柱底和基础之间可以认为不能发生相对移动和相对转动，因此柱底可以简化为固定支座。同时将屋面板单元的竖向荷载向梁上结点进行简化，并将起重机梁的竖向荷载和水平制动荷载简化为作用于柱上部的集中荷载。从而可得到单层厂房的结构计算简图，如图 1-10c 所示。

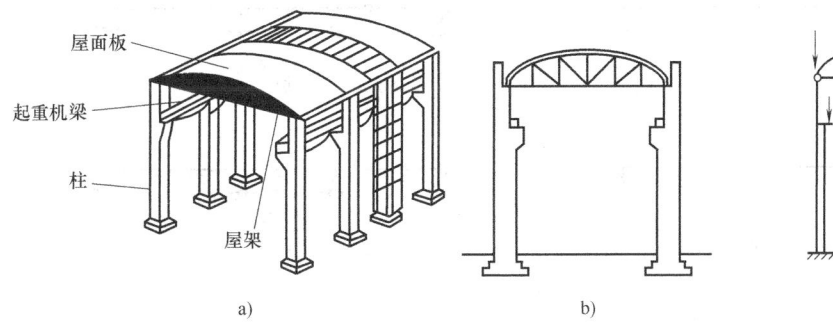

图 1-10

上述几个方面是选取结构计算简图的基本知识。要恰当地选取实际结构的计算简图，应对结构构造、施工等各方面有全面的掌握与了解，对结构各部分的受力情况能正确地作出分析，并善于判断各种因素的相对重要性。这种能力是在系统地学习本课程和后续的结构课程之后，以及长期工程实践中逐步积累形成的。对于一些新型结构，往往还要通过反复试验和实践才能获得比较合理的计算简图。不过，对于土木工程中常规的结构形式，可利用前人已积累的经验，直接采用其常用的计算简图。

1.4 结构的分类

结构的类型有很多可以从不同方面来分类。按照几何特征，结构可分为杆件结构、板壳结构和实体结构。

(1) 杆件结构　由细长杆件所组成的结构。杆件的几何特征是其长度远远大于横截面的尺寸。梁、拱、刚架、桁架是杆件结构的典型形式。

(2) 板壳结构　由薄板或薄壳等组成的结构。薄板、薄壳的几何特征是其厚度远远小于其他两个方向的尺寸。建筑物中的楼板（见图1-11a）和壳体屋盖（见图1-11b）、水工结构中的拱坝都是板壳结构。

(3) 实体结构　是指长、宽、厚三个方向的尺度大小为同量级的结构。水工结构中的重力坝为实体结构，如图1-11c所示。

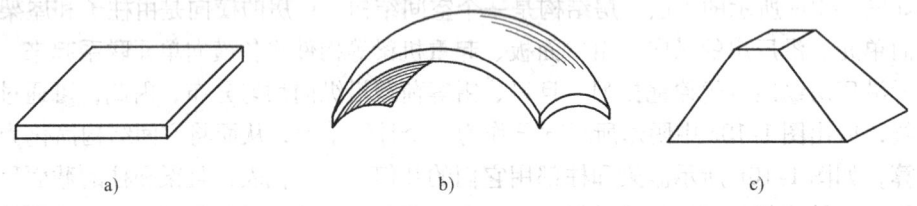

图　1-11

前面已经指出，结构力学的研究对象主要是平面杆件结构。根据受力特点，实际工程中常见的平面杆件结构计算简图有以下几种。

(1) 梁　梁由受弯杆件构成，杆件轴线一般为直线。图1-12a、c所示为单跨梁，图1-12b、d所示为多跨梁。

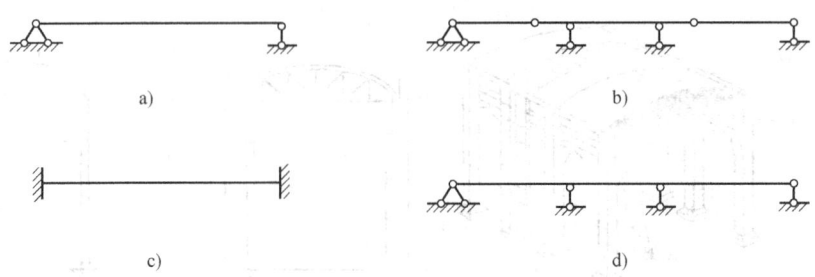

图　1-12

(2) 拱　拱一般由曲杆构成。在竖向荷载作用下，支座产生水平反力。图1-13所示的分别为三铰拱（见图1-13a）和无铰拱（见图1-13b）。

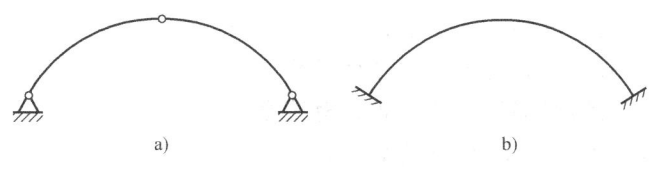

图 1-13

（3）刚架　刚架是由梁和柱组成的结构。刚架结构具有刚结点。图 1-14a、b 中所示的为单层刚架，图 1-14c 所示的为多层刚架，图 1-14d 中所示的结构称为排架，也称铰接刚架或铰接排架。

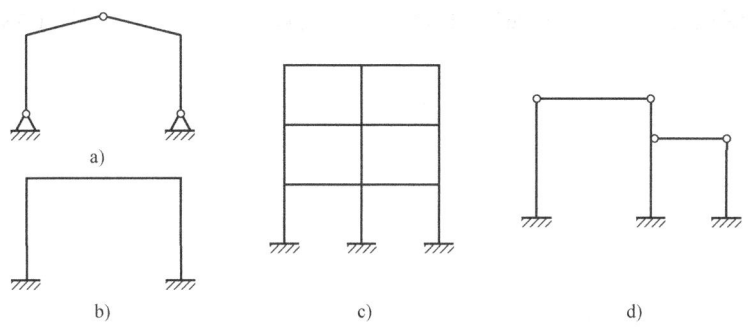

图 1-14

（4）桁架　桁架是由若干直杆用铰链连接组成的结构。图 1-15 中所示的结构为桁架。

（5）组合结构　组合结构是桁架、梁或刚架组合在一起形成的结构，其中含有组合结点。图 1-16 中所示的结构都为组合结构。

图 1-15　　　　　　　　　　　　图 1-16

（6）悬索结构　主要承重构件为悬挂于塔、柱上的缆索，索只受轴向拉力，可充分地发挥钢材的强度，且自重轻，可跨越很大的跨度，如悬索屋盖、悬索桥、斜拉桥等，如图 1-17 所示。

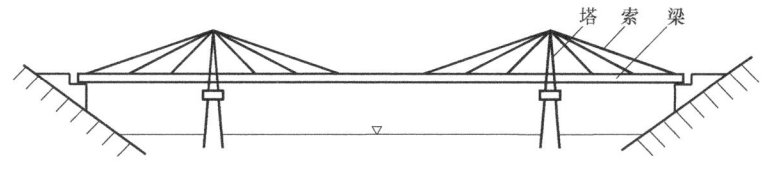

图 1-17

按照杆轴线和外力的空间位置，结构可以分为平面结构和空间结构。如果结构的各杆轴线及外力（包括荷载和反力）均在同一平面内，则称为平面结构，否则便是空间结构。实际上工程中的结构都是空间结构，不过在很多情况下可以简化为平面结构或近似分解为几个平面结构来计算。当然，不是所有的情况都是这样处理，有些必须作为空间结构来计算，如图 1-18 所示的空间塔架。

除上述分类外，按照计算特性，结构又可以分为静定结构和超静定结构。如果结构的杆件内力（包括反力）可由平衡条件唯一确定，则此结构称为静定结构。如果杆件内力由平衡条件还不能唯一确定，还必须考虑变形协调条件才能唯一确定，则此结构称为超静定结构。

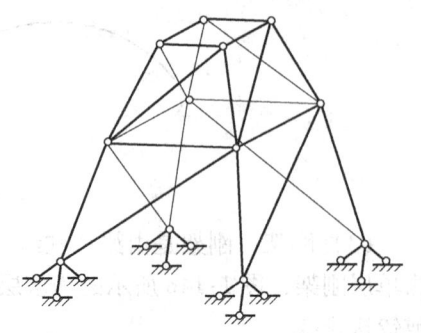

图　1-18

第 2 章 平面杆件体系的几何构造分析

若杆件通过某种方式相互连接，并与基础相连，则构成杆件体系。如果体系中各杆件的轴线以及外部作用均处在同一平面内，则称为平面杆件体系。对体系发生运动的可能性进行分析，称为体系的几何构造分析。

一个杆件体系能否作为结构用来承受和传递荷载，首先要求其几何构造要合理，它本身应是几何稳固的，要能够使其几何形状保持不变；反之，如果一个杆件体系本身为几何不稳固，不能使其几何形状保持不变，则它是不能承受任意荷载的。因此，从几何构造的角度看，一个结构应是一个几何形状保持不变的体系。

体系几何构造分析的目的就是确定什么样的体系可以作为结构，保证结构具有可靠的几何构造，避免工程中出现不稳固体系，造成事故；了解结构各部分之间的几何构造关系，改善和提高结构的性能；判断静定、超静定结构。

本章讨论体系的几何构造分析时，只对平面杆件体系进行讨论，空间杆件体系的情况可参考有关书籍。

2.1 几何构造分析的几个概念

2.1.1 几何不变体系和几何可变体系

实际结构在承受荷载后都不可避免地会产生内力与变形，这种由于材料变形引起的结构形状或位置的改变量，一般是很微小的，不影响结构的正常使用，因此，在几何构造分析时不计材料的变形。在不计材料变形的条件下，若体系的形状和位置是不能改变的，则称为几何不变体系（也称为结构）；若体系的形状和位置是可以改变的，则称为几何可变体系（也称为机构）。图 2-1a 所示体系，即使受到很小的荷载作用，也会引起很大的形状和位置的改变，是几何不稳定的，容易倾倒，如图中双点画线所示，就属于几何可变体系。这种形状和位置的改变，是

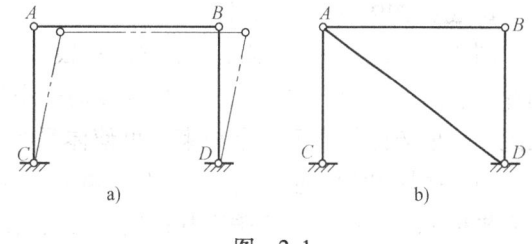

图 2-1

由于体系缺少足够的约束或杆件布置不合理所引起的很大的刚性移动。如果加上一根斜支撑 AD，就得到图 2-1b 所示的体系，是一个稳定的平面体系，就属于几何不变体系。

显然，几何可变体系是不能用来作为结构的，只有几何不变体系才能作为结构。几何构造分析首先是为了检查并设法保证结构的几何不变性。此外，它对于指导结构的受力分析也常常是必要的。

2.1.2 刚片

不变形的物体称为刚体，在平面体系中又把刚体称为刚片。在几何构造分析中，由于不

考虑杆件本身的变形，一个几何不变体系可以视为一个刚片，因此，可以将体系中的一根杆件或已知是几何不变的部分及基础视为一个刚片。如图 2-1b 所示的杆件 AC、铰接三角形 ABD、基础都可以看做一个刚片，这样处理会给几何构造的分析带来极大的方便。

2.1.3 自由度

体系的自由度是指一个体系在平面内可以独立运动方式的个数，也就是完全确定体系位置所需要的独立坐标的数目。这里所说的独立坐标是指广义坐标。它可以是直角坐标，也可以是其他任何可独立变化的几何参数。

图 2-2a 所示为平面内一点 A 的运动情况。一个点在平面内自由运动时，无论其运动到什么位置，只要用两个独立的坐标 x 和 y 就可以完全确定平面内一动点 A 的位置。换句话说，平面内一动点有两种独立运动方式。所以，一个点在平面内有 2 个自由度。

图 2-2b 所示为平面内一个刚片运动的情况。可先用 x、y 两个独立坐标确定该刚片上一点 A 的位置，然后用独立坐标 φ 确定刚片上任意直线 AB 的倾角，这样就完全确

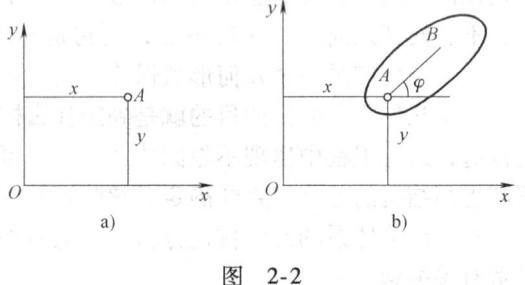

图 2-2

定了刚片在平面内的位置。所以，一个刚片在平面内有 3 个自由度。

一般工程结构都是几何不变体系，其自由度为零。凡是自由度大于零的体系都是几何可变体系。如果一个体系有 n 种独立的运动方式，则这个体系就有 n 个自由度。

2.1.4 约束

限制物体运动的装置称为约束（也称为联系），约束可以使体系的自由度减少。刚片之间的各种连接装置和支座都是约束装置，不同的装置对自由度的影响是不同的。

1. 链杆约束（包括支杆约束）

图 2-3a 所示为一个刚片与基础由一根链杆 AC 相连，因 A 点不能沿链杆方向移动，故刚片只有两种运动方式：A 点绕 C 点转动；刚片绕 A 点转动。刚片的自由度由 3 减少为 2。因此，一根链杆相当于 1 个约束，可使体系减少 1 个自由度。又如图 2-3b 所示为刚片Ⅰ、Ⅱ间由一链杆 BC 相连，原先两个独立刚片有 6 个自由度，通过链杆连接后可以由图示 5 个独立坐标 x、y、φ、α、β 确定其位置，自由度减为 5 个。由此可知，一根链杆相当于 1 个约束，可以减少 1 个自由度。

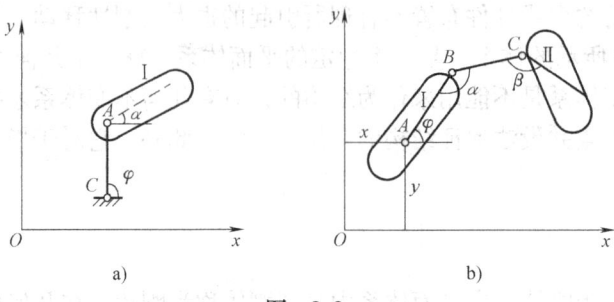

图 2-3

2. 铰约束

图 2-4a 所示为两个刚片在 B 点用铰连接，这种连接两个刚片的铰称为单铰。连接之前两个刚片共有 6 个自由度，通过单铰连接之后可以由图 2-4a 所示 4 个独立坐标 x、y、φ、α 确定其位置，自由度减为 4 个。由此可知，一个单铰相当于 2 个约束，可以减少 2 个自由度。

图 2-4b 所示为三个刚片共用一个铰 B 连接，将这种连接两个以上刚片的铰称为复铰。连接之前三个刚片共有 9 个自由度，通过复铰连接之后可以由图 2-3b 所示 5 个独立坐标 x、y、φ、α、β 确定其位置，自由度减为 5 个，减少了 4 个自由度。由此可知，连接三个刚片的复铰相当于两个单铰的作用。一般情况下，如果 n 个刚片用一个复铰连接，则这个复铰相当于 $n-1$ 个单铰的作用，将减少 $2(n-1)$ 个自由度。

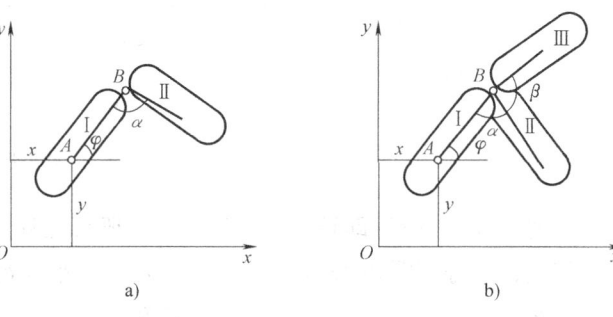

图 2-4

3. 刚结点约束

图 2-5a 所示为平面内两个刚片 Ⅰ、Ⅱ 在 A 点刚性连接成一个整体。由于刚性连接使刚片 Ⅰ、Ⅱ 合成一个刚片，故自由度由 6 个减为 3 个，减少了 3 个自由度。该刚结点仅连接两个刚片，可称它为单刚结点。由此可知，一个单刚结点相当于 3 个约束。由此类推，连接 n 个刚片的复刚结点可以当做 $n-1$ 个单刚结点，可以减少 $3(n-1)$ 个自由度，如图 2-5b 所示。具体分析时常常把由刚性连接的 n 个刚片当做一个刚片来处理。

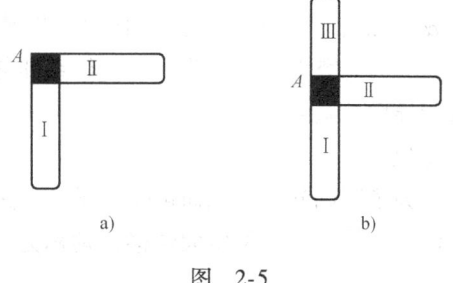

图 2-5

2.1.5 必要约束和多余约束

使体系成为几何不变而必须的最少约束（或使体系的自由度减少为零所必需的最少约束），称为必要约束；不能使体系的自由度减少的约束，称为多余约束。图 2-6a 所示体系中，平面内一动点 A 原有 2 个自由度。若用两根不共线的链杆 AB、AC 将其与基础相连，则 A 点被完全固定，体系的自由度为零，链杆 AB、AC 约束就是必要约束。此时，若再增加一根链杆 AD，如图 2-6b 所示，体系的实际自由度仍为零，没有使体系的自由度减少，链杆 AD 约束就是多余约束（可把三根链杆中的任何一根视为多余约束）。

一个体系中如果有多余约束存在，应当分清哪些约束是多余的，哪些约束是必要的。只有必要约束才对体系的自由度有影响，而多余约束则对体系的自由度没有影响。也就是说，并非所有的约束都能减少体系的自由度，体系中约束的作用有可能相互重复。

2.1.6 瞬变体系和常变体系

如图2-7a所示，刚片Ⅰ、Ⅱ及基础由三铰A、B、C两两相连，且三铰在同一直线上。此时C点位于以AC和BC为半径的两个圆弧的公切线上，故在这一瞬间C点可沿此公切线作微小的移动。不过在发生一微小移动后，三个铰就不再位于同一直线上了，运动也就不再继续发生。把几何可变体系发生微小位移后即成为几何不变的体系，称为瞬变体系。

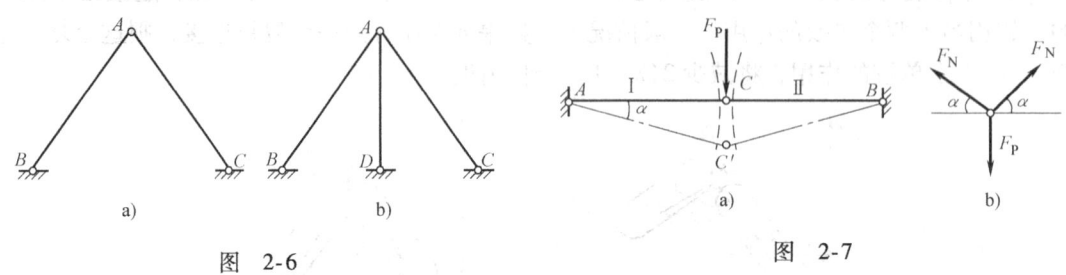

图 2-6　　　　　　　　　　图 2-7

虽然瞬变体系是"瞬时可变"，随后即转化为几何不变。那么工程结构中能否采用瞬变体系呢？为了回答这一问题，先分析图2-7a所示体系的内力。设外力F_P作用C点，C点向下发生微小位移而到C'点的位置，取结点C为隔离体，如图2-7b所示，由平衡方程可得

$$\sum F_y = 0, \quad 2F_N \sin\alpha - F_P = 0$$

$$F_N = \frac{F_P}{2\sin\alpha}$$

当$\alpha=0$时，便是瞬变体系。此时，若$F_P=0$（称为零荷载），则内力为不定值；若$F_P \neq 0$，则内力为无穷大。这表明，瞬变体系即使在很小的荷载作用下，也会产生很大的内力，从而可能导致体系的破坏。因此，工程结构中不能采用瞬变体系，而且对于接近于瞬变的体系也应避免。

为了明确起见，几何可变体系还可进一步分为瞬变体系和常变体系两种情况。如果一个几何可变体系可以发生大位移，则称为常变体系，图2-1a所示为常变体系的例子。

2.1.7 虚铰（瞬铰）

图2-8a、b所示为两刚片由实铰O相连，两刚片可绕O点转动，铰的位置不随两刚片的转动而改变；如果两个刚片用两根没有相交的链杆相连，两链杆的延长线交于O点，如图2-8c所示。我们将连接两个刚片的链杆延长线的交点称为虚铰。这时，两刚片间的运动只能绕O点作微小的相对转动，O点也称为刚片Ⅰ与Ⅱ的瞬时转动中心，其位置随着两个刚片作微小转动而改变（有时也把这种随链杆转动而改变位置的铰称为瞬铰）。很显然，虚铰的作用相当于一个实铰，只不过虚铰的位置随链杆的转动而改变。因此，在进行几何构造分析时，可以把连接两个刚片的两根链杆的作用相当于在其交点处的一个单铰。

如果连接两个刚片的两根链杆是平行的，这时这两根链杆的作用也相当于一个铰，一个交于无穷远处的虚铰，如图2-8d所示。

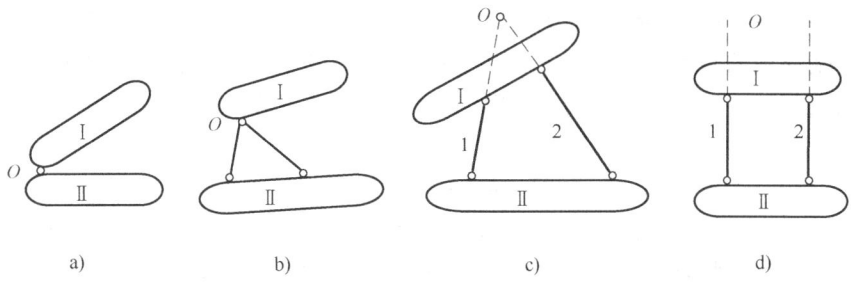

图 2-8

2.2 平面杆件体系的计算自由度

体系的自由度数等于其各组成部分互不连接时总的自由度数减去体系中的必要约束数。当上述差值为零时则构成几何不变体系。但对于许多复杂体系来说，必要约束并非都易直观判定，因此，就需要引入有关计算自由度的概念。体系的计算自由度等于其各组成部分互不连接时总的自由度数减去体系中总的约束数，记为 W。其计算公式可按以下两种方法进行：

1. 刚片法

刚片法是以刚片作为体系的组成单元，形成平面刚片体系，以连接刚片的刚结点、铰结点及链杆作为约束，来计算整个刚片体系的计算自由度。其计算公式为

$$W = 3m - (3g + 2h + b) \tag{2-1}$$

式中，m 为刚片数（基础不计入）；g 为单刚结点数；h 为单铰结点个数；b 为链杆数（包括支杆数）。

2. 铰结点法

铰结点法是以铰结点作为体系的组成单元，以连接这些结点的链杆（包括支座链杆）作为约束，来计算平面铰接链杆体系（完全由两端铰接的链杆组成的体系）的计算自由度。其计算公式为

$$W = 2j - b \tag{2-2}$$

式中，j 为结点数；b 为链杆数（包括支杆数）。

若由式 (2-1) 或式 (2-2) 求得某体系的 $W > 0$，则表明体系的约束不足，为几何可变体系；若求得某体系的计算自由度 $W \leq 0$，则表明体系具有保证几何不变所需的最少约束个数或有多余约束，但不一定就是几何不变，还要看这些约束布置是否合理，需要进一步分析其几何构造才能确定。

因此，体系几何不变的必要条件是：体系的计算自由度 $W \leq 0$。

有时，可不考虑支座链杆，而只检查体系本身（或称体系内部）的几何不变性，就需要满足 $W \leq 3$ 条件。

例 2-1 试求图 2-9 所示平面体系的计算自由度。

解 （1）对图 2-9a 所示体系，该体系刚片数 $m = 2$，单刚结点数 $g = 0$，单铰数 $h = 2$，支座链杆数 $b = 4$，因而有

$$W = 3m - 3g - 2h - b = 3 \times 2 - 3 \times 0 - 2 \times 2 - 4 = -2$$

说明该体系满足几何不变的必要条件。

(2) 对图 2-9b 所示体系，其内部 BCFG 部分为一封闭刚片，本身有 3 个多余约束，即为内部有多余约束的刚片。如果在截面 D 处切开，才变为无多余约束的刚片，这样可把 D 点看做刚结点来处理。此时体系的刚片数 $m=1$，单刚结点数 $g=1$，单铰数 $h=0$，支座链杆数 $b=4$，因而有

$$W = 3m - 3g - 2h - b = 3\times 1 - 3\times 1 - 2\times 0 - 4 = -4$$

本题也可把 ABCDE 和 HGFDE 看做两个刚片，由刚结点 D、E 刚性连接而成。此时体系的刚片数 $m=2$，单刚结点数 $g=2$，单铰数 $h=0$，支座链杆数 $b=4$，而有

$$W = 3m - 3g - 2h - b = 3\times 2 - 3\times 2 - 2\times 0 - 4 = -4$$

说明该体系满足几何不变的必要条件。

例 2-2 试求图 2-10 所示平面体系的计算自由度。

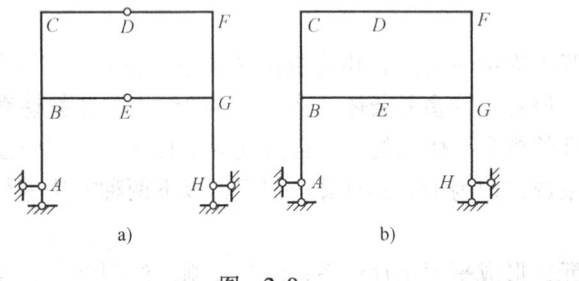

图 2-9   图 2-10

解 方法一：将图 2-10 所示体系视为刚片体系，用刚片法求其计算自由度。图示体系的刚片数 $m=8$，单铰数 $h=10$（见图中各结点括号内数字），支座链杆数 $b=4$，单刚结点数 $g=0$，因而有

$$W = 3m - 2h - b = 3\times 8 - 2\times 10 - 4 = 0$$

说明该体系满足几何不变的必要条件。

方法二：将图 2-10 所示体系视为铰接链杆体系，用铰结点法求其计算自由度。图示体系的结点数 $j=6$，链杆数为 8，支杆数为 4，$b=12$，因而有

$$W = 2j - b = 2\times 6 - 12 = 0$$

说明该体系满足几何不变的必要条件。

2.3 平面几何不变体系的基本组成规则

上节讨论了组成几何不变体系的必要条件，为了构造几何不变体系，需要进一步研究组成几何不变体系的充分条件，即平面几何不变体系的三个基本组成规则，这些基本组成规则都是建立在基本铰接三角形几何不变性质上的。

2.3.1 三刚片规则

三个刚片用不在同一直线上的三个铰两两相连，则组成无多余约束的几何不变体系。

如图 2-11a 所示为一铰接三角形，三个刚片 Ⅰ、Ⅱ、Ⅲ 用不在同一直线上的三个单铰 A、B、C 两两相连。假定刚片 Ⅰ 不动，则刚片 Ⅱ 只能绕 A 点转动，即刚片 Ⅱ 上的 C 点在以 AC 为半径的圆弧上运动；刚片 Ⅲ 只能绕 B 点转动，即刚片 Ⅲ 上的 C 点在以 BC 为半径的圆

弧上运动,但由于刚片Ⅱ、Ⅲ在 C 点用铰相连, C 点不可能同时在两个不同的圆弧上运动,从而各刚片之间不可能发生任何相对运动。故这样组成的体系是无多余约束的几何不变体系。

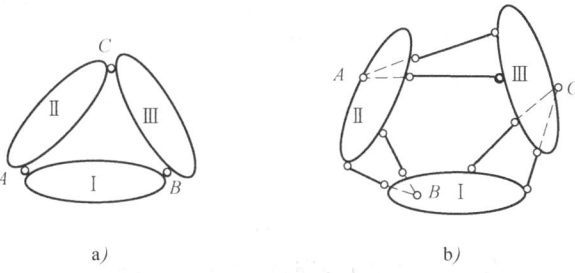

图 2-11

因为两根链杆的作用相当于一个单铰,故可将图 2-11a 所示体系中任一单铰换为两根链杆所构成的虚铰,如图 2-11b 所示。只要三个铰(包括实铰和虚铰)不在同一直线上,所组成的体系也是几何不变的。

如果连接三个刚片的三个铰位于同一直线上,如图 2-7a 所示,则所构成的体系是瞬变体系。

2.3.2 两刚片规则

两个刚片用一个铰和不通过此铰的链杆相连,或两个刚片用不相交于一点也不全平行的三根链杆相连,则组成无多余约束的几何不变体系。

将图 2-11a 所示体系中的刚片Ⅲ用一根链杆替代,便得到图 2-12a 的体系,刚片Ⅰ、Ⅱ用铰 A 及不通过该铰的链杆 CB 相连,组成几何不变体系。图 2-12b 所示体系中,刚片Ⅰ、Ⅱ由不交于一点也不全平行的三根链杆 1、2、3 相连,也可看成是由链杆 1、2 组成的虚铰 O 及不通过该铰的链杆 3 相连,满足两刚片规则,为几何不变体系。

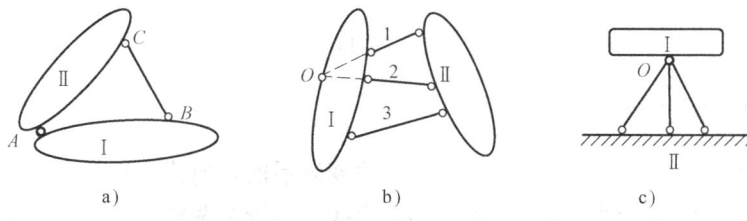

图 2-12

如果连接两个刚片的三根链杆交于同一点,则所构成的体系是几何可变的。图 2-12c 所示体系中连接刚片Ⅰ、Ⅱ的三根链杆交于实铰 O,此时刚片Ⅰ可以绕 O 点任意转动,故为常变体系。图 2-13a 所示体系中三根链杆延长线的交点 O 形成了刚片Ⅰ、Ⅱ之间发生相对运动时的瞬时中心。但当刚片Ⅰ绕 O 点发生瞬时转动后,三根链杆便不再交于一点,故此情况属瞬变体系。

如果连接两个刚片的三根链杆互相平行,可以认为它们均交于无穷远点,则所构成的体系是几何可变的。图 2-13b 所示体系中连接刚片Ⅰ、Ⅱ的三根链杆互相平行且长度不相同,刚片Ⅰ可沿与链杆垂直的方向作微小移动,当发生微小移动后,三根链杆便不再互相平行,因此是瞬变体系；图2-13c中三根链杆互相平行且长度相等，刚片Ⅰ的运动可以一直继续下去，因此是常变体系。

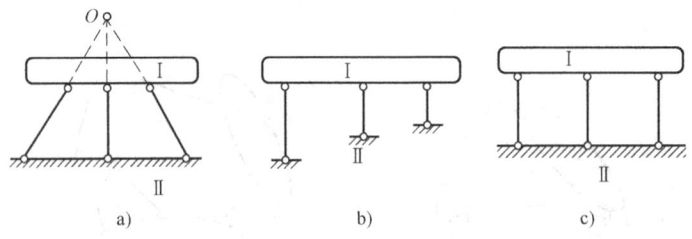

图 2-13

图2-14a所示的体系，分析时中间T字形部分BCE本身是一整体，可看做刚片Ⅰ，基础看做刚片Ⅱ。左边部分AB虽然是折线形的，但本身是一个刚片且只用两个铰A、B与其他部分相连，因此它的作用与一根链杆的作用相同，即相当于A、B两铰连线上的一根直链杆，如图中虚线所示；同理CD部分也相当于一根直链杆。这样，此刚架即为两刚片Ⅰ、Ⅱ用AB、CD、EF三根不交于一点也不全平行的链杆相连，故为几何不变体系。

因此，几何构造分析时，如果一个刚片仅通过两个铰（包括虚铰）对外联系，在分析需要时该刚片可以看做是通过这两个铰的一根链杆，因为此时它在体系中发挥约束的作用与链杆的作用相同。故对复杂形状（折杆、曲杆、几何不变体系）两端为铰的刚片可等效成通过铰中心的直链杆作为等效约束，如图2-14b、c、d所示。

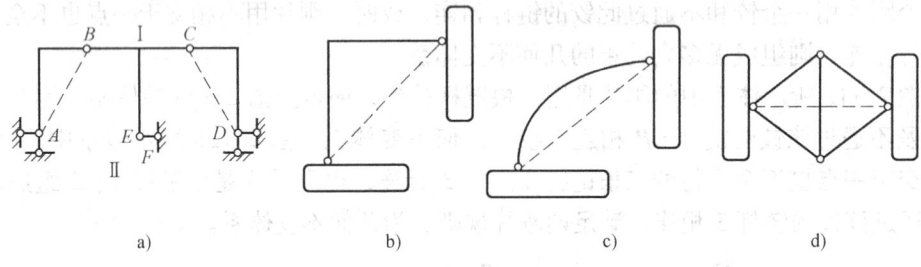

图 2-14

2.3.3 二元体规则

在一个平面体系上增加或去掉二元体，不改变体系的几何构造特征。

两个刚片与一个体系间只用三个不在同一直线上的铰两两相连，则这两个刚片称为二元体，如图2-15a所示链杆AB、AC组成一个二元体。

二元体的形式有很多，如图2-15所示为一些二元体的形式。

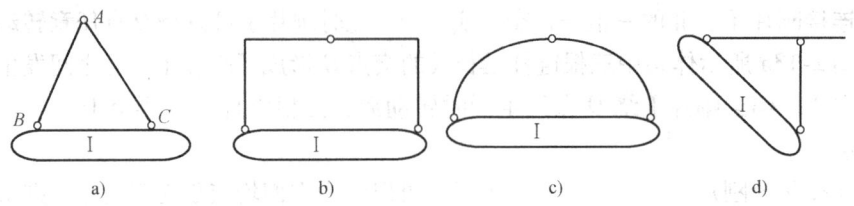

图 2-15

图 2-15a 所示体系，按上述"三刚片规则"组成无多余约束的几何不变体系。但如果把三刚片中任意两个看做是链杆，这两根不在同一直线上的链杆就组成一个二元体，也就看做在一个刚片上增加了一个二元体。显然，在一个刚片上增加一个二元体形成的体系仍是几何不变的体系。

例如，分析图 2-16 所示桁架内部几何构造时，可任选一铰接三角形（如阴影部分所表示的三角形 ACF）为基础，依次增加二元体得到结点 D、G、H、E、B 形成该桁架，故知该体系是几何不变，并且无多余约束。

此外，也可以反过来用拆除二元体的方法来分析。因为从一个体系拆除一个二元体后，所剩下的部分若是几何不变的，则原体系必定也是几何不变的。现从图示结点 B 开始拆除一个二元体，然后依次从结点 E、H、G、D 拆除

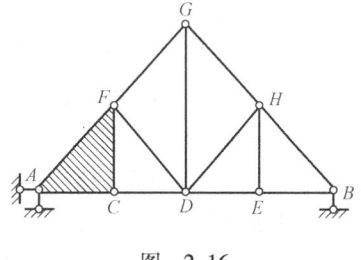

图 2-16

二元体，最后剩下左端阴影部分所表示的铰结三角形 ACF 为无多余约束的几何不变体系。由此可知，原体系为几何不变，并且无多余约束。

当然，若拆除二元体后所剩下的部分是几何可变的，则原体系必定也是几何可变的。

2.4 几何构造分析的方法与举例

对一个体系进行几何构造分析时，可以先求出其计算自由度 W，看它是否具备了足够数目的约束，若具有足够数目的约束，然后再进行几何构造分析，判断它是否几何不变。但是对于较简单的体系，通常也可以略去计算自由度 W 的计算，而直接进行几何构造分析，判断体系是否几何不变，并确定几何不变体系中多余约束的个数。

几何构造分析的依据是三个基本组成规则，问题在于具体分析时如何正确和灵活地运用它们去分析各种各样的平面杆件体系。如果要在一个几何不变体系上固定一个结点，可应用二元体规则；如果要在一个几何不变体系上固定一个刚片，可应用两刚片规则；如果要在一个几何不变体系上固定两个刚片，可应用三刚片规则。

2.4.1 几何构造分析的方法

1. 一般方法

1) 直接按几何不变体系的三个基本组成规则分析体系，得出结论。

2) 先求出计算自由度 W，若 $W>0$，则体系几何可变；若 $W\leq 0$，应进一步对体系进行几何构造分析，此时 $W\leq 0$ 是几何不变体系的必要条件。

2. 选定刚片和约束

在对体系进行几何构造分析时，关键在于选择哪些部分作为刚片，哪些部分作为约束。体系中的一根杆件、基础、无多余约束几何不变的部分都可选作刚片。体系中的铰和链杆可选为约束。凡是用三个或三个以上铰结点与其他部分相连的杆件或几何不变部分，必须选作刚片；只用两个铰与其他部分相连的杆件或几何不变部分，根据分析需要，可将其选作刚片，也可选作链杆约束。

选定刚片后，应用组成规则可判别已知刚片间的连接是否为几何不变，把判定的几何不

变部分作为一个较大的刚片,再去判定它与其他刚片之间连接后的情况,如此不断扩大刚片的范围,以完成对整个体系的判别。

刚片的选取应考虑到刚片之间的连接方式和几何不变体系的组成规则,当一种分析途径进行不下去时,一般是所选择的刚片或约束不恰当,需重新选择刚片或约束再试。

3. 选择组装方式

如果体系只通过三根既不全平行也不交于一点的支杆与基础相连,则从内部刚片出发进行组装。可先在体系内部选取一个或几个刚片;然后,依次利用组成规则将它们形成一个或几个扩大的新刚片,再逐步扩大到整个内部体系;最后,将扩大的整个内部几何不变体系与基础组装起来,从而形成整个体系(见例2-4)。

如果体系与基础相连的支杆多于三根,则从基础出发进行组装。应考虑先把基础作为一个刚片,将它与体系内部的其他刚片一起进行几何构造分析,形成一个扩大的新刚片。然后,逐步组装扩大,直至形成整个体系。否则,会使分析无法进行下去(见例2-5)。

4. 利用二元体进行简化

对易于观察出的几何不变部分或基础可通过依次增加二元体的方法,尽量扩大刚片的范围,使体系中的刚片数尽量少,便于应用组成规则(见例2-7)。

当体系上有二元体时,应去掉二元体使体系简化,以便于应用组成规则。但需注意,每次只能去掉体系外围的二元体(符合二元体的定义),而不能从中间任意抽取(见例2-6)。

5. 进行等效代换

用虚铰替代对应的两根链杆;用大刚片替代已经组装好的几何不变部分;用直线链杆替代复杂链杆;用一个刚片替代整个基础;用等效的多个单约束替代一个复约束。

6. 几点说明

1)利用平面几何不变体系的组成规则、几何构造分析的方法及平面体系几何不变的必要条件,能够解决一般工程上常见的平面杆件体系的几何构造分析问题,但不是所有体系都可以利用这些组成规则来分析和判断。当有一些体系的几何构造比较复杂,不能按上述组成规则进行分析时,应采用其他分析方法(如零载法),可参阅有关书籍。

2)在进行几何构造分析时,体系中的每一部分或每一约束都不可遗漏,也不可重复使用(复铰可重复使用,但重复使用的次数不能超过其相当的单铰数)。图2-17所示的体系,在进行几何构造分析时,刚片Ⅰ和刚片Ⅱ之间由链杆1和链杆2约束,链杆2不得重复用于刚片Ⅱ和刚片Ⅲ之间的约束,它们之间只有链杆3约束,此为几何可变体系。

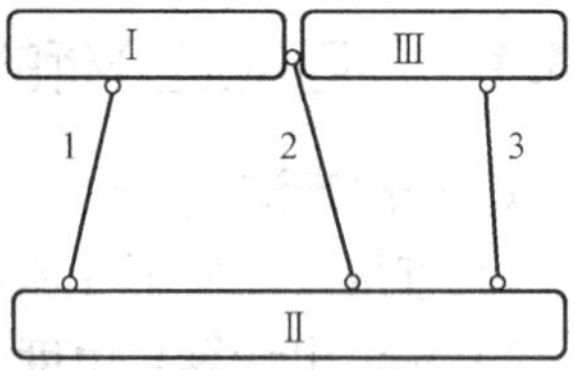

图 2-17

3)若有多余约束,要说明多余约束的个数。

4)对于某一体系,可能有多种分析途径,但结论是唯一的。

7. 三刚片体系中虚铰在无穷远处的情况

三刚片用三个铰(包括虚铰)两两相联时,若三铰不在同一直线上则体系为几何不变体系,若三铰共线则为瞬变体系。分析中,常常遇到虚铰在无穷远处的情况,此时如何判定体系是否几何不变呢?现讨论如下:

(1)一个虚铰在无穷远处 如图2-18a所示,若将刚片Ⅰ看做链杆,体系就转化为两个刚片由三根链杆连接的情况,根据两刚片规则可以推得:三刚片用两个铰和一对平行链杆两两相连，若两铰的连线与组成无穷远虚铰的两平行链杆不平行，则体系为几何不变，并且无多余约束；若平行则为瞬变；在特殊情况下，若两铰的连线和两平行链杆平行且等长，则体系为几何可变。

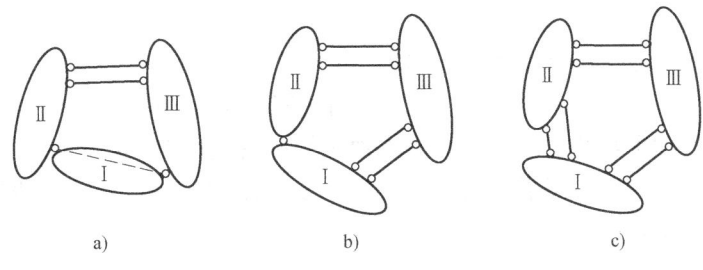

图 2-18

（2）两个虚铰在无穷远处　如图 2-18b 所示体系，两对平行链杆所形成的虚铰均在无穷远处。若组成两无穷远虚铰的两对平行链杆互不平行，则它们形成的两个交点在不同的无穷远点；若此两对平行链杆互相平行（即四杆皆平行），则它们形成的交点在同一无穷远点。由此推出：三刚片用一个铰和两对平行链杆两两相连，若两对平行链杆互不平行，则体系为几何不变，并且没有多余约束；若此两对平行链杆互相平行但不等长，则体系为瞬变；若两对平行链杆均平行且等长，则体系为几何可变。

（3）三个虚铰在无穷远处　如图 2-18c 所示体系，三个刚片由任意方向的三对平行链杆两两相连，三对平行链杆所形成的三个虚铰均在无穷远处。平面上各无穷远点都在同一直线上，这就是说上述三个虚铰位于同一条直线上。由此推出：三个刚片用三对平行链杆两两相连，体系为瞬变体系。在特殊情况下，若三对平行链杆又各自等长，则体系为几何可变。

2.4.2 几何构造分析举例

下面通过例题说明平面几何不变体系的三个基本组成规则和几何构造分析的方法在具体分析时的灵活运用。

例 2-3　试分析图 2-19a 所示体系的几何构造。

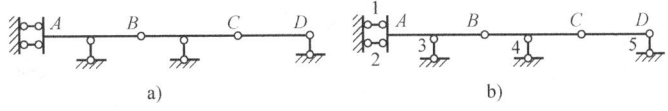

图 2-19

解　（1）计算自由度
$$W = 3m - 2h - b = 3 \times 3 - 2 \times 2 - 5 = 0$$
说明该体系满足几何不变的必要条件。

（2）分析过程。内部体系与基础由五根支杆相连，应从基础出发进行组装扩大。如图 2-19b 所示，基础和刚片 AB 之间用 1、2、3 三根既不交于一点也不全平行的支杆相连，根据两刚片规则，它们组成几何不变体系，且无多余约束。可把这个较大体系视为刚片 Ⅰ，刚片 Ⅰ 和刚片 BC 之间用铰 B 和支杆 4 相连组成几何不变体系，且无多余约束。再把这个更大体系视为刚片 Ⅱ，刚片 Ⅱ 和刚片 CD 之间用铰 C 和支杆 5 相连组成几何不变体系，且无多余约束。

(3) 结论：整个体系为无多余约束的几何不变体系。

例 2-4 试分析图 2-20a 所示体系的几何构造。

解 内部体系与基础由既不平行又不交于一点的三根支杆相连，所以应先分析内部体系的几何构造。

图 2-20b 所示，左边三个刚片 AD、AB、BC 由不共线的三个铰 A、B、C 相连，组成一个无多余约束的大刚片，称为刚片 I。同理，右边三个刚片 DG、EF、FG 组成一个大刚片，称为刚片 II。大刚片 I 与 II 之间由铰 D 和不通过铰 D 的链杆 BF 相连，组成一个无多余约束的更大的刚片。最后，用不交于一点也全不平行的三根支杆固定于基础。因此，整个体系为几何不变，并且无多余约束。

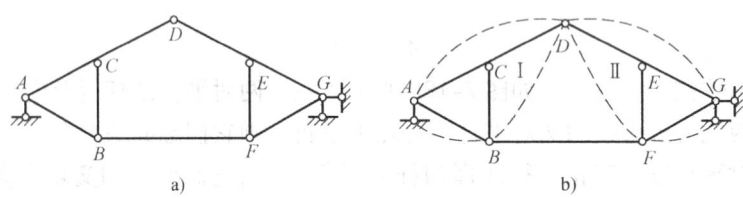

图 2-20

例 2-5 试分析图 2-21a 所示体系的几何构造。

解 内部体系与基础由四根支杆相连，必须先把基础当做一个刚片，然后与其他刚片一起考虑。如图 2-21b 所示，选杆 DE 为刚片 I，三角形 BCF 为刚片 II，基础为刚片 III，铰 A 处的两根支杆可看做是基础上增加的二元体，因而同属于基础的刚片 III。刚片 I、II 之间用链杆 BD、EF 相连，虚铰在无穷远 O 处，刚片 I、III 之间用链杆 AD、EG 相连，虚铰在 E 点，刚片 II、III 之间用链杆 AB、CH 相连，虚铰在 C 点。由于虚铰 O 在 EF 的延长线上，故 C、E、O 三铰在同一直线上。因此，体系是瞬变体系。

若将三角形 ABD 和 BCF 两部分看做刚片 I、II，如图 2-21c 所示。分析是否可行？

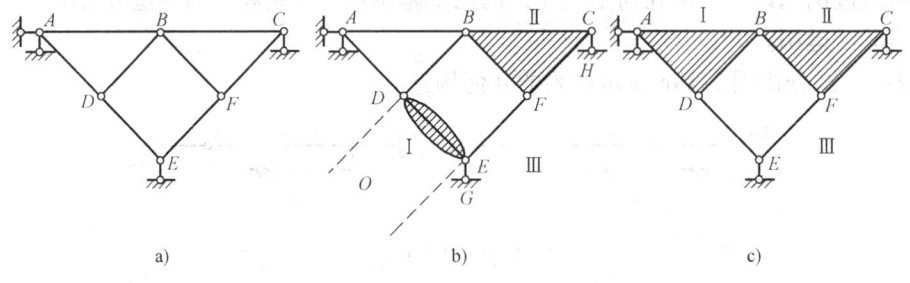

图 2-21

例 2-6 试分析图 2-22 所示体系的几何构造。

解 将曲杆 EF 与基础视为一个刚片，如图 2-22 所示（注意：此刚片有三个多余约束），然后在此刚片上依次增加二元体 DCH、CBG、BAK，由二元体规则，此体系为几何不变并且有三个多余约束。

本题也可通过先去掉二元体 BAK、CBG、DCH 的方法，最后剩下拱 EF 固定在基础上并且有三个多余约束。

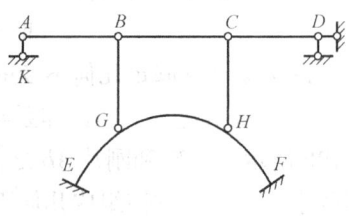

图 2-22

例 2-7 试分析图 2-23a 所示体系的几何构造。

解 本例可采用等效代换的分析方法。将大刚片 FGH 和基础均用链杆代替,如图2-23b 所示。选 ACFD 为刚片Ⅰ,BEGD 为刚片Ⅱ,刚片Ⅰ、Ⅱ由铰 D 和不通过铰 D 的链杆 FG 相联,AB 杆是多余约束。所以体系是有一个多余约束的几何不变体系。

本例也可按图2-23c 所示按三刚片连接的情况进行分析,图中刚片Ⅰ、Ⅱ由铰 D 相连,刚片Ⅰ与基础由铰 A 相连,刚片Ⅱ与基础由铰 B 相连,三铰不共线,符合三刚片规则。链杆 FG 是多余约束。所以体系几何不变,且有一个多余约束。

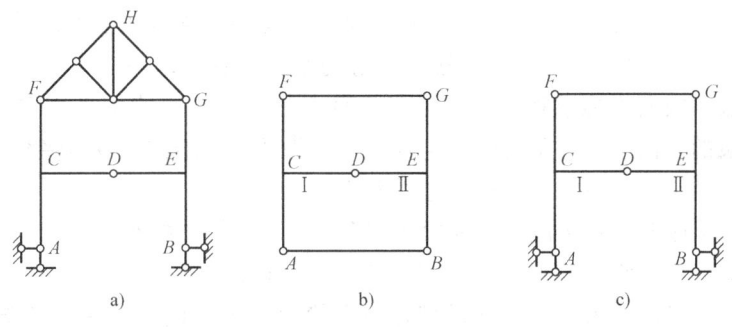

图 2-23

例 2-8 试分析图2-24a 所示体系的几何构造。

解 该体系组成较为复杂,应灵活选取刚片,并且内部体系与基础相连的支杆多于三根,应先把基础当做刚片。

首先分析左右两部分,如图2-24b 所示。左边部分从基本铰接三角形 ABF 开始依次增加二元体得到刚片Ⅰ,右边部分选 CDJ、DEL、KM 三刚片,分别通过实铰 D、虚铰 L、虚铰 J 三铰相连,符合三刚片规则,组成大刚片Ⅱ。

然后再选刚片Ⅰ、Ⅱ、基础三刚片,刚片Ⅰ、Ⅱ通过一对平行链杆相连,刚片Ⅰ、基础通过 A 处支杆和折链杆 GHN(由直链杆 GN 代替)相连,虚铰在 G 处,刚片Ⅱ、基础由铰 E 相连,符合一铰在无穷远处的三刚片规则。

所以体系为几何不变,并且没有多余约束。

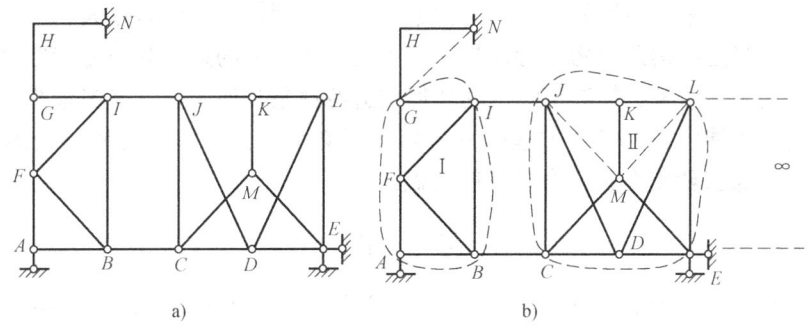

图 2-24

2.5 体系的几何构造与静力特性

几何构造分析的另一个重要作用,是通过判定几何不变体系是否有多余约束来判定结构是静定结构还是超静定结构。所谓体系的静力特性,是指体系在任意荷载作用下的全部反力和内力是否可以根据静力平衡条件确定。体系的几何构造与静力特性之间有着必然的联系，以下就此分别讨论。

图 2-25a 所示体系为无多余约束的几何不变体系，有三根支杆约束对应有三个支座反力，取刚片 AB 为隔离体，其反力可以由平面力系的三个静力平衡方程 $\sum F_x=0$，$\sum F_y=0$ 和 $\sum M=0$ 联立求解。反力求出后，各截面的内力由截面法便可确定。所以，无多余约束的几何不变体系是静定的，可称为静定结构。

图 2-25b 所示体系为有一个多余约束的几何不变体系，共有四根支杆对应有四个支座反力，取刚片 AB 为隔离体，可以列三个独立的静力平衡方程，未知支座反力的个数多于静力平衡方程的个数，因而不能求得确定的解，各截面的内力也不能由平衡方程全部求出。所以，有多余约束的几何不变体系是静不定的，可称为超静定结构。以后将介绍，超静定结构的反力和内力必须结合体系的变形条件才能确定。

图 2-25c 所示体系只有两根支杆为常变体系。共有两根支杆对应有两个支座反力，取刚片 AB 为隔离体，可以列三个独立的静力平衡方程，未知反力的个数少于平衡方程的个数。除特殊情况外，要求两个未知反力同时满足三个静力平衡方程一般是不可能的。如图中 F_P 未通过两支杆延长线的交点 O，体系就不可能达到平衡。可见，常变体系一般没有静力学的解答，也不可能在任意荷载作用下达到平衡，所以不能用做结构。

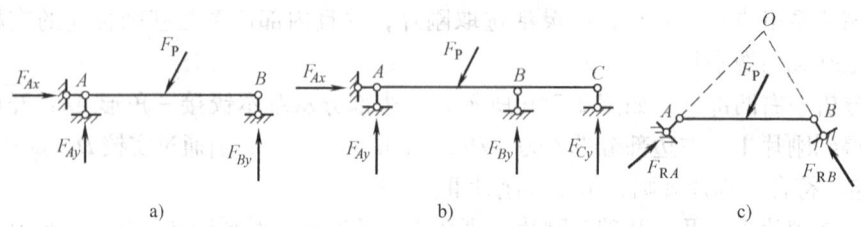

图 2-25

至于瞬变体系，前已述及，在一般荷载作用下其内力为无穷大，也就是平衡方程无解；在某些特殊荷载（零荷载）作用下其内力为不定值。所以，瞬变体系也不能用做结构，而且结构设计中应避免采用接近瞬变的几何构造，以防个别杆件的内力过大。

综上所述，静定结构几何构造特性是几何不变且无多余约束，其静力特性是反力、内力由静力平衡方程唯一求解；超静定结构的几何构造特性是几何不变且有多余约束，其静力特性是反力、内力不能由静力平衡方程唯一求解，还必须补充方程；几何可变体系（包括瞬变）由于缺少约束或约束布置不合理不能用做结构。

习　题

2-1　试说明体系的必要约束与多余约束、自由度与计算自由度之间的区别，并说明在体系的几何构造分析中为何引入计算自由度的概念。

2-2　在几何构造分析中可以进行哪些等效代换？如何保证代换的等效性？

2-3　试求图 2-26 所示体系的计算自由度，并分析体系的几何构造。

2-4　试分析图 2-27 所示体系的几何构造。

2-5　试分析图 2-28 所示体系的几何构造。

2-6　试分析图 2-29 所示体系的几何构造。

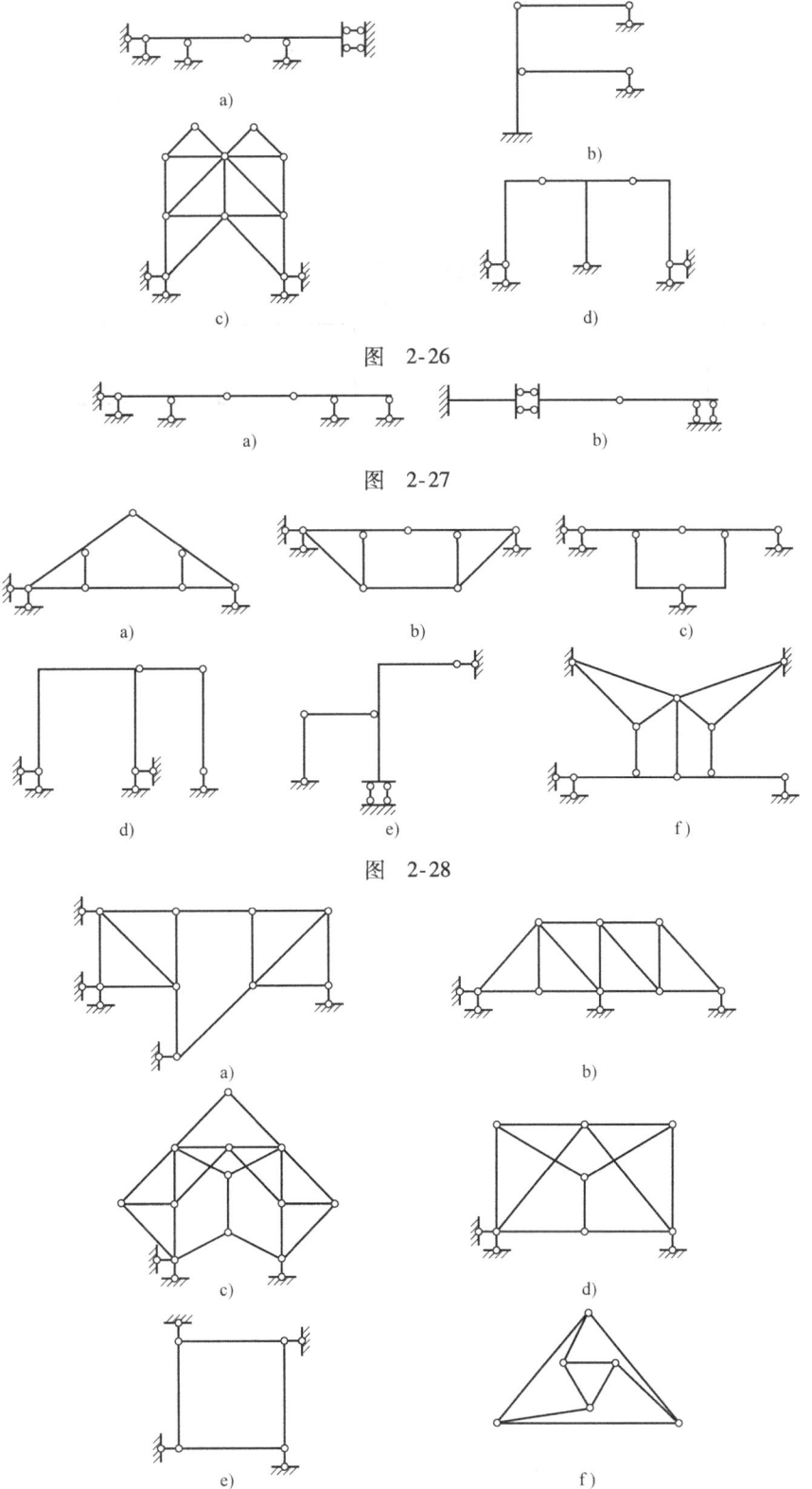

图 2-26

图 2-27

图 2-28

图 2-29

2-7 试分析图 2-30 所示体系的几何构造。

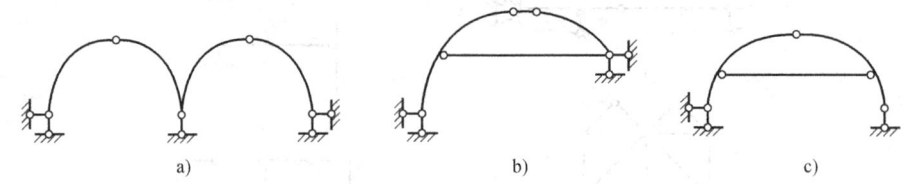

图 2-30

2-8 试说明图 2-31 所示内部体系在平面内有几个自由度,有几个多余约束?

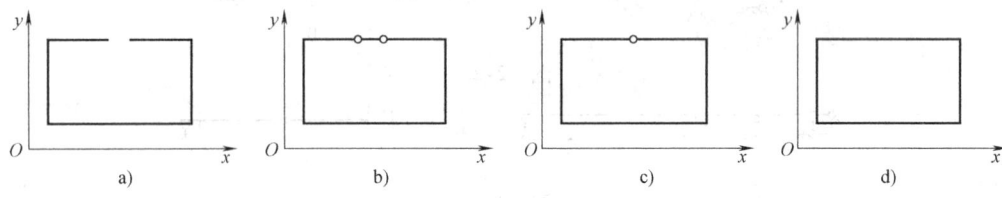

图 2-31

第3章 静定梁和静定刚架

在外力作用下,物体内部各部分之间所产生的相互作用力称为物体的内力。

为了满足土木工程结构的安全要求和使用条件,结构的构件应具有一定的强度、刚度和稳定性。解决强度、刚度问题,必须首先确定内力,静定结构的内力计算是结构位移计算和超静定结构内力计算的基础。因此,在材料力学等课程的基础上,熟练地掌握静定结构的内力计算方法,深入了解各种结构的力学性能,对于学习结构力学的后续章节至关重要。

3.1 梁式杆件的内力计算

3.1.1 杆件的内力

物体在外力或其他荷载作用下将产生变形,内部相邻各部分之间产生内力。由此可知,内力由变形而产生。反过来内力又力图使变形消失。本节先讨论单跨梁式杆件的内力计算。

计算内力的基本方法是截面法,即用假想的截面将杆件截为两段,暴露出截面的内力(均按正向画出),任选其中的一段为隔离体,应用静力学平衡方程求解杆件内力大小。

如图 3-1a 所示的单跨梁式杆件 AB 在外力(荷载和支座反力)作用下处于平衡状态,现讨论距左支座为 a 处的横截面 m-m 上的内力。假设外力作用在通过杆件轴线的同一平面内。

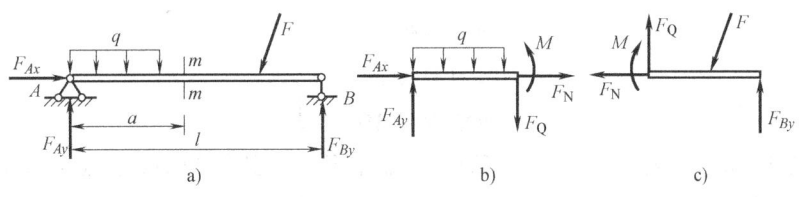

图 3-1

在 m-m 处用一假想截面将梁 AB 截开,并以左段为隔离体,右段视为左段的约束。实际状态中两段间既不能相对移动,也不能相对转动,所以此时的约束力应沿杆件轴线方向和垂直于杆件轴线方向的两个力和一个力偶表示。这两个力和一个力偶就是横截面 m-m 的内力。由图 3-1b、c 可以看出,内力总是成对出现的,它们等值、反向地作用在截面左、右两段的 m-m 横截面上。

沿杆件轴线方向的内力 F_N 为轴力,轴力的数值等于截面一侧所有外力(包括荷载和反力)沿截面法线方向的投影代数和。规定轴力使所研究的杆段受拉时为正,反之为负(见图 3-2a)。

沿杆件横截面(垂直杆件轴线)方向的内力 F_Q 为剪力,剪力的数值等于截面一侧所有外力沿截面方向的投影代数和。规定剪力使所研究的杆段有顺时针方向转动趋势时为正,反之为负(见图 3-2b)。

力偶的力偶矩 M 为弯矩,弯矩的数值等于截面一侧所有外力对截面形心的力矩代数和。

规定在水平杆件中，当弯矩使所研究的杆段下侧纵向受拉时为正，反之为负（见图3-2c）。

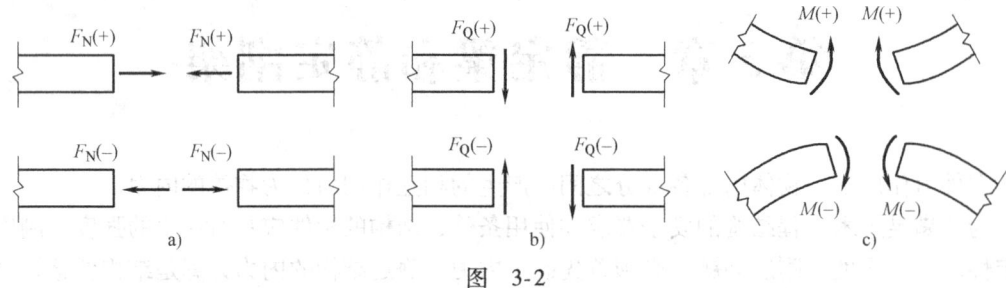

图 3-2

由此可以看出，在图3-1中截面 $m-m$ 上的三种内力都是按规定的正向画出的。从图3-1b和图3-1c中可以看出，无论是研究左段还是研究右段，同一截面上内力的正负号总是一致的，如果取左段时某一内力为正，取右段时该内力同样为正。

3.1.2 梁的内力方程与内力图

截面的内力会因截面位置的不同而变化，若取横坐标轴 x 与杆件轴线平行（此坐标轴又常称为基线），则可将杆件截面的内力表示为截面坐标 x 的函数，称之为内力方程。如用纵坐标 y（又称竖标）表示内力值，就可以将内力随横截面位置变化的图线画在图3-3所示的坐标面上，称之为内力图，如轴力图、剪力图、弯矩图等。

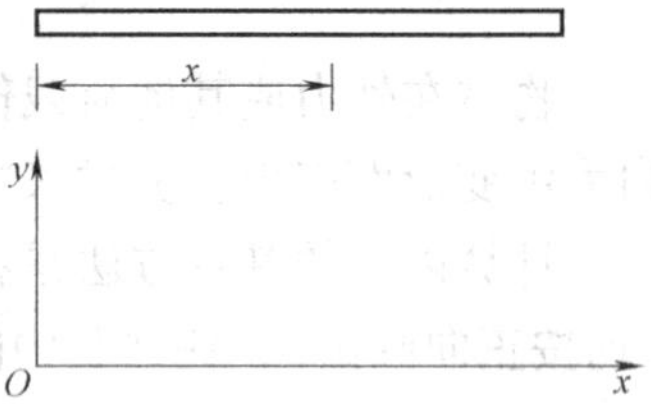

一般可由平衡方程求得杆件的内力方程，即以变量 x 表示任意截面的位置，并由截面法写出所求内力与 x 之间的函数关系式。分别表示为

$$\left. \begin{array}{l} \text{轴力方程 } F_\mathrm{N}(x) \\ \text{剪力方程 } F_\mathrm{Q}(x) \\ \text{弯矩方程 } M(x) \end{array} \right\} \tag{3-1}$$

图 3-3

在土木工程问题中内力图上一般不画坐标轴而是以杆线作为基线，竖向坐标表示内力值的大小，但是必须要标明内力图的名称；弯矩图习惯绘在杆件受拉的一侧，图上可不注明正负，而剪力图和轴力图则将正值⊕或负值⊖的竖标绘在基线上。

对于直梁，当所有外力均垂直于梁轴线时，该截面上将只有剪力和弯矩，没有轴力，以下讨论中均不涉及轴力。

绘制内力图的基本方法是先写出内力方程，然后根据方程作图。但是通常采用更多的是利用微分关系判断内力图形状，采用分段、定点、连线以及分段叠加法来作内力图。

3.1.3 荷载与内力间的微分关系

在荷载连续分布的直杆杆段内，取微段 $\mathrm{d}x$ 为隔离体，如图3-4所示：其中 q_x 和 q_y 分别为沿 x 和 y 方向的荷载集度。在图3-4所示荷载和坐标下，由平衡条件可导出微分关系如下

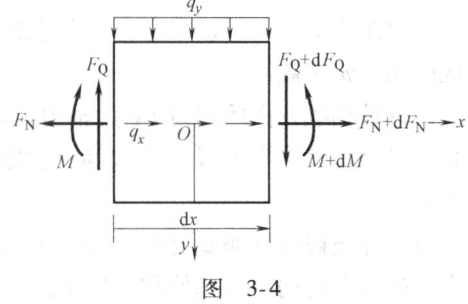

图 3-4

$$\left.\begin{aligned}\frac{dF_N(x)}{dx} &= -q_x \\ \frac{dF_Q(x)}{dx} &= -q_y \\ \frac{dM(x)}{dx} &= F_Q\end{aligned}\right\} \quad (3\text{-}2)$$

3.1.4 作梁内力图的简便方法

式（3-2）的几何意义是：轴力图上某点处的切线斜率等于该点处的轴向荷载集度，但符号相反；剪力图上某点处的切线斜率等于该点处的横向荷载集度，但符号相反；弯矩图上某点处的切线斜率等于该点处的剪力；弯矩图上某点处的二阶导数等于该点处的荷载集度，但符号相反。据此，可以推知杆段所受荷载情况与内力图形状之间的一些对应关系，见表 3-1。掌握内力图形状上的这些特征，对于正确和迅速地绘制内力图很有帮助。

表 3-1 直梁杆段内力图的形状特征

杆段荷载情况	无横向外力	横向均布力 q 作用		横向集中力 F 作用		集中力偶 M 作用处	铰链处
剪力图	水平线	斜直线	为零处	有突变（突变值 = F）	如变号	无变化	无影响
弯矩图	一般为斜直线	抛物线（凸出方向同 q 指向）	有极值	有尖角（尖角指向同 F 指向）	有极值	有突变（突变值 = M）	为零

绘制梁的内力图时，可根据上述内力图的规律，将梁分割为剪力图和弯矩图的形状已知的若干杆段，然后再根据平衡关系求出各杆段的端截面的剪力和弯矩值，利用杆段所受荷载情况与内力图形状之间的对应关系，即可快速绘出梁的剪力图和弯矩图。

例 3-1 绘制图 3-5a 所示简支梁的剪力图和弯矩图。

解 （1）求支座反力。由平衡方程可解得

$$F_A = F_B = \frac{M_e}{l}$$

（2）以集中力偶的作用点 C 为界，将 AB 梁分割为两段即 AC_L 段和 C_RB 段。两段的 A、B 端截面剪力相等

$$F_{QA} = F_{QB} = -\frac{M_e}{l}$$

由于 AC_L 段和 C_RB 段两杆段无横向外力，根据所受荷载情况与内力图形状之间的对应关系，可知梁的剪力图为一条水平直线，如图 3-5b 所示。

两段的 C 端截面弯矩分别为

$$M_{C_L} = -F_A a = -\frac{a}{l}M_e，使梁上侧受拉$$

$$M_{C_R} = F_B b = \frac{b}{l}M_e，使梁下侧受拉$$

在集中力偶作用的截面剪力无变化，弯矩有突变，且突变值为力偶矩 M_e。弯矩图如图 3-5c 所示。

当力偶作用在支座 B 截面时（见图 3-6a），剪力图和弯矩图如图 3-6b、c 所示。

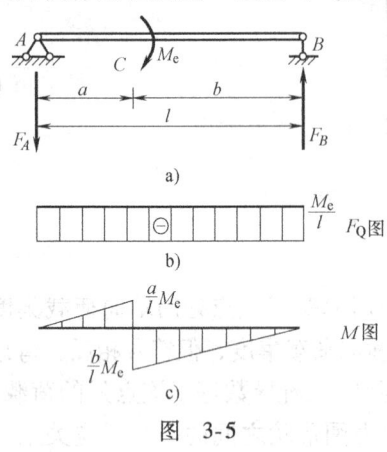

图 3-5

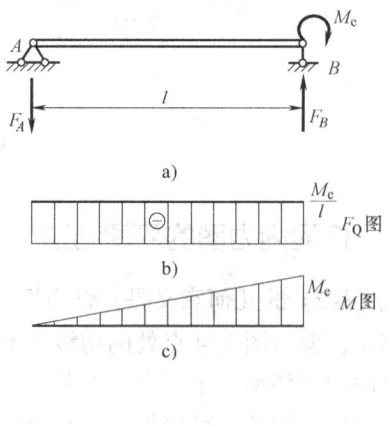

图 3-6

3.2 分段叠加法作弯矩图

当梁在荷载作用下的变形微小时，梁沿轴线方向长度的改变可以忽略不计。由此，所求得的梁的支座反力、剪力、弯矩等都与梁上荷载成线性关系。当梁上有多个荷载作用时，每个荷载所引起的支座反力和内力将不受其他荷载的影响，这时，可利用力学分析中的叠加原理计算梁的反力和内力：先分别计算出每项荷载单独作用时的反力和内力，然后把这些相应的计算结果代数相加，即得到多个荷载共同作用时的反力和内力。

如图 3-7a 所示简支梁同时承受集中力 F 和两端力偶 M_A、M_B 的作用，可先分别绘出两端力偶 M_A、M_B 作用下和荷载 F 作用下的弯矩图（见图 3-7b、c），然后将其竖标叠加，即得所求弯矩图（见图 3-7d）。

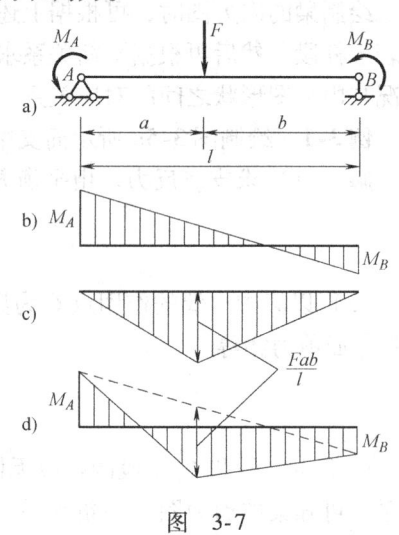

图 3-7

实际作图时，也可以不必先作出图 3-7b、c，而可直接作出图 3-7d。

此方法是：先将两端弯矩 M_A 和 M_B 绘出并连以直线（虚线），然后以此直线为基线叠加简支梁在集中荷载 F 作用下的弯矩图。必须注意，这里所说的弯矩图的叠加，是指其纵坐标的叠加，而不是内力图图形的简单合并。因此，图 3-7d 中的竖标 Fab/l 应仍沿竖向量取（而不是垂直于 M_A 和 M_B 的连线方向），这样，最后的图线与最初的水平基线之间所包含的图形即为叠加后得到的弯矩图。

值得指出的是，上述叠加法对直杆的任何区段都是适用的。接下来讨论梁中任意区段弯矩图的绘制方法。

试绘出图 3-8a 所示一简支梁中某一区段 AB 的弯矩图。取杆段 AB 为隔离体，受力图如图 3-8b 所示。显然，杆段上任意截面的弯矩，是由杆段上的均布荷载 q 及杆段端面的内力共同作用所引起。但是，轴力 F_{NA} 和 F_{NB} 不产生弯矩。现在，取一简支梁 AB，令其跨度等于杆段 AB 的长度，并将杆段 AB 上的荷载以及杆端弯矩 M_A、M_B 作用在简支梁 AB 上（图 3-8c）。这时，由平衡方程可知，该简支梁的反力 F_{Ay} 和 F_{By} 分别等于杆段端面的剪力 F_{QA} 和 F_{QB}。于是可以断定，简支梁 AB 的弯矩图与杆段 AB 的弯矩图相同。简支梁 AB 的弯矩图可按叠加法作出，如图 3-8d 所示，其中 M_A 图、M_B 图和 M_q 图分别是杆端弯矩 M_A、M_B 及均布荷载 q 所引起的弯矩图。三者均使 AB 梁段下侧受拉，纵标叠加后即为简支梁 AB 的弯矩图。

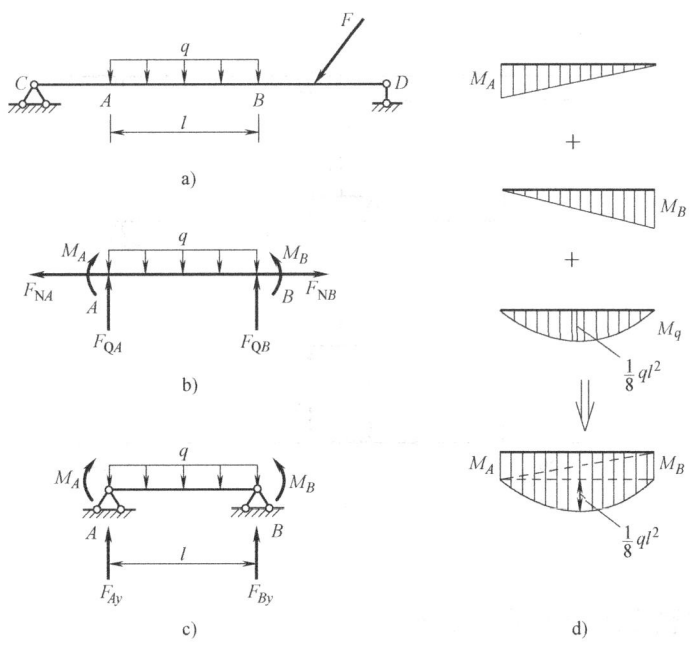

图 3-8

综上所述，作某杆段的弯矩图时，只需求出该杆段的杆端弯矩，并连以直线（虚线），然后在此直线上再叠加相应简支梁在均布荷载 q 作用下的弯矩图，就可得到。

由以上例题可总结出分段叠加法绘制静定梁内力图的一般步骤是：

1) 求反力（悬臂梁可不必求反力）。

2) 分段。凡外力不连续处均应作为分段点，如集中力及力偶作用处、均布荷载两端点等。这样，根据外力情况就可以判断各杆段的内力图形状。

3) 定点。根据各杆段的内力图形状，选定所需的控制截面，如集中力及力偶作用点两侧的截面、均布荷载起止点及中间若干点等，用截面法求出这些截面的内力值，并将它们在内力图的基线上用竖标绘出。这样就定出了内力图上的各控制点。

4) 连线。根据各杆段内力图的形状，分别用直线或曲线将各控制点依次相连，对于控制点间有荷载作用的情况，其弯矩图可用分段叠加法绘制，可以避免求支座反力。即得所求内力图。

3.3 静定多跨梁

静定多跨梁是若干梁段用铰相连，并通过支座与基础共同构成的无多余约束的几何不变体系。在工程结构中，常用它来跨越几个相连的跨度。例如，公路桥梁的主要承重结构和房屋建筑中的木檩条常采用这种结构形式。图3-9a所示为一公路桥的静定多跨梁，图3-9b所示为其计算简图。

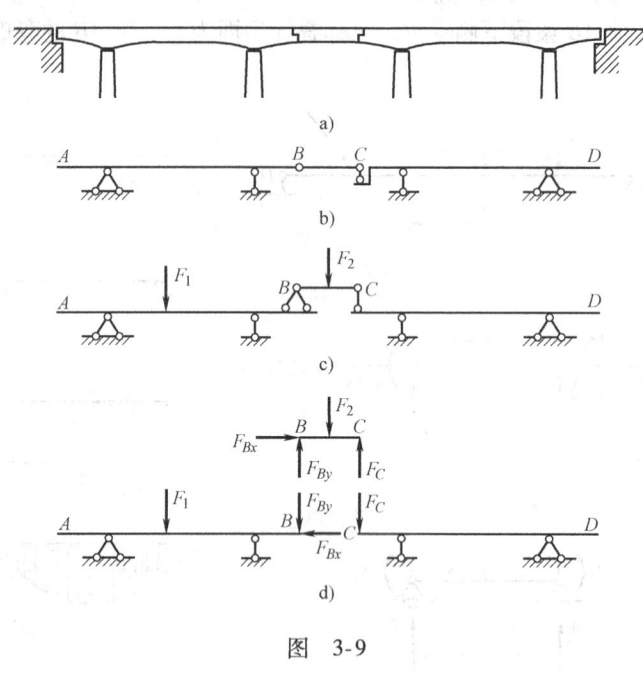

图 3-9

3.3.1 静定多跨梁的几何构造分析

从几何构造看，静定多跨梁中的各梁段可分为基本部分和附属部分两类。例如，图3-9a所示的多跨梁，其中 AB 部分用三根支座链杆直接与地基相连，它不依赖于其他部分的存在而能独立地维持其几何不变性，称之为基本部分。同理，CD 也是基本部分。而 BC 部分则必须依靠基本部分 AB 和 CD 才能维持其几何不变性，故称为附属部分。显然，若附属部分被破坏或撤除，基本部分仍为几何不变；反之，若基本部分被破坏，则附属部分必随之倒塌。为了更清晰地表示各部分之间的支承关系，可以把基本部分画在下层，把附属部分画在上层，如图3-9c所示，称为层次图。从层次图可以看出，当附属部分受力时，可通过连接部位的约束力传给基本部分，使基本部分也受力。当基本部分受力时，会通过其支座传给基础，附属部分不会受力。根据这一传力特征，计算静定多跨梁时必须先计算附属部分，再将附属部分的支座反力反向作用于基本部分之上，计算基本部分，如图3-9d所示。

3.3.2 静定多跨梁的内力

从几何构造来看，静定多跨梁的组成顺序是先固定基本部分，后固定附属部分。因此，计算静定多跨梁的内力时，需将多跨梁分离为各单跨梁，并区分其中的基本部分和附属部分，按照先附属部分后基本部分的顺序进行计算。

例3-2 绘制图3-10a所示的静定多跨梁的内力图。

解 （1）将多跨梁分为 ABC、CD 两个单跨梁，前者为基本部分，后者为附属部分，层次图如图3-10b所示。

（2）先求附属部分 CD 的约束力，并将约束力反向加在基本部分 ABC 上，再求基本部分的约束力，如图 3-10c 所示。

（3）绘制弯矩图和剪力图，分别如图 3-10d 和图 3-10e 所示。绘制 AB 段弯矩图时，可取简支梁 AB，其上受均布荷载和 B 端的杆端弯矩作用，如图 3-10f 所示，用叠加法绘制该段的弯矩图。

例 3-3 求图 3-11a 所示静定多跨梁的内力图。

解 （1）根据静定多跨梁的几何构造分析可知，CD 部分为附属部分，ABC 部分和 DEFG 部分为基本部分，由此可画出层次图，如图 3-11b 所示。

（2）以 CD 部分为研究对象，如图 3-11c，求支座反力和控制截面的内力。

1）求支座反力

$$\sum M_C = 0, \ 30 \text{kN} \cdot \text{m} + F_{Dy} \times 6\text{m} = 0, \ F_{Dy} = -5\text{kN}$$

$$\sum F_y = 0, \ -20\text{kN} + F_{Cy} + F_{Dy} = 0, \ F_{Cy} = 25\text{kN}$$

2）用截面法（见图 3-11d、e）求控制截面内力，并作出内力图（弯矩图和剪力图），如图 3-11f 所示。

（3）ABC 部分为单跨外伸梁，可直接作其内力图（弯矩图和剪力图），如图 3-11g 所示。

（4）DEFG 部分为单跨外伸梁，利用叠加原理作其内力图，弯矩图、剪力图如图 3-11h 所示。

（5）作出多跨梁的内力图，如图 3-11i 所示。

例 3-4 绘制图 3-12a 所示的静定多跨梁的内力图。

解 （1）AB 梁为基本部分，CF 梁由两根竖向支座链杆与地基相连，故在竖向荷载作用下也为基本部分，画层次图，如图 3-12b 所示。

（2）先求附属部分 BC 的约束力，并将约束力反向加在基本部分 AB 和 CF 上，再求基本部分的约束力，如图 3-12c 所示。

（3）绘制弯矩图和剪力图，分别如图 3-12d 和图 3-12e 所示。

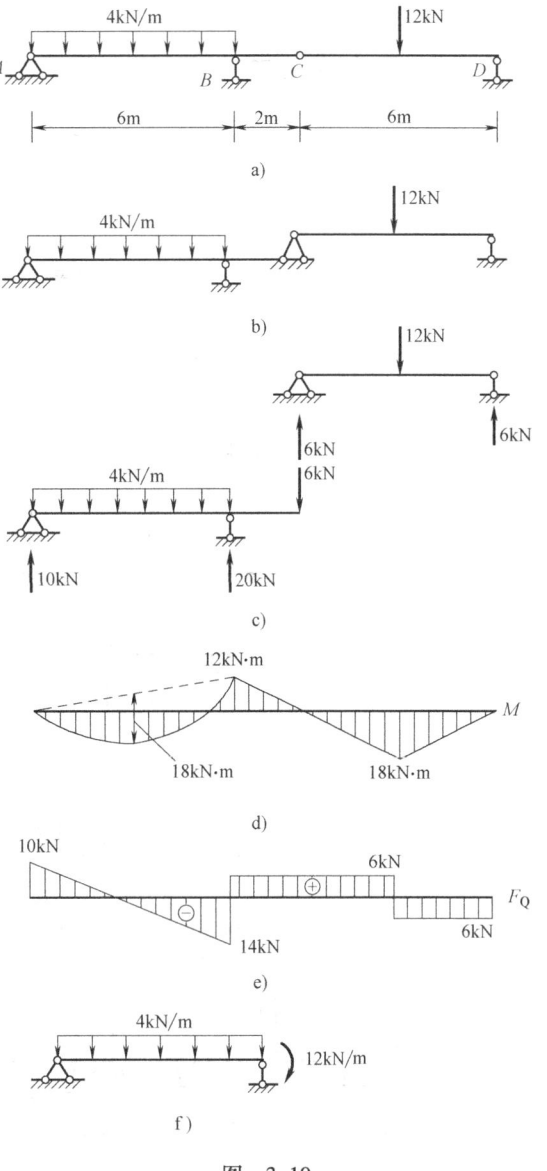

图 3-10

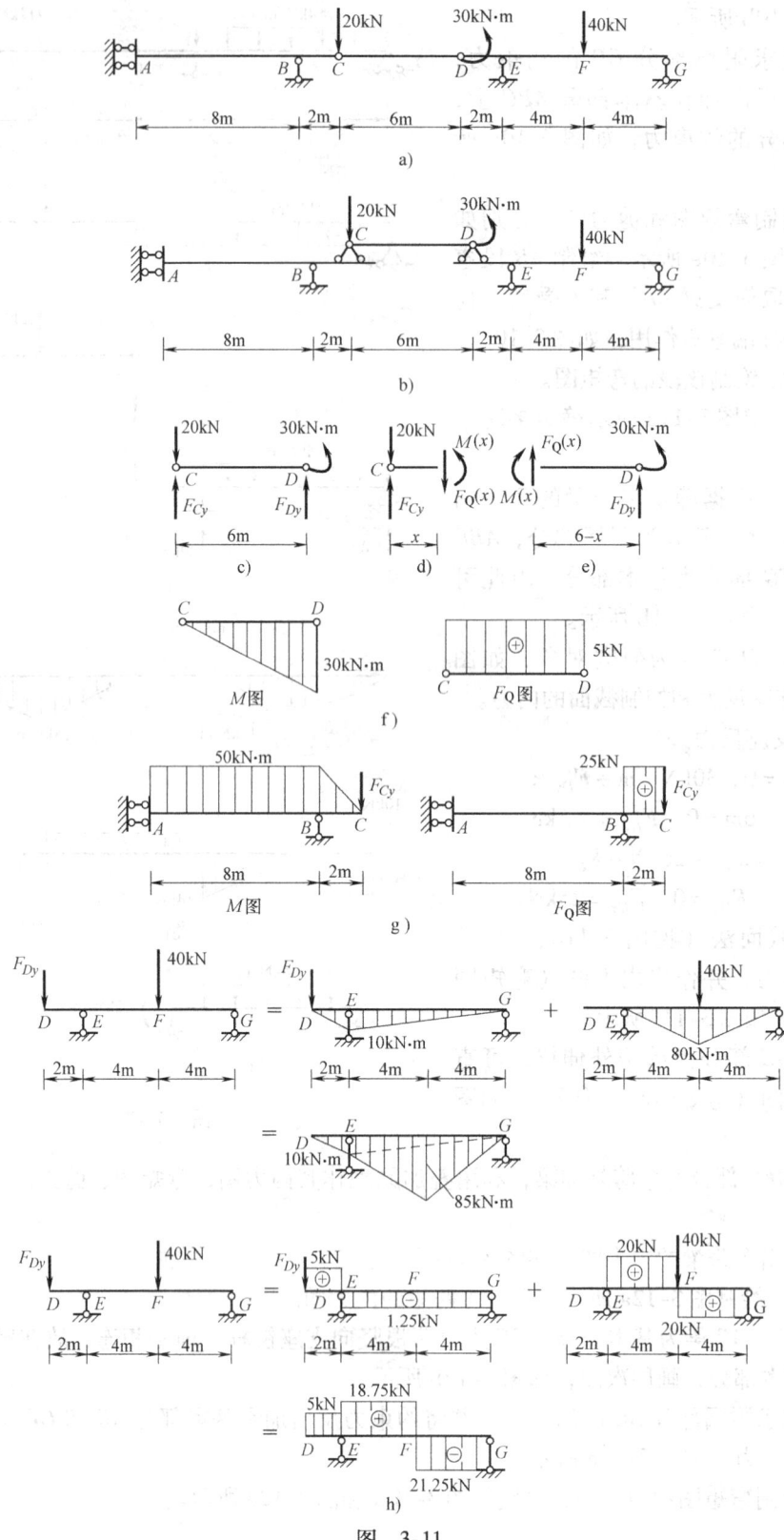

图 3-11

第 3 章 静定梁和静定刚架

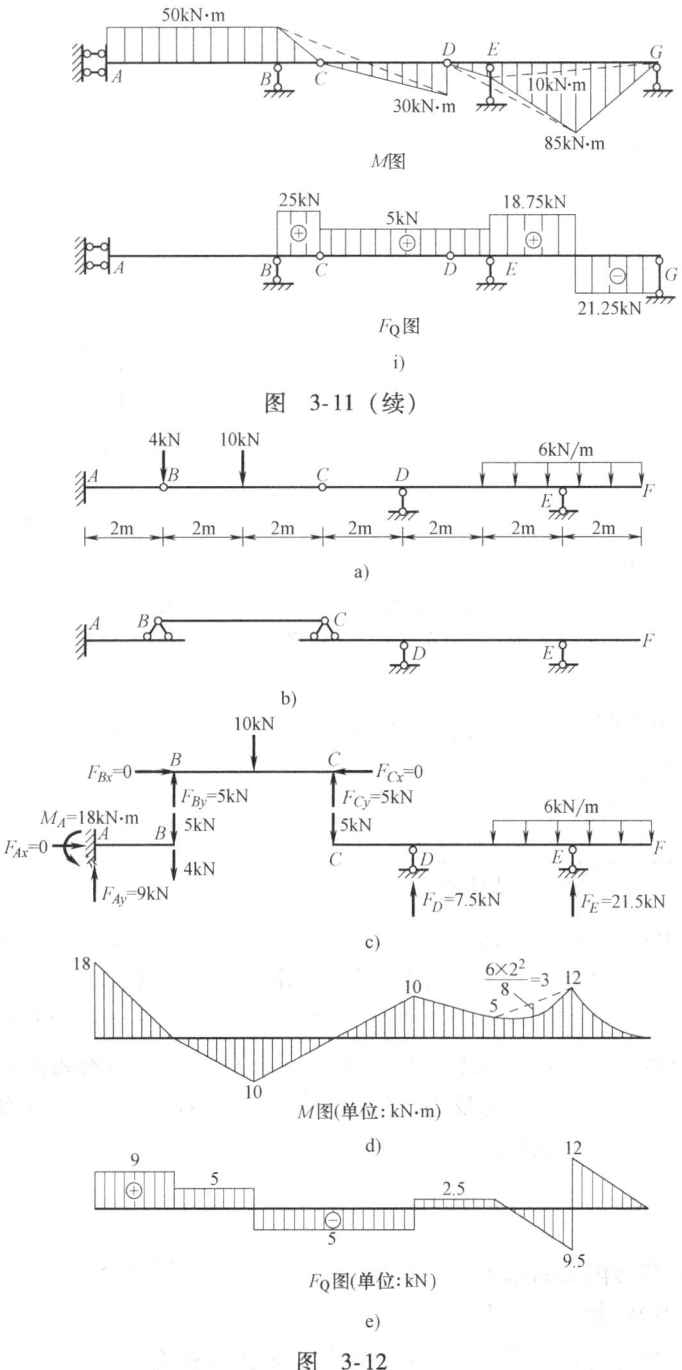

图 3-11（续）

图 3-12

3.4 静定平面刚架

刚架是由梁和柱所组成的杆件结构，它的一个重要特点是具有刚结点（全部或部分）。如果刚架所有杆件的轴线都在同一个平面内，且荷载也作用在该平面内，这样的刚架称为平面刚架。平面刚架可以分为静定刚架和超静定刚架，本节主要研究静定刚架。静定平面刚架常见的形式有悬臂刚架（如图 3-13 所示站台雨棚）、简支刚架（如图 3-14 所示渡槽的横向计算简图）及三铰刚架（如图 3-15 所示屋架）等。

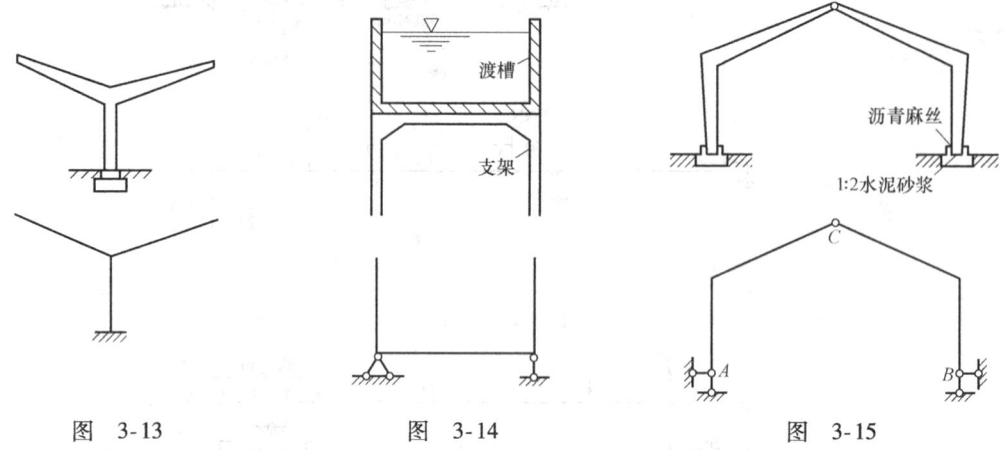

图 3-13　　　　　　图 3-14　　　　　　图 3-15

刚结点和铰结点比较，有以下区别：

1）在变形方面，在刚结点处所连接的各杆端的轴线不能发生相对转动，因而在外力作用下，各杆之间的夹角保持不变；而铰结点所连接的杆件在受力变形后各杆之间的夹角将发生改变。

2）在受力分析方面，刚结点能传递力和力矩，而铰结点只能传递力。

与梁相比刚架具有减小弯矩极值的优点，节省材料，并能有较大空间。在土木工程中常常采用刚架作为承重结构。

3.4.1　静定刚架支座反力的计算

在静定刚架的内力分析中，通常是先求支座反力。刚架在外力作用下处于平衡状态，其约束力可用平衡方程来确定。若刚架与地基是按两刚片规则组成时，支座反力只有三个，容易求得；当刚架与地基按三刚片规则组成时（如三铰刚架），支座反力有四个，除考虑结构整体的三个平衡方程外，还需再取刚架的左半部（或右半部）为隔离体建立一个平衡方程（通常是 $\sum M_C = 0$），方可求出全部反力；当刚架是由基本部分和附属部分组成时，应遵循先附属部分后基本部分的计算顺序。

3.4.2　绘制内力图

求解梁的任一截面内力的基本方法是截面法，这一方法同样也适用于刚架，可以应用截面法求解刚架任意指定截面的内力。

刚架是由单个杆件连接而成的，因此，刚架的内力分析仍要以单个杆件的内力分析为基础。从力学的角度来看，它与前面介绍过的静定梁相同。其解题步骤通常如下：由整体或某些部分的平衡条件求出支座反力或连接处的约束力；根据荷载情况，将刚架分解成若干杆段，由平衡条件求出各杆端内力；由各杆端内力并运用叠加原理逐杆绘制内力图，从而得到整个刚架的内力图。

（1）刚架的内力及正负号规定　刚架的内力有弯矩、剪力和轴力。弯矩一般不做正负号规定，其正向可以任意假设，但规定弯矩图要画在杆件受拉纤维的一侧。剪力使分离体顺时针方向转动为正,反之为负;轴力以杆件受拉为正,受压为负;剪力图和轴力图可以绘在杆件的任一侧但必须注明正负号,这与梁的内力图规定相同。

(2) 刚结点处的杆端截面及杆端截面内力的表示　刚架由梁、柱等不同方向的直杆用刚结点组成,因此,在刚结点处有不同方向的杆端截面,如图 3-16a 所示刚架,结点 C 有三个杆端截面。杆端截面的内力用两个下标表示:第一个下标表示该内力所属的杆端,第二个下标表示该杆段的另一端。如图 3-16b 三个杆端截面 C_1、C_2、C_3 的弯矩分别用 M_{CA}、M_{CD}、M_{CB} 表示,剪力和轴力分别用 F_{QCA}、F_{QCD}、F_{QCB} 和 F_{NCA}、F_{NCD}、F_{NCB} 表示。

(3) 内力图的绘制　绘制刚架内力图时,先将刚架拆成若干个杆件,由各杆件的平衡条件,求出各杆的杆端内力,然后利用杆端内力分别作出各杆件的内力图,最后将各杆件的内力图合在一起就是刚架的内力图。

例 3-5　试作图 3-16a 所示刚架的内力图。

解　(1) 求支座反力。取整个刚架为研究对象,受力图如图 3-16a 所示,由平衡方程

$$\sum M_A = 0, \quad F \times \frac{3}{2}l - F_{Bx} \times l = 0$$

$$\sum F_x = 0, \quad F_{Ax} + F_{Bx} = 0$$

$$\sum F_y = 0, \quad F_{Ay} - F = 0$$

解得

$$F_{Ax} = -\frac{3}{2}F, \quad F_{Bx} = \frac{3}{2}F, \quad F_{Ay} = F$$

反力 F_{Ax} 取负值,说明假定的方向与实际方向相反。将反力按正确方向画出,如图 3-16b 所示。

(2) 作 M 图。作弯矩图时,应逐次研究各杆,求出杆端弯矩,作出各杆的弯矩图,再合并成刚架的弯矩图。

AC 杆:隔离体如图 3-16c 所示。杆端 C 的弯矩记为 M_{CA},其方向可以任意画出,图中假设它使杆件下侧受拉,轴力 F_{NCA} 和剪力 F_{QCA} 按规定的正向画出;A 端的约束力按实际方向画出。由

$$\sum M_C = 0, \quad M_{CA} - Fl = 0$$

得 $M_{CA} = Fl$(下侧受拉)。

BC 杆:隔离体如图 3-16d 所示。由

$$\sum M_C = 0, \quad M_{CB} + \frac{3}{2}Fl = 0$$

得 $M_{CB} = -\frac{3}{2}Fl$(左侧受拉)。

CD 杆:隔离体如图 3-16e 所示。由

$$\sum M_C = 0, \quad M_{CD} - \frac{1}{2}Fl = 0$$

得 $M_{CD} = \frac{1}{2}Fl$(上侧受拉)。

以上三杆均为无荷载区段,只要标出各杆的两杆端弯矩,并将这两个控制点的标距连成直线,即得到各杆的弯矩图。最后刚架弯矩图由各杆弯矩图合并而成,如图 3-16f 所示。

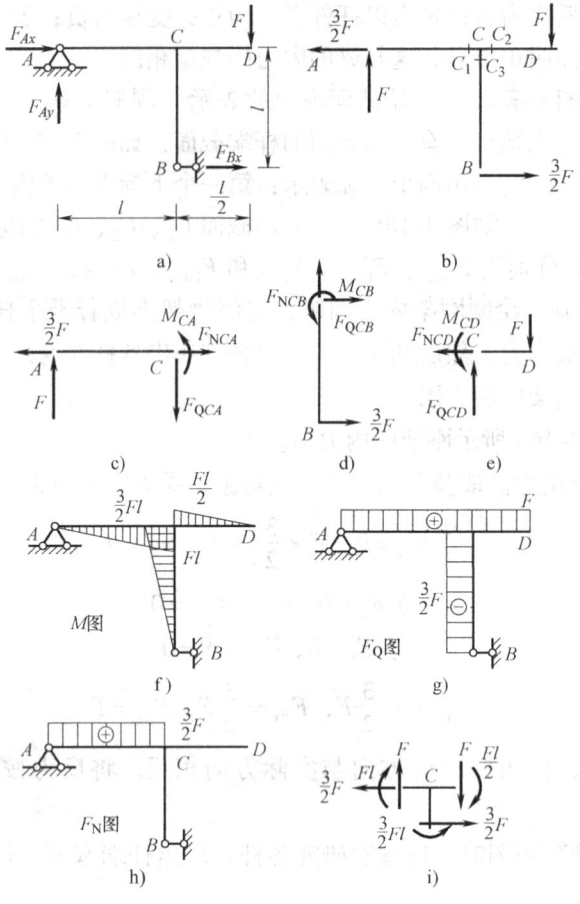

图 3-16

(3) 作 F_Q 图。作剪力图时，依然逐杆进行。已暴露出的杆端剪力均按正向画出。对各杆写投影方程，求出各杆的杆端剪力。

由图 3-16c 得 $\qquad F_{QCA} = F_{Ay} = F$

由图 3-16d 得 $\qquad F_{QCB} = -\dfrac{3}{2}F$

由图 3-16e 得 $\qquad F_{QCD} = F$

刚架剪力图如图 3-16g 所示。

剪力图可画在杆件的任意一侧，但必须将所求剪力的正负号标在剪力图上。

(4) 作 F_N 图。已暴露出的杆端轴力均按正向画出。分别对各杆写投影方程，求得

$$F_{NCA} = \dfrac{3}{2}F, \quad F_{NCD} = F_{NCB} = 0$$

轴力图可画在杆件的任意一侧，但必须将所求轴力的正负号标在轴力图上。刚架轴力图如图 3-16h 所示。

(5) 内力图校核。校核内力图，通常是校核结点是否平衡。用与结点 C 无限靠近的截面（见图 3-16b）将结点 C 截开，如图 3-16i 所示。其上三个杆端的内力值可以从刚架的弯矩图 3-16f、剪力图 3-16g 和轴力图 3-16h 上得到。因为剪力图上杆 BC 的剪力取负值，即杆上 C 端面的剪力指向左（使 BC 杆有逆时针方向转动的趋势），它的反作用力作用在结点 C

上指向右，如图 3-16i 中所示。

由图 3-16i 可知，结点 C 满足平衡方程

$$\sum F_x = 0, \quad \sum F_y = 0, \quad \sum M_C = 0$$

即计算结果无误。

验算平衡条件 $\sum M_C = 0$ 时应注意，因为截取结点 C 的截面与结点 C 无限靠近，所以，各剪力对结点 C 的矩为零，方程 $\sum M_C = 0$ 中只包括弯矩项。

例 3-6 试作图 3-17a 所示刚架的内力图。

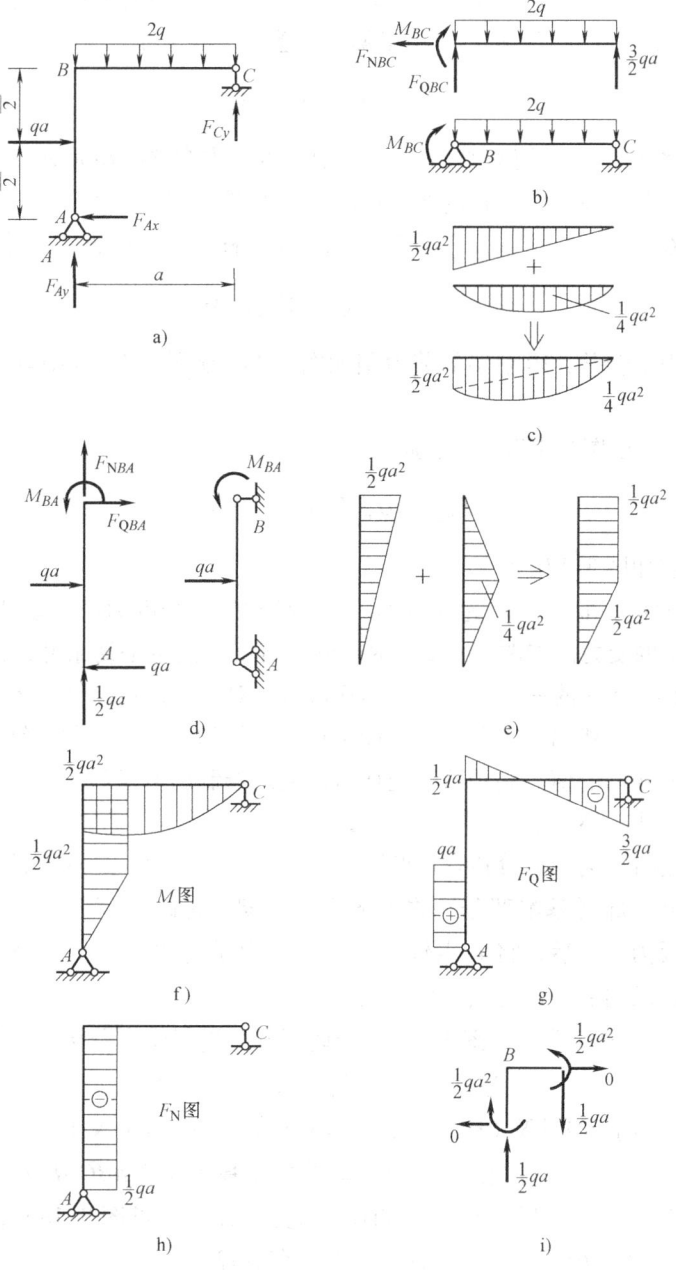

图 3-17

解 (1) 求支座反力。按图 3-17a，由平衡方程求得

$$F_{Ax} = qa, \quad F_{Ay} = \frac{1}{2}qa, \quad F_{Cy} = \frac{3}{2}qa$$

(2) 作 M 图。

BC 杆：隔离体如图 3-17b 所示。由平衡方程 $\sum M_B = 0$，得

$$M_{BC} = \frac{1}{2}qa^2 \quad (\text{下侧受拉})$$

这时 BC 杆的弯矩图可以借助简支梁 BC 按叠加法作出，如图 3-17c 所示。

AB 杆：隔离体如图 3-17d 所示。由平衡方程 $\sum M_B = 0$，得

$$M_{BA} = \frac{1}{2}qa^2 \quad (\text{右侧受拉})$$

AB 杆的弯矩图可以借助简支梁 AB 按叠加法作出，如图 3-17e 所示。

将二杆的弯矩图合并，可得到刚架的弯矩图，如图 3-17f 所示。

(3) 作 F_Q 图。由图 3-17b、d 分别对 BC、BA 二杆写出投影方程，分别求得

$$F_{QBC} = \frac{1}{2}qa, \quad F_{QBA} = 0$$

将二杆的剪力图合并，得刚架的剪力图如图 3-17g 所示。AB 杆中点有集中力，剪力图有突变。

(4) 作 F_N 图。由图 3-17b、d 分别求得

$$F_{NBC} = 0, \quad F_{NBA} = -\frac{1}{2}qa$$

刚架的轴力图如图 3-17h 所示。

(5) 内力图校核。取结点 B 为分离体，其上杆端的三个内力值可以从内力图 3-17f、g、h 上得到，结点 B 的受力图如图 3-17i 所示。可知结点 B 满足平衡条件，计算结果无误。

由图 3-17i 中结点 B 的平衡条件 $\sum M_B = 0$ 可知，对二杆结点且结点上无外力偶作用，则结点上二杆的弯矩大小相当，方向相反。即结点上两杆的弯矩或者同在结点内侧，或者同在结点外侧，且具有相同的值。利用这一规律可简便地绘制出弯矩值。

例 3-7 绘制图 3-18a 所示刚架的弯矩图。

解 首先，进行几何构造分析。F 点以右部分为三铰刚架，是基本部分；F 点以左部分则为支承于地基和右部（基本部分）之上的简支刚架，是附属部分。因此，应先取附属部分计算，求出其反力。然后，将 F 点铰链处的约束力反向加于基本部分，再求出基本部分的反力。反力全部求出后，即可绘出弯矩图。

(1) 先取附属部分计算。按图 3-18b，对附属部分进行受力分析，由平衡方程

$$\sum F_x = 0, \quad \sum F_y = 0, \quad \sum M_F = 0$$

求得 $\quad F_{Fx} = 12\text{kN}\ (\leftarrow),\ F_{Fy} = 9\text{kN}\ (\downarrow),\ F_{Hy} = 9\text{kN}\ (\uparrow)$

求出 H 点的约束力之后，可看做已知荷载反向施加于基本部分 ABCDF（三铰刚架）之上。

(2) 再选取基本部分分析。对于三铰刚架的受力分析（见图 3-18c），可先将基本部分 ABCDF 看做一个整体进行受力分析，列出三个平衡方程

$$\sum F_x = 0, \quad F_{Ax} + F_{Bx} + 12\text{kN} = 0 \tag{a}$$

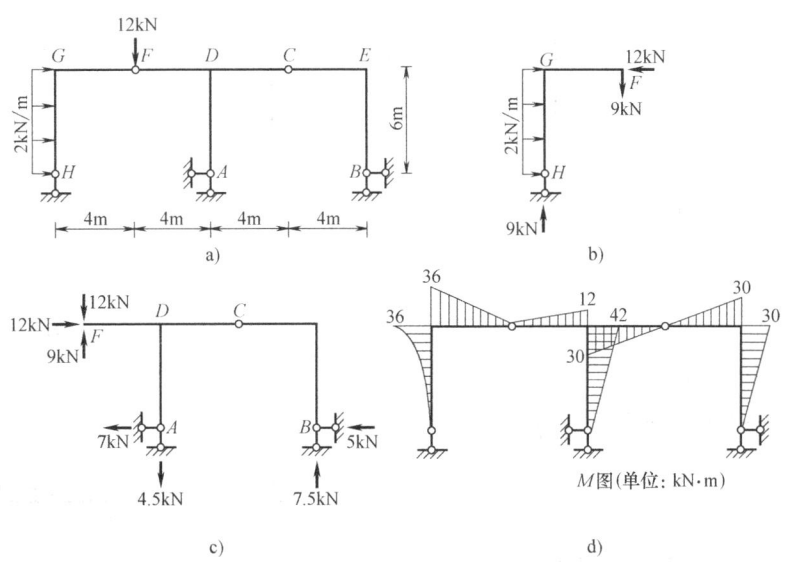

图 3-18

$$\sum F_y = 0, \quad F_{Ay} + F_{By} + 9\text{kN} - 12\text{kN} = 0$$

$$\sum M_B = 0, \quad F_{Ay} \times 8\text{m} + 9\text{kN} \times 12\text{m} - 12\text{kN} \times 12\text{m} + 12\text{kN} \times 6\text{m} = 0$$

得出　　　　　$F_{Ay} = 4.5\text{kN}\ (\downarrow),\ F_{By} = 7.5\text{kN}\ (\uparrow),\ F_{Ax} + F_{Bx} = -12\text{kN}$

再选取 FDCA 部分进行受力分析，对 C 点取力矩 $\sum M_C = 0$

可得　　　　　　　　　　　　$F_{Ax} = 7\text{kN}\ (\leftarrow)$

代入式（a），可得　　　　　　$F_{Bx} = 5\text{kN}\ (\leftarrow)$

(3) 再按照例 3-6 的绘制弯矩图的方法，得到刚架最终弯矩图，如图 3-18d 所示。

例 3-8　求图 3-19a 所示刚架的内力。

解　(1) 利用结构关于 CG 轴正对称的对称性进行计算。因为结构正对称、荷载正对称，则对称轴处的内力也一定正对称，所以结点 C 处只有水平反力，无竖向反力，可取半结构如图 3-19b 所示。

(2) 在对称荷载作用下，对图 3-19b 所示结构进行计算。

以 BG 为研究对象，根据力的平衡，铰结点 B、G 的反力必然等值、反向、共线，如图 3-19c 所示。以 ABC 为研究对象，如图 3-19d 所示。

$$\sum M_A = 0, \quad F_{BG} \times \cos 45° \times 5\text{m} - 10 \times 10 \times 5\text{kN} \cdot \text{m} = 0, \quad F_{BG} = 141.42\text{kN}$$

$$\sum F_y = 0, \quad F_{Ay} + F_{BG} \times \sin 45° - 10 \times 10\text{kN} = 0, \quad F_{Ay} = 0\text{kN}$$

求控制截面的内力（略），可作出半结构的弯矩图和剪力图，如图 3-19e 所示。

对称荷载作用下整个结构的内力图如图 3-19f 所示。由内力图可以看出以下规律：结构正对称，荷载正对称，则弯矩图关于对称轴正对称，剪力图关于对称轴反对称。若结构对称，荷载反对称，读者可自行绘制内力图，寻找其中规律，此处不再赘述。

由以上例子，可以将绘制刚架内力图的要点总结如下：

1) 绘制刚架的内力图就是逐一绘制刚架上各杆件的内力图。

2) 绘制一杆件的弯矩图，可将该杆件视为简支梁，绘制其杆端弯矩和荷载共同作用下

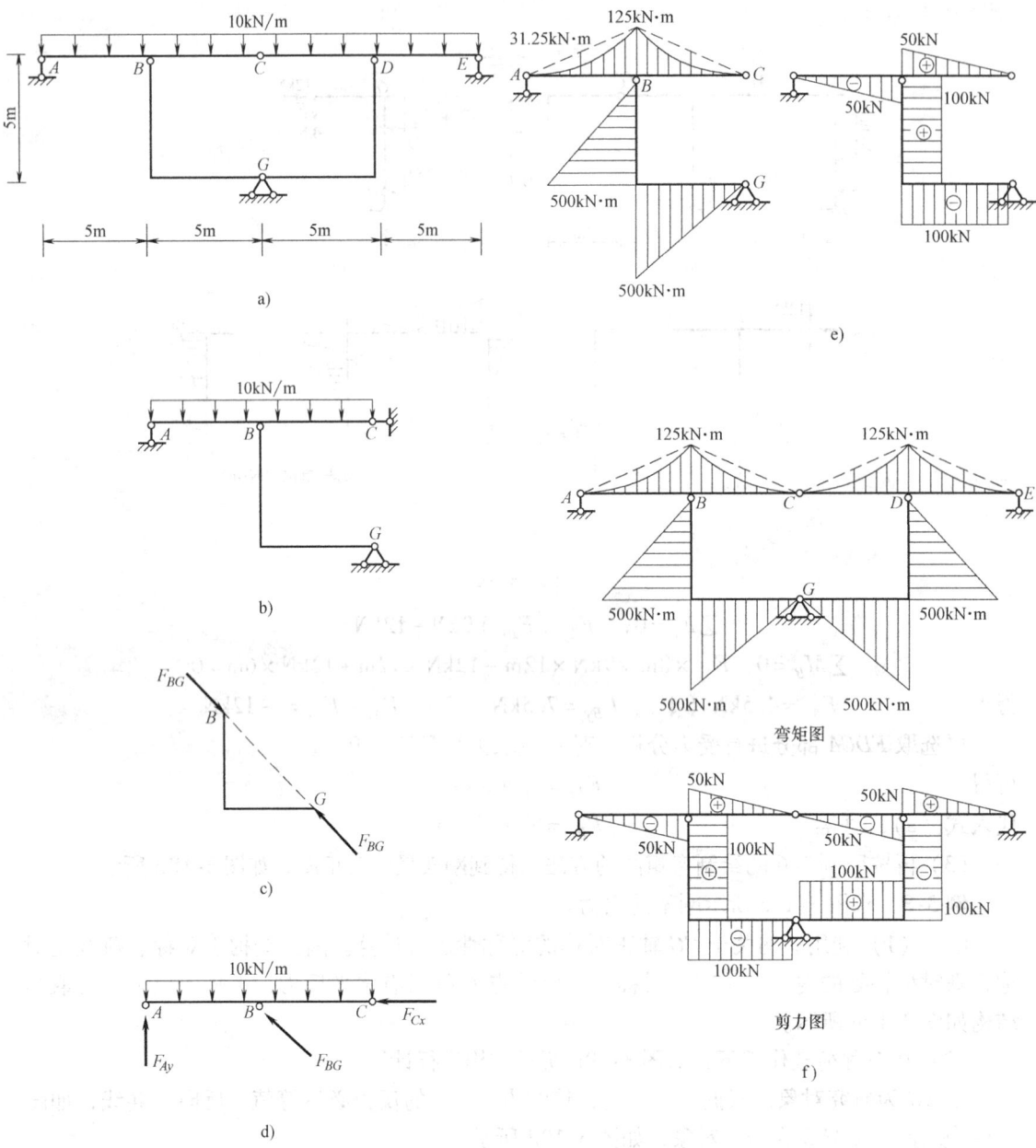

图 3-19

所引起的简支梁的弯矩图。求杆端弯矩是关键。

3）绘制一杆件的剪力图，就是绘制其杆端剪力和横向荷载共同作用下的剪力图。求杆端剪力是关键。

4）绘制杆件的轴力图，在只有横向垂直于杆件轴线荷载的情况下，只需求出杆件一端的轴力，轴力图即可画出。

5）内力图的校核是必须的。通常取刚架的一部分或某一结点为隔离体，按已绘制的内力图画出隔离体的受力图，验算该受力图上各内力是否满足平衡方程。

6）注意利用结构、荷载的对称性，可以简化计算。

3.5 快速绘制刚架的弯矩图

静定刚架的内力分析，不仅是强度计算的需要，而且也是位移计算和分析超静定刚架的基础，尤其是弯矩图的绘制，以后应用非常广泛，也是本课程最重要的基本功之一，必须通过足够多的习题训练切实掌握。值得指出的是，与绘制静定多跨梁弯矩图的方法相似，在静定刚架中，常常也可以不求或少求反力而迅速绘出弯矩图。例如，结构上若有悬臂部分及简支梁部分（含两端铰接直杆承受横向荷载），则其弯矩图可先绘出；充分利用弯矩图的形状特征（最常用的是直杆的无荷载区段弯矩图为直线和铰处弯矩为零），刚结点的力矩平衡条件，分段叠加法作弯矩图；外力与杆轴重合时不产生弯矩，外力与杆轴平行及外力偶产生的弯矩为常数，以及对称性的利用等，这些都将给绘制弯矩图的工作带来极大方便。至于剪力图，则可根据弯矩图的斜率或杆段的平衡条件求得，然后，根据剪力图利用结点投影平衡条件即可作出轴力图，以及求得支座反力。

例 3-9 试计算图 3-20a 所示刚架，并绘制其内力图。

解 由刚架的整体平衡条件 $\sum F_x = 0$，可求得水平反力

$$F_{Bx} = 5\text{kN} \ (\leftarrow)$$

此时，不需再求两竖向反力即可绘出刚架的全部弯矩图。因为反力 F_A 与竖杆 AC 的轴线重合，由截面法可知（取该杆任意截面以下部分为隔离体来看），F_A 无论多大都不会对 AC 杆产生弯矩。同理，反力 F_{By} 对 BD 杆的弯矩也不会产生影响。因此，该二竖杆的弯矩图已可作出（见图 3-20b）。然后，根据结点 C 的力矩平衡条件（见图 3-20c），可得

$$M_{CD} = 20\text{kN} \cdot \text{m}（上侧受拉）$$

再考虑结点 D 的力矩平衡（见图 3-20d），可得

$$M_{DC} = 30\text{kN} \cdot \text{m} + 10\text{kN} \cdot \text{m} = 40\text{kN} \cdot \text{m}（上侧受拉）$$

至此，横梁 CD 两端的弯矩都已求得，故其弯矩图可用分段叠加法作出，如图 3-20b 所示。

根据已作出的弯矩图，利用微分关系或杆段的平衡条件可作出刚架的剪力图，如图 3-20e 所示（方法同前面例 3-5，读者可自行校核）。然后，根据剪力图，考虑各结点的投影平衡条件，即可求出各杆端的轴力。例如，取出结点 D 为隔离体（见图 3-20f），由 $\sum F_x = 0$ 和 $\sum F_y = 0$ 可分别求得

$$F_{NDC} = -5\text{kN}（压力），\quad F_{NDB} = -28.3\text{kN}（压力）$$

结点 C 处的各杆端轴力可用同样方法求得，从而可绘出刚架的轴力图，如图 3-20g 所示。

例 3-10 试作图 3-21 所示刚架的弯矩图。

解 这是一个多刚片结构，若将各刚片拆开，自右至左按先附属部分后基本部分的顺序依次求出各支座反力及刚片间铰结点处的约束力，然后逐杆绘制其弯矩图，则无困难，不需赘述。现在要讨论的是不求反力如何绘出弯矩图。

首先，三根竖杆均为悬臂，它们的弯矩图可先行绘出。EG 亦属悬臂部分，由于外力 F 平行于该段杆轴线，故其弯矩为常数，相应的弯矩图为水平线。然后，由无荷载区段弯矩图为直线和铰处弯矩为零，可绘出 DE 段的弯矩图。接下来作 CD 段的弯矩图似乎遇到了困难，因为支座 E 的反力或铰 D 处的约束力都未求出。但是，注意到 CD 段和 DE 段的剪力是相等的（都等于支座 E 的反力），因而可知它们弯矩图的坡度也应相等。于是，利用刚结点力矩

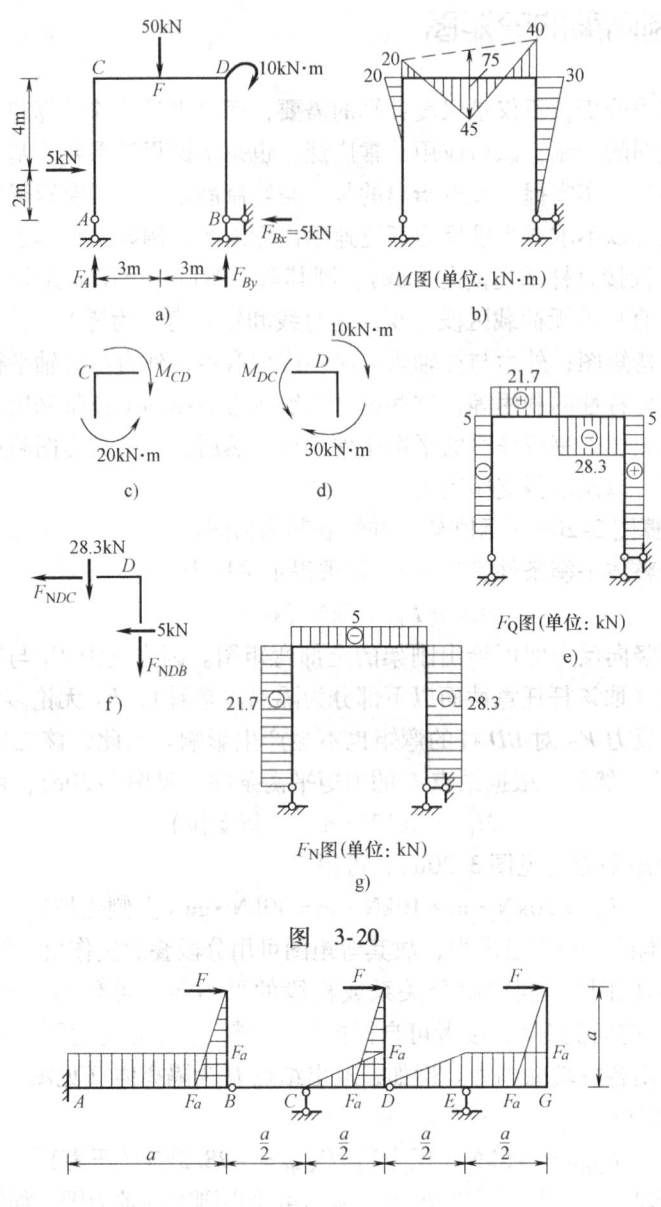

平衡和作 DE 段弯矩图的平行线,便可绘出 CD 段的弯矩图,并可定出 $M_{CD}=0$。据此并根据铰 B 处弯矩为零,又可绘出 BC 段的弯矩图,它与基线重合。最后,利用刚结点力矩平衡,并注意到 AB 段和 BC 段的剪力相等,因而两段的弯矩图应平行,便可作出 AB 段的弯矩图。

习 题

3-1 求图 3-22 所示各梁的指定截面上的剪力和弯矩。

3-2 试根据弯矩图、剪力图的规律指出图 3-23 所示剪力图和弯矩图的错误。

3-3 作图 3-24 所示静定多跨梁的弯矩图。

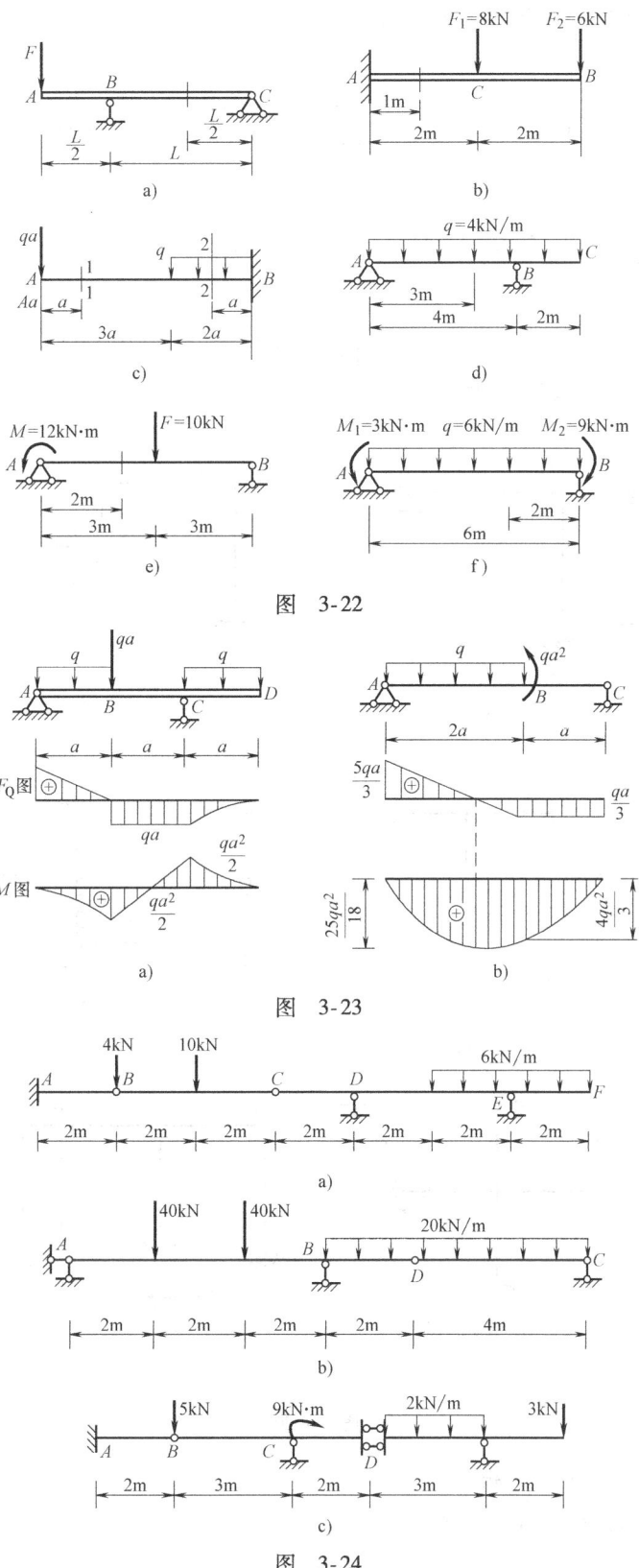

图 3-22

图 3-23

图 3-24

3-4 验证图 3-25 所示弯矩图是否正确,若有错误给予改正。

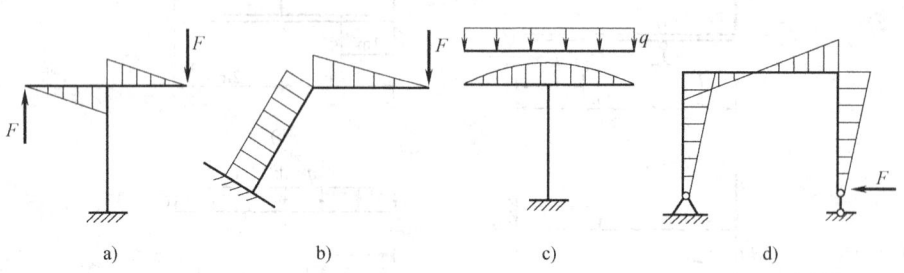

图 3-25

3-5 作图 3-26 所示刚架的内力图。

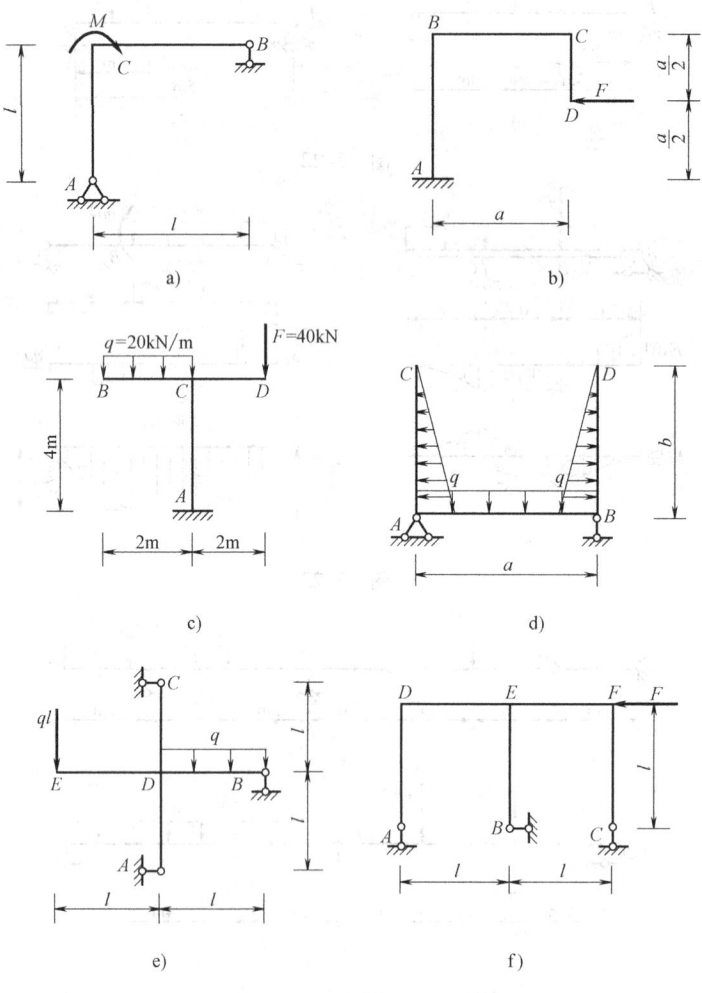

图 3-26

3-6 作图 3-27 所示刚架的弯矩图。

3-7 试作图 3-28 所示刚架的弯矩图。

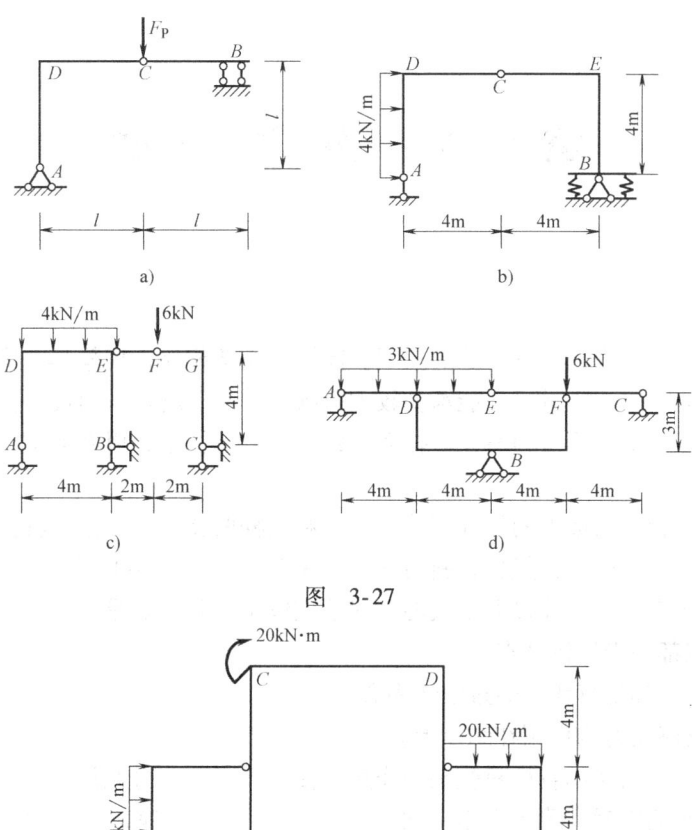

图 3-27

图 3-28

第 4 章 静 定 桁 架

4.1 概述

桁架结构在土木工程中有着广泛的应用。同梁和刚架相比，桁架具有应力分布均匀，能够充分发挥材料的效应，重量轻，能承受较大荷载，并可跨越较大跨度等优点。工程中常见的桁架有民用房屋和工业厂房的屋架、托架、跨度较大的桥梁，以及起重机塔架、建筑施工用的支架等。

根据不同的位置，桁架中的杆件可分为弦杆和腹杆两类。上部弦杆称为上弦杆，下部弦杆称为下弦杆，竖向腹杆称为竖杆，斜向腹杆称为斜杆，如图 4-1a 所示。

桁架是由若干直杆用铰连接而组成的几何不变体系，其特点是：

1) 所有结点都是光滑铰结点。
2) 各杆的轴线都是直线并通过铰链中心。
3) 荷载和支座反力均作用在结点上。

由于上述特点，桁架的各杆只受轴力作用，使材料得到充分利用。当桁架各杆轴线和外力都作用在同一平面内时，称为平面桁架。图 4-1a 所示为一静定平面桁架。根据桁架的特点，桁架中的每一根杆都是二力杆，内力只有轴力（见图 4-1b）。在计算中，规定拉力为正，压力为负。

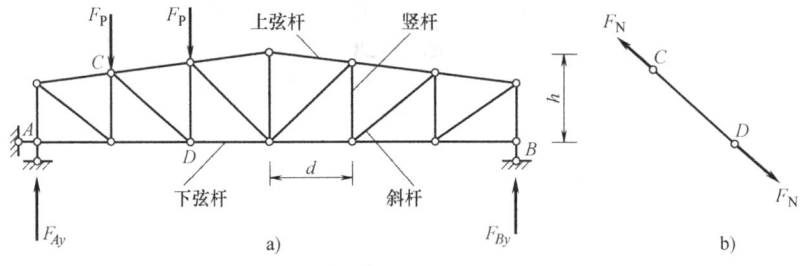

图 4-1

符合上述特点的桁架称为理想桁架。由理想桁架求得的内力称为主内力。实际工程中的桁架并不完全符合上述特点。例如，各结点都具有一定的刚性，并不是铰接；各杆轴线不一定绝对平直；结点上各杆的轴线不一定交于一点；荷载不一定都作用在结点上等。所以在外力作用下，各杆将产生一定的弯曲变形。一般情况下，由于构造和受力情况与上述假定不相符所引起的附加内力居于次要地位，称之为次内力，可以忽略不计。

平面桁架类型很多，根据桁架的不同特征，可以将其分成以下几类：

1. 按外形分类

有梯形桁架（见图 4-1a）、折弦桁架（见图 4-2a）、三角形桁架（见图 4-2b）和平行弦桁架（见图 4-4a）等。

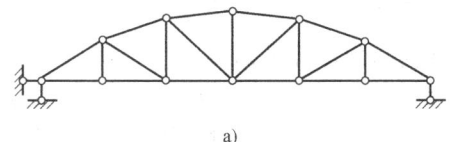 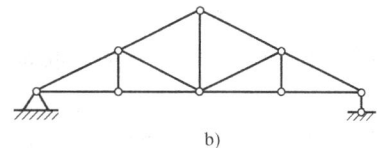

图 4-2

2. 按受竖向荷载作用时支座有无水平反力分类

有梁式桁架（见图 4-1a、图 4-2、图 4-4a）和拱式桁架（见图 4-3）。

3. 按几何组成规则分类

（1）简单桁架　由基础或一个基本铰接三角形开始，逐次增加二元体（两根不共线的杆件连接一个结点）所构成的桁架，如图 4-4 所示。

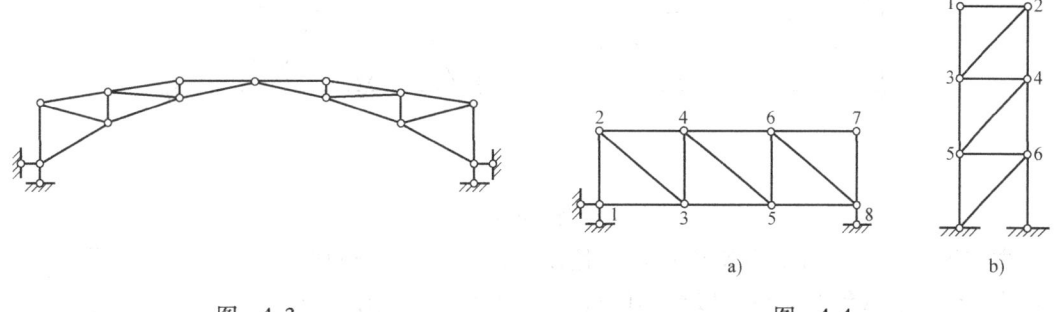

图 4-3　　　　　　　　　　　　　　图 4-4

（2）联合桁架　由几个简单桁架，按照几何不变体系的两刚片规则或三刚片规则组成的桁架，如图 4-5 所示。

（3）复杂桁架　不属于简单桁架及联合桁架的，称为复杂桁架，如图 4-6 所示。

求解静定平面桁架内力的常用方法有结点法、截面法和联合法。下面分别介绍这些方法。

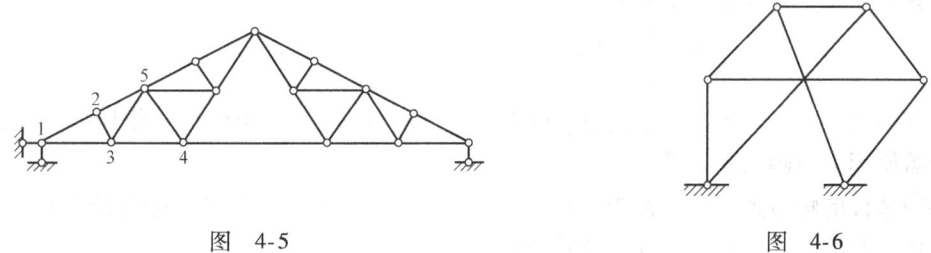

图 4-5　　　　　　　　　　　　　　图 4-6

4.2　结点法

在计算桁架各杆的轴力时，截取桁架的结点为隔离体，利用结点平面汇交力系的两个平衡条件求解杆件内力的方法，称为结点法。

应用结点法可以方便地计算简单桁架。从理论上分析，任何形式的静定桁架都可以用结点法来求解。平面桁架的结点受平面汇交力系作用，每个结点只能列两个独立的平衡方程。因此，在所截取的结点上，未知内力的数目不宜多于两个。由于简单桁架的几何组成顺序是由铰接三角形依次增加二元体得到的，最后一个结点上的未知力数目只有两个。因此，在求解时，只需先利用整体平衡条件求出支座反力（悬臂桁架可不必先求支座反力），然后再截取只连两个杆件的结点（一般是选取简单桁架几何组成顺序的最后一个结点），利用该结点的平面汇交力系平衡关系求解所连两根杆件内力，之后顺序截取与组成次序相反的结点进行受力分析，利用平衡关系，即可依次求出全部杆件的轴力。计算时先假定未知杆件的轴力为拉力（背离结点），若结果为正值，表示该杆轴力为拉力；反之，表示轴力为压力。

图 4-7a 所示桁架（悬臂桁架）由几何构造分析可知为简单桁架，其组成顺序为结点 1、2、3、4、5、6，用结点法计算各杆的内力时可取相反次序，即取 6、5、4、3、2、1 依次逐点计算，由于计算时每个结点只有两个未知力，利用结点平衡条件即可求解。最后可以求出全部杆件的内力。

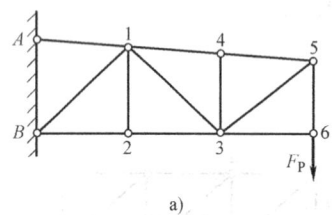 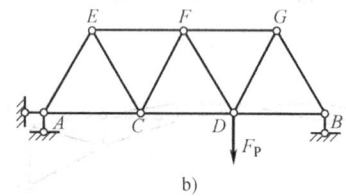

图 4-7

应当指出，一个简单桁架往往可以按不同的结点次序组成，因此应用结点法求解时，也可以按不同次序截取结点。如图 4-7b 所示桁架，可以认为它是由三角形 AEC 开始，依次增加二元体得到新结点 F、D、G、B 组成的，也可以认为它是由三角形 BGD 开始，按结点 F、C、E、A 的次序组成。

在计算中，经常需要把斜杆的内力 F_N 分解为水平分力 F_x 和竖向分力 F_y（图 4-8）。设斜杆的长度为 l，其水平和竖向的投影长度分别为 l_x 和 l_y，则由比例关系可知

$$\frac{F_N}{l} = \frac{F_x}{l_x} = \frac{F_y}{l_y} \tag{4-1}$$

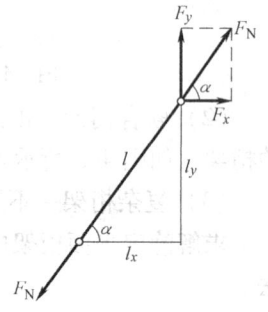

图 4-8

这样利用这一比例关系，在 F_N、F_x 和 F_y 三者中，任知其一便可很方便地推算其余两个，而无需使用三角函数来计算。

桁架中某杆的轴力为零时，称为零杆。在计算时，宜先判断出零杆，把零杆去掉，使计算得以简化。常见的零杆有以下几种特殊情况：

1）不共线的两杆结点，若无外力作用，则此两杆轴力必为零（见图 4-9a）。

2）不共线的两杆结点，若外力与其中一杆共线，则另外一杆轴力必为零（见图 4-9b）。

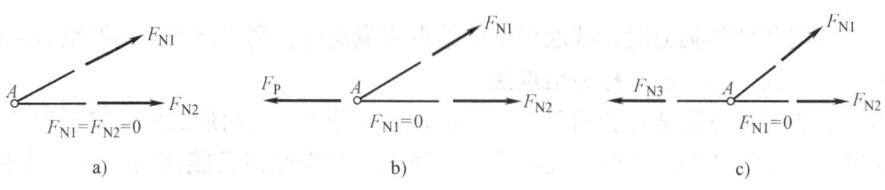

图 4-9

3) 三杆结点，无外力作用，若其中两杆共线，则另一杆轴力必为零（见图4-9c）。

例4-1 一屋架的尺寸及所受荷载如图4-10a所示，试用结点法求每根杆的轴力。

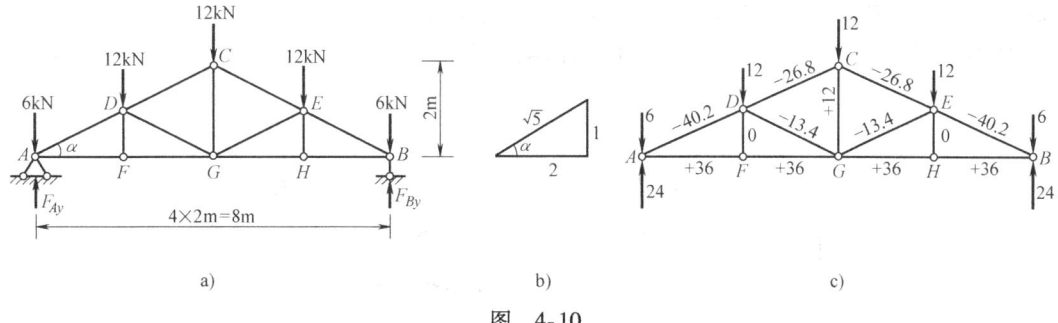

图 4-10

解 先计算支座反力。以桁架整体为研究对象，求得 $F_{Ay} = F_{By} = 24\text{kN}$。

按几何组成相反的次序，从结点 A（或 B）开始，依次逐个截取结点，便可求出各杆的内力。注意到结构和荷载的对称性，只要计算桁架的一半即可。又根据零杆的判断方法，可知 DF 杆和 EH 杆为零杆，可去掉。故计算的顺序为结点 A、D、C。

（1）结点 A，受力如图4-11a所示。由

$$\sum F_y = 0, \quad F_{NAD}\sin\alpha + 24\text{kN} - 6\text{kN} = 0$$

得

$$F_{NAD} = -18\text{kN} \times \sqrt{5} = -40.2\text{kN}$$

$$\sum F_x = 0, \quad F_{NAF} + F_{NAD}\cos\alpha = 0$$

得

$$F_{NAF} = -(-40.2)\text{kN} \times \frac{2}{\sqrt{5}} = 36\text{kN}$$

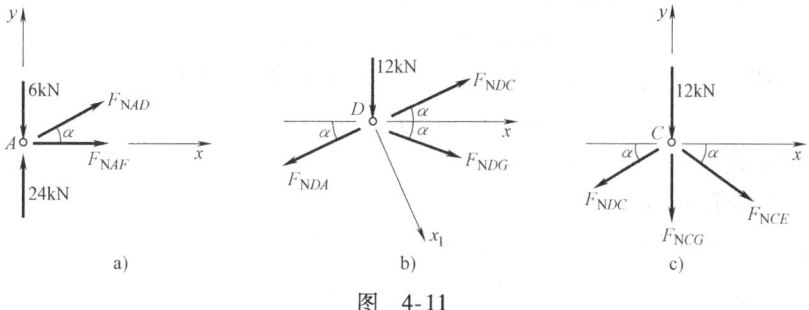

图 4-11

（2）结点 D，受力图如图4-11b所示。由

$$\sum F_{x_1} = 0, \quad F_{NDG}\cos(90° - 2\alpha) + 12\text{kN} \times \cos\alpha = 0$$

得

$$F_{NDG} = -6\sqrt{5}\text{kN} = -13.4\text{kN}$$

$$\sum F_x = 0, \quad F_{NDC}\cos\alpha + F_{NDG}\cos\alpha - F_{NAD} = 0$$

得

$$F_{NDC} = -40.2\text{kN} - (-13.4)\text{kN} = -26.8\text{kN}$$

（3）结点 C，如图4-11c所示。由

$$\sum F_x = 0, \quad F_{NCE}\cos\alpha - F_{NDC}\cos\alpha = 0$$

得

$$F_{NCE} = -26.8\text{kN}$$

$$\sum F_y = 0, \quad -F_{NCG} - (F_{NCE} + F_{NDC})\sin\alpha - 12\text{kN} = 0$$

得

$$F_{NCG} = -2 \times \frac{-26.8\text{kN}}{\sqrt{5}} - 12\text{kN} = 12\text{kN}$$

最终各杆之轴力如图 4-10c 所示。图中正号为拉力，负号为压力，单位是 kN。

由计算结果可知，桁架的上弦杆都受压，而下弦杆都受拉，斜腹杆亦受压。所以，在屋架的制作中，下弦杆用钢拉杆，上弦杆用木材或钢筋混凝土制造。

例 4-2 试用结点法计算图 4-12a 所示桁架的内力。

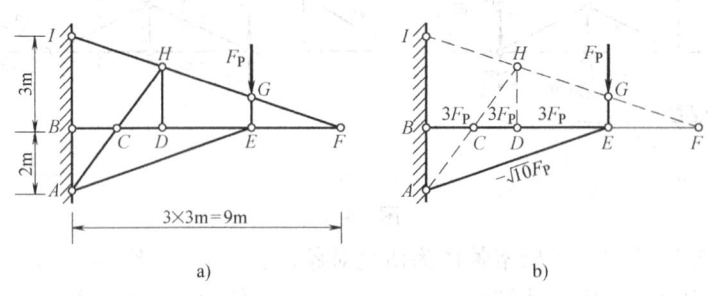

图 4-12

解 （1）判断零杆。

结点 F 为两杆汇交点，且无荷载作用。由结点平衡的零杆特殊情况结论 1），可知
$$F_{NGF} = F_{NEF} = 0$$

结点 G 为三杆汇交点，且有荷载作用。由结点平衡的关系，可知
$$F_{NHG} = F_{NGF} = 0, \quad F_{NGE} = -F_P$$

结点 D 为三杆汇交点，且无荷载作用。由结点平衡的零杆特殊情况结论 3），可知
$$F_{NCD} = F_{NDE}, \quad F_{NHD} = 0$$

如果不考虑零杆 HD，分析结点 H，同理可得
$$F_{NIH} = F_{NHG} = 0, \quad F_{NHC} = 0$$

结点 C 为四杆汇交点，且无荷载作用。由结点平衡关系可知
$$F_{NBC} = F_{NCD}, \quad F_{NHC} = F_{NCA} = 0$$

将零杆用虚线画出，如图 4-12b 所示。

（2）计算其余杆内力。

根据结点 E 竖向平衡 $\qquad F_{AEy} = F_{NGE} = -F_P$

利用比例关系 $\qquad \dfrac{F_{NAE}}{2\sqrt{10}} = \dfrac{F_{AEx}}{6} = \dfrac{F_{AEy}}{2}$

可得 $\qquad F_{NAE} = \sqrt{10} F_{AEy} = -\sqrt{10} F_P, \quad F_{AEx} = 3F_{AEy} = -3F_P$

因此 $\qquad F_{NBC} = F_{NCD} = F_{NDE} = -F_{AEx} = 3F_P$

4.3 截面法

在计算桁架各杆的内力时，截取桁架的某个部分（至少包括两个结点）为隔离体，利用平面任意力系的三个平衡条件来计算未知力的方法，称为截面法。

在分析桁架内力时，有时只需要计算某几根杆的内力，这时采用截面法较为方便。截面法是用一假想的截面在某适当位置将桁架截为两部分，选取其中一部分为隔离体，其上作用的力系一般为平面任意力系，用平面任意力系平衡方程求解被截断杆件的内力。由于平面任意力系平衡方程只有三个,所以只要截面上未知力数目不多于三个,就可以求出其全部未知力。

如图 4-13a 所示的联合桁架,无论从哪个结点开始计算都至少包含三个未知力,直接应用结点法求解有困难,宜采用截面法,沿截面 I—I 将该桁架截为两部分,根据平衡关系,求出 AB 杆的内力,再对组成联合桁架的两个简单桁架进行计算便无困难。又如图 4-13b 所示联合桁架,可作图中所示环形截面,取其中间三角形部分为隔离体,求出链杆 1、2、3 的内力,再计算两个铰接三角形各杆内力。

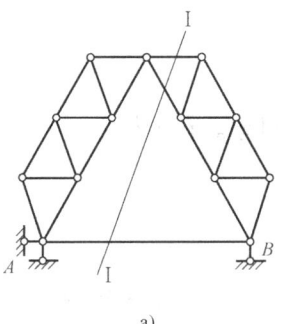
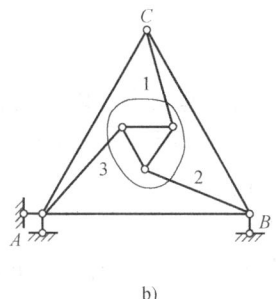

图 4-13

应用截面法时,应注意以下几个方面,可使得计算简便。

1) 选取适当截面,尽量使所截取的隔离体中包含的未知内力数目不超过三个,以便利用三个平衡方程,直接解出这些未知力。在建立平衡方程时,尽量使每一个方程中只包含一个未知力,以避免解联立方程。

2) 注意对联合桁架的几何构造分析,截面位置常常选取在组成联合桁架的简单桁架间的连接链杆处,这样解题思路更加明确,并可使计算更加简便。

3) 在应用力矩方程时,注意选择适当的矩心,一般选取尽可能多的未知力的交点作为矩心,对其取矩,可减少力矩方程中未知力的个数,从而达到简化运算的目的。

4) 在隔离体被截断的杆件中,如除一根杆外,其余的杆件均相互平行时,该杆的内力可用投影方程求解。将所有被截杆件内力向与平行杆垂直的轴进行投影,则这些平行杆内力在该投影轴上均无投影,可简化运算,如图 4-14 所示。

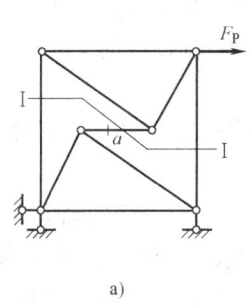
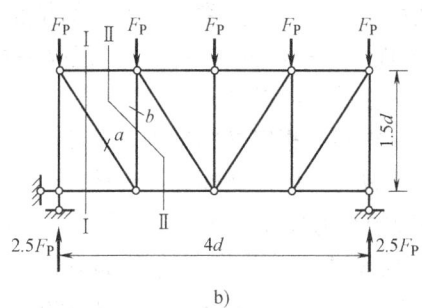

图 4-14

例 4-3 如图 4-15a 所示平面桁架,各杆件的长度都等于 1m。在结点 E 上作用荷载 $F_{P1}=10\text{kN}$,在结点 G 上作用荷载 $F_{P2}=7\text{kN}$。试计算杆 1、2 和 3 的内力。

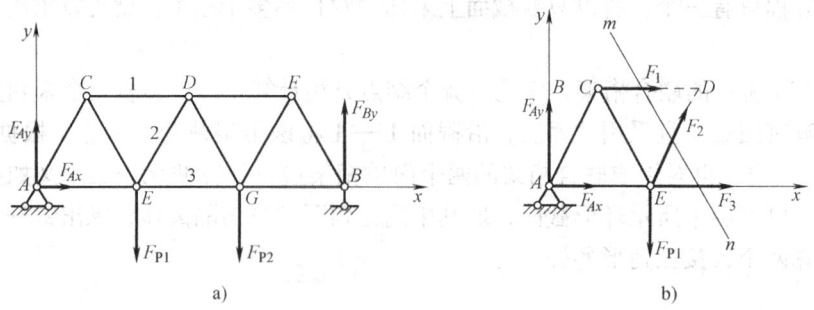

图 4-15

解 先求桁架的支座反力。以桁架整体为研究对象。在桁架上受荷载 F_{P1} 和 F_{P2} 以及约束力 F_{Ax}、F_{Ay} 和 F_{By} 的作用。列出平衡方程

$$\sum F_x = 0, \qquad F_{Ax} = 0$$
$$\sum F_y = 0, \qquad F_{Ay} + F_{By} - F_{P1} - F_{P2} = 0$$
$$\sum M_B(F) = 0 = 0, \qquad F_{P1} \times 2\text{m} + F_{P2} \times 1\text{m} - F_{Ay} \times 3\text{m} = 0$$

解得 $\qquad F_{Ax} = 0, F_{Ay} = 9\text{kN}, F_{By} = 8\text{kN}$

为求杆 1、2 和 3 的内力，可作一截面 m—n 将三杆截断。选取桁架左半部为研究对象。假定所截断的三杆都受拉力，受力如图 4-15b 所示，为一平面任意力系。列平衡方程

$$\sum M_E(F) = 0, \qquad -F_1 \times \frac{\sqrt{3}}{2} \times 1\text{m} - F_{Ay} \times 1\text{m} = 0$$
$$\sum F_y = 0, \qquad F_{Ay} + F_2 \sin 60° - F_{P1} = 0$$
$$\sum M_D(F) = 0, \qquad F_{P1} \times \frac{1}{2}\text{m} + F_3 \times \frac{\sqrt{3}}{2} \times 1\text{m} - F_{Ay} \times 1.5\text{m} = 0$$

解得 $\qquad F_1 = -10.4\text{kN}$（压力），$F_2 = 1.15\text{kN}$（拉力），$F_3 = 9.81\text{kN}$（拉力）

如选取桁架的右半部为研究对象，可得同样的结果。

同样，可以用截面截断另外三根杆件，计算其他各杆的内力，或用以校核已求得的结果。

有时被截杆件虽然超过三个，但某些杆件的轴力仍能由此隔离体求出。如图 4-16 中所示的截面，虽然截了四根杆，但除一根外，均相交于点 B，由 $\sum M_B = 0$ 可以求出 F_{N1}。又如图 4-17 所示的截面中，被截杆件有四个，但除一杆外均平行，这时 F_{N4} 可由投影方程（垂直于 F_{N1}、F_{N2}、F_{N3} 方向）算出。

截面法适用于求某些指定杆的轴力以及联合桁架连接杆的轴力。计算时为了方便，可以选取荷载或反力比较简单的一侧作为隔离体。

例 4-4 桁架的受力尺寸如图 4-18 所示。试求其中 1、2、3 杆的轴力。

解 若选用截面 II—II 分桁架为两部分，此时将截断四根杆，无法求解，若取截面 I—I 将桁架截断，取右部为隔离体（图 4-18b），虽然也截断四根杆，但杆 5、杆 6 的轴力共线，并且与杆 4 轴力交于 H。故可以 H 为矩心，由力矩方程可解出 F_{N1}。由图示尺寸知，$\cos\alpha = \dfrac{4}{5}$，$\sin\alpha = \dfrac{3}{5}$。

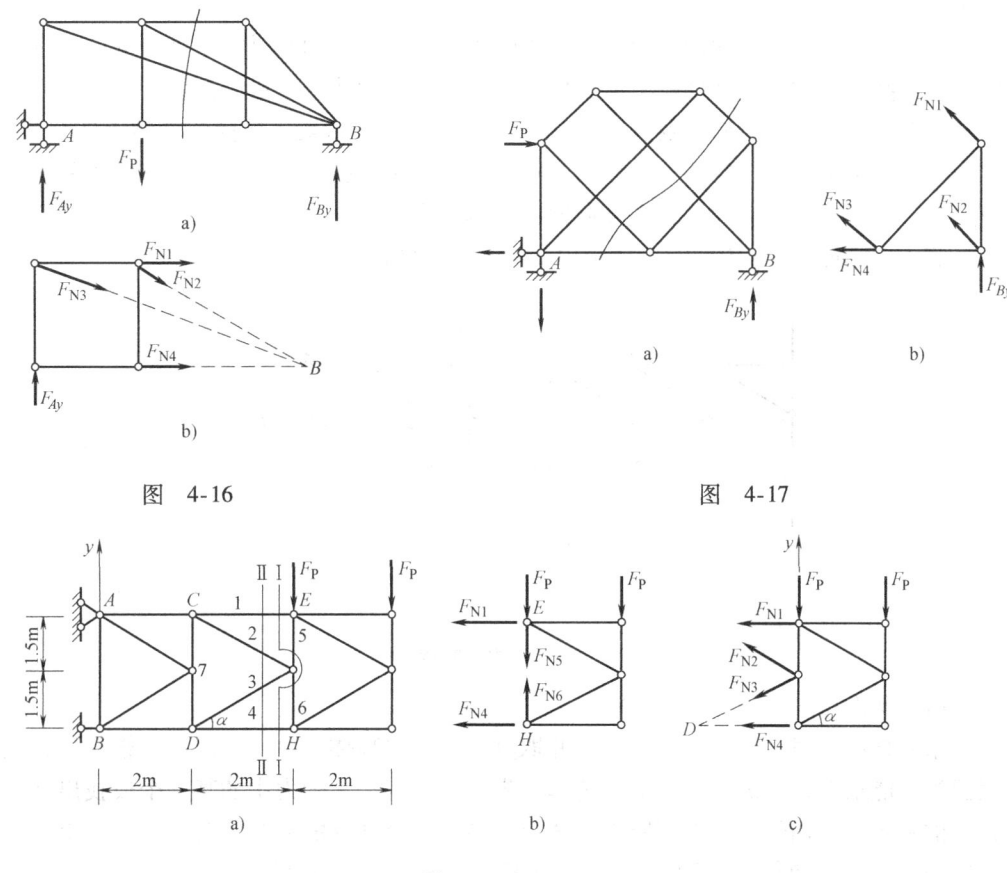

图 4-16　　　　　　　　　　　图 4-17

图 4-18

(1) 取截面 I—I 右部为隔离体，受力图如图 4-18b 所示。由

$$\sum M_H = 0, \quad F_{N1} \times 3\text{m} - F_P \times 2\text{m} = 0$$

得

$$F_{N1} = \frac{2}{3}F_P$$

(2) 取截面 II—II 右部为隔离体，受力如图 4-18c 所示。由

$$\sum M_D = 0, \quad F_{N2}\cos\alpha \times 1.5\text{m} + F_{N2}\sin\alpha \times 2\text{m} + F_{N1} \times 3\text{m} - F_P \times 2\text{m} - F_P \times 4\text{m} = 0$$

得

$$F_{N2} = \frac{5}{3}F_P$$

$$\sum F_y = 0, \quad F_{N2}\sin\alpha - F_{N3}\sin\alpha - 2F_P = 0$$

得

$$F_{N3} = -\frac{5}{3}F_P$$

其中正号表示轴力为拉力，负号表示轴力为压力。

4.4　结点法与截面法的联合应用

结点法和截面法是计算桁架的常用方法，但在许多情况下，联合应用这两种方法可以更便捷地计算各类桁架问题。联合应用结点法、截面法求解桁架内力（轴力）的方法，称联合法。

对于简单桁架，通常用截面法可以方便地求出指定杆件的内力，而不必计算整个桁架。但计算一些桁架的有些杆件时，联合应用结点法和截面法，则更为简便。

联合法适用于联合桁架及复杂桁架。对于某些联合桁架，单独应用结点法会遇到困难，宜先用截面法求连接杆的内力，再用结点法计算其余各杆内力。对于由三个刚片构成的复杂桁架，一般可应灵活应用结点法和截面法求解，尽量避免解联立方程，以简化计算。

例 4-5 试求图 4-19a 所示桁架中 a 杆和 b 杆的内力。

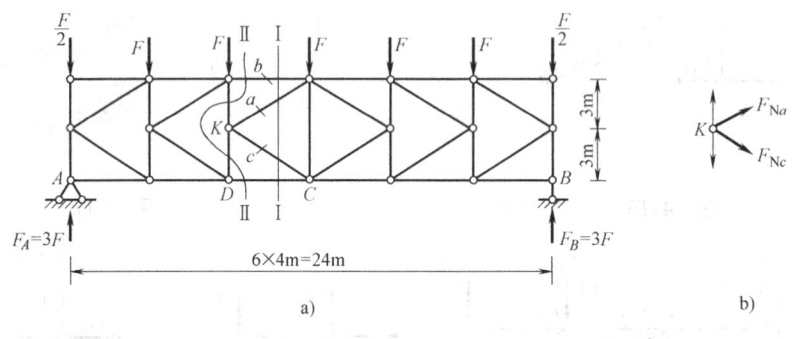

图 4-19

解 本例可采用联合法来求解。

求 a 杆内力时，可作截面 I—I 并取其左部为隔离体。由于截断了四根杆件，故仅由此截面尚不能求解，还需再取其他隔离体。先求出这四个未知力中的某一个或找出其中两个未知力的关系，从而使该截面所取隔离体上只包含三个独立的未知力时，方可解出。为此，可截取结点 K 为隔离体（见图 4-19b），由 K 结点的平衡特性可知

$$F_{Na} = -F_{Nc} \quad 或 \quad F_{ay} = -F_{cy}$$

再由截面 I—I，取左侧研究，根据 $\sum F_y = 0$ 有

$$3F - \frac{F}{2} - F - F + F_{ay} - F_{cy} = 0$$

即

$$\frac{F}{2} + 2F_{ay} = 0$$

得

$$F_{ay} = -\frac{F}{4}$$

由此例关系得

$$F_{Na} = -\frac{F}{4} \times \frac{5}{3} = -\frac{5}{12}F$$

求得 F_{Na} 后，由截面 I—I，利用 $\sum M_C = 0$ 即可求得 F_{Nb}。

也可以采用例 4-4 的方法，作截面 II—II 并取其左部，由 $\sum M_D = 0$ 来求得 b 杆的内力。

$$F_{Nb} = -\frac{3F \times 8m - (F/2) \times 8m - F \times 4m}{6m} = -\frac{8}{3}F$$

例 4-6 试求图 4-20 所示桁架 HC 杆的内力。

解 先作截面Ⅰ—Ⅰ由 $\sum M_F=0$ 求得 DE 杆的内力；接着由结点 E 求得 EC 杆内力；再作截面Ⅱ—Ⅱ，由 $\sum M_G=0$ 求得 HC 杆的内力。现计算如下：

由桁架整体平衡可求出支座反力如图所示。

取截面Ⅰ—Ⅰ以左为隔离体，由 $\sum M_F=0$ 可得

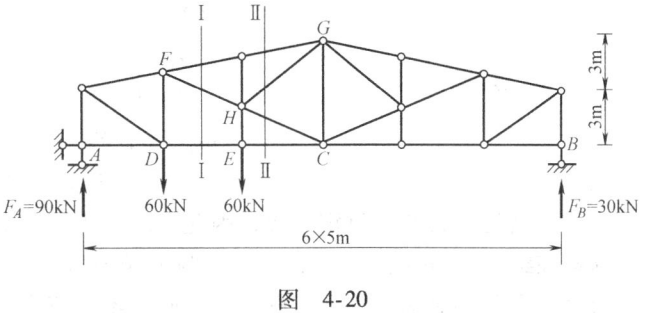

图 4-20

$$F_{NDE}=\frac{90\text{kN}\times 5\text{m}}{4\text{m}}=112.5\text{kN}（拉力）$$

由结点 E 的平衡可知 $F_{NEC}=F_{NED}=112.5\text{kN}$（拉力）

再以截面Ⅱ—Ⅱ以右为隔离体，由 $\sum M_G=0$ 并将 F_{NHC} 在 C 点分解为水平和竖向分力，可求得

$$F_{HCx}=\frac{30\text{kN}\times 15\text{m}-112.5\text{kN}\times 6\text{m}}{6\text{m}}=-37.5\text{kN}（压力）$$

并由几何关系可得

$$F_{NHC}=-37.5\text{kN}\times\frac{\sqrt{5^2+2^2}}{5}=-40.4\text{kN}（压力）$$

4.5 对称性的利用

对称结构是指结构各杆轴线所构成的几何图形、杆件的截面尺寸、材料的性质和支座都对称的结构。对称结构在对称荷载作用下，所有位置对称的杆件内力的数值相等，且正负号相同；在反对称荷载作用下，所有位置反对称的杆件内力的数值相等，但正负号相反。

在桁架计算中，利用结构的对称性，往往可使计算工作简化。如图 4-21a 所示桁架，每个结点未知力的个数都不少于三个，用结点法求解有困难，用截面法计算也需要解联立方程组。分析该结构，只有左右支座不对称，但在竖向荷载作用时，水平支座反力为零，因此可将其看做对称结构来计算。将作用于桁架上的荷载 F_P 视为对称与反对称两组荷载的叠加，如图 4-21b、c 所示。

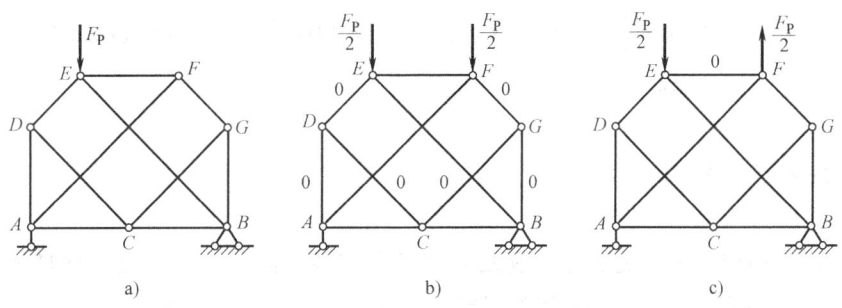

图 4-21

对称荷载作用时，CD 和 CG 杆的轴力大小相等，且符号相同，即

$$F_{NCD}=F_{NCG}$$

由结点 C 的竖向平衡条件

$$\sum F_y = 0, \quad F_{NCD} + F_{NCG} = 0$$

因此
$$F_{NCD} = F_{NCG} = 0$$

再由结点 D 和结点 G 平衡的特殊情况结论，可知

$$F_{NAD} = F_{NDE} = 0, \quad F_{NBG} = F_{NGF} = 0$$

反对称荷载作用时，EF 杆是与对称轴正交的对称杆件，该杆的轴力无论为正值还是为负值都不能满足内力的反对称性质，因此只能有 $F_{NEF} = 0$。

这样在结点 E 和结点 F 上，便各有两个未知力了。

总之，在利用对称性判别零杆之后，此题不难解出。

例 4-7 试计算图 4-22 所示桁架的内力。

解 （1）求支座反力。

$$F_{Ax} = 0, \quad F_{Ay} = F_{Jy} = 32\text{kN}（\uparrow）$$

该桁架为结构对称，荷载对称的情况，可利用对称性计算杆件内力，选取半结构计算即可。

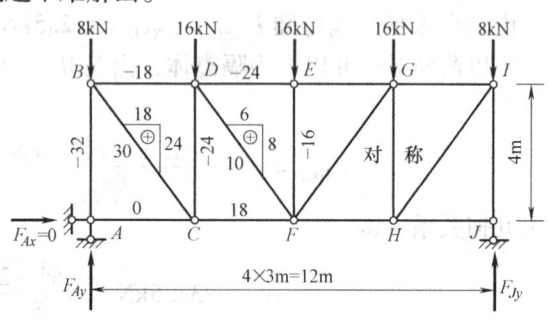

图 4-22

（2）计算各杆内力。首先由几何构造分析确定截取结点的次序：从只含两个未知力的结点 A 开始计算，按照 A、B、C、D、E 的次序进行。由于桁架对称，只计算左半部分内力即可。计算时，为了简化，不画出结点隔离体图，利用比例关系直接运算。

结点 A　$F_{NAB} = -32\text{kN}$（压力），$F_{NAC} = 0$

结点 B　$F_{BCy} = 32\text{kN} - 8\text{kN} = 24\text{kN}, \quad F_{BCx} = 24\text{kN} \times \dfrac{3}{4} = 18\text{kN}$

$$F_{NBC} = 24\text{kN} \times \dfrac{5}{4} = 30\text{kN}（拉力），\quad F_{NBD} = -F_{BCx} = -18\text{kN}（压力）$$

结点 C　$F_{NCF} = F_{BCx} = 18\text{kN}$（拉力），$F_{NCD} = -F_{BCy} = -24\text{kN}$（压力）

结点 D　$F_{DFy} = 24\text{kN} - 16\text{kN} = 8\text{kN}, \quad F_{DFx} = 8\text{kN} \times \dfrac{3}{4} = 6\text{kN}$

$$F_{NDF} = 8\text{kN} \times \dfrac{5}{4} = 10\text{kN}, \quad F_{NDE} = -(18 + 6)\text{kN} = -24\text{kN}（压力）$$

结点 E　$F_{NEF} = -16\text{kN}$（压力）

4.6　各式桁架比较

不同形式的桁架，其内力分布情况及适用场合亦各不同，设计时应根据具体要求选用。下面就三种常用的简支梁式桁架：平行弦桁架、折弦桁架和三角形桁架进行比较。图 4-23a、b 和 c 分别表示这三种桁架在下弦承受均布荷载时各杆的内力（这里，均布荷载已用等效结点荷载代替，并为了计算方便，设各结点荷载 $F = 1$）。其中对于弦杆的内力分布情况，可由力矩法的内力计算公式

$$F_N = \pm \frac{M^0}{r}$$

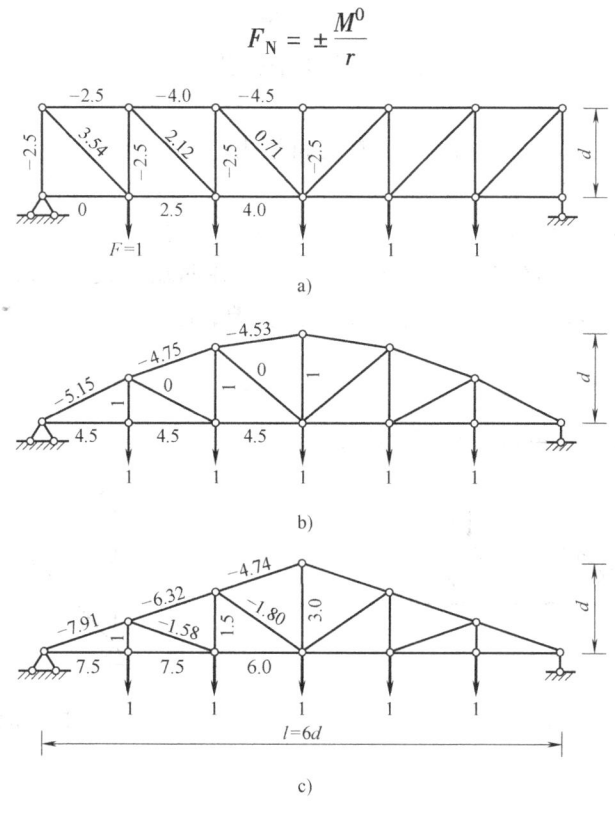

图 4-23

来分析，式中，M^0 是相应简支梁上与矩心对应的点的弯矩，r 是内力对矩心的力臂。我们知道，在均布荷载作用下，简支梁的弯矩分布图形是抛物线形的，两边小中间大。因此，可由力臂 r 的变化情况来讨论弦杆内力的变化情况。

在平行弦桁架中，弦杆的力臂是一常数，故弦杆内力与弯矩的变化规律相同，即两端小中间大。至于腹杆内力，由投影法可知，竖杆内力与斜杆的竖向分力各等于相应简支梁上对应节间的剪力，故它们的大小均分别由两端向中间递减。

在折弦桁架（上弦各结点在抛物线上）中，各下弦杆内力及各上弦杆的水平分力对其矩心的力臂，即为各竖杆的长度。而竖杆的长度与弯矩一样都是按抛物线规律变化的，故可知各下弦杆内力与各上弦杆水平分力的大小都相等，从而各上弦杆的内力也近于相等。根据截面法，由 $\sum F_x = 0$ 可知各斜杆内力均为零，并可推知各竖杆内力也都一样，均等于相应下弦结点上的荷载。

在三角形桁架中，弦杆所对应的力臂是由两端向中间按直线变化递增的，其增加速度要比弯矩的增加来得快，因而弦杆的内力就由两端向中间递减。至于腹杆内力，由结点法的计算不难看出，各竖杆及斜杆的内力都是由两端向中间递增的。

由上所述可得如下结论：

1）平行弦桁架的内力分布不均匀，弦杆内力向跨中递增，若每一节间改变截面，则增加拼接困难；如采用相同的截面，又浪费材料。但是，平行弦桁架在构造上有许多优点，如所有弦杆、斜杆、竖杆长度都分别相同，所有结点处相应各杆交角均相同等，因而利于标准化。平行弦桁架用于轻型桁架时，可采用截面一致的弦杆而不至于造成很大浪费。厂房中多用于12m以上的起重机梁。铁路桥梁中，由于平行弦桁架给构件制作及施工拼装都带来很多方便，故较多采用。

2）折弦桁架的内力分布均匀，因而在材料使用上最为经济。但是构造上有缺点。上弦杆在每一结点处均转折而须设置接头，故构造较复杂。不过在大跨度桥梁（如100~150m）及大跨度屋架（如18~30m）中，节约材料意义较大，故常采用。

3）三角形桁架的内力分布也不均匀，弦杆内力在两端最大，且端结点处夹角甚小，构造布置较为困难。但是，其两斜面符合屋顶构造需要，故只在屋架中采用。

习 题

4-1 试判断图4-24、图4-25所示桁架中的零杆。

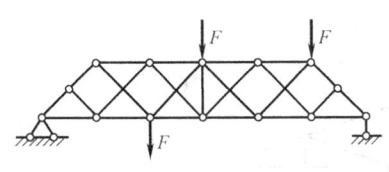

图 4-24

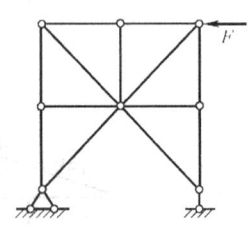

图 4-25

4-2 用结点法计算图4-26所示桁架各杆的内力。

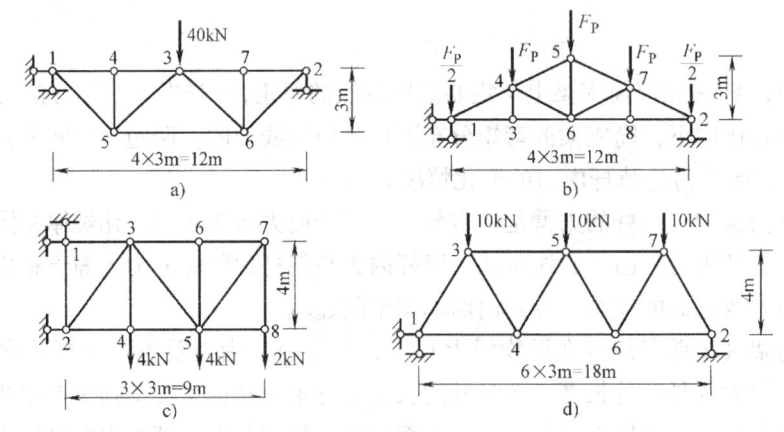

图 4-26

4-3 试用结点法计算图4-27、图4-28所示桁架各杆的内力。

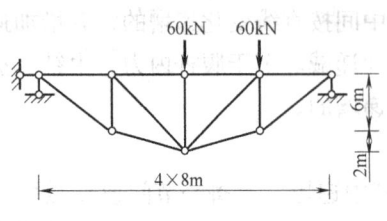

图 4-27

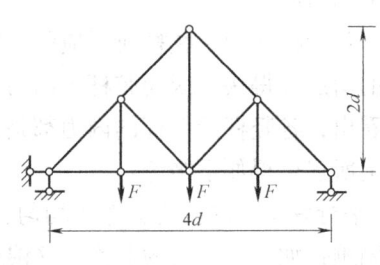

图 4-28

4-4 试用截面法计算图 4-29、图 4-30 所示桁架中指定杆件的内力。

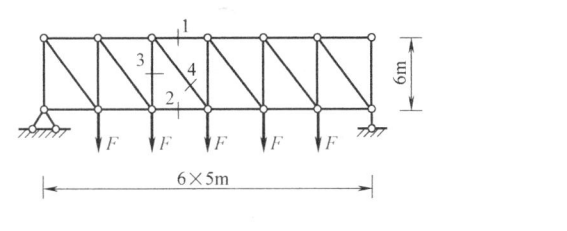

图 4-29

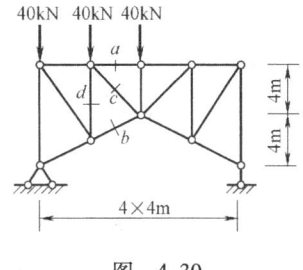

图 4-30

4-5 用较简捷的方法计算图 4-31 所示桁架中指定杆件的内力。

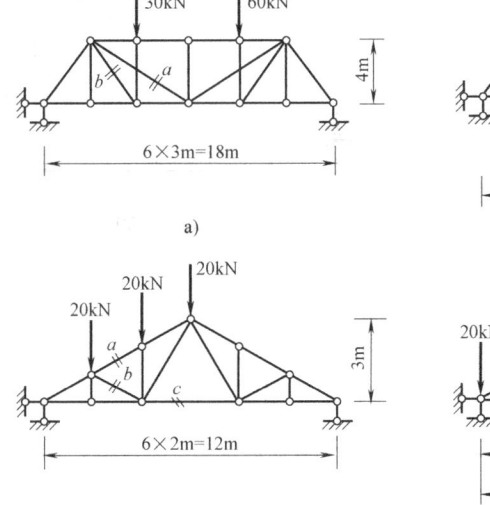

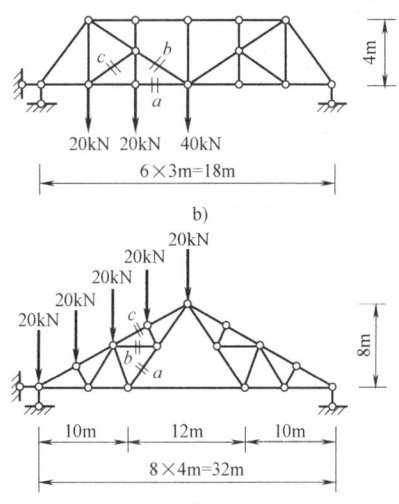

图 4-31

4-6 试用较简便方法求图 4-32～图 4-38 所示桁架中指定杆件的内力。

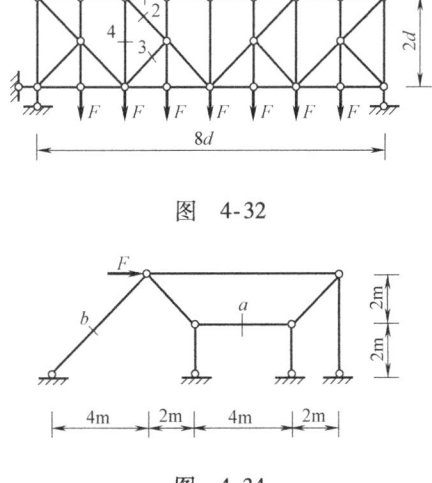

图 4-32

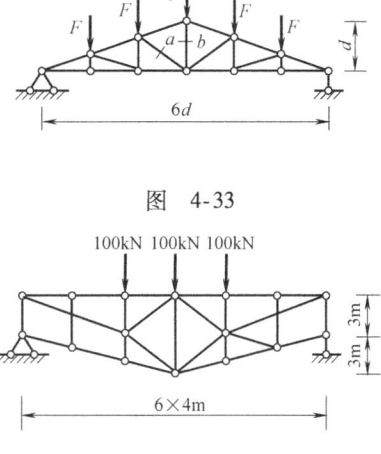

图 4-33

图 4-34

图 4-35

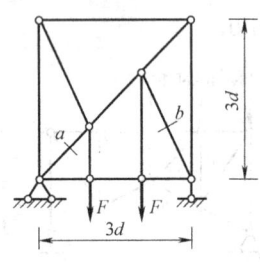

图 4-36

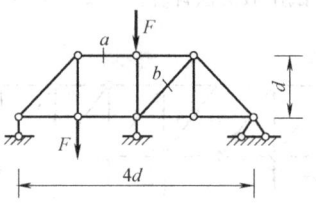

图 4-37

4-7 试求图 4-39 所示拱式桁架中指定杆件的内力。

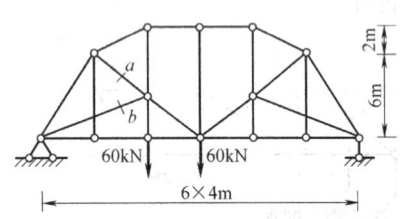

图 4-38

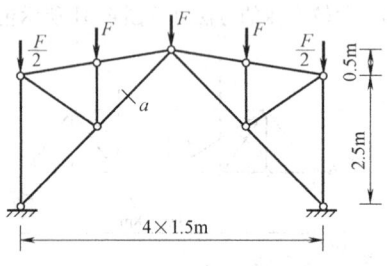

图 4-39

第5章 三铰拱与悬索结构

5.1 概述

5.1.1 拱式结构的特点与分类

拱式结构是杆轴线为曲线并且在竖向荷载作用下产生水平反力的结构。水平反力又叫水平推力，对改善拱式结构的受力性能非常重要，拱式结构又称为推力结构。拱式结构与梁式结构的重要区别在于竖向荷载作用下是否产生水平推力。图5-1b所示结构承受竖向荷载作用下不产生水平反力，尽管杆轴线为曲线，只能称为曲梁。拱式结构在外观上漂亮美观，从建筑学角度，有利于营造曲线美，并能提供较大的净空使用高度。拱式结构可以适用于较大的跨度、承受较重的荷载，在房屋建筑、地下建筑、桥梁以及水工建筑中都有广泛的应用。

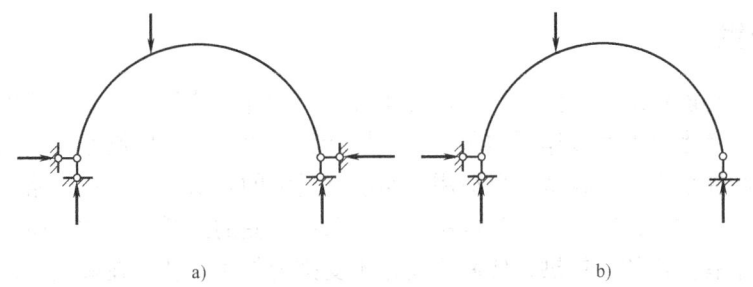

图 5-1
a) 拱结构 b) 曲梁

拱式结构有三铰拱、两铰拱和无铰拱三种基本形式，如图5-2所示。拱的两端支座若设置在同一高度上，称为平拱，反之称为斜拱。两铰拱和无铰拱是超静定结构，三铰拱是静定结构。本章只讨论静定的三铰拱。

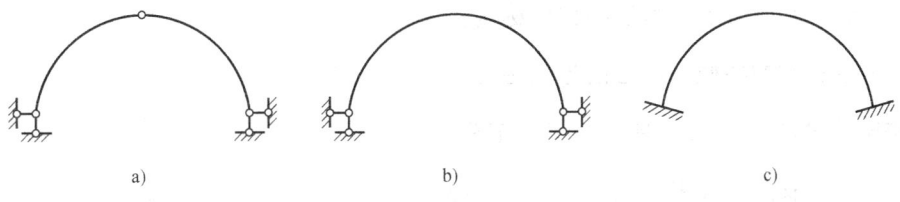

图 5-2
a) 三铰拱 b) 两铰拱 c) 无铰拱

5.1.2 三铰拱的分类

静定的三铰拱分为无拉杆的三铰拱与有拉杆的三铰拱两种类型，如图5-3所示。竖向荷载作用下，无拉杆的三铰拱外部支座存在水平反力，因而对地基和支承结构（墙、柱、墩、台等）的要求较高；有拉杆的三铰拱只产生竖向反力，可以消除水平推力对支承结构的影响，其内部拉杆产生的拉力对曲杆起到水平推力的作用。为了使拱的下部获得较大的净空，有时也将拉杆做成折线形的。有拉杆的三铰拱常见形式如图 5-3b、图 5-4 所示。

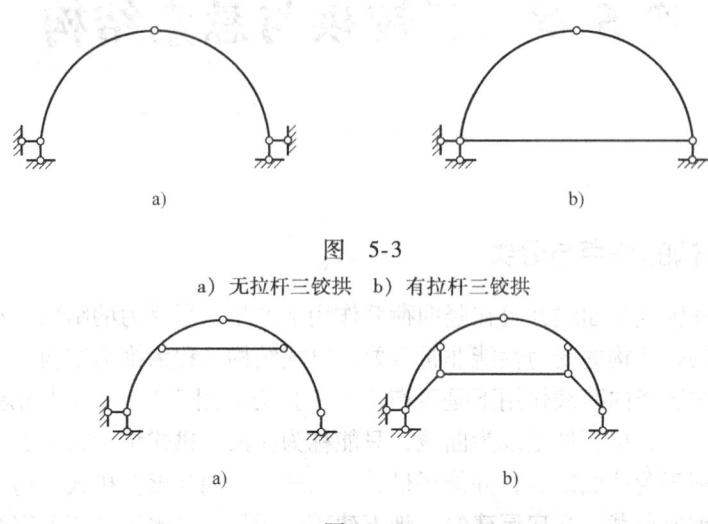

图 5-3
a) 无拉杆三铰拱　b) 有拉杆三铰拱

图 5-4

5.1.3 三铰拱的应用

三铰拱由于是静定结构，温度改变、支座沉降、构件制造误差对其不产生附加内力，设计计算中不需要考虑以上间接作用的影响，力学计算简单，且分段制作与安装又很方便，一般在公路工程和屋盖中应用较多，可适用于跨度不过大的高拱结构。在公路工程中，三铰拱多用于空腹式拱上建筑的腹拱，有时也用于地质条件较差的拱桥的主拱。屋盖中用三铰拱作屋顶时，宜采用有拉杆的三铰拱，使墙或立柱不受推力作用，从而在墙或立柱中不产生附加内力。

工程应用中三铰拱各部分的名称如图 5-5 所示。拱的两端支座称为拱趾；两拱趾间的连线称为起拱线；两拱趾间的水平距离称为跨度，用 l 表示；拱的最高点称为拱顶，拱顶处设置的铰称为顶铰，顶铰到起拱线的竖向距离称为矢高，用 f 表示；矢高与水平跨度的比值称为矢跨比，用 $\dfrac{f}{l}$ 表示；拱的各截面形心的连线称为拱轴线。矢跨比是拱的重要力学参数，实际工程中，$\dfrac{f}{l}$ 在 $1 \sim \dfrac{1}{10}$ 范围取值。常用的拱轴线形式有抛物线、圆弧线、悬链线，具体应用中根据拱上承受的荷载确定。

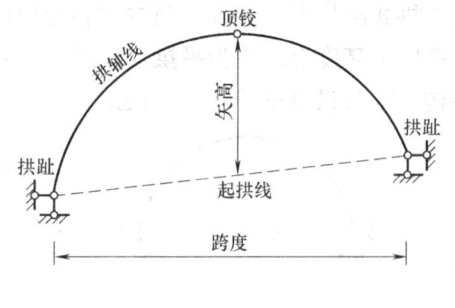

图 5-5

5.2 三铰拱的数值解法

本节讨论竖向荷载作用下，三铰拱（平拱）的支座反力与内力的计算方法。将三铰拱与同跨度、同荷载的简支梁（以下简称简支梁）比较，用以说明三铰拱的力学特性。

5.2.1 支座反力的计算

如图 5-6 所示，竖向荷载作用下，简支梁只有竖向支座反力 F_{Ay}^0、F_{By}^0，三铰拱有四个支座反力 F_{Ay}、F_{Ax}、F_{By}、F_{Bx}。三铰拱支座反力的计算与前面三铰刚架的计算相同，除了利用整体为隔离体建立三个平衡方程外，还要从中间铰 C 截断，取左半拱或右半拱为隔离体，利用 $\sum M_C = 0$ 建立一个平衡方程，从而求出所有的支座反力。对于两端拱趾在同一高度上的平拱，可先计算竖向反力，再计算水平反力。

利用整体的平衡方程 $\sum M_A = 0$、$\sum M_B = 0$ 可求出竖向反力，得到

$$F_{Ay} = F_{Ay}^0 = \frac{F_{P1}b_1 + F_{P2}b_2}{l}$$

$$F_{By} = F_{By}^0 = \frac{F_{P1}a_1 + F_{P2}a_2}{l} \quad (5\text{-}1)$$

利用整体的平衡方程 $\sum F_x = 0$，得到

$$F_{Ax} = F_{Bx} = F_H$$

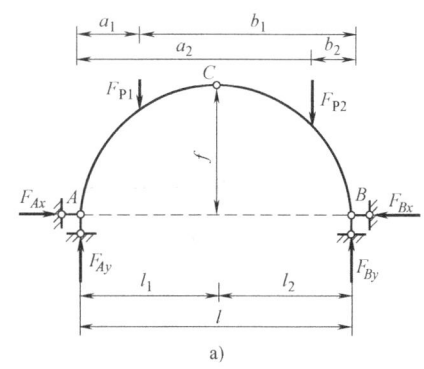

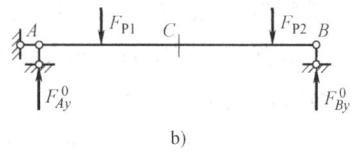

图 5-6

F_H 为三铰拱的水平推力，荷载竖直向下作用在拱上，推力指向拱的内部。若取拱的左半部分为隔离体，利用 $\sum M_C = 0$ 得到

$$F_H = \frac{F_{Ay}l_1 - F_{P1}(l_1 - a_1)}{f}$$

简支梁与铰 C 对应截面的弯矩 $M_C^0 = F_{Ay}^0 l_1 - F_{P1}(l_1 - a_1)$，因为 $F_{Ay} = F_{Ay}^0$，于是得到

$$F_H = \frac{M_C^0}{f} \quad (5\text{-}2)$$

若三铰拱的荷载与跨度给定，由式（5-1）可知，竖向反力与拱轴线的线形以及中间铰 C 的位置无关。由式（5-2）可知，水平推力与拱轴线的线形无关，但与中间铰 C 的位置有关。若给定中间铰 C 的水平位置，改变铰的竖向位置即改变 f，由于 M_C^0 不变，f 增大，F_H 减小；f 减小，F_H 增大。当 f→0，推力趋于无限大，这时 A、B、C 三个铰在一条直线上，成为几何瞬变体系。

5.2.2 内力的计算

支座反力求出后，三铰拱任一截面的内力（弯矩 M、剪力 F_Q、轴力 F_N）可利用截面法求出。内力的符号规定如下：弯矩 M 使拱的内部受拉为正，剪力 F_Q 绕着隔离体顺时针转为正，轴力 F_N 以拉力为正。

如图 5-7 所示，三铰拱任一 D 截面的位置由形心坐标 x、y 确定，该处拱轴线的切线与 x 轴夹的锐角计为 φ。D 截面的轴力 F_N 沿着该处拱轴线的切线方向、剪力 F_Q 垂直于该处拱

轴线的切线方向。图中内力均按正方向画出。

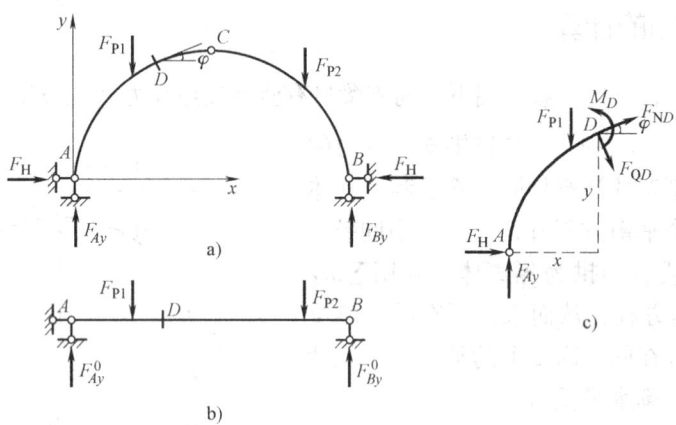

图 5-7

分析图 5-7c 隔离体可知，M_D 等于截面一侧所有外力对截面形心取矩的代数和，F_{QD} 等于截面一侧所有外力在垂直于杆轴线切线方向投影的代数和，F_{ND} 等于截面一侧所有外力在杆轴线切线方向投影的代数和，即

$$M_D = [F_{Ay}x - F_{P1}(x - a_1)] - F_H y = M_D^0 - F_H y$$

$$F_{QD} = (F_{Ay} - F_{P1})\cos\varphi - F_H \sin\varphi = F_{QD}^0 \cos\varphi - F_H \sin\varphi$$

$$F_{ND} = -(F_{Ay} - F_{P1})\sin\varphi - F_H \cos\varphi = -F_{QD}^0 \sin\varphi - F_H \cos\varphi$$

式中，M_D^0、F_{QD}^0 为简支梁对应 D 截面的弯矩与剪力。

三铰拱的内力计算公式为

$$M = M^0 - F_H y$$
$$F_Q = F_Q^0 \cos\varphi - F_H \sin\varphi$$
$$F_N = -F_Q^0 \sin\varphi - F_H \cos\varphi \tag{5-3}$$

计算三铰拱某截面的内力，首先计算简支梁对应截面的内力，然后代入式（5-3）计算三铰拱的内力。若计算截面在拱的左半部分，φ 取正的锐角；若计算截面在拱的右半部分，φ 取负的锐角。

对于两端拱趾处设置拉杆的三铰拱，拉杆的轴力就是作用在拱上的水平推力，可按式（5-2）计算拉杆的轴力，按式（5-3）计算拱横截面的内力。

若三铰拱的荷载与跨度给定，则内力与拱轴线的线形以及中间铰 C 的位置有关。绘制三铰拱的内力图，不能采用绘制直杆内力图的分段叠加法，通常沿拱身选择若干个代表性的截面，分别计算内力，然后根据各横截面的内力勾画内力图，三铰拱的内力图表现为曲线形状。选择计算截面时可沿三铰拱的跨度方向进行若干等分，等分成多少段，可视计算精度而定。

式（5-1）、式（5-2）、式（5-3）适用于平拱上承受竖向荷载、集中力偶作用。对于斜拱或平拱上有水平荷载作用时要通过建立静力平衡方程，另行推导计算公式。例如，对于图 5-8 所示的斜拱，计算支座 A 的反力 F_{Ay}、F_{Ax}，可以用整体的平衡方程 $\sum M_B = 0$ 以及左半拱

的平衡方程 $\sum M_C = 0$ 联立求解。支座反力求出后，三铰拱任一横截面的内力（弯矩 M、剪力 F_Q、轴力 F_N）可利用截面法求出，内力计算方法的推导与前面推导相同，这里不再叙述。

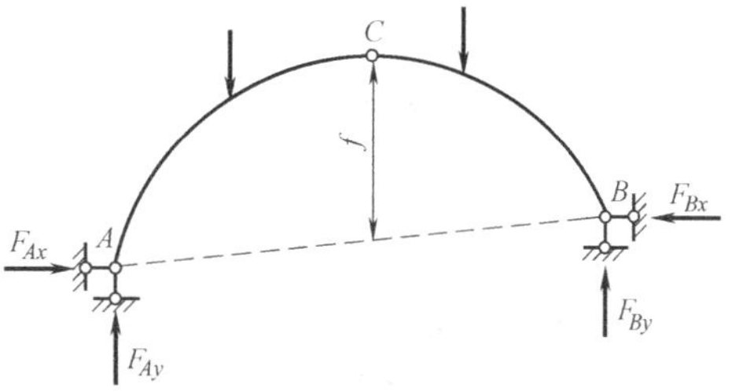

5.2.3 三铰拱的受力特点

1）竖向荷载作用下，三铰拱存在水平推力，梁没有水平反力。

2）由于水平推力的存在，三铰拱横截面的弯矩小于简支梁的弯矩。弯矩的降低，拱能更充分地发挥材料的作用。当跨度较大、荷载较重时，采用拱比采用梁更为经济合理。

图 5-8

3）竖向荷载作用下，梁没有轴力，三铰拱有较大的轴力，且一般为压力。三铰拱的弯矩与剪力较小，内力主要是轴力。因此，可以用砖、石、混凝土等脆性材料制作，一方面发挥它们抗压性能好的优点，另一方面，由于材料价格低廉且一般可以就地取材，有利于降低造价。

由于存在水平推力，三铰拱对地基和支承结构（墙、柱、墩、台等）的要求较高，基础较简支梁大。三铰拱为曲线结构，内部要设置铰，使得三铰拱的施工与构造比梁要复杂。

例 5-1 图 5-9 所示有拉杆的三铰拱，拱轴线采用抛物线 $y = \dfrac{4f}{l^2}x(l-x)$，试计算 C、D 截面的内力。

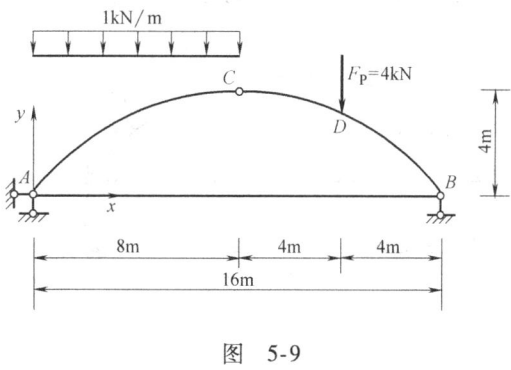

图 5-9

解 （1）计算支座反力及拉杆的轴力。由式（5-1）或利用 $\sum M_A = 0$、$\sum M_B = 0$ 得

$$F_{Ay} = F_{Ay}^0 = 7\text{kN} \quad (\uparrow)$$
$$F_{By} = F_{By}^0 = 5\text{kN} \quad (\uparrow)$$

由式（5-2）或利用 $\sum M_C = 0$ 计算拉杆的轴力（即作用在拱上的水平推力），得

$$F_N = F_H = \frac{M_C^0}{f} = \left(\frac{5 \times 8 - 4 \times 4}{4}\right)\text{kN} = 6\text{kN} \quad (\rightarrow \leftarrow)$$

（2）计算 C 截面的内力。C 截面在拱顶位置，该位置拱轴线的切线为水平线 $\varphi = 0$，剪力为竖直方向，轴力为水平方向，由式（5-3）内力为

$$M_C = 0$$
$$F_{QC} = F_{QC}^0 \cos\varphi - F_H \sin\varphi = -1\text{kN}$$
$$F_{NC} = -F_{QC}^0 \sin\varphi - F_H \cos\varphi = -6\text{kN}$$

C 截面为特殊截面，该截面剪力为竖直方向，轴力为水平方向，除了按式（5-3）计算内力外，也可以利用截面一侧的荷载直接求出。

（3）计算 D 截面的内力。$x_D = 12\text{m}$，由拱轴线的方程得到

$$y_D = \frac{4f}{l^2}x_D(l-x_D) = \frac{4\times 4}{16^2}\times 12\times(16-12)\,\mathrm{m} = 3\,\mathrm{m}$$

$$\tan\varphi_D = \frac{dy}{dx} = \frac{4f}{l^2}(l-2x) = \frac{4\times 4}{16^2}\times(16-2\times 12) = -0.5$$

$$\varphi_D = -26°34',\ \sin\varphi_D = -0.447,\ \cos\varphi_D = 0.894$$

D 截面处作用集中荷载，该截面 M 不发生突变，但是 F_Q、F_N 发生突变，需要分别计算左右截面的剪力与轴力。

由式 (5-3)，得到：

弯矩 $M_D = M_D^0 - F_H y_D = (5\times 4 - 6\times 3)\,\mathrm{kN\cdot m} = 2\,\mathrm{kN\cdot m}$（内侧受拉）

左截面剪力 $F_{QD}^L = F_{QD}^{0L}\cos\varphi_D - F_H\sin\varphi_D = [-1\times 0.894 - 6\times(-0.447)]\,\mathrm{kN} = 1.79\,\mathrm{kN}$

左截面轴力 $F_{ND}^L = -F_{QD}^{0L}\sin\varphi_D - F_H\cos\varphi_D = [-(-1)\times(-0.447) - 6\times 0.894]\,\mathrm{kN} = -5.81\,\mathrm{kN}$

右截面剪力 $F_{QD}^R = F_{QD}^{0R}\cos\varphi_D - F_H\sin\varphi_D = [-5\times 0.894 - 6\times(-0.447)]\,\mathrm{kN} = -1.79\,\mathrm{kN}$

右截面轴力 $F_{ND}^R = -F_{QD}^{0R}\sin\varphi_D - F_H\cos\varphi_D = [-(-5)\times(-0.447) - 6\times 0.894]\,\mathrm{kN} = -7.6\,\mathrm{kN}$

(4) 三铰拱的内力图。若绘制三铰拱的内力图，可沿拱跨度方向进行八等分，分别计算包括两端拱趾的九个计算截面的内力，根据各截面的内力画出内力图（计算过程省略）。三铰拱的内力图如图 5-10a、b、c 所示，图 5-10d 为对应简支梁的 M 图。由图中看出，简支梁的最大弯矩为 24.5kN·m，三铰拱由于水平推力的作用，最大弯矩下降为 2kN·m。三铰拱弯矩与剪力较小，内力主要是轴力且为压力。

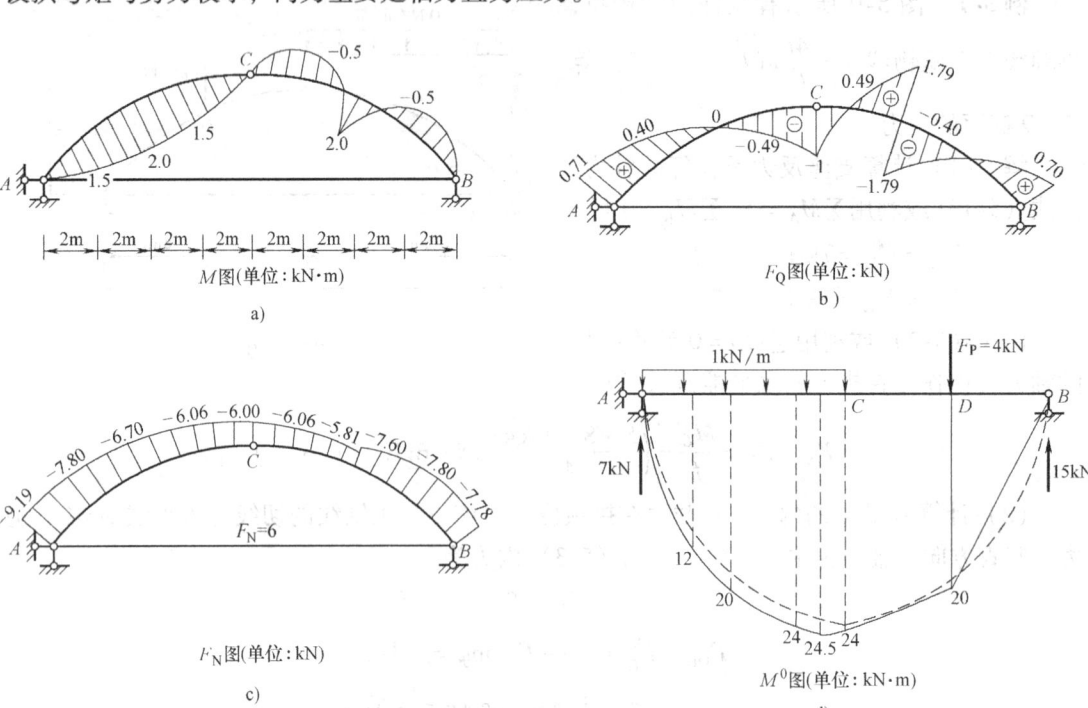

图 5-10

例 5-2 图 5-11 所示为三铰拱式屋架，上弦通常采用钢筋混凝土或预应力混凝土，拉杆采用角钢或圆钢，两端支座与上弦杆有一偏心距 e_1，计算竖向均布荷载 q 作用下的支座反力与内力。

解 （1）计算支座反力。支座反力的计算与有拉杆的三铰拱相同，外部支座不产生水平反力，利用整体的平衡方程 $\sum M_A = 0$、$\sum M_B = 0$ 可求出竖向反力，得到

$$F_{Ay} = F_{Ay}^0$$
$$F_{By} = F_{By}^0$$

（2）计算拉杆的轴力。与有拉杆的三铰拱相同，拉杆的轴力可根据下式计算

$$F_N = \frac{M_C^0}{f}$$

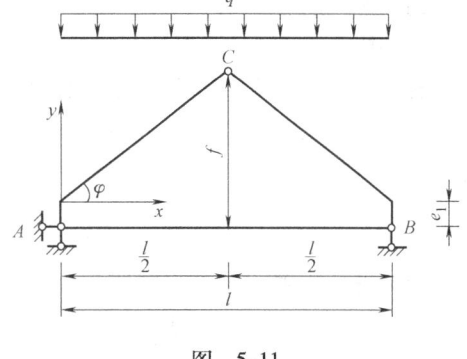

图 5-11

（3）计算上弦杆的内力。上弦杆的内力计算可采用三铰拱的内力计算公式，需要注意两点：一是要考虑偏心距 e_1，二是上弦杆各截面的倾角 φ 为常数。上弦杆的内力计算公式为

$$M = M^0 - F_N(y + e_1)$$
$$F_Q = F_Q^0 \cos\varphi - F_N \sin\varphi$$
$$F_N = -F_Q^0 \sin\varphi - F_N \cos\varphi \tag{5-4}$$

读者可自行分析，设置偏心距 e_1 对上弦杆内力的影响。

5.3 三铰拱的合理拱轴线

5.3.1 合理拱轴线的定义

在给定荷载作用下，使拱处于无弯矩状态时的拱轴线称为合理拱轴线。在合理拱轴线状态下，拱横截面的 $M = 0$、$F_Q = 0$、$F_N \neq 0$，截面上应力均匀分布，材料性能得到最充分的利用与发挥。三铰拱的合理拱轴线形式取决于拱上作用的荷载。

5.3.2 合理拱轴线的计算公式

竖向荷载作用下，由三铰拱横截面弯矩的计算公式，令 $M = M^0 - F_H y = 0$，得到

$$y = \frac{M^0}{F_H} \tag{5-5}$$

式（5-5）表明，在竖向荷载作用下，三铰拱合理拱轴线的纵坐标 y 与简支梁 M^0 图的竖标成正比。当荷载给定后，只要求出简支梁的弯矩方程，然后除以常数 F_H，就可以得到合理拱轴线的方程。从几何形状看，三铰拱合理拱轴线的形状与简支梁 M^0 图的形状是相似的。

式（5-5）适用于平拱承受固定的竖向荷载作用下，确定三铰拱的合理拱轴线。对于非竖向荷载或非平拱情况，不能套用式（5-5），可根据合理拱轴线的定义，通过建立平衡微

分方程确定合理拱轴线。

例 5-3 如图 5-12 所示，设三铰拱承受沿水平方向分布的竖向均布荷载 q 作用，试求其合理拱轴线。

解 由式 (5-5) 得知，确定合理拱轴线的方程，需要建立简支梁的弯矩方程并计算三铰拱的水平推力。简支梁的弯矩方程（图 5-12b）为

$$M^0(x) = \frac{ql}{2}x - \frac{qx^2}{2} = \frac{qx}{2}(l-x)$$

三铰拱的水平推力为

$$F_H = \frac{M_C^0}{f} = \frac{ql^2}{8f}$$

代入式 (5-5) 得到合理拱轴线的方程为

$$y(x) = \frac{M^0(x)}{F_H} = \frac{4f}{l^2}x(l-x)$$

可知，合理拱轴线为二次抛物线。

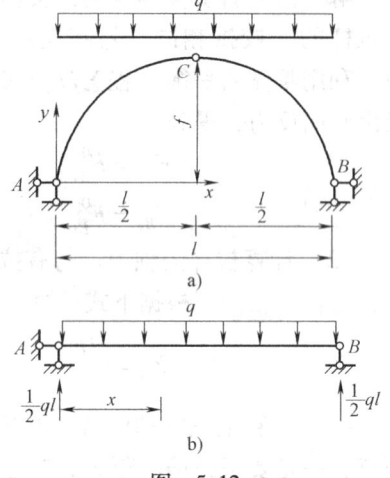

图 5-12

将 $y(x) = \frac{4f}{l^2}x(l-x)$ 改写为 $y(x) = \frac{4}{l}\frac{f}{l}x(l-x)$，可知具有不同矢跨比 $\frac{f}{l}$ 的一组抛物线均为合理拱轴线。

若改变中间铰的位置如图 5-13 所示，读者按照相同的分析思路，可自行推导建立合理拱轴线的方程。合理拱轴线的形状仍然为二次抛物线。

合理拱轴线的形状与矢跨比以及中间铰的位置无关，唯一地取决于拱上所承受的荷载。三铰拱承受沿水平方向分布的竖向均布荷载作用，合理拱轴线为二次抛物线。房屋建筑中拱的轴线常采用抛物线，就是利用了合理拱轴线的优点。

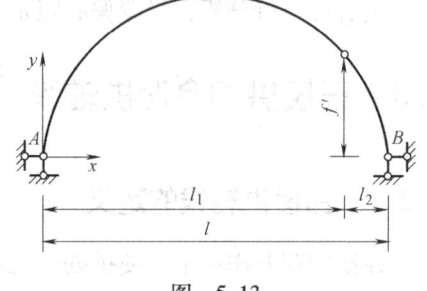

图 5-13

例 5-4 如图 5-14 所示，设三铰拱承受沿拱轴线分布的径向均布荷载 q 作用，试求其合理拱轴线。

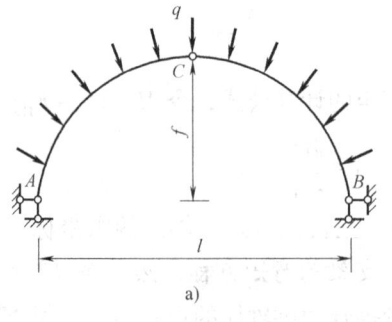 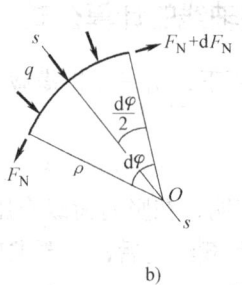

图 5-14

解 本题三铰拱承受荷载为垂直于拱轴线切线方向的径向均布荷载，不是竖向荷载，不能直接应用式 (5-5) 确定合理拱轴线的方程。假定拱处于无弯矩状态（$M=0$、$F_Q=0$），

通过建立相应的平衡微分方程，确定合理拱轴线。

从拱中取出微段 ds 并分析它的平衡（见图 5-14b）。设微段两端横截面的 $M=0$、$F_Q=0$，只有沿拱轴切线方向的轴力 F_N 和 $F_N+\mathrm{d}F_N$，微段的曲率半径为 ρ，径向均布荷载为 q。

由平衡方程 $\sum M_O=0$ 得到

$$F_N\rho-(F_N+\mathrm{d}F_N)\rho=0$$

由上式得

$$\mathrm{d}F_N=0,\ F_N=\text{常数}$$

沿 $s-s$ 方向（垂直于拱轴切线方向）建立投影平衡方程得到

$$2F_N\sin\frac{\mathrm{d}\varphi}{2}+q\rho\mathrm{d}\varphi=0$$

由于 $\mathrm{d}\varphi$ 很小，可近似 $\sin\frac{\mathrm{d}\varphi}{2}=\frac{\mathrm{d}\varphi}{2}$，于是有

$$F_N=-q\rho$$

上式中负号，说明拱承受压力。由于 F_N 和 q 均为常数，可见 ρ 为常数，拱轴线为圆弧线。

因此，三铰拱承受沿拱轴线分布的径向均布荷载作用，合理拱轴线为圆弧线。

静水压力作用下，拱承受沿拱轴线分布的径向均布荷载作用，因此引水隧洞、输水管道、拱坝等常采用圆弧形拱轴线。

例 5-5 如图 5-15 所示，三铰拱承受填土重力作用，设填土表面为一水平面，填土的重度为 γ，拱所承受的竖向分布荷载为 $q(x)=q_c+\gamma y$，试求其合理拱轴线。

解 本题三铰拱承受的竖向荷载与拱轴线形状有关，不能直接应用式（5-5）确定合理拱轴线的方程，因为事先不能确定简支梁的弯矩方程 M^0。

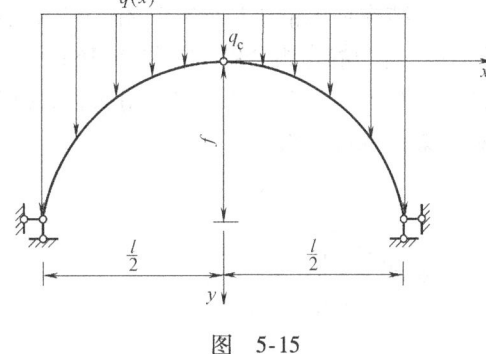

图 5-15

将式（5-5）对 x 微分两次，得到

$$\frac{\mathrm{d}^2y}{\mathrm{d}x^2}=\frac{1}{F_H}\frac{\mathrm{d}^2M^0}{\mathrm{d}x^2}$$

因为 $\frac{\mathrm{d}^2M^0}{\mathrm{d}x^2}=-q(x)$，于是有

$$\frac{\mathrm{d}^2y}{\mathrm{d}x^2}=-\frac{q(x)}{F_H} \tag{5-6}$$

式（5-6）为竖向荷载作用下拱的合理拱轴线的微分方程，y 向上为正。

为计算方便，将坐标原点取在拱顶处，并取 y 轴方向向下，故式（5-6）右边应该取正号，即

$$\frac{\mathrm{d}^2y}{\mathrm{d}x^2}=\frac{q(x)}{F_H}$$

将 $q(x)=q_c+\gamma y$ 代入上式得到

$$\frac{\mathrm{d}^2y}{\mathrm{d}x^2}-\frac{\gamma}{F_H}y=\frac{q_c}{F_H}$$

此微分方程的解用双曲线函数表示

$$y = A\cosh\sqrt{\frac{\gamma}{F_H}}x + B\sinh\sqrt{\frac{\gamma}{F_H}}x - \frac{q_c}{\gamma}$$

常数 A、B 可根据边界条件求出如下：

由 $x=0$ 处，$y=0$ 得 $A = \dfrac{q_c}{\gamma}$；由 $x=0$ 处，$\dfrac{dy}{dx}=0$ 得 $B=0$，于是有

$$y = \frac{q_c}{\gamma}\left(\cosh\sqrt{\frac{\gamma}{F_H}}x - 1\right)$$

上式对应的拱轴线为悬链线。

因此，三铰拱承受填土重力作用，合理拱轴线为悬链线。

以上分析表明，在不同的荷载作用下三铰拱的合理拱轴线是不同的。合理拱轴线取决于拱上作用的荷载，与矢跨比、中间铰的位置无关。实际工程中，同一结构往往要受到各种不同荷载的作用，而对应不同的荷载就有不同的合理拱轴线。设计中可以主要荷载下的合理拱轴线作为拱的轴线，尽可能使拱的受力状态接近于无弯矩状态。

5.4 静定组合结构

5.4.1 组合结构的特点

组合结构是由桁架与梁或者桁架与刚架组合得到的结构。组合结构内部有组合结点。图 5-16 所示均为静定组合结构，图 5-16a 所示为一下撑式五角形屋架、图 5-16b 所示为一工作便桥、图 5-16c 为一施工中采用的临时撑架。组合结构常用于房屋建筑中的屋架、起重机梁和桥梁的承重结构。

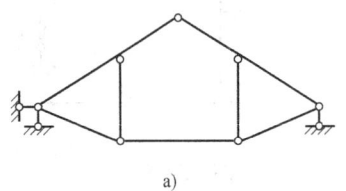
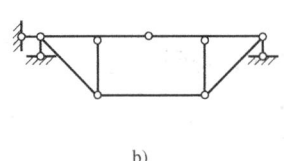
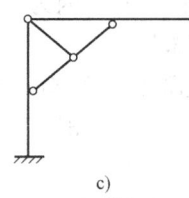

a)　　　　　　　　　b)　　　　　　　　　c)

图 5-16

组合结构中包括两类杆件，一类为链杆，横截面上内力只有轴力；另一类为梁式杆，横截面上内力有弯矩、剪力与轴力。根据两类杆件受力性能的不同，工程中常采用不同的材料制作组合结构，以有效利用材料的性能、减小结构的自重、达到经济的目的。例如，图 5-16a 所示下撑式五角形屋架中的上弦杆为梁式杆，一般采用钢筋混凝土材料，下弦杆和内部腹杆为链杆，一般采用型钢制作。

组合结构中的链杆是两端为铰结点的直杆，且杆上无横向荷载作用，链杆为二力杆。图 5-17 所示杆件 AB 两端也是铰结点，但不是链杆，而是梁式杆。

5.4.2 静定组合结构的计算

静定组合结构的计算仍然采用静力平衡的分析方法，通过选取隔离体、建立平衡方程，

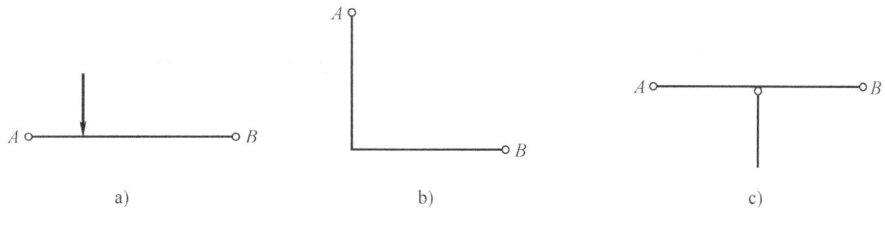

图 5-17

计算组合结构的内力。具体应用可采用结点法或截面法，计算时要注意截断的杆件是链杆，还是梁式杆。如果截断的是链杆，横截面上只有轴力；如果截断的是梁式杆，横截面上有弯矩、剪力和轴力。如果隔离体中截断的杆件全部是链杆，可以应用桁架计算中的方法与结论；如果隔离体中截断的杆件中包括梁式杆，则不能随便应用桁架计算中的方法与结论。例如，图 5-18a 所示组合结构，尽管 A 结点只连接两根杆件 AF 与 AD，但不能直接利用 A 结点力的平衡求出 AF 与 AD 轴力；F 结点尽管无荷载作用，不能判断 FD 杆轴力为零。

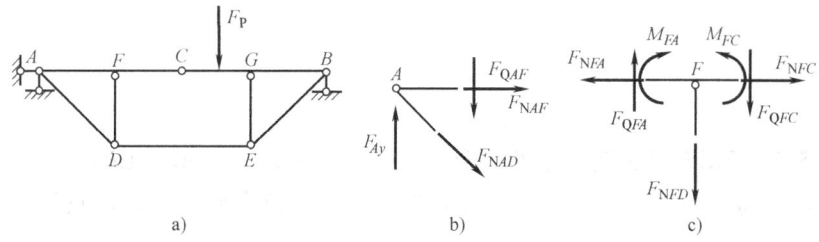

图 5-18

由于隔离体中每截断一根梁式杆，就会有三个未知的内力，为了不使隔离体中的未知力太多，应尽可能避免或少切断梁式杆。计算组合结构内力的步骤通常是先求出各链杆的轴力（可采用结点法或截面法），然后根据已知荷载以及链杆的轴力作梁式杆的 M、F_Q、F_N 图（可采用分段叠加法）。

例 5-6 求作图 5-19a 所示斜拉桥的内力图。

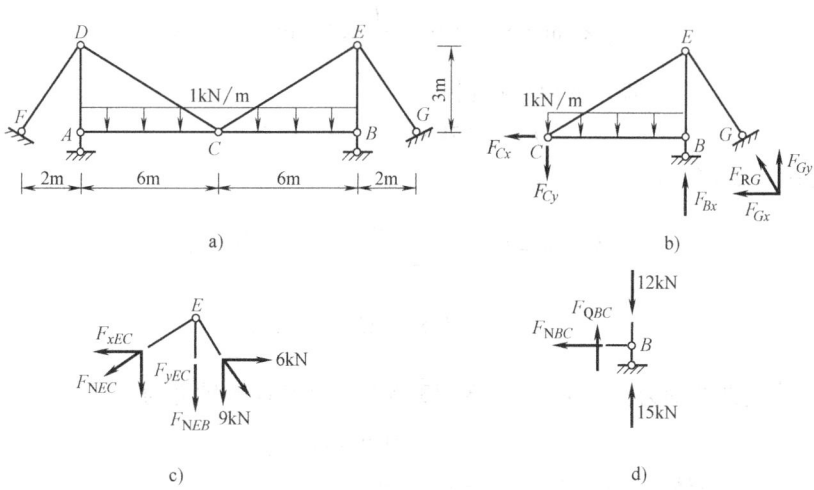

图 5-19

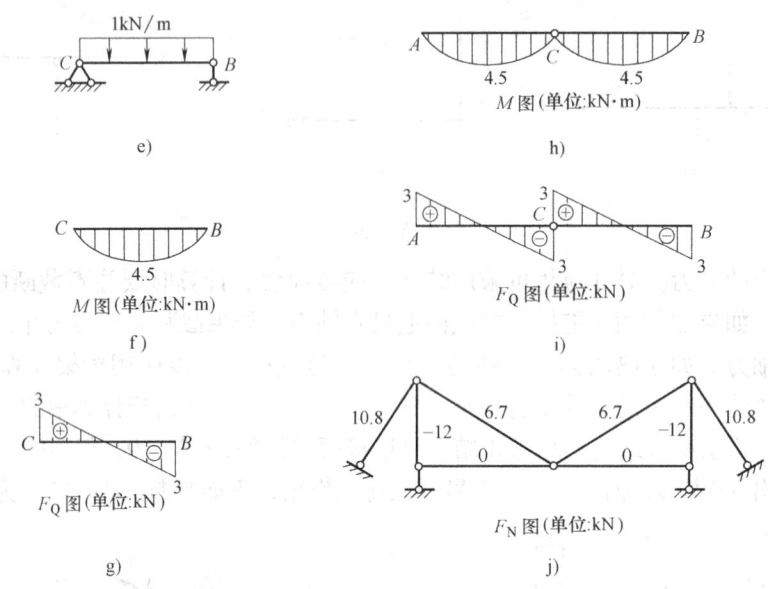

图 5-19（续）

解 图 5-19 所示斜拉桥为静定的组合结构，其中梁式杆为 AC、CB，其他杆件为链杆。该结构为对称结构承受对称荷载，支座反力与结构内力符合对称性。可只计算其中一半结构。以下取右边一半结构计算。

（1）支座反力计算。将反力 F_{RG} 沿作用线移动到 E 点，用分力 F_{Gx}、F_{Gy} 代替 F_{RG}，由整体的平衡方程 $\sum M_D = 0$ 得到

$$F_{By} \times 12\text{m} + F_{Gy} \times 12\text{m} - \frac{1}{2} \times 1 \times 12^2 \text{kN} \cdot \text{m} = 0 \tag{a}$$

将反力 F_{RG} 在 G 点用分力 F_{Gx}、F_{Gy} 代替，由图 5-19b 所示隔离体的平衡方程 $\sum M_C = 0$ 得到

$$F_{By} \times 6\text{m} + F_{Gy} \times 8\text{m} - \frac{1}{2} \times 1 \times 6^2 \text{kN} \cdot \text{m} = 0 \tag{b}$$

解式（a）、式（b）联立方程组得到

$$F_{By} = 15\text{kN}, \quad F_{Gy} = -9\text{kN}$$

由 $F_{Gy} = -9\text{kN}$ 得到

$$F_{RG} = -9 \times \frac{\sqrt{3^2 + 2^2}}{3}\text{kN} = -3\sqrt{13}\text{kN}$$

$$F_{Gx} = -9 \times \frac{2}{3}\text{kN} = -6\text{kN}$$

（2）计算链杆的轴力。由 $F_{RG} = -3\sqrt{13}\text{kN}$ 得到 GE 杆的轴力为

$$F_{NGE} = 3\sqrt{13}\text{kN}（拉力）$$

由图 5-19c 隔离体的平衡方程 $\sum F_x = 0$ 得到

$$-F_{xEC} + 6\text{kN} = 0$$

于是 $F_{xEC}=6\mathrm{kN}$，则

$$F_{NEC}=6\times\frac{\sqrt{3^2+6^2}}{6}\mathrm{kN}=3\sqrt{5}\mathrm{kN}（拉力）$$

$$F_{yEC}=6\times\frac{3}{6}=3\mathrm{kN}$$

由图 5-19c 所示隔离体的平衡方程 $\sum F_y=0$ 得到

$$-F_{NEB}-9\mathrm{kN}-3\mathrm{kN}=0$$

于是

$$F_{NEB}=-12\mathrm{kN}（压力）$$

考虑对称性，所有链杆的轴力为

$$F_{NGE}=F_{NFD}=3\sqrt{13}\mathrm{kN}=10.8\mathrm{kN}（拉力）$$
$$F_{NEC}=F_{NDC}=3\sqrt{5}\mathrm{kN}=6.7\mathrm{kN}（拉力）$$
$$F_{NEB}=F_{NDA}=-12\mathrm{kN}（压力）$$

（3）作梁式杆的 M、F_Q、F_N 图。由结点 B 的平衡方程 $\sum F_x=0$（见图 5-19d）得到

$$F_{NBC}=0$$

因此梁式杆 CB 的轴力为零。

梁式杆 CB 的计算简图为简支梁（见图 5-19e），M 图、F_Q 图如图 5-19f、g 所示。

（4）斜拉桥的 M、F_Q、F_N 图。考虑对称性，可作出左半部分的内力图。斜拉桥内力图如图 5-19h、i、j 所示。

例 5-7 求作图 5-20a 组合结构的内力图。

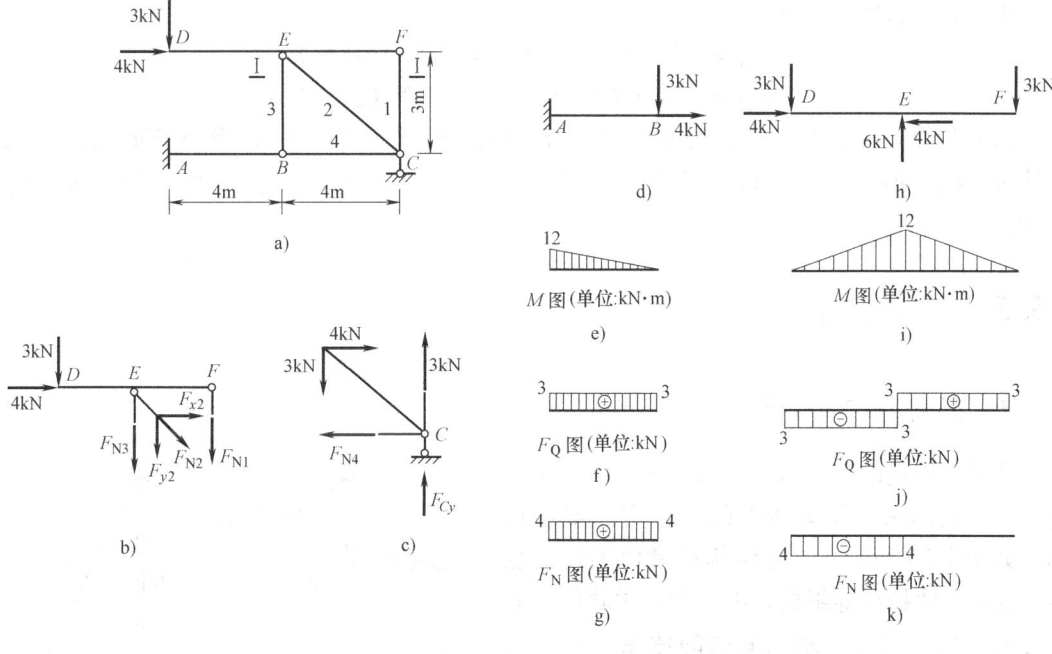

图 5-20

解 图示结构为静定的组合结构，其中梁式杆为 AB、DEF，其他杆件为链杆，编号分

别为1、2、3、4。

(1) 计算链杆的轴力。作截面 I—I，取上边部分为隔离体，如图5-20b所示。

由平衡方程 $\sum F_x = 0$ 得到
$$F_{x2} + 4\text{kN} = 0$$

于是 $F_{x2} = -4\text{kN}$

由 $F_{x2} = -4\text{kN}$ 得到
$$F_{N2} = -4 \times \frac{5}{4}\text{kN} = -5\text{kN}（压力）$$
$$F_{y2} = -4 \times \frac{3}{4}\text{kN} = -3\text{kN}$$

由平衡方程 $\sum M_C = 0$ 得到
$$F_{N3} \times 4\text{m} + 3 \times 8\text{kN} \cdot \text{m} - 4 \times 3\text{kN} \cdot \text{m} = 0$$

于是
$$F_{N3} = -3\text{kN}（压力）$$

由平衡方程 $\sum M_E = 0$ 得到
$$-F_{N1} \times 4\text{m} + 3 \times 4\text{kN} \cdot \text{m} = 0$$

于是
$$F_{N1} = 3\text{kN}（拉力）$$

由结点 C（见图5-20c）的平衡方程 $\sum F_x = 0$ 得到
$$-F_{N4} + 4\text{kN} = 0$$

于是
$$F_{N4} = 4\text{kN}（拉力）$$

所有链杆的轴力分别为
$$F_{N1} = 3\text{kN}（拉力），F_{N2} = -5\text{kN}（压力）$$
$$F_{N3} = -3\text{kN}（压力），F_{N4} = 4\text{kN}（拉力）$$

(2) 作梁式杆的 M、F_Q、F_N 图。梁式杆 AB 受力如图5-20d所示，图5-20e、f、g分别为其 M、F_Q、F_N 图。梁式杆 DEF 受力如图5-20h所示，图5-20i、j、k分别为其 M、F_Q、F_N 图。

*5.5 悬索结构

5.5.1 悬索结构的特点

悬索结构是由一系列受拉的索作为主要承重构件，并依靠索的拉力维持结构稳定的柔性结构。如图5-21所示，悬索结构通常由柔软的悬索、立柱和锚拉绳等组成。由于索是柔软的，其抗弯刚度可以忽略，索横截面的弯矩和剪力为零，只有轴向的拉力作用。在支承处除有竖向反力外，还有向外的水平拉力以维持索的平衡。

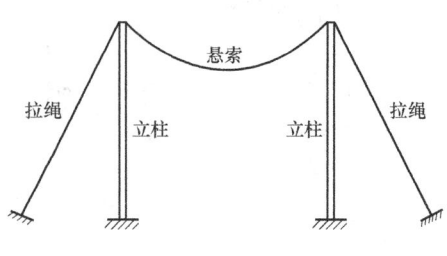

图 5-21

悬索结构的形式有单层索系、双层索系、鞍形索网、斜拉式屋盖、索梁体系等。其中，单层悬索体系由一系列按一定规律布置的单根悬索组成，又可以分为平行布置、辐射布置和网状布置三种布置形式。

5.5.2 单根悬索的计算

本节主要讨论任意竖向荷载作用下，单根悬索的计算。计算中采用基本假设：

1）认为索是理想柔性的，只能受拉，不能受压，不能受弯。

2）认为索在使用阶段的应力和应变符合线性关系，即符合胡克定律，但在研究索的极限荷载时，应该考虑索的塑性而摒弃这条基本假设。

由于柔性的悬索结构在任一点的弯矩与剪力均为零，只受轴向的拉力作用，因此对悬索结构进行分析时，只需要静力平衡方程即可解决。悬索结构计算，主要解决支座反力的计算、悬索轴线方程的建立、悬索拉力的计算。以下通过例题，说明单根悬索的分析过程。

例 5-8 图 5-22a 所示为一支座等高的悬索承受竖向集中荷载作用，试计算支座反力、建立索的轴线方程、计算索的拉力。

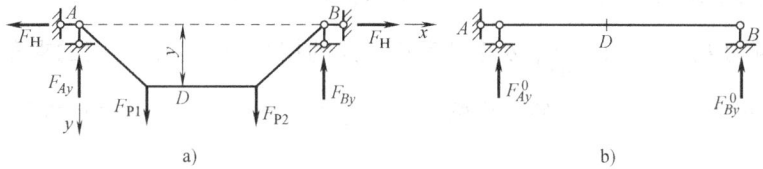

图 5-22

解 图示支座等高的悬索，在竖向荷载下与同跨度、同荷载的简支梁（见图5-22b）比较，可得到

$$F_{Ay} = F_{Ay}^0, \quad F_{By} = F_{By}^0$$

可由平衡方程 $\sum M_B = 0$ 计算 F_{Ay}，由平衡方程 $\sum M_A = 0$ 计算 F_{By}。

由悬索任一 D 截面的弯矩为零，得到

$$M = M^0 - F_H y = 0$$

即

$$y = \frac{M^0}{F_H} \tag{5-7}$$

可知，在平衡状态下悬索轴线的形式与三铰拱合理拱轴线相同。不同之处是：竖向荷载作用下，三铰拱的水平推力向内，而悬索的水平反力向外；三铰拱受压，而悬索受拉；三铰拱向上凸起，而悬索下垂。

竖向荷载作用下，悬索拉力 F_N 在水平方向的分量为 F_H，竖向分量为 $F_H \tan\theta$，θ 为悬索任一点的切线与水平轴之间的夹角。由水平分量和竖向分量计算悬索的拉力 F_N

$$F_N = F_H \sqrt{1 + \tan^2\theta} \tag{5-8}$$

只要知道悬索任一点的垂度，由式（5-7）可以计算悬索向外的水平反力，并确定悬索轴线的方程。由式（5-8）计算悬索的拉力。

竖向集中荷载作用下，悬索轴线为折线形。最大轴力 F_{Nmax} 发生在倾角 θ 最大的悬索段上。

例 5-9 图 5-23a 所示为一支座不等高的悬索承受沿跨度均匀分布的竖向荷载 q 作用，已知悬索跨中的垂度为 f，试计算支座反力、建立悬索的轴线方程、计算悬索的拉力。

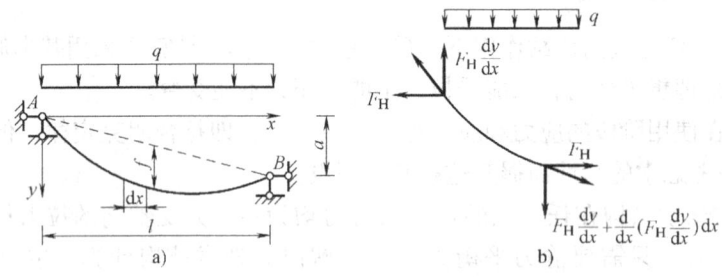

图 5-23

解 本题为支座不等高的悬索，不能直接采用式（5-7）确定悬索轴线的方程。可通过建立悬索的平衡微分方程解决。

（1）建立悬索的平衡微分方程。竖向荷载作用下，悬索拉力 F_N 在水平方向的分量为 F_H，竖向分量为 $F_H \tan\theta = F_H \dfrac{dy}{dx}$，$\theta$ 为悬索任一点的切线与水平轴之间的夹角。图 5-23b 所示为索中截取的水平长度为 dx 的微分单元的受力图。由微分单元的平衡方程 $\sum F_y = 0$ 得到

$$\frac{d}{dx}\left(F_H \frac{dy}{dx}\right)dx + q\,dx = 0$$

$$\frac{d}{dx}\left(F_H \frac{dy}{dx}\right) + q = 0$$

竖向荷载作用下，F_H 沿索长保持常量，因此得到

$$F_H \frac{d^2 y}{dx^2} + q = 0 \tag{5-9}$$

式（5-9）是悬索承受沿跨度方向分布的竖向分布荷载作用下的平衡微分方程。

（2）建立悬索的轴线方程。由式（5-9）得到

$$\frac{d^2 y}{dx^2} = -\frac{q}{F_H}$$

积分两次得到

$$y = -\frac{q}{2F_H}x^2 + C_1 x + C_2$$

可见悬索轴线为一条二次抛物线。由边界条件 $x=0$、$y=0$ 和 $x=l$、$y=a$ 求得积分常数为

$C_1 = \dfrac{ql}{2F_H} + \dfrac{a}{l}$，$C_2 = 0$，于是悬索轴线方程为

$$y = \frac{q}{2F_H}x(l-x) + \frac{a}{l}x$$

根据跨中的垂度 f，可知 $x=\dfrac{l}{2}$、$y=\dfrac{a}{2}+f$，将此条件代入上式可求出悬索轴力的水平分量 F_H 为

$$F_H = \dfrac{ql^2}{8f}$$

于是，得到悬索轴线方程

$$y = \dfrac{4f}{l^2}x(l-x) + \dfrac{a}{l}x \tag{a}$$

（3）计算悬索的拉力。悬索各点的轴力 F_N 按下式计算

$$F_N = F_H \sqrt{1+\left(\dfrac{dy}{dx}\right)^2}$$

$$\dfrac{dy}{dx} = -\dfrac{8f}{l^2}x + \dfrac{a+4f}{l} \tag{b}$$

悬索最大轴力发生在 $\dfrac{dy}{dx}$ 最大点处，由式（b）知 A 支座处，$\dfrac{dy}{dx}$ 最大，$\left(\dfrac{dy}{dx}\right)_{\max} = \dfrac{a+4f}{l}$，于是悬索在 A 支座处产生最大轴力，为

$$F_{N\max} = F_H \sqrt{1+\left(\dfrac{a+4f}{l}\right)^2} \tag{c}$$

（4）计算悬索的竖向支座反力。悬索向外的水平反力已求出为 $F_H = \dfrac{ql^2}{8f}$。由悬索的平衡方程

$$\sum M_B = 0,\ F_{Ay}l - F_H a - \dfrac{1}{2}ql^2 = 0,\ F_{Ay} = \dfrac{1}{2}ql + \dfrac{a}{l}F_H \ （向上）$$

$$\sum M_A = 0,\ F_{By}l + F_H a - \dfrac{1}{2}ql^2 = 0,\ F_{By} = \dfrac{1}{2}ql - \dfrac{a}{l}F_H \ （向上）$$

例 5-10 图 5-24a 所示为一支座不等高的悬索承受沿悬索长度分布的竖向均匀荷载 q 作用，已知悬索的最低点在 O 点，试计算支座反力、建立悬索的轴线方程、计算悬索的拉力。

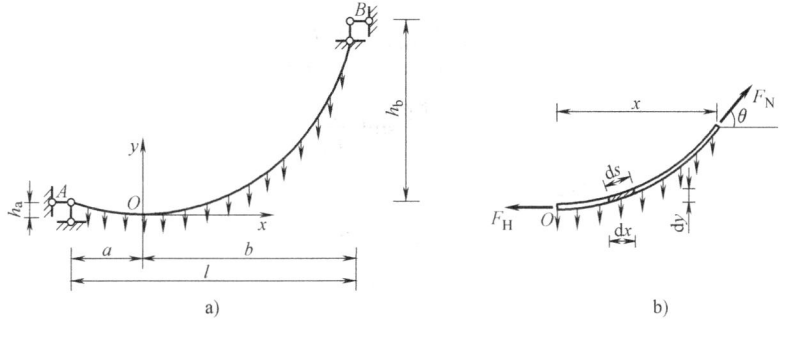

图 5-24

解 本题为支座不等高的悬索且承受沿悬索长度分布的竖向荷载，不能直接采用式（5-7）确定悬索轴线的方程。可通过建立悬索的平衡微分方程解决。

(1) 建立悬索的平衡微分方程。在 O 点建立坐标系 xOy，a、b 表示 O 点到两端支座的水平距离，h_a、h_b 表示 O 点到两端支座的竖向距离。长度为 s 的索段如图 5-24b 所示，由该索段的平衡方程得到

$$\sum F_x = 0, \quad -F_H + F_N\cos\theta = 0$$

于是

$$F_N = \frac{F_H}{\cos\theta} \tag{a}$$

$$\sum F_y = 0, \quad -qs + F_N\sin\theta = 0$$

于是

$$F_N = \frac{qs}{\sin\theta} \tag{b}$$

由式（a）、式（b）得到

$$\frac{dy}{dx} = \tan\theta = \frac{qs}{F_H} \tag{c}$$

对图 5-24b 所示索段上微元，由 $ds^2 = dx^2 + dy^2$，可知 $\dfrac{dy}{dx} = \sqrt{\left(\dfrac{ds}{dx}\right)^2 - 1}$，于是

$$\sqrt{\left(\frac{ds}{dx}\right)^2 - 1} = \frac{qs}{F_H} \tag{5-10}$$

式（5-10）是悬索承受沿悬索长度分布的竖向荷载作用下的平衡微分方程。

(2) 建立悬索的轴线方程。由式（5-10）得到

$$dx = \frac{ds}{\sqrt{1 + \left(\dfrac{q}{F_H}\right)^2 s^2}}$$

对上式积分得到

$$x = \frac{F_H}{q}\text{arcsinh}\left(\frac{qs}{F_H}\right) + C_1$$

由边界条件 $x = 0$，$s = 0$，得到 $C_1 = 0$。

于是

$$\begin{aligned} x &= \frac{F_H}{q}\text{arcsinh}\left(\frac{qs}{F_H}\right) \\ s &= \frac{F_H}{q}\sinh\frac{qx}{F_H} \end{aligned} \tag{d}$$

将式（d）代入式（c）得到

$$\frac{dy}{dx} = \sinh\frac{qx}{F_H}$$

对上式积分得到

$$y = \frac{F_H}{q}\cosh\frac{qx}{F_H} + C_2$$

由边界条件 $x = 0$，$y = 0$，得到 $C_2 = -\dfrac{F_H}{q}$。

于是

$$y = \frac{F_H}{q}\left(\cosh\frac{qx}{F_H} - 1\right) \quad (e)$$

式（e）为悬索的轴线方程，是一条悬链线。

(3) 计算悬索的拉力。悬索各点的轴力 F_N 按 $F_N = F_H\sqrt{1+\left(\dfrac{dy}{dx}\right)^2}$ 计算，将式（e）代入得到

$$F_N = F_H \cosh\frac{qx}{F_H} \quad \text{或} \quad F_N = F_H + qy \quad (f)$$

由式（f）可知，索内轴力随 y 增大而增大，在悬索的最高支座处达到最大轴力。

(4) 计算悬索的支座反力。悬索向外的水平反力 F_H，可根据边界条件 $x=-a$、$y=h_a$ 或 $x=b$、$y=h_b$ 确定。由于悬索轴线为悬链线，计算中涉及双曲函数，通常采用试算法确定 F_H。

由悬索的平衡方程 $\sum M_B = 0$ 计算竖向反力 F_{Ay}，由悬索的平衡方程 $\sum M_A = 0$ 计算竖向反力 F_{By}。计算竖向反力，需要由式（d）先确定索的长度。

5.6 静定结构总论

5.6.1 静定结构的一般特性

以上讨论了梁、刚架、桁架、拱以及组合结构的计算原理和计算方法。上述各种不同的静定结构具有不同的几何组成方式，具有不同的受力特性，但它们都具有两点共同的基本特征：①几何构造方面，都是几何不变、无多余约束的体系；②静力特性方面，利用平衡条件可求解静定结构的全部反力和内力，而且得到唯一的解答，表现为静定结构静力解答的唯一性。因此，对于静定结构，能够满足平衡条件的内力解答，就是真正的解答。根据这一静力特性，可以派生出静定结构的以下特性。

1. 静定结构的内力与结构的纵向形状有关，与横截面的形状、尺寸、材料性质无关

静定结构的内力与结构的纵向形状有关，纵向形状不同表现为结构的类型不同。在相同的荷载与跨度下，图 5-25 所示三种结构，它们的内力是不同的。静定结构的内力由静力平衡条件可唯一确定，计算中不涉及杆件横截面的形状、尺寸以及材料性质，因此，静定结构的内力与杆件横截面的形状、尺寸、材料性质无关，也就是与杆件的抗弯刚度 EI、抗剪刚度 GA、抗拉压刚度 EA 无关。

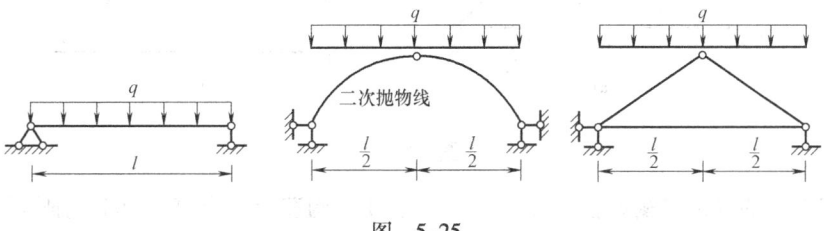

图 5-25

2. 支座移动、温度改变、制造误差以及材料胀缩在静定结构中不产生内力

支座移动、温度改变、制造误差以及材料胀缩称为非荷载因素。在荷载作用下，静定结构的反力、内力由静力平衡条件可唯一确定，将上述非荷载因素所用在结构上，由于荷载为零，可求得反力与内力为零。实际上，荷载为零时，零反力与零内力状态能够满足结构各部分的平衡条件，根据静定结构静力解答的唯一性，这就是唯一的解答。

静定结构在非荷载因素作用下不产生反力与内力，但产生位移。图 5-26a 所示悬臂刚架支座 A 产生角位移 θ，整个刚架绕着 A 点产生刚体转动，该刚架没有反力与内力，但有位移。图 5-26b 所示悬臂梁的上、下部温度分别升高 t_1、t_2（设 $t_1 > t_2$），梁将产生自由地伸长和弯曲变形，梁没有反力与内力，但有位移。图 5-26c 所示三铰刚架的 DC 杆因施工误差稍有缩短，使得拼装后的形状如图中双点画线所示，三铰刚架没有反力与内力。

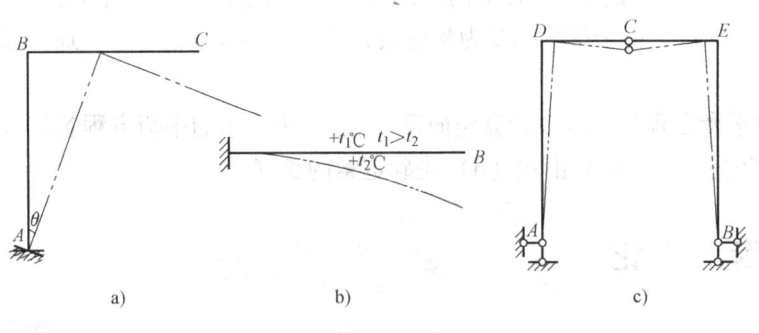

图 5-26

3. 静定结构的局部平衡特性

荷载作用下，如果静定结构的某一局部部分可以与荷载维持平衡，则其余部分不产生反力与内力。这种内力状态能够满足结构各部分的平衡条件，根据静定结构静力解答的唯一性，这就是唯一的解答。

与荷载维持平衡的局部部分可以是几何不变的，也可以是几何可变的。图 5-27a 所示桁架的 $ABCD$ 部分可以与荷载维持平衡，可以判断结构不产生支座反力，$ABCD$ 部分以外的其余杆件都是零杆。图 5-27b 所示桁架的 ABC 部分承受一对等值反向的荷载，单靠 ABC 的轴向压力可以与荷载维持平衡，可以判断结构不产生支座反力，ABC 部分以外的其余杆件都是零杆。

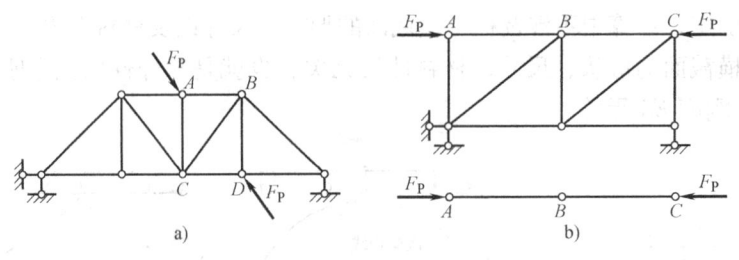

图 5-27

由静定结构的局部平衡特性可以推知，对于几何构造上具有基本部分与附属部分的静定结构，如果荷载作用在基本部分上，则其余部分的反力与内力为零。图 5-28a 所示的静定多

跨梁、图 5-28b 所示的复合刚架，荷载都是作用在基本部分上，基本部分可以与荷载维持平衡，因而附属部分的反力与内力为零。

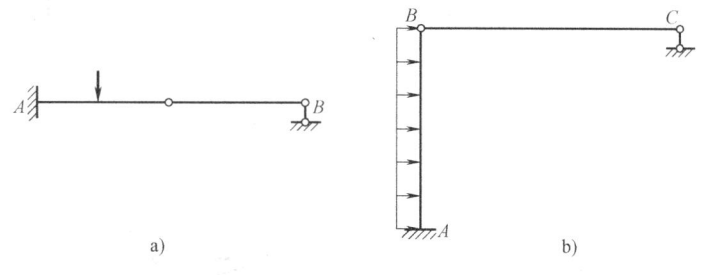

图　5-28

4. 静定结构的荷载等效特性

如果对静定结构的某一几何不变部分的荷载作等效变换，则结构的反力不变、其余部分的内力不变。这里，等效荷载是指荷载的分布方式不同，但合力相等的荷载。合力相等是指合力的大小、方向、作用点均相同。

图 5-29a、图 5-29b 上的两种荷载为等效荷载，结构的支座反力相同，除 CD 部分内力不同外，其余部分的内力相同。

证明：图 5-29a、图 5-29b 结构的荷载分别记为 F_{P1}、F_{P2}，内力分别记为 F_{S1}、F_{S2}，则图 5-29c 中的荷载为 $F_{P1} - F_{P2}$，是一平衡力系，内力为 $F_{S1} - F_{S2}$，根据静定结构的局部平衡特性可知，除 CD 部分外，其余部分的内力为零，即 $F_{S1} - F_{S2} = 0$，因此得到其余部分的内力 $F_{S1} = F_{S2}$。

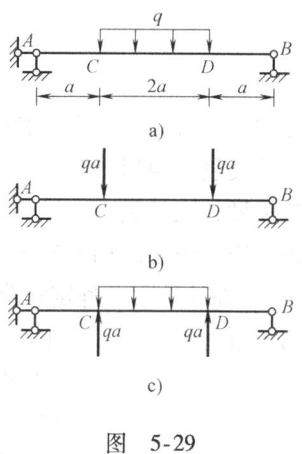

图　5-29

5. 静定结构的构造变换特性

如果对静定结构的内部某一几何不变部分作构造变换，则结构的反力不变、其余部分的内力不变。这里，作构造变换的部分与结构其余部分的约束性质保持不变。

将图 5-30a 结构中的梁式杆 AB 改为图 5-30b 中的桁架，这两种结构的反力与内力情况，由图 5-30c、图 5-30d 的受力分析，可以看出构造变换前后，结构的反力不变、除了 AB 部分的内力变化外，其余部分的内力不变。

静定结构的构造变换特性在结构设计中有重要作用。图 5-30a 结构中的梁式杆 AB 跨度不能太长，承受的荷载不能太大，而图 5-30b 中的桁架 AB 可以跨越较长的空间，可以承受较重的荷载。

5.6.2　各类静定结构的受力特点

前面讨论的静定结构中，梁、梁式桁架等属于无推力结构，三铰刚架、三铰拱、拱式桁架和某些组合结构属于有推力结构，水平推力可以改善结构的受力状态。这些结构都是由链杆或梁式杆组成的。梁与刚架中的杆件都是梁式杆；桁架中的杆件都是链杆；组合结构中的杆件部分为链杆、部分为梁式杆。链杆处于无弯矩状态，内力只有轴力，杆件横截面中的正

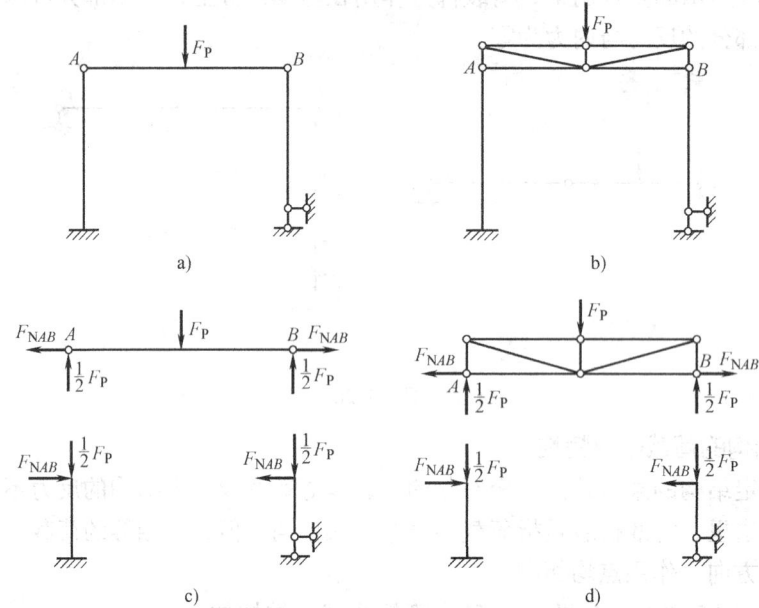

图 5-30

应力均匀分布,能够充分利用材料的强度。梁式杆处于有弯矩状态,弯矩产生的正应力沿横截面高度呈三角形分布,中性轴附近的应力很小,没有充分利用材料的强度。为了充分利用材料强度,应尽量减小梁式杆中的弯矩,最好是完全消除弯矩,使杆件处于无弯矩状态。结构设计中一般采取如下措施:

1) 在外伸梁和静定多跨梁中,利用杆端的负弯矩可以减小跨中的正弯矩。合理设计支座的位置,不仅可以减小弯矩的峰值,而且可使梁中的正、负弯矩分布比较均匀。

2) 在三铰拱和三铰刚架中,利用水平推力的作用可以减小弯矩的峰值。

3) 在三铰拱中,利用合理拱轴线,可以使拱处于无弯矩状态;在桁架中,利用杆件的铰结和合理布置,以及荷载的传递方式可以实现理想桁架的无弯矩状态。

4) 采用组合结构,使部分杆件为链杆、处于无弯矩状态。通过合理的结构设计,如合理设计链杆的位置,可以减小梁式杆的弯矩峰值并使弯矩分布比较均匀。

在相同的跨度 l 和沿跨度分布的竖向均布荷载 q 作用下,图 5-31 给出了承载结构的八种不同形式。

图 5-31a 所示的简支梁全跨为正弯矩,跨中最大弯矩为 $\frac{1}{8}ql^2$,梁中弯矩分布不均匀。

图 5-31b 所示的外伸梁,通过合理设置支座的位置,使梁中的正、负弯矩峰值下降为 $\frac{1}{48}ql^2$,梁中弯矩分布比较均匀。图 5-31c、d、e 所示的组合结构,通过合理的结构设计可以使梁式杆的弯矩峰值分别下降为 $\frac{1}{32}ql^2$、$\frac{1}{48}ql^2$、$\frac{1}{192}ql^2$。图 5-31c 所示梁式杆的弯矩分布不均匀;图 5-31d 通过合理设计偏心距、图 5-31e 通过合理设计内部腹杆的位置以及结构的上下高度,不仅使梁中的弯矩峰值下降,而且梁中弯矩分布比较均匀。图 5-31f、图 5-31g 所示的两种

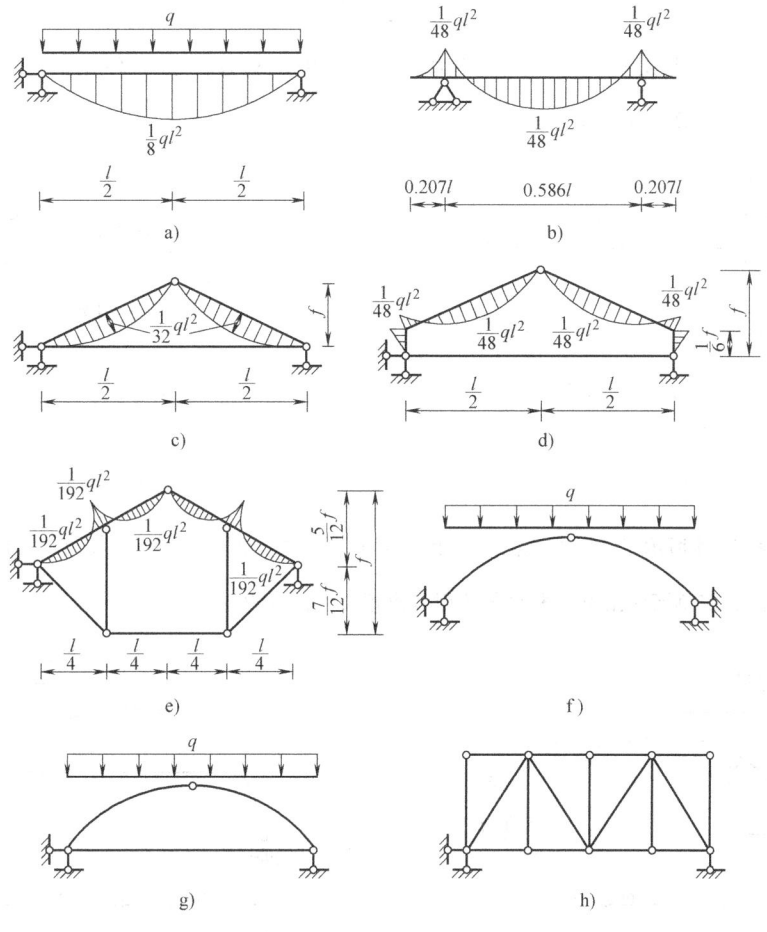

图 5-31

形式的三铰拱，若拱轴线采用合理拱轴线即二次抛物线，三铰拱将处于无弯矩状态。图 5-31h 所示的梁式桁架，通过合理设置荷载的传递方式，使桁架承受结点荷载作用，桁架中各杆将处于无弯矩状态。

在相同的跨度与荷载下，一般简支梁和简支刚架的弯矩最大，外伸梁、静定多跨梁、三铰刚架和组合结构的弯矩次之，桁架和采用合理拱轴线的三铰拱弯矩为零。由于这些受力特点，在实际工程中，简支梁多用于小跨度结构，简支刚架应用较少；外伸梁、静定多跨梁、三铰刚架和组合结构可用于跨度较大的结构；当跨度更大时，多采用桁架和具有合理拱轴线的拱。

上面从受力状态的角度比较了不同结构形式的力学特点，另外，从构造、施工角度，不同结构形式都有各自的优点与缺点。简支梁虽然具有弯矩大且弯矩分布不均匀的缺点，但由于构造简单，施工方便，所以简支梁在工程中仍有广泛的应用。桁架和三铰拱虽然具有可以实现无弯矩状态的受力合理的优点，但桁架内部结点多且构造复杂，三铰拱要求基础具有较强的承受水平推力的能力且拱轴线为曲线，因而增加了制作与施工上的困难。在结构设计中，选取结构形式应综合考虑跨度、施工条件等因素，进行多方面的分析和比较。

习 题

5-1 计算图 5-32 所示三铰拱 D 截面的内力。已知拱轴线方程为 $y = \dfrac{4f}{l^2}x(l-x)$。

5-2 计算图 5-33 所示半圆弧三铰拱在 A、C 截面的内力。设圆的半径为 R。

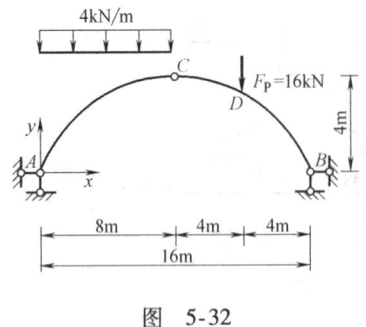

图 5-32

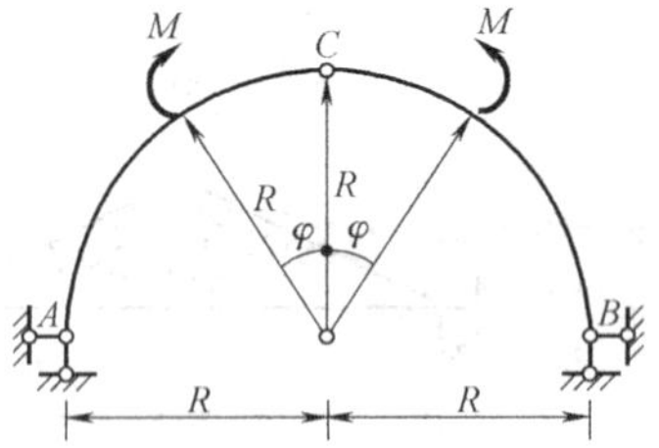

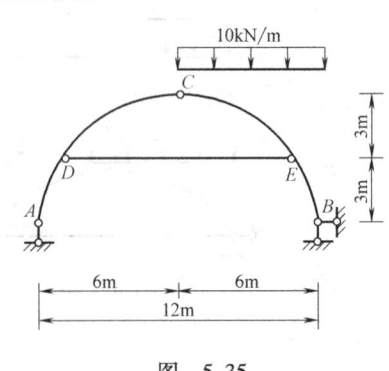

图 5-33

5-3 计算图 5-34 所示三铰拱 K 截面的弯矩、剪力。已知拱轴线方程为 $y = \dfrac{4f}{l^2}x(l-x)$。

5-4 计算图 5-35 所示三铰拱拉杆的轴力以及拱顶 C 截面的内力。

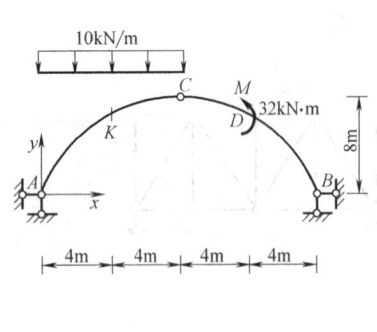

图 5-34

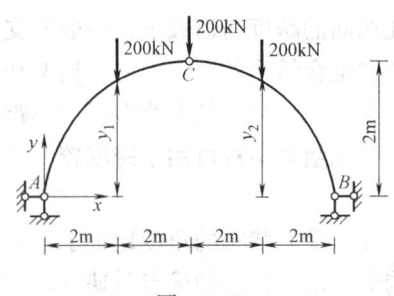

图 5-35

5-5 计算图 5-36 所示三铰拱的支座反力以及 C 截面的内力。

5-6 如图 5-37 所示,已知三铰拱三个铰的位置为 A、C、B,计算合理拱轴线的纵坐标 y_1、y_2。

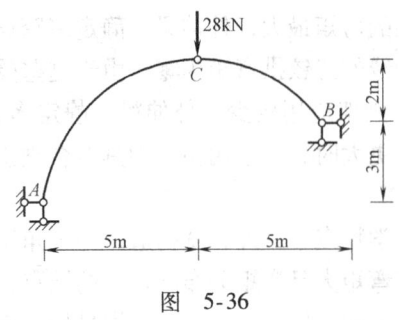

图 5-36

图 5-37

5-7 求图 5-38 所示分布荷载作用下,三铰拱的合理拱轴线方程。

5-8 求图 5-39 所示分布荷载作用下,三铰拱的合理拱轴线方程。

5-9 计算图 5-40 所示组合结构链杆的轴力,并作梁式杆的 M 图。

5-10 计算图 5-41 所示组合结构链杆的轴力,并作梁式杆的 M 图。

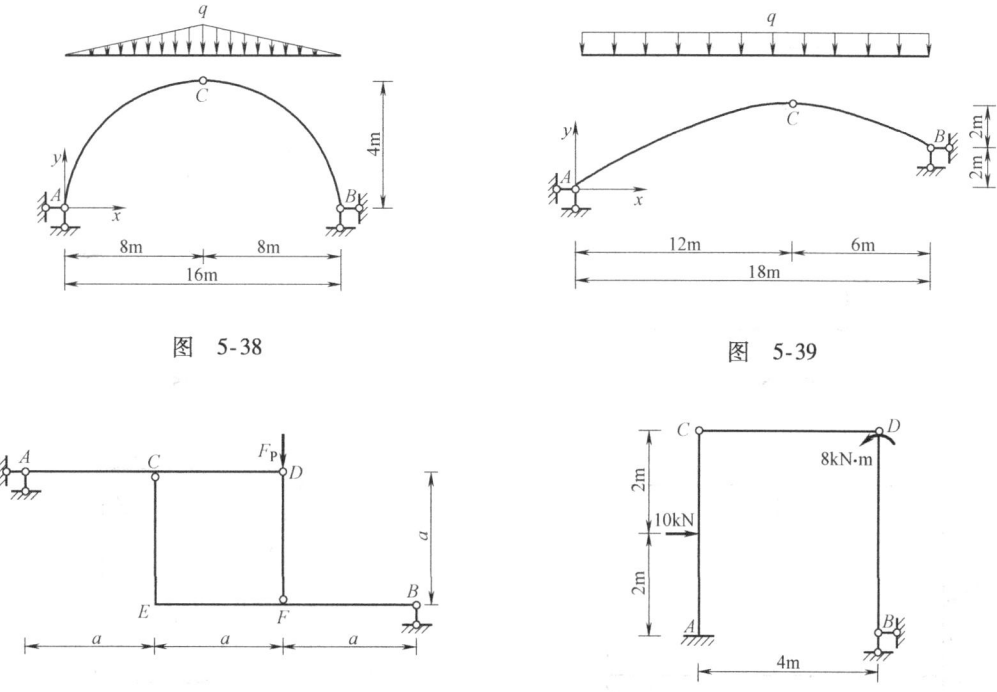

图 5-38

图 5-39

图 5-40

图 5-41

5-11 计算图 5-42 所示组合结构链杆的轴力，并作梁式杆的 M 图。

5-12 计算图 5-43 所示组合结构链杆的轴力，并作梁式杆的 M 图。

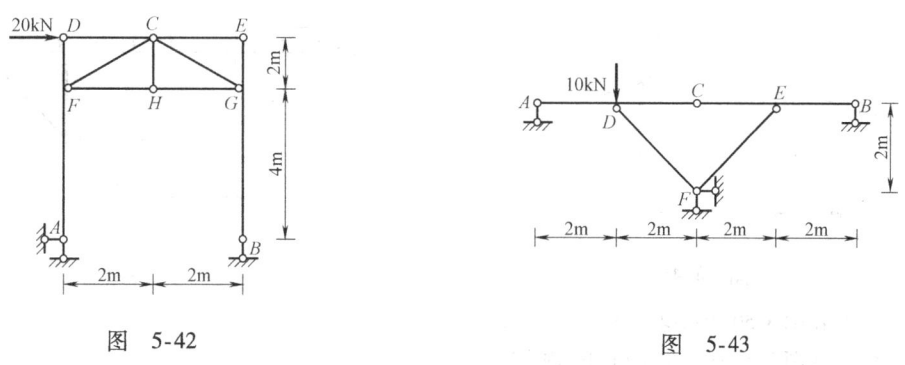

图 5-42

图 5-43

5-13 计算图 5-44 所示组合结构链杆的轴力，并作梁式杆的 M 图。

5-14 计算图 5-45 所示组合结构链杆的轴力，并计算拱上 K 截面的内力。已知拱轴线方程为 $y = \dfrac{4f}{l^2} x (l-x)$。

5-15 计算图 5-46 所示组合结构链杆的轴力，并作梁式杆的 M 图。

5-16 计算图 5-47 所示组合结构链杆的轴力，并作梁式杆的 M 图、F_Q 图。

5-17 图 5-48 所示下撑式五角形组合屋架：
(1) 计算链杆的轴力。
(2) 作梁式杆的 M 图、F_Q 图。

5-18 试作图 5-49 所示组合结构的内力图。

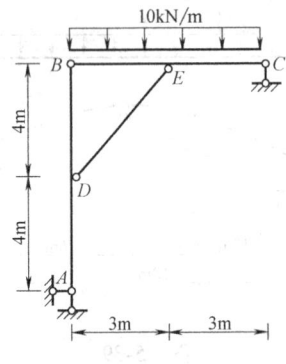

图 5-44

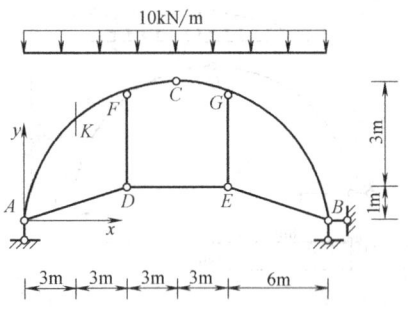

图 5-45

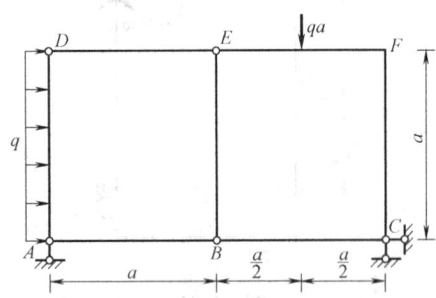

图 5-46

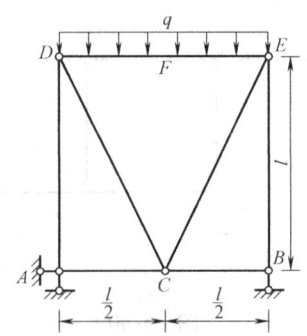

图 5-47

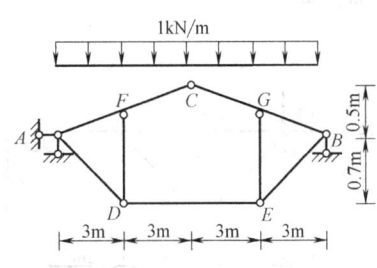

图 5-48

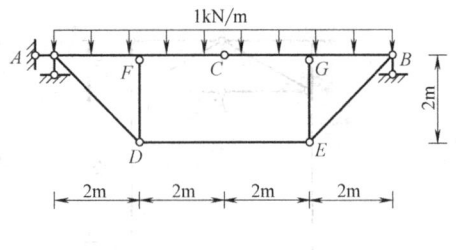

图 5-49

5-19　试作图 5-50 所示组合结构的内力图。

5-20　试作图 5-51 所示组合结构的内力图。

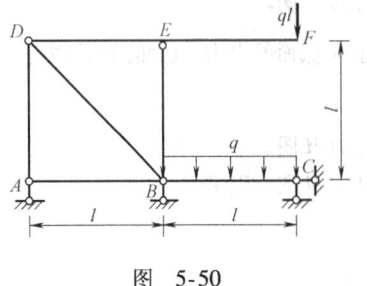

图 5-50

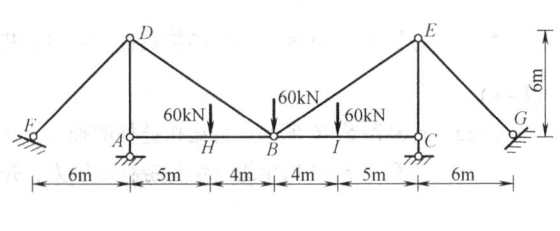

图 5-51

第6章 虚功原理和结构的位移计算

6.1 概述

6.1.1 结构位移的分类

结构在荷载、温度改变、支座移动、制造误差以及材料胀缩等因素作用下，结构原有的位置会发生改变，称为结构的位移。结构中横截面位置的改变，称为横截面的位移，包括线位移和角位移。横截面形心在某方向的移动称为线位移，其中水平方向的移动为水平线位移，竖直方向的移动为竖向线位移或挠度。横截面的转动称为角位移。图 6-1a 所示结构在荷载作用下，A 截面发生线位移 Δ_A，角位移 φ_A。其中，水平线位移为 Δ_{AH}，竖向线位移为 Δ_{AV}。图 6-1b 所示结构在荷载作用下，铰 C 左右两个截面产生相对角位移 φ_C。图 6-1c 所示结构在荷载作用下，A、B 两个截面产生相对水平线位移 Δ_{AB}，$\Delta_{AB} = \Delta_{AH} + \Delta_{BH}$。某一个截面的线位移和角位移称为绝对位移，两个截面在某方向的相对线位移或相对角位移称为相对位移。这些位移统称为广义位移，用符号 Δ 表示。

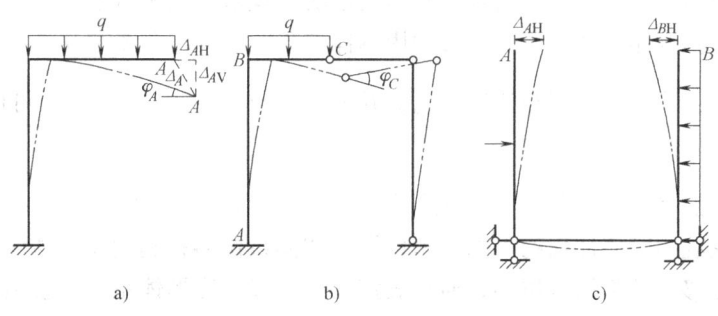

图 6-1

结构的位移分为刚体体系位移和变形体体系位移两类。结构发生位移时，如果结构不发生变形，即结构的应变为零，称为刚体体系位移。结构发生位移时，如果结构发生变形，即结构的应变不为零，称为变形体体系位移。图 5-26a 所示结构在支座移动作用下的位移属于刚体体系位移；图 6-1a 所示结构在荷载作用下的位移、图 5-26b 所示结构在温度改变作用下的位移、图 5-26c 所示结构在制造误差作用下的位移属于变形体体系位移。图 6-1b 所示结构，荷载作用在基本部分，附属部分无内力，附属部分产生刚体体系位移，而基本部分产生变形体体系位移。

6.1.2 结构位移的形式与广义荷载的关系

结构产生位移的原因主要有三种：①荷载作用；②温度改变和材料胀缩；③支座移动和

制造误差。上述引起结构产生位移的所有因素统称为广义荷载。静定结构位移的形式取决于结构中所作用的广义荷载。静定结构在支座移动作用下产生刚体体系位移。静定结构在温度改变、制造误差和材料胀缩作用下产生变形体体系位移。静定结构在荷载作用下的位移可能全部为变形体体系位移，也可能结构中部分为变形体体系位移，部分为刚体体系位移。

6.1.3 计算位移的目的

1) 验算结构的刚度，即验算结构在使用过程中的位移是否超过允许的位移限值。例如，起重机梁允许的最大挠度通常规定为跨度的 1/600；民用建筑中屋盖梁和楼盖梁的最大挠度一般不能超过跨度的 1/400～1/200，桥梁建筑中钢板梁的最大挠度一般不能超过跨度的 1/700。

2) 为超静定结构的内力分析提供基础。超静定结构存在多余约束，计算内力时需要同时考虑静力平衡条件和变形协调条件，这就需要结构的位移。另外，在结构的动力计算以及稳定计算中，也要涉及结构的位移计算。

3) 在结构的制作、施工、架设、养护过程中，需要预先知道结构的位移，以便采取相应的措施，保证施工安全和拼装就位。例如，在跨度较大的结构中，为了避免使用过程中产生显著的下垂，可预置拱度，预先将结构做成与挠度相反的拱形，称为起拱，起拱高度需要根据结构计算位移确定。

6.1.4 计算结构位移的方法与假定

计算结构位移主要有几何方法求解和利用虚功原理求解两种方法。

几何方法计算刚体体系位移，通常利用刚体位移图的几何关系容易求解。计算梁式杆的变形体体系位移，可根据曲率与挠度之间的几何关系 $\kappa = \dfrac{1}{R} = \left|\dfrac{d^2 w}{dx^2}\right|$，即可由曲率 κ 计算挠度 w。

位移计算虽然是一个几何问题，最好的计算方法不是几何方法，而是利用虚功原理求解。本章将讨论利用刚体体系的虚功原理计算刚体体系位移；利用变形体体系的虚功原理计算变形体体系位移。计算结构位移，通常假定结构为线性变形体系，也就是结构发生的位移与结构几何尺寸相比是极其微小的，结构的变形是小变形；结构的位移与荷载成线性关系，荷载对位移的影响可以采用叠加原理。

6.2 刚体体系的虚功原理

6.2.1 刚体体系的虚功原理

刚体体系的虚功原理表述为：对于具有理想约束的刚体体系，设体系上作用任意的平衡力系，又假设体系由于某种外界因素发生符合约束条件的无限小刚体体系位移，则主动力在位移上所做的虚功总和恒等于零。

理想约束是指约束力在体系可能位移上做功恒等于零的约束。例如，光滑铰接、刚性链杆等都是理想约束。刚体是具有理想约束的质点系，由于刚体任意两点间的距离保持不变，可以设想任意两点间由刚性链杆相连，另外任意两个截面间的夹角也保持不变，所以刚体内力在刚体可能位移上做的功恒等于零。

在虚功原理中，体系上作用的任意平衡力系，简称力状态；体系发生的符合约束条件的无限小刚体体系位移，简称位移状态。这里，力状态与位移状态是无关的，虚功说明做功的力状态和位移状态彼此独立无关。由于力状态与位移状态无关，我们可以虚设力状态或位移状态，只需注意虚设的力状态必须是平衡力系，虚设的位移状态是符合约束条件的无限小刚体体系位移。根据虚设对象的不同，虚功原理主要有两种应用形式：

虚力原理：虚设力系，计算位移。将在 6.8 节中讨论利用刚体体系虚功原理计算静定结构在支座移动作用下产生的位移。

虚位移原理：虚设位移，计算未知力。例如，可以虚设位移，计算静定结构的支座反力和内力。本节简单介绍这种应用形式——单位支座位移法。

6.2.2　单位支座位移法

前面各章详细讨论了静定结构静力分析的基本方法，即选取隔离体，建立平衡方程求解静定结构的反力和内力。通过在约束力方向虚设单位位移，利用虚功原理，也可以计算静定结构的约束力，这就是单位支座位移法。该方法的特点是把虚功方程看做平衡方程的另一种表示形式。

如图 6-2a 所示为一简支梁，拟求支座 B 的反力 F_{By}。静定简支梁为几何不变的体系，在符合约束的条件下，不可能发生刚体体系位移。为了构造符合约束条件的刚体体系位移，需要将静定结构变成机构，也就是具有一个自由度的几何可变体系。为此，去掉与 F_{By} 相应的约束，得到图 6-2b 所示的机构，图中用未知力 Z 代替 F_{By}，也就是将被动力 F_{By} 变成主动力 Z。图 6-2c 是机构发生符合约束条件的无限小刚体体系位移，与未知力 Z 以及荷载 F_P 相应的虚位移分别记为 δ_Z、δ_P。对虚位移符号的规定：δ_Z 与未知力 Z 方向一致时为正，反之为负；δ_P 与荷载 F_P 方向一致时为正，反之为负。图中 δ_Z 为正，δ_P 为负，则可得到虚功方程如下

$$Z\delta_Z + F_P\delta_P = 0 \tag{a}$$

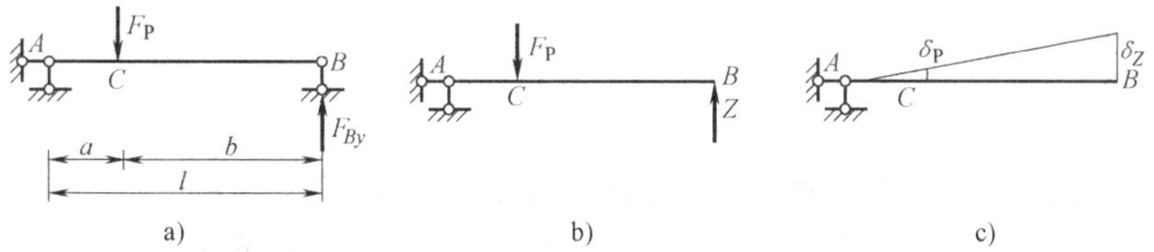

图 6-2

由图 6-2c 得

$$\delta_P = -\frac{a}{l}\delta_Z \tag{b}$$

代入式（a）得到

$$Z\delta_Z - \frac{a}{l}\delta_Z F_P = 0 \tag{c}$$

将式（c）两边都除以 δ_Z 得

$$Zl - aF_P = 0 \tag{d}$$

$$Z = \frac{a}{l}F_P$$

式（d）就是以 A 点为矩心的力矩平衡方程。由此可见，式（d）形式上是虚功方程，实质上是未知力 Z 与荷载 F_P 之间的平衡方程。

式（c）每项均含有常数 δ_Z，而虚位移是人为虚设的，以后为了计算方便，在虚设位移时可令 $\delta_Z = 1$。通过在约束力方向虚设单位位移，利用虚功方程计算静定结构的某一约束力（支座反力或内力），这种方法称为单位支座位移法。该方法的特点是把虚功方程看做平衡方程的另一种表示形式，采用几何方法来求解静力平衡问题。

单位支座位移法计算静定结构某一约束力 Z（支座反力或内力）的步骤如下：

1) 去掉与约束力 Z 相应的约束，使静定结构变成自由度为 1 的机构，让计算的约束力变成主动力。

2) 让机构发生符合约束条件的无限小刚体体系位移，一般沿 Z 的正方向发生位移，这样 δ_Z 为正，Z 在 δ_Z 上做正功。

3) 建立虚功方程
$$Z\delta_Z + \sum F_P \delta_P = 0 \tag{6-1}$$

4) 利用几何关系求 δ_P，为计算简单，可令 $\delta_Z = 1$。

5) 解虚功方程，得到
$$Z = -\frac{\sum F_P \delta_P}{\delta_Z}$$

例 6-1 利用单位支座位移法计算图 6-3a 所示静定多跨梁 C 支座的反力 F_{Cy}，设 $F_{P1} = F_{P2} = F_P$。

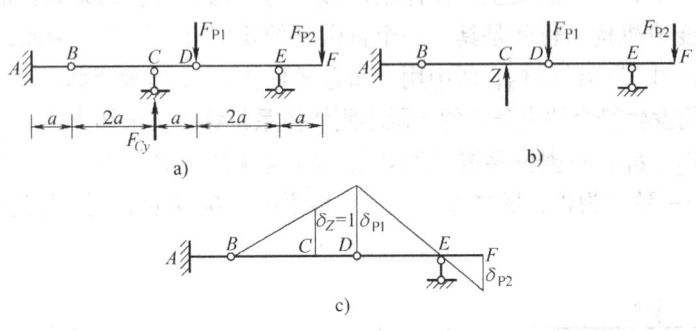

图 6-3

解 （1）去掉与 F_{Cy} 对应的约束，代以主动力 Z，如图 6-3b 所示。

（2）让机构发生符合约束条件的无限小刚体体系位移，如图 6-3c 所示。令 $\delta_Z = 1$，利用几何关系得到 $\delta_{P1} = -3/2$，$\delta_{P2} = 3/4$。

（3）建立虚功方程为
$$Z\delta_Z + F_{P1}\delta_{P1} + F_{P2}\delta_{P2} = 0$$

将 $\delta_Z = 1$，$\delta_{P1} = -3/2$，$\delta_{P2} = 3/4$，$F_{P1} = F_{P2} = F_P$ 代入上式得到
$$F_{Cy} = Z = \frac{3}{4}F_P \quad (\text{向上})$$

例 6-2 利用单位支座位移法计算图 6-4a 所示简支梁 C 截面的弯矩 M_C。

解 （1）去掉与 M_C 对应的约束，将截面 C 由刚接改为铰接，代以主动力 Z，Z 为一对大小相等、方向相反的力偶，如图 6-4b 所示。C 的左右两侧截面可以发生相对转角，但不

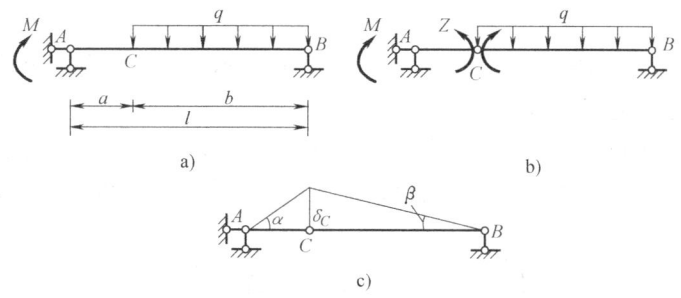

图 6-4

能发生相对轴向位移和相对剪切位移。

(2) 让机构发生符合约束条件的无限小刚体体系位移, 如图 6-4c 所示。为计算方便, 设 C 点的虚位移为 δ_C, 这里 δ_C 不是主动力 Z 方向的位移。利用几何关系得到, AC 和 CB 段杆的转角 α 和 β 分别为

$$\alpha = \frac{\delta_C}{a}, \quad \beta = \frac{\delta_C}{b}$$

其中外力偶 M 做的虚功为

$$-M\alpha = -M\frac{\delta_C}{a}$$

在 CB 段上取微段 $\mathrm{d}x$, 微段 $\mathrm{d}x$ 上的均布荷载 q 做的虚功为 $-q\mathrm{d}x \times y$, 则 CB 段上均布荷载 q 做的虚功为

$$-q\int_C^B y\mathrm{d}x = -q\left(\frac{1}{2} \times b \times \delta_C\right) = -\frac{1}{2}qb\delta_C$$

(3) 建立虚功方程为

$$Z(\alpha + \beta) - M\frac{\delta_C}{a} - \frac{1}{2}qb\delta_C = 0$$

即

$$Z\left(\frac{\delta_C}{a} + \frac{\delta_C}{b}\right) - M\frac{\delta_C}{a} - \frac{1}{2}qb\delta_C = 0$$

约去 δ_C, 求得

$$M_C = Z = \frac{2Mb + qab^2}{2l} \quad (\text{下边受拉})$$

例 6-3 利用单位支座位移法计算图 6-5a 所示简支梁 C 截面的剪力 F_{QC}。

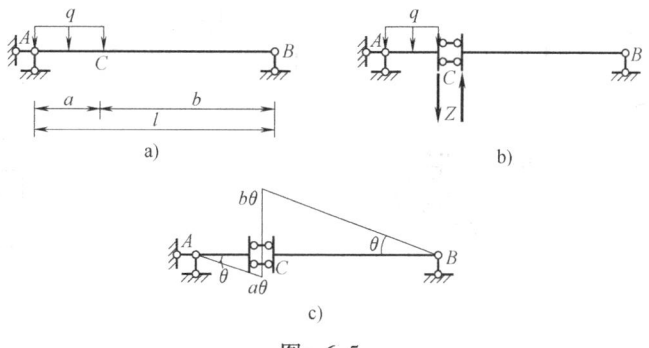

图 6-5

解 (1) 去掉与 F_{QC} 对应的约束,将截面 C 由刚接改为定向滑动约束,代以主动力 Z, Z 为一对大小相等、方向相反的竖向力,如图 6-5b 所示。C 的左右两侧截面可以发生相对剪切位移,但不能发生相对轴向位移和相对转角。

(2) 让机构发生符合约束条件的无限小刚体体系位移,如图 6-5c 所示。设 AC 和 BC 段杆的转角为 θ。在 AC 段上取微段 dx,微段 dx 上的均布荷载 q 做的虚功为 $qdx \times y$,则 AC 段上均布荷载 q 做的虚功为

$$q \int_A^C y dx = q \left(\frac{1}{2} \times a \times a\theta \right) = \frac{1}{2} q\theta a^2$$

(3) 建立虚功方程为

$$Z(a\theta + b\theta) + \frac{1}{2} q\theta a^2 = 0$$

约去 θ,求得

$$F_{QC} = Z = -\frac{qa^2}{2l} \quad (\text{绕隔离体逆时针转动})$$

6.3 变形体体系的虚功原理

变形体体系的虚功原理表述为:设变形体在力系作用下处于平衡状态,又设变形体由于其他原因产生符合约束条件的微小连续变形,则外力在位移上所做外虚功 W_e 恒等于各个微段的应力合力在变形上所做的内虚功 W_i。

变形体体系的虚功原理可用下式表示,即

$$W_e = W_i \tag{6-2}$$

虚功原理中涉及的虚位移并非是由原平衡状态的力系引起的,而是由其他任何原因引起的可能位移,虚功就是表明平衡状态与虚位移状态彼此独立无关。虚位移必须在变形体内部连续,在边界上满足几何约束条件。另外,虚位移必须是任意的和无限小的,这样虚功与虚位移属同阶微量。若将虚位移取为有限量,虚功原理不再成立。

变形体体系的虚功原理是连续体力学的普遍原理,其严格的证明可参阅连续体力学方面的有关书籍。这里仅就杆件结构来说明该原理的必要条件。

图 6-6a 表示一平面杆件结构在力系作用下处于平衡状态。图 6-6b 表示该结构由于其他外界因素(如荷载、温度改变等)产生的位移状态,分别称这两个状态为结构的力状态和

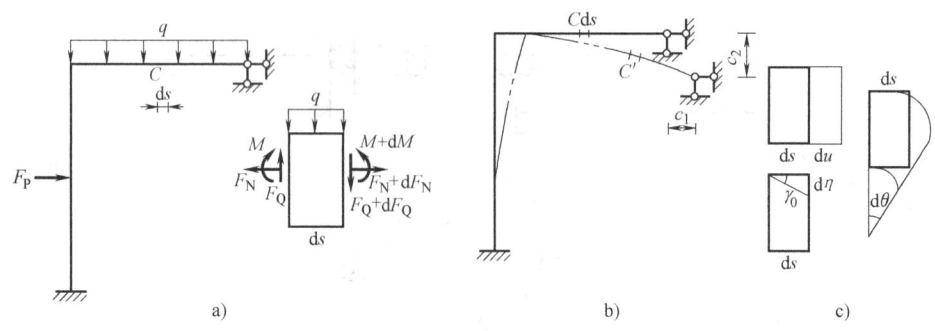

图 6-6

位移状态。

力状态中结构的外力包括荷载、支座反力，外虚功是外力在位移状态上做的虚功的总和，则有

$$W_e = \sum F_{Pi}\Delta_i + \sum F_{Rk}c_k \qquad (6-3)$$

式（6-3）前面一项表示对每一个荷载做功求和，包括集中力、集中力偶、分布荷载等；后面一项表示对每一个支座反力做功求和，某支座反力方向上没有支座位移时，该支座反力不做功。

外力做虚功的同时，力状态下结构的内力在位移状态的相应变形上做内力虚功。从结构中 C 点处取一微段 $\mathrm{d}s$，在图 6-6a 所示的该微段平衡力系中，除了外荷载 q 作用外，两侧截面上还作用有内力（截面上的应力合力），即弯矩 M、剪力 F_Q 与轴力 F_N（这些力对结构而言是内力，对微段而言是外力，由于习惯，同时也为了与结构中的外力即荷载与支座反力相区别，这里仍然称这些力为内力）。将图 6-6b 微段上的位移分解为两步：先只发生刚体位移，即由 C 点移动到 C' 点；然后再发生变形位移。将微段的变形分解为轴向变形、剪切变形和弯曲变形，与变形相对应的微段两侧截面相对位移分别是相对轴向位移 $\mathrm{d}u$，相对剪切位移 $\mathrm{d}\eta$，相对转角 $\mathrm{d}\theta$，如图 6-6c 所示。由于微段上外力为平衡力系，根据刚体体系虚功原理可知，微段上外力在微段的刚体位移上做的虚功总和为零。因此，微段上的外力虚功等于外力在微段变形上所做的虚功。微段上内力的增量 $\mathrm{d}M$、$\mathrm{d}F_Q$、$\mathrm{d}F_N$ 以及荷载在微段变形上所做的虚功为高阶微量，可略去不计，于是可得微段上的内力虚功为

$$\mathrm{d}W_i = F_N \mathrm{d}u + F_Q \mathrm{d}\eta + M \mathrm{d}\theta$$

沿杆长度积分并对各杆件积分求和，得到整个结构的内力虚功为

$$W_i = \sum \int \mathrm{d}W_i = \sum \int F_N \mathrm{d}u + \sum \int F_Q \mathrm{d}\eta + \sum \int M \mathrm{d}\theta \qquad (6-4)$$

微段两侧截面的相对位移可表示为

$$\mathrm{d}u = \varepsilon \mathrm{d}s, \quad \mathrm{d}\eta = \gamma_0 \mathrm{d}s, \quad \mathrm{d}\theta = \kappa \mathrm{d}s \qquad (6-5)$$

式中，ε 为轴向线应变；γ_0 为平均切应变；κ 为轴线曲率（$\kappa = \dfrac{1}{R}$，R 为轴线变形后的曲率半径）。

整个结构的内力虚功又可写为

$$W_i = \sum \int \mathrm{d}W_i = \sum \int F_N \varepsilon \mathrm{d}s + \sum \int F_Q \gamma_0 \mathrm{d}s + \sum \int M \kappa \mathrm{d}s \qquad (6-6)$$

由变形体的虚功原理 $W_e = W_i$，得到

$$\sum F_{Pi}\Delta_i + \sum F_{Rk}c_k = \sum \int \mathrm{d}W_i = \sum \int F_N \mathrm{d}u + \sum \int F_Q \mathrm{d}\eta + \sum \int M \mathrm{d}\theta \qquad (6-7\mathrm{a})$$

或

$$\sum F_{Pi}\Delta_i + \sum F_{Rk}c_k = \sum \int F_N \varepsilon \mathrm{d}s + \sum \int F_Q \gamma_0 \mathrm{d}s + \sum \int M \kappa \mathrm{d}s \qquad (6-7\mathrm{b})$$

式（6-7a）或式（6-7b）为平面杆件结构的变形体虚功方程。

在上面讨论的过程中，并没有涉及材料的物理性质，因此，虚功原理既适用于弹性材料，也适用于非弹性材料。

变形体的虚功原理也适用于刚体体系，由于刚体体系发生位移时，内部不产生任何变

形，因此内力虚功 $W_i = 0$，于是得到 $W_e = 0$，即外力虚功为零。可见，刚体体系的虚功原理是变形体体系虚功原理的一个特例。

6.4 结构位移计算的一般公式

通过虚设力系，利用变形体的虚功原理，可以计算结构由于某种外界因素所产生的变形体位移。欲求某位移 Δ，可在待求位移的方向上虚设单位荷载，建立虚设单位荷载作用下的平衡状态，通过虚功原理求解 Δ，这种计算位移的方法称为单位荷载法。

6.4.1 单位荷载法

图 6-7a 所示为一结构在某种外界因素作用下发生实际变形的情况。结构中某一点 D 在变形后移动到 D'。若求 D 点在某一指定方向 dd' 上的位移 Δ，可以在指定方向 dd' 上虚设单位荷载，得到虚设的平衡受力状态，如图 6-7b 所示。虚设力状态中的内力记为 $\overline{F}_N$、$\overline{F}_Q$、$\overline{M}$，支座反力记为 $\overline{F}_R$。结构实际位移状态中杆件的轴向线应变为 ε、平均切应变为 γ_0、轴线曲率为 κ。

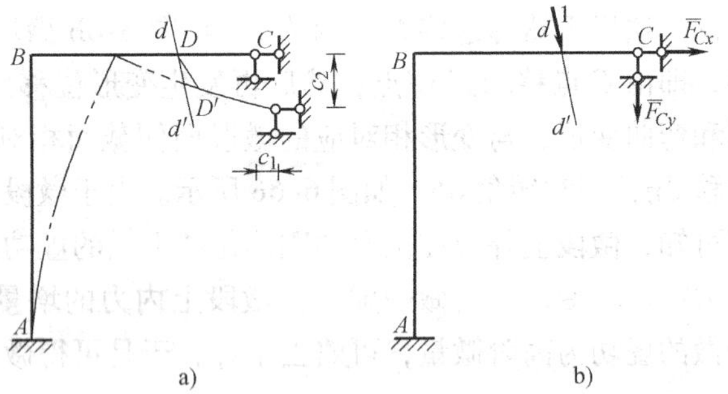

图 6-7

让结构虚设的力状态在结构真实的位移状态上做功，则外力虚功、内力虚功分别为

$$W_e = 1 \times \Delta + \sum \overline{F}_{Rk} c_k$$

$$W_i = \sum \int \overline{F}_N \varepsilon ds + \sum \int \overline{F}_Q \gamma_0 ds + \sum \int \overline{M} \kappa ds$$

由变形体虚功方程 $W_e = W_i$ 得到

$$1 \times \Delta + \sum \overline{F}_{Rk} c_k = \sum \int \overline{F}_N \varepsilon ds + \sum \int \overline{F}_Q \gamma_0 ds + \sum \int \overline{M} \kappa ds$$

于是得

$$\Delta = \sum \int \overline{F}_N \varepsilon ds + \sum \int \overline{F}_Q \gamma_0 ds + \sum \int \overline{M} \kappa ds - \sum \overline{F}_{Rk} c_k \tag{6-8}$$

将式（6-8）等号右边的每一项分别记为

$$\Delta_\varepsilon = \sum \int \overline{F}_N \varepsilon ds$$

$$\Delta_\gamma = \sum \int \overline{F}_Q \gamma_0 ds$$

$$\Delta_\kappa = \sum \int \overline{M} \kappa ds$$

$$\Delta_C = -\sum \overline{F}_{Rk} c_k$$

则 Δ_ε、Δ_γ、Δ_κ、Δ_C 分别表示轴向应变 ε、切应变 γ_0、弯曲曲率 κ 和支座位移 c_k 对位移的影响。

式（6-8）为平面杆件结构位移计算的一般公式，是一个普遍性公式。公式的普遍性表

现为:

1) 从变形类型看，它既可以考虑弯曲变形，也可以考虑轴向拉压或剪切变形。

2) 从变形因素看，它既可以考虑荷载产生的位移，也可以考虑温度改变或支座移动产生的位移。

3) 从结构类型看，它可用于计算静定结构或超静定结构中各种类型结构的位移，如梁、刚架、桁架、组合结构、拱。本章讨论静定结构位移的计算，关于超静定结构的位移计算将在 7.10 节中讨论。

4) 从材料性质看，它既适用于弹性材料，也适用于非弹性材料。

式 (6-8) 尽管是一个普遍性公式，但它只适用于结构发生微小变形的情况。

6.4.2 结构位移计算的一般步骤

若已知结构实际位移状态的支座位移 c_k 和杆件的轴向线应变 ε、平均切应变 γ_0、轴线曲率 κ，拟求结构某点在某方向的位移 Δ，计算步骤为:

1) 在该点沿拟求位移 Δ 的方向虚设相应的单位荷载。

2) 计算单位荷载作用下，结构在虚设力状态的内力 $\overline{F}_N$、$\overline{F}_Q$、$\overline{M}$，支座反力 $\overline{F}_{Rk}$。

3) 利用式 (6-8) 计算位移 Δ。

计算中假设未知位移 Δ 的方向与虚设单位荷载的方向一致，位移 Δ 的真实方向由计算结果的正负号确定。若为正值，说明 Δ 的实际方向与虚设单位荷载的方向一致；若为负值，说明 Δ 的实际方向与虚设单位荷载的方向相反。

式 (6-8) 右边的每一项都有一个力与变形的乘积，表示力在位移上做的虚功。当力与变形的方向一致时，则乘积为正。例如，当 $\overline{M}$ 与 κ 使微段的同侧纤维受拉时，乘积 $\overline{M}\kappa$ 取正。

6.4.3 广义位移的计算

广义位移包括某一个截面的线位移或角位移、某两个截面在某方向的相对线位移或相对角位移，均用符号 Δ 表示。式 (6-8) 中的拟求位移 Δ 可以引申为广义位移。

计算广义位移时，虚设的单位荷载应该是与拟求广义位移相应的广义单位荷载。所谓的相应，是指力与位移在做功关系上的对应。例如，与线位移对应的是沿线位移方向的集中力，与角位移对应的是力偶等。广义单位荷载在拟求广义位移上做功且做功 W 数值上等于拟求位移，即

$$W = 1 \times \Delta = \Delta$$

以图 6-8a 所示的刚架为例，根据计算位移性质的不同应虚设不同的单位荷载。计算 C 点的竖向线位移，应在该点虚设竖向单位荷载，如图 6-8b 所示；计算 C 点的水平线位移，应在该点虚设水平单位荷载，如图 6-8c 所示；计算 C 点右截面的角位移，应在 C 点右截面虚设单位力偶，如图 6-8d 所示；计算 C 点左右两截面的相对角位移，应在 C 点左右截面虚设一对方向相反的单位力偶，如图 6-8e 所示；计算 D、E 点的水平相对线位移，应在 D、E 点虚设一对方向相反的水平单位荷载，如图 6-8f 所示。

计算桁架结点的线位移时，可以按照上述作法虚设单位荷载。但在计算桁架某杆件的角位移时，由于桁架杆件只受轴力作用，应在杆件的两端部沿垂直杆轴线方向虚设一对方向相

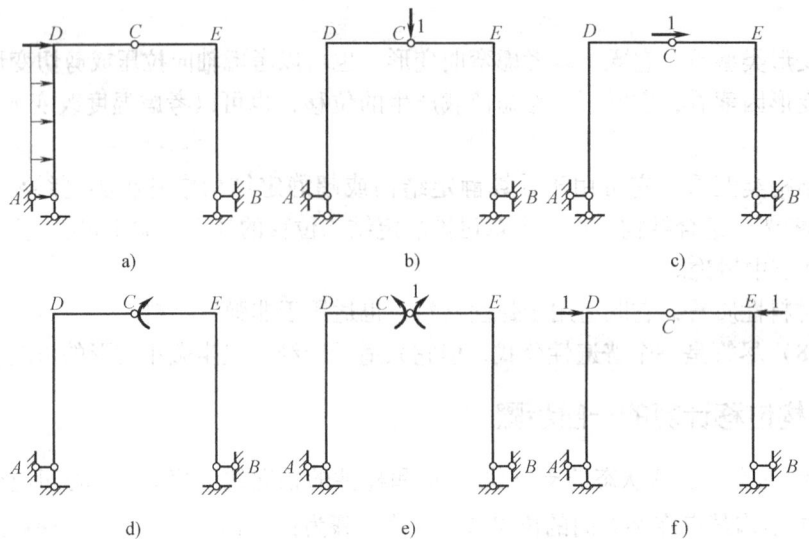

图 6-8

反、大小等于该杆件长度倒数的集中力,这一对集中力构成单位力偶。如图 6-9a 所示的桁架,计算 BC 杆的角位移,应虚设图 6-9b 所示的荷载;计算 BC 杆与 BD 杆的相对角位移,应虚设图 6-9c 所示的荷载。

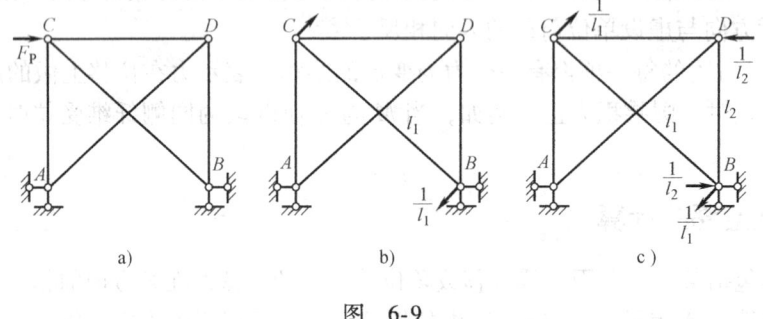

图 6-9

6.5 静定结构在荷载作用下的位移计算

本节讨论静定结构在荷载作用下的位移计算,假设材料是弹性的。

6.5.1 结构在荷载作用下的位移计算公式

当结构上只有荷载作用时,由式(6-8)得到结构的位移计算公式为

$$\Delta = \sum \int \overline{F}_N \varepsilon \mathrm{d}s + \sum \int \overline{F}_Q \gamma_0 \mathrm{d}s + \sum \int \overline{M} \kappa \mathrm{d}s \tag{a}$$

式中,$\overline{F}_N$、$\overline{F}_Q$、$\overline{M}$ 为虚设状态中单位荷载作用下结构的内力;ε、γ_0、κ 为实际位移状态中由荷载产生的杆件微段的轴向线应变、平均切应变、轴线曲率。

设实际状态中荷载产生的杆件内力为 F_{NP}、F_{QP}、M_P,对于线弹性直杆,根据材料力学有

$$\varepsilon = \frac{F_{NP}}{EA}, \quad \gamma_0 = \mu \frac{F_{QP}}{GA}, \quad \kappa = \frac{M_P}{EI} \tag{6-9}$$

式中，E 和 G 分别为材料的弹性模量和切变模量；A 和 I 分别为杆件横截面的面积和惯性矩；EA、GA、EI 分别表示杆件的抗拉压刚度、抗剪刚度、抗弯刚度。

系数 μ 是在计算平均切应变 γ_0 时考虑到切应力在截面上分布不均而加的修正系数，按下式计算

$$\mu = \frac{A}{I^2}\int_A \frac{S^2}{b^2}dA \tag{6-10}$$

式中，b 为切应力取值点处截面的宽度；S 为切应力取值点以下（或以上）面积对截面中性轴的静矩。

μ 的计算公式推导可参考有关结构力学教材。μ 与杆件横截面的形状有关，对于矩形截面 $\mu = \frac{6}{5}$；圆形截面 $\mu = \frac{10}{9}$；薄壁圆环形截面 $\mu = 2$；工字形或箱形截面 $\mu = \frac{A}{A_1}$（A_1 为腹板面积）。

将式（6-9）代入式（a）得到

$$\Delta = \sum\int\frac{\overline{F}_N F_{NP}}{EA}ds + \sum\int\frac{\mu\overline{F}_Q F_{QP}}{GA}ds + \sum\int\frac{\overline{M}M_P}{EI}ds \tag{6-11}$$

式（6-11）即为平面杆件结构在荷载作用下的位移计算公式。该公式不仅适用于静定结构，也适用于超静定结构。关于超静定结构在荷载作用下的位移计算将在 7.8 节中讨论。

由式（6-11）可知，计算荷载作用下结构的位移，需要计算结构在虚设状态由单位荷载作用产生的杆件内力 $\overline{F}_N$、$\overline{F}_Q$、$\overline{M}$，实际状态荷载产生的杆件内力 F_{NP}、F_{QP}、M_P。对于静定结构利用平衡条件可计算两种状态的内力。两种状态内力的正负号规定如下：轴力 F_{NP}、$\overline{F}_N$ 以拉力为正；剪力 F_{QP}、$\overline{F}_Q$ 以绕微段隔离体顺时针转动者为正；弯矩 M_P、$\overline{M}$ 只规定乘积 $\overline{M}M_P$ 的正负号，当 $\overline{M}$ 与 M_P 使杆件同侧纤维受拉时，其乘积取正值。

6.5.2 各种结构的位移计算公式

将式（6-11）等号右边的每一项分别记作

$$\Delta_\varepsilon = \sum\int\frac{\overline{F}_N F_{NP}}{EA}ds \tag{b}$$

$$\Delta_\gamma = \sum\int\frac{\mu\overline{F}_Q F_{QP}}{GA}ds \tag{c}$$

$$\Delta_\kappa = \sum\int\frac{\overline{M}M_P}{EI}ds \tag{d}$$

Δ_ε、Δ_γ、Δ_κ 分别表示荷载作用下杆件的轴向变形、剪切变形、弯曲变形对结构位移的影响。对于不同的结构形式，这三种变形对位移的影响所占的比重各不相同，实际结构计算中，可只考虑主要变形对位移的影响，忽略次要变形对位移的影响，以简化结构位移的计算。

（1）梁和刚架　在梁和刚架中，位移主要是由弯曲变形产生的，轴向变形和剪切变形的影响一般很小，可以忽略。因此，位移公式简化为

$$\Delta = \sum\int\frac{\overline{M}M_P}{EI}ds \tag{6-12}$$

（2）桁架　桁架的各根杆件只受轴力，而且每根杆件的轴力 F_{NP}、$\overline{F}_N$ 和抗拉压刚度 EA

一般沿杆件长度 l 是不变的，因此，位移公式简化为

$$\Delta = \sum \int \frac{\overline{F}_N F_{NP}}{EA} ds = \sum \frac{\overline{F}_N F_{NP} l}{EA} \tag{6-13}$$

由式（6-13）可知，若某根杆在虚设状态或实际状态中任一状态为零杆，则乘积 $\frac{\overline{F}_N F_{NP} l}{EA}$ 为零，因此，该杆另一状态中的轴力不需要计算。一般先计算虚设状态桁架的内力，后计算实际状态桁架的内力，因为虚设状态只有单位荷载作用在结构上，结构中往往有零杆。

（3）组合结构 组合结构中包括梁式杆和链杆两种类型杆件。对于梁式杆可只考虑弯曲变形对位移的影响，对于链杆考虑轴向变形的影响，因此，位移公式简化为

$$\Delta = \sum \int \frac{\overline{M} M_P}{EI} ds + \sum \frac{\overline{F}_N F_{NP} l}{EA} \tag{6-14}$$

注意，式（6-14）中前面的 Σ 表示对梁式杆求和，后面的 Σ 表示对链杆求和。

（4）拱 计算拱的位移通常只考虑弯曲变形对位移的影响，可按式（6-12）计算。但当拱轴线与压力线比较接近（即两者的距离与杆件的截面高度为同量级）或者计算扁平拱 $\left(\frac{f}{l} < \frac{1}{5}\right)$ 的水平位移时，还要考虑轴向变形的影响，因此，位移公式为

$$\Delta = \sum \int \frac{\overline{M} M_P}{EI} ds + \sum \int \frac{\overline{F}_N F_{NP}}{EA} ds \tag{6-15}$$

对于拱坝一类厚度较大的拱形结构，剪切变形对位移的影响不能忽略，计算拱坝位移时，弯曲变形、轴向变形、剪切变形对位移的影响都要考虑，因此，位移公式为

$$\Delta = \sum \int \frac{\overline{F}_N F_{NP}}{EA} ds + \sum \int \frac{\mu \overline{F}_Q F_{QP}}{GA} ds + \sum \int \frac{\overline{M} M_P}{EI} ds$$

例 6-4 计算图 6-10a 所示桁架结点 C 的水平位移 Δ，设各杆的 EA 相等。

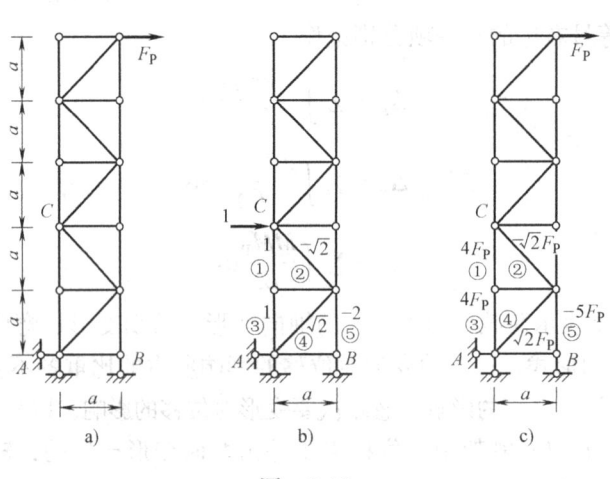

图 6-10

解 （1）虚设单位荷载，如图 6-10b 所示。

（2）计算桁架杆的内力 $\overline{F}_N$、F_{NP}。虚设状态桁架杆的内力 $\overline{F}_N$，如图 6-10b 所示，除了编号为①、②、③、④、⑤的杆件外，其余杆件为零杆；实际状态下，只需要计算①、②、

③、④、⑤杆件的内力，如图 6-10c 所示。

（3）计算结点 C 的水平位移 Δ。由式（6-13）得

$$\Delta = \sum \frac{\overline{F}_N F_{NP} l}{EA}$$

具体计算过程见表 6-1。

表 6-1 例 6-4 计算过程

杆件	$\overline{F}_N$	F_{NP}	杆长	$\dfrac{\overline{F}_N F_{NP} l}{EA}$
①	1	$4F_P$	a	$\dfrac{4F_P a}{EA}$
②	$-\sqrt{2}$	$-\sqrt{2}F_P$	$\sqrt{2}a$	$\dfrac{2\sqrt{2}F_P a}{EA}$
③	1	$4F_P$	a	$\dfrac{4F_P a}{EA}$
④	$\sqrt{2}$	$\sqrt{2}F_P$	$\sqrt{2}a$	$\dfrac{2\sqrt{2}F_P a}{EA}$
⑤	-2	$-5F_P$	a	$\dfrac{10F_P a}{EA}$
				$\sum = \dfrac{(4\sqrt{2}+18)F_P a}{EA} = \dfrac{23.6F_P a}{EA}$

于是得到

$$\Delta = \frac{23.6F_P a}{EA}(\rightarrow)$$

例 6-5 图 6-11a 所示等截面圆弧形曲杆 AB 承受沿水平线分布的竖向均布荷载 q 作用，计算 B 点的竖向位移 Δ。设曲杆截面为矩形，圆弧 AB 为四分之一圆，圆弧半径为 R。

解 （1）虚设单位荷载，如图 6-11b 所示。

（2）分别计算实际荷载与单位荷载作用下的内力。取 B 点为坐标原点，任一点 K 的坐标为 x、y，圆心角为 θ。利用截面法求出实际荷载与单位荷载作用下的内力分别为：

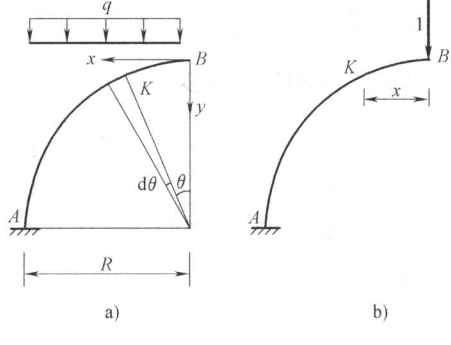

图 6-11

虚设荷载作用

$$\overline{M} = -x \quad (0 \leqslant x \leqslant R)$$

$$\overline{F}_N = -\sin\theta \quad \left(0 \leqslant \theta \leqslant \frac{\pi}{2}\right)$$

$$\overline{F}_Q = \cos\theta \quad \left(0 \leqslant \theta \leqslant \frac{\pi}{2}\right)$$

实际荷载作用

$$M_P = -\frac{1}{2}qx^2 \qquad (0 \leqslant x \leqslant R)$$

$$F_{NP} = -qx\sin\theta \qquad \left(0 \leqslant \theta \leqslant \frac{\pi}{2}\right)$$

$$F_{QP} = qx\cos\theta \qquad \left(0 \leqslant \theta \leqslant \frac{\pi}{2}\right)$$

(3) 计算 B 点的竖向位移 Δ。位移计算公式为

$$\Delta = \int \frac{\overline{M}M_P}{EI}ds + \int \frac{\overline{F}_N F_{NP}}{EA}ds + \int \frac{\mu \overline{F}_Q F_{QP}}{GA}ds$$

令 Δ_κ、Δ_ε、Δ_γ 分别表示弯曲变形、轴向变形、剪切变形产生的位移，得

$$\Delta_\kappa = \int \frac{\overline{M}M_P}{EI}ds = \frac{q}{2EI}\int_B^A x^3 ds$$

$$\Delta_\varepsilon = \int \frac{\overline{F}_N F_{NP}}{EA}ds = \frac{q}{EA}\int_B^A x\sin^2\theta ds$$

$$\Delta_\gamma = \int \frac{\mu \overline{F}_Q F_{QP}}{GA}ds = \frac{\mu q}{GA}\int_B^A x\cos^2\theta ds$$

将 $x = R\sin\theta$，$y = R(1-\cos\theta)$，$ds = Rd\theta$ 代入上式得到

$$\Delta_\kappa = \frac{qR^4}{2EI}\int_0^{\frac{\pi}{2}} \sin^3\theta d\theta$$

$$\Delta_\varepsilon = \frac{qR^2}{EA}\int_0^{\frac{\pi}{2}} \sin^3\theta d\theta$$

$$\Delta_\gamma = \frac{\mu qR^2}{GA}\int_0^{\frac{\pi}{2}} \cos^2\theta\sin\theta d\theta$$

积分得到 $\Delta_\kappa = \frac{qR^4}{3EI}$，$\Delta_\varepsilon = \frac{2qR^2}{3EA}$，$\Delta_\gamma = \frac{\mu qR^2}{3GA}$。

于是 B 点的竖向位移

$$\Delta = \frac{qR^4}{3EI} + \frac{2qR^2}{3EA} + \frac{\mu qR^2}{3GA} \qquad (\downarrow)$$

设 $\frac{h}{R} = \frac{1}{10}$，曲杆截面为矩形，$\mu = \frac{6}{5}$，$\frac{I}{A} = \frac{h^2}{12}$；又设横向变形系数 $\nu = \frac{1}{3}$，$\frac{E}{G} = 2(1+\nu) = \frac{8}{3}$，则

$$\frac{\Delta_\varepsilon}{\Delta_\kappa} = \frac{2I}{AR^2} = \frac{1}{6}\frac{h^2}{R^2} = \frac{1}{600}$$

$$\frac{\Delta_\gamma}{\Delta_\kappa} = \frac{\mu EI}{GAR^2} = \frac{\mu}{12}\frac{E}{G}\frac{h^2}{R^2} = \frac{1}{375}$$

可见，在给定的条件下，弯曲变形产生的位移是主要的，轴向变形、剪切变形产生的位移可以忽略不计。

例 6-6 计算图 6-12a 所示悬臂梁在 B 点的竖向位移 Δ，设梁的截面为矩形。

解 (1) 虚设单位荷载，如图 6-12b 所示。

(2) 分别计算实际荷载与单位荷载作用下的内力。取 B 点为坐标原点，利用截面法求出任一截面 x 内力分别为：

虚设荷载作用

$$\overline{M} = -x \quad (0 \leq x \leq l)$$
$$\overline{F}_N = 0 \quad (0 \leq x \leq l)$$
$$\overline{F}_Q = 1 \quad (0 \leq x \leq l)$$

实际荷载作用

$$M_P = -\frac{1}{2}qx^2 \quad (0 \leq x \leq l)$$
$$F_{NP} = 0 \quad (0 \leq x \leq l)$$
$$F_{QP} = qx \quad (0 \leq x \leq l)$$

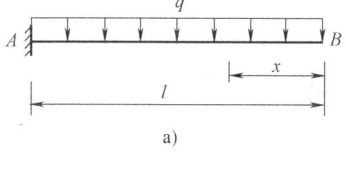

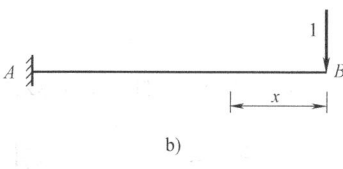

图 6-12

(3) 计算 B 点的竖向位移 Δ。弯曲变形产生的位移为

$$\Delta_\kappa = \int \frac{\overline{M} M_P}{EI} ds = \frac{1}{EI} \int_0^l (-x)\left(-\frac{1}{2}qx^2\right) dx = \frac{ql^4}{8EI}$$

剪切变形产生的位移为

$$\Delta_\gamma = \int \frac{\mu \overline{F}_Q F_{QP}}{GA} ds = \frac{6}{5} \frac{1}{GA} \int_0^l qx dx = 0.6 \frac{ql^2}{GA}$$

轴向变形产生的位移为

$$\Delta_\varepsilon = \int \frac{\overline{F}_N F_{NP}}{EA} ds = 0$$

于是 B 点的竖向位移为

$$\Delta = \frac{ql^4}{8EI} + 0.6 \frac{ql^2}{GA} \quad (\downarrow)$$

设横向变形系数 $\nu = \frac{1}{3}$，$\frac{E}{G} = 2(1+\nu) = \frac{8}{3}$，矩形截面，$\frac{I}{A} = \frac{h^2}{12}$，则

$$\frac{\Delta_\gamma}{\Delta_\kappa} = 1.07 \left(\frac{h}{l}\right)^2$$

若梁的高跨比 $\frac{h}{l} = \frac{1}{10}$，则 $\frac{\Delta_\gamma}{\Delta_\kappa} = 1.07\%$；若梁的高跨比 $\frac{h}{l} = \frac{1}{2}$，则 $\frac{\Delta_\gamma}{\Delta_\kappa} = 25\%$。可见，对于一般的梁，剪切变形产生的位移可以忽略不计。但对于深梁，剪切变形产生的位移不能忽略。

例 6-7 计算图 6-13a 所示刚架在 B 点的水平位移 Δ，设各杆的 EI 相等，只考虑弯曲变形的影响。

解 (1) 虚设单位荷载，如图 6-13b 所示。

(2) 分别计算实际荷载与单位荷载作用下的内力。对 AB 杆，以 A 点为坐标原点；对 BC 杆，以 C 点为坐标原点，分别建立 x 轴。任一截面 x 的内力分别为：

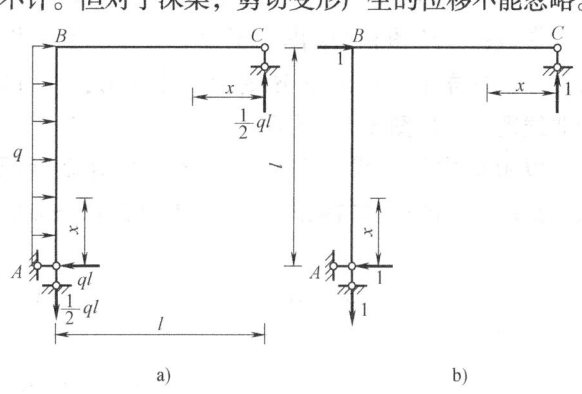

图 6-13

虚设荷载作用

$$AB \text{ 杆} \quad \overline{M} = x \quad (0 \leq x \leq l)$$
$$BC \text{ 杆} \quad \overline{M} = x \quad (0 \leq x \leq l)$$

实际荷载作用

$$AB \text{ 杆} \quad M_P = qlx - \frac{1}{2}qx^2 \quad (0 \leq x \leq l)$$

$$BC \text{ 杆} \quad M_P = \frac{1}{2}qlx \quad (0 \leq x \leq l)$$

（3）计算 B 点的水平位移 Δ。由式（6-12）得

$$\Delta = \sum \int \frac{\overline{M}M_P}{EI} \mathrm{d}s = \frac{1}{EI}\left[\int_0^l x\left(qlx - \frac{1}{2}qx^2\right)\mathrm{d}x + \int_0^l x \times \frac{1}{2}qlx\mathrm{d}x\right] = \frac{3ql^4}{8EI} \ (\rightarrow)$$

例 6-6、例 6-7 计算过程表明，计算梁和刚架弯曲变形产生的位移 $\Delta = \sum \int \frac{\overline{M}M_P}{EI}\mathrm{d}s$，需要对结构中每一根杆件写出虚设状态和实际状态中的弯矩表达式，并进行积分运算 $\int \frac{\overline{M}M_P}{EI}\mathrm{d}s$，然后所有杆积分结果进行累加。当结构中杆件数目较多、荷载较复杂时，上述通过积分方法计算位移相当繁琐。实际的工程结构大多数是由等截面直杆组成的，计算结构弯曲变形产生的位移一般采用图乘法代替积分运算，从而简化计算工作。

6.6 图乘法

本节讨论利用图乘法计算梁和刚架弯曲变形产生的位移 $\Delta = \sum \int \frac{\overline{M}M_P}{EI}\mathrm{d}s$，其特点是利用弯矩图形的几何运算代替积分计算。

6.6.1 图乘法的计算公式

考虑位移计算中，对某一段杆件 AB 的积分

$$\int \frac{\overline{M}M_P}{EI}\mathrm{d}s \tag{a}$$

设杆件 AB 满足：①为等截面直杆；②EI 沿杆长为常数；③$\overline{M}$ 图和 M_P 图中至少有一个为直线图形。以下推导中，不妨设 $\overline{M}$ 图为直线图形，M_P 图为曲线图形，如图 6-14 所示。

以 $\overline{M}$ 图中斜直线与杆轴线的交点 O 为坐标原点，直线弯矩图的倾角记为 α，则 AB 杆内任一截面 x 有

$$\overline{M} = x\tan\alpha \tag{b}$$

因此

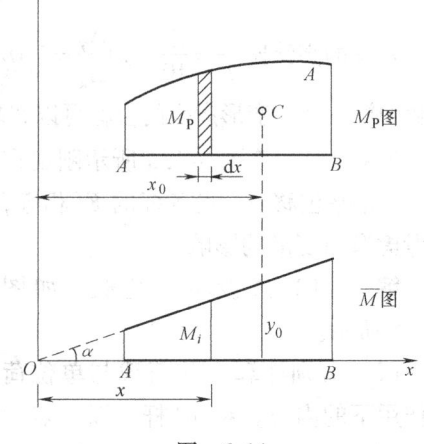

图 6-14

$$\int_A^B \frac{\overline{M}M_P}{EI}\mathrm{d}s = \frac{\tan\alpha}{EI}\int_A^B xM_P\mathrm{d}x \tag{c}$$

式中，$xM_P dx$ 是图 6-14 中阴影表示的微面积对 y 轴的面积矩，于是 $\int_A^B xM_P dx$ 表示 M_P 图的面积 A 对 y 轴的面积矩。以 x_0 表示 M_P 图的形心 C 的横坐标，则有

$$\int_A^B xM_P dx = Ax_0 \tag{d}$$

将式（d）代入式（c）得到

$$\frac{\tan\alpha}{EI}\int_A^B xM_P dx = \frac{\tan\alpha}{EI}Ax_0 = \frac{Ay_0}{EI} \tag{e}$$

式中，y_0 表示 M_P 图的形心 C 对应的 $\overline{M}$ 图中的标距。

因此有

$$\int_A^B \frac{\overline{M}M_P}{EI}ds = \frac{Ay_0}{EI} \tag{f}$$

式（f）表明，积分运算转化为求弯矩图的面积、形心和标距的几何问题，这样就将计算位移的积分运算简化为图形运算，这种方法叫做图乘法。

对乘积 Ay_0 的正负号规定：面积 A 与标距 y_0 位于杆件的同侧时，乘积 Ay_0 取正；面积 A 与标距 y_0 位于杆件的异侧时，乘积 Ay_0 取负。

图乘法的应用条件：杆件为等截面直杆，$\overline{M}$ 图和 M_P 图中至少有一个为直线图形。面积 A 与标距 y_0 取自两个不同的弯矩图，标距 y_0 应取自直线弯矩图。这里，计算杆件的直线弯矩图必须是同一条直线。

计算梁和刚架弯曲变形产生的位移时，可将结构分成若干段杆，使每段杆满足图乘法的应用条件，则

$$\Delta = \sum \int \frac{\overline{M}M_P}{EI}ds = \sum \frac{Ay_0}{EI} \tag{6-16}$$

式（6-16）是图乘法计算位移的公式。

6.6.2 常见抛物线图形的面积和形心位置

结构位移计算中，经常遇到弯矩图为抛物线图形情况。几种标准的抛物线图形面积公式和形心位置如图 6-15 所示。

注意：抛物线图形中，顶点处的切线与基线平行，这种图形称为标准的抛物线图形。具体应用中，由于抛物线图形代表弯矩图，因此，顶点处截面的剪力 $F_Q=0$。应用图中有关公式时，应注意这个特点。

6.6.3 应用图乘法时的几个具体问题

1）某段杆 AB 若为变截面杆，AC 段 EI_1 为常数，CB 段 EI_2 为另外一个常数，$\overline{M}$ 图和 M_P 图如图 6-16 所示。面积 A 应取自曲线弯矩图，标距 y_0 取自直线弯矩图；另外需要分段图乘，则有

$$\int_A^B \frac{\overline{M}M_P}{EI}ds = \frac{A_1 y_1}{EI_1} + \frac{A_2 y_2}{EI_2}$$

2）某段等截面直杆 AB，$\overline{M}$ 图和 M_P 图如图 6-17 所示，$\overline{M}$ 图为折线图形，不是同一条直线。面积 A 应取自曲线弯矩图，标距 y_0 取自直线弯矩图；另外需要分段图乘，则有

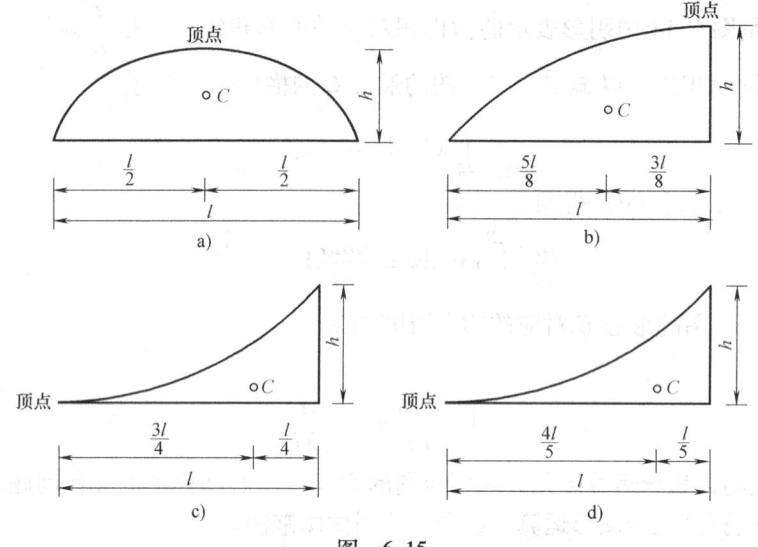

图 6-15

a) 二次抛物线 $A = \dfrac{2}{3}lh$ b) 二次抛物线 $A = \dfrac{2}{3}lh$ c) 二次抛物线 $A = \dfrac{1}{3}lh$

d) 三次抛物线 $A = \dfrac{1}{4}lh$

$$\int_A^B \frac{\overline{M}M_P}{EI}\mathrm{d}s = \frac{A_1 y_1}{EI} + \frac{A_2 y_2}{EI} + \frac{A_3 y_3}{EI}$$

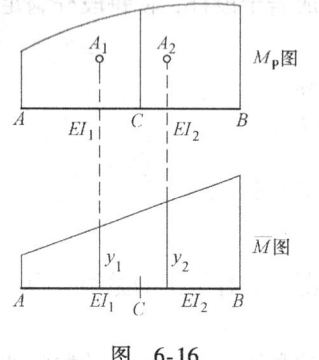

图 6-16 　　　　　　　　　　图 6-17

3) 某段等截面直杆 AB，若 $\overline{M}$ 图和 M_P 图均为直线图形，则面积 A 可取自任一弯矩图，标距 y_0 取自另一弯矩图。

4) 某段等截面直杆 AB，长度为 l，如图 6-18 所示，$\overline{M}$ 图和 M_P 图均为梯形。可将梯形分解为几个规则的简单图形，这些图形的面积和形心位置是知道的。遇到复杂的图形时，通常采取这样一种处理方法。例如，可将梯形分成一个矩形和一个三角形；也可以将梯形的对角线相连，分成两个三角形。若分成两个三角形，如图 6-18 所示，则

$$\int_A^B \frac{\overline{M}M_P}{EI}\mathrm{d}s = \frac{A_1 y_1}{EI} + \frac{A_2 y_2}{EI}$$

其中，$A_1 = \dfrac{1}{2}bl$，$y_1 = \dfrac{1}{3}c + \dfrac{2}{3}d$；$A_2 = \dfrac{1}{2}al$，$y_2 = \dfrac{1}{3}d + \dfrac{2}{3}c$。

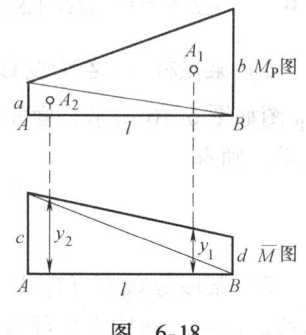

图 6-18

5) 某段等截面直杆 AB，长度为 l，如图 6-19 所示，$\overline{M}$ 图和 M_P 图均为直线图形且跨越杆轴线。为计算简单，可将图形分成上下两个三角形，如图 6-19 所示，则

$$\int_A^B \frac{\overline{M}M_P}{EI}ds = \frac{A_1 y_1}{EI} + \frac{A_2 y_2}{EI}$$

其中，$A_1 = \frac{1}{2}al$，$y_1 = \frac{2}{3}c - \frac{1}{3}d$；$A_2 = \frac{1}{2}bl$，$y_2 = \frac{2}{3}d - \frac{1}{3}c$。

6) 某段等截面直杆 AB 长度为 l，在实际状态承受均布荷载 q 作用，M_P 图为不标准的二次抛物线，如图 6-20a 所示。该二次抛物线可采用叠加法作出，如图 6-20b 所示，由两端部截面弯矩 M_A、M_B 相连的直线弯矩图叠加简支梁在均布荷载 q 作用下的抛物线弯矩图而成。图 6-20c 所示弯矩图是简支梁在均布荷载 q 作用下的弯矩图，是一标准的抛物线图形。因此，可将 M_P 图分解为两端部截面弯矩 M_A、M_B 相连的直线弯矩图（面积记为 A_1）和简支梁在均布荷载 q 作用下的标准的抛物线弯矩图（面积记为 A_2），则

$$\int_A^B \frac{\overline{M}M_P}{EI}ds = \frac{A_1 y_1}{EI} + \frac{A_2 y_2}{EI}$$

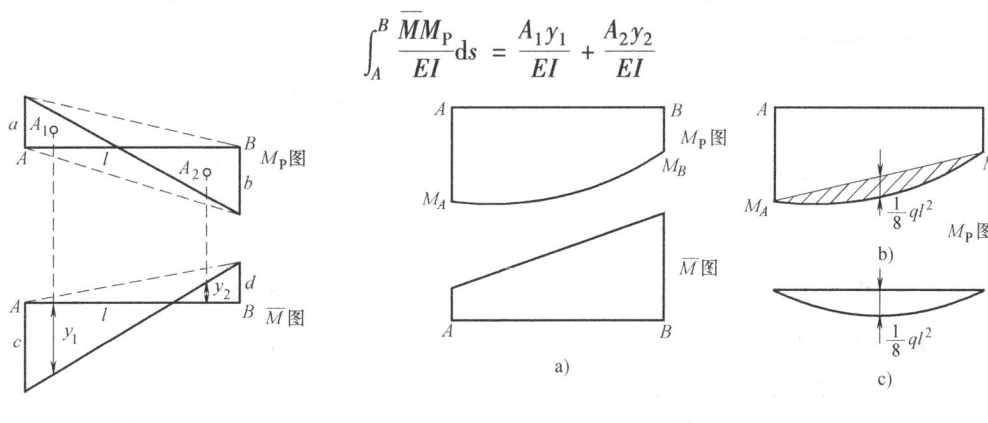

图 6-19   图 6-20

注意：①乘积 $A_2 y_2$ 正负号判定时，面积 A_2 应以图 6-20b 两端部弯矩相连的基线为基准，判别位于哪一侧；②图 6-20b 中的阴影部分图形和图 6-20c 的标准抛物线图形，尽管形状并不相似，但两个图形的面积和形心的横坐标是相同的，读者可自行分析。

例 6-8 试用图乘法计算图 6-21a 所示简支梁中点 C 的挠度 Δ，设梁的抗弯刚度为 EI。

解 （1）作实际荷载作用下的 M_P 图与虚设单位荷载作用下的 $\overline{M}$ 图，如图 6-21b、c 所示。

（2）分解 M_P 图，如图 6-21b 所示。

$$A_1 = A_2 = \frac{2}{3} \times \frac{l}{2} \times \frac{1}{8}ql^2, \quad y_1 = y_2 = \frac{5}{8} \times \frac{l}{4}$$

$$\Delta = \int \frac{\overline{M}M_P}{EI}ds = \frac{1}{EI}(A_1 y_1 + A_2 y_2) = \frac{2}{EI}A_1 y_1$$

$$= \frac{2}{EI} \times \left(\frac{2}{3} \times \frac{l}{2} \times \frac{1}{8}ql^2 \times \frac{5}{8} \times \frac{l}{4}\right) = \frac{5ql^4}{384EI}(\downarrow)$$

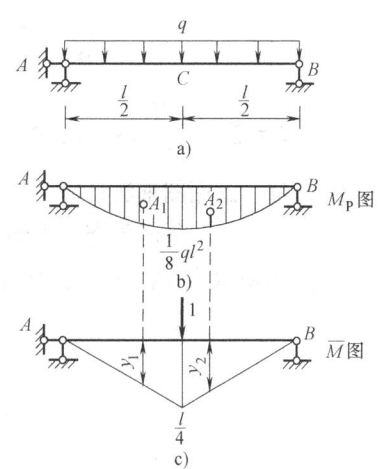

图 6-21

例 6-9 试用图乘法计算图 6-22a 所示悬臂梁中点 C 的挠度 Δ，设梁的抗弯刚度为 EI。

解 （1）作实际荷载作用下的 M_P 图与虚设单位荷载作用下的 $\overline{M}$ 图，如图 6-22b、c 所示。

(2) 面积 A 取自 $\overline{M}$ 图，y_0 取自 M_P 图。

$$A = \frac{1}{2} \times \frac{l}{2} \times \frac{l}{2}, \quad y_0 = \frac{5}{6} \times F_P l$$

$$\Delta = \int \frac{\overline{M}M_P}{EI} ds = \frac{1}{EI} A y_0 = \frac{1}{EI} \times \left(\frac{1}{2} \times \frac{l}{2} \times \frac{l}{2} \times \frac{5}{6} \times F_P l \right) = \frac{5F_P l^3}{48EI} (\downarrow)$$

面积 A 若取自 M_P 图，能否取整个面积计算？若不能，该怎样处理？请读者自行分析。

例 6-10 试用图乘法计算图 6-23a 所示伸臂梁自由端 C 点的挠度 Δ，设 $EI = 50 \text{kN} \cdot \text{m}^2$。

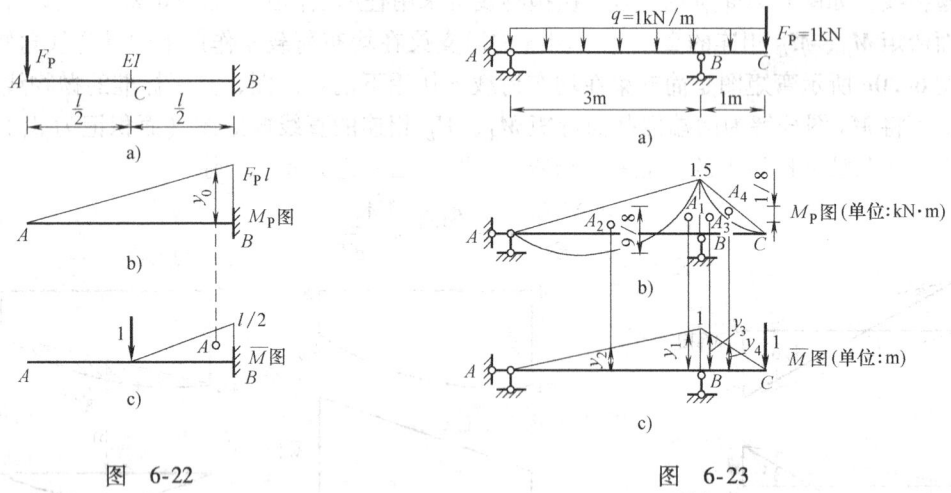

图 6-22　　　　　图 6-23

解 (1) 作实际荷载作用下的 M_P 图与虚设单位荷载作用下的 $\overline{M}$ 图，如图 6-23b、c 所示。

(2) 分解 M_P 图，如图 6-23b 所示。

$$A_1 = \frac{1}{2} \times 3\text{m} \times 1.5 \text{kN} \cdot \text{m}, \quad y_1 = \frac{2}{3} \times 1\text{m}$$

$$A_2 = \frac{2}{3} \times 3\text{m} \times \frac{9}{8} \text{kN} \cdot \text{m}, \quad y_2 = \frac{1}{2} \times 1\text{m}$$

$$A_3 = \frac{1}{2} \times 1\text{m} \times 1.5 \text{kN} \cdot \text{m}, \quad y_3 = \frac{2}{3} \times 1\text{m}$$

$$A_4 = \frac{2}{3} \times 1\text{m} \times \frac{1}{8} \text{kN} \cdot \text{m}, \quad y_4 = \frac{1}{2} \times 1\text{m}$$

$$\Delta = \sum \int \frac{\overline{M}M_P}{EI} ds = \frac{1}{EI}(A_1 y_1 - A_2 y_2 + A_3 y_3 - A_4 y_4) = 0.0167\text{m} = 1.67\text{cm} \ (\downarrow)$$

例 6-11 试用图乘法计算图 6-24a 所示刚架铰 B 两侧截面的相对角位移 Δ，设 EI 为常数。

解 (1) 作实际荷载作用下的 M_P 图与虚设单位荷载作用下的 $\overline{M}$ 图，如图 6-24b、c 所示。

(2) 面积取自 M_P 图，y_0 取自 $\overline{M}$ 图，如图 6-24b、c 所示。

$$A_1 = \frac{1}{2} \times l \times q l^2, \quad y_1 = 1$$

$$A_2 = \frac{1}{2} \times l \times \frac{1}{2} q l^2, \quad y_2 = \frac{1}{3}$$

$$\Delta = \sum \int \frac{\overline{M}M_P}{EI} ds = \frac{1}{EI}(-A_1 y_1 - A_2 y_2) = -\frac{7ql^3}{12EI} \ ()( )$$

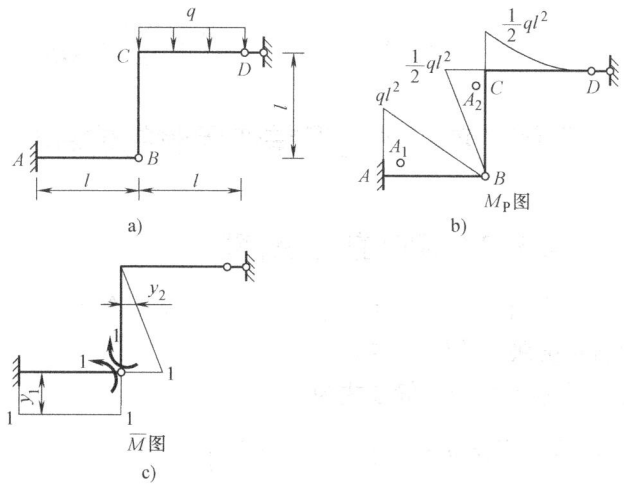

图 6-24

例 6-12 试用图乘法计算图 6-25a 所示刚架 K 点的竖向位移 Δ，设 EI 为常数。

解 (1) 作实际荷载作用下的 M_P 图与虚设单位荷载作用下的 $\overline{M}$ 图，如图 6-25b、c 所示。

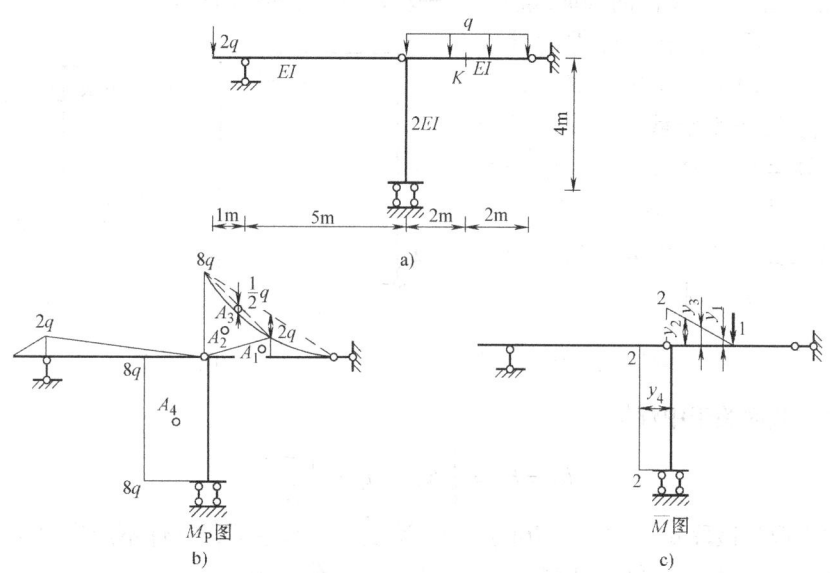

图 6-25

(2) 面积取自 M_P 图，y_0 取自 $\overline{M}$ 图，如图 6-25b、c 所示。M_P 图中面积图形的分解如图 6-25b 所示。

$$A_1 = \frac{1}{2} \times 2 \times 2q, \quad y_1 = \frac{1}{3} \times 2$$

$$A_2 = \frac{1}{2} \times 2 \times 8q, \quad y_2 = \frac{2}{3} \times 2$$

$$A_3 = \frac{2}{3} \times 2 \times \frac{1}{2}q, \quad y_3 = \frac{1}{2} \times 2$$

$$A_4 = 4 \times 8q, \quad y_4 = 2$$

$$\Delta = \sum \int \frac{\overline{M}M_P}{EI} ds = \frac{1}{EI}(A_1 y_1 + A_2 y_2 - A_3 y_3) + \frac{A_4 y_4}{2EI} = \frac{130q}{3EI} \quad (\downarrow)$$

6.7 静定结构在温度改变和制造误差作用时的位移计算

6.7.1 静定结构在温度改变作用时的位移计算

静定结构在温度改变作用下，不产生反力和内力，但结构会产生变形体体系位移。结构的变形和位移是材料自由膨胀、收缩的结果。

由式（6-8），结构位移计算的一般公式为

$$\Delta = \sum \int \overline{F}_N \varepsilon ds + \sum \int \overline{F}_Q \gamma_0 ds + \sum \int \overline{M} \kappa ds - \sum \overline{F}_{Rk} c_k \qquad (a)$$

温度改变单独作用下，结构变形体体系位移计算公式为

$$\Delta = \sum \int \overline{F}_N \varepsilon ds + \sum \int \overline{F}_Q \gamma_0 ds + \sum \int \overline{M} \kappa ds \qquad (b)$$

式中，$\overline{F}_N$、$\overline{F}_Q$、$\overline{M}$ 为虚设状态中单位荷载作用下结构的内力；ε、γ_0、κ 为实际位移状态中由温度改变产生的杆件微段的轴向线应变、平均切应变、轴线曲率。

如图 6-26a 所示结构，杆件的外边缘温度上升 t_1，内边缘温度升高 t_2，设 $t_2 > t_1$。假设温度改变沿截面高度 h 呈线性分布，杆轴至外、内边缘的高度分别记为 h_1、h_2，材料的线膨胀系数记为 α，杆件的轴线温度改变记为 t_0，内外侧的温度改变差记为 Δt，则

$$t_0 = \frac{h_1 t_2 + h_2 t_1}{h}, \quad \Delta t = t_2 - t_1 \qquad (c)$$

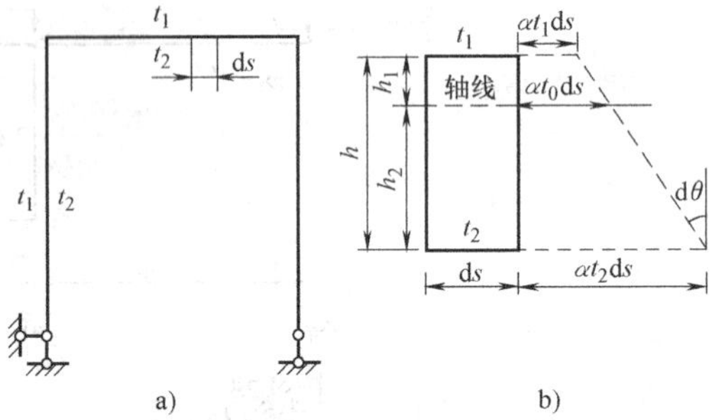

图 6-26

若杆件的截面关于中性轴对称，则

$$h_1 = h_2 = \frac{1}{2}h, \quad t_0 = \frac{t_1 + t_2}{2} \qquad (d)$$

从结构中取出微段 ds，如图 6-26b 所示，温度改变作用下，杆件不产生剪切变形，微段 ds 产生的轴向线应变 ε、平均切应变 γ_0、轴线曲率 κ 分别为

$$\gamma_0 = 0, \quad \varepsilon = \alpha t_0$$

$$\kappa = \frac{d\theta}{ds} = \frac{\alpha(t_2 - t_1)ds}{h ds} = \frac{\alpha \Delta t}{h} \qquad (e)$$

将式（e）代入式（b），得

$$\Delta = \sum \int \overline{F}_N \alpha t_0 ds + \sum \int \overline{M} \frac{\alpha \Delta t}{h} ds \qquad (6\text{-}17a)$$

一般 t_0、Δt、h 沿每一根杆件的长度为常数，则温度改变作用下静定结构位移计算的一般公式为

$$\Delta = \sum \alpha t_0 \int \overline{F}_N ds + \sum \frac{\alpha \Delta t}{h} \int \overline{M} ds \qquad (6\text{-}17b)$$

式中，$\int \overline{F}_N \mathrm{d}s$、$\int \overline{M} \mathrm{d}s$ 分别表示虚设单位荷载产生的杆件轴力图的面积、弯矩图的面积；轴力 $\overline{F}_N$ 以拉力为正、压力为负；t_0 以温度升高为正、温度降低为负；弯矩 $\overline{M}$ 和温差 Δt 使杆件的同侧纤维受拉时，其乘积为正，反之为负。

例 6-13 设图 6-27a 所示三铰刚架内部温度升高 30℃，外部温度没有改变，各杆采用矩形截面，截面高度 h 相同，材料的线膨胀系数为 α，求铰 C 两侧截面的相对角位移 Δ。

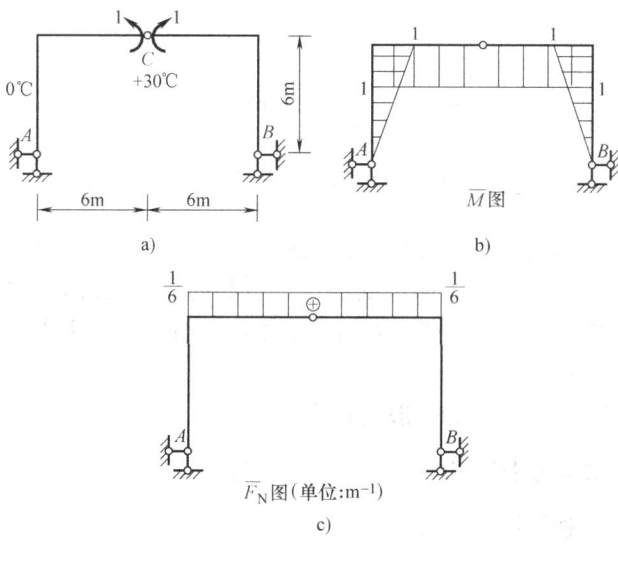

图 6-27

解 （1）在铰 C 两侧截面虚设一对大小相等、方向相反的单位力偶，作出虚设单位荷载作用下的 $\overline{M}$ 图、$\overline{F}_N$ 图，如图 6-27b、c 所示。

（2）计算 Δ。轴线处的温度改变为 $t_0 = \dfrac{30℃ + 0}{2} = 15℃$，杆件内外温差为 $\Delta t = 30℃ - 0 = 30℃$。由式（6-17）得

$$\Delta = \sum \alpha t_0 \int \overline{F}_N \mathrm{d}s + \sum \dfrac{\alpha \Delta t}{h} \int \overline{M} \mathrm{d}s$$

$$= \alpha \times 15 \times \left(\dfrac{1}{6} \times 12\right) + \dfrac{\alpha \times 30}{h} \times \left(\dfrac{1}{2} \times 6 \times 1 \times 2 + 1 \times 12\right)$$

$$= 30\alpha + \dfrac{540\alpha}{h} \quad)($$

例 6-14 设图 6-28a 所示桁架，下弦杆温度均匀升高 t，其他杆温度没有改变，材料的线膨胀系数为 α，计算 C 结点的竖向位移 Δ。

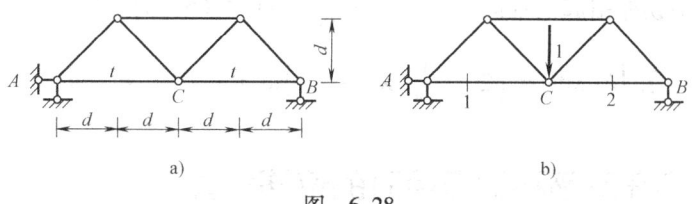

图 6-28

解 （1）在 C 结点虚设竖向单位荷载，如图 6-28b 所示。

(2) 计算 Δ。虚设状态下，$\overline{M}=0$，下弦杆 1、2 的轴力求得为 $\overline{F}_{N1}=\overline{F}_{N2}=\dfrac{1}{2}$（拉力）。下弦杆 1、2 轴线处的温度改变为 $t_0=t$，杆件内外温差为 $\Delta t=0$。其他杆 $t_0=0$，$\Delta t=0$。由式（6-17）得

$$\Delta = \sum \alpha t_0 \int \overline{F}_N \mathrm{d}s + \sum \dfrac{\alpha \Delta t}{h} \int \overline{M} \mathrm{d}s$$

$$= \sum \alpha t_0 \int \overline{F}_N \mathrm{d}s$$

$$= \alpha \times t \left(\dfrac{1}{2} \times 2d \right) \times 2 = 2\alpha t d (\downarrow)$$

6.7.2 静定结构在制造误差作用时的位移计算

静定结构在杆件的制造误差作用下，不产生反力和内力，但结构会产生位移。由于杆件轴向的制造误差（尺寸比设计尺寸偏长或偏短）引起的杆件变形，使得静定结构自由地产生符合其约束条件的位移，这种位移可应用变形体体系的虚功原理计算。其计算原理与计算温度变化产生的位移时相同。

由式（6-8），结构位移计算的一般公式为

$$\Delta = \sum \int \overline{F}_N \varepsilon \mathrm{d}s + \sum \int \overline{F}_Q \gamma_0 \mathrm{d}s + \sum \int \overline{M} \kappa \mathrm{d}s - \sum \overline{F}_{Rk} c_k$$

轴向的制造误差单独作用下，结构位移计算公式为

$$\Delta = \sum \int \overline{F}_N \varepsilon \mathrm{d}s \tag{6-18}$$

式中，ε 为杆件实际的制造误差引起的轴向线应变。

例 6-15 设图 6-29a 所示桁架，下弦杆 AC 和 CB 存在制造误差，它们都比设计尺寸偏长 1cm，计算 C 结点的竖向位移 Δ。

解 (1) 在 C 结点虚设竖向单位荷载，如图 6-29b 所示。

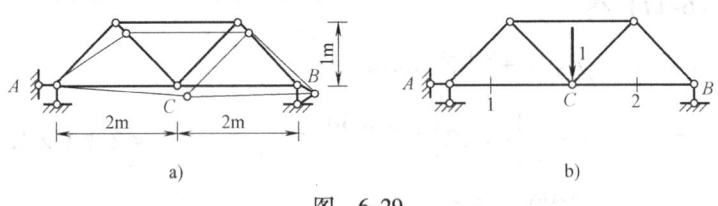

图 6-29

(2) 计算 Δ。虚设状态下，下弦杆 1、2 的轴力求得为 $\overline{F}_{N1}=\overline{F}_{N2}=\dfrac{1}{2}$（拉力）。下弦杆 AC 和 CB 由于制造误差引起的轴向线应变 $\varepsilon=\dfrac{1}{200}$。由式（6-18）得

$$\Delta = \sum \int \overline{F}_N \varepsilon \mathrm{d}s = \left(2 \times \dfrac{1}{200} \times \dfrac{1}{2} \times 2 \right) \mathrm{m} = 0.01 \mathrm{m} = 1 \mathrm{cm} (\downarrow)$$

6.8 静定结构在支座移动作用时的位移计算

静定结构在支座移动作用下，不产生反力和内力，但结构会产生刚体体系位移。

由式（6-8），结构位移计算的一般公式为

$$\Delta = \sum \int \overline{F}_N \varepsilon \mathrm{d}s + \sum \int \overline{F}_Q \gamma_0 \mathrm{d}s + \sum \int \overline{M} \kappa \mathrm{d}s - \sum \overline{F}_{Rk} c_k \quad (a)$$

支座移动单独作用下，静定结构产生刚体体系位移，没有变形，$\varepsilon = \gamma_0 = \kappa = 0$
于是，结构位移计算公式为

$$\Delta = -\sum \overline{F}_{Rk} c_k \quad (6\text{-}19)$$

式（6-19）是静定结构在支座移动单独作用下产生的刚体体系位移的计算公式，式中，$\overline{F}_{Rk}$ 为虚设状态中单位荷载作用下，结构产生的沿已知支座位移 c_k 方向的支座反力。计算单位荷载作用产生的支座反力，可只计算反力方向存在支座位移的支座反力。式（6-19）中，$\overline{F}_{Rk}$ 与 c_k 方向一致时，乘积取正，反之取负。

将式（6-19）改写为

$$1 \times \Delta + \sum \overline{F}_{Rk} c_k = 0 \quad (b)$$

上式表示虚设单位荷载以及产生的支座反力在结构真实的位移状态上做功为零。虚设单位荷载以及产生的支座反力构成虚设状态下结构的外力，即外力在结构真实的位移状态上做功为零（$W_e = 0$），这就是刚体体系的虚功原理。

计算静定结构在支座移动单独作用下产生的刚体体系位移，可以直接代入式（6-19）计算，也可以代入式（b），建立刚体体系的虚功方程，然后求得位移。

例 6-16 设图 6-30a 所示刚架，支座 A 产生顺时针角位移 φ，支座 B 产生下沉 Δ，$\varphi = \dfrac{\Delta}{2a}$，计算 D 点的竖向位移 Δ_1、铰 K 左右两个截面的相对角位移 Δ_2。

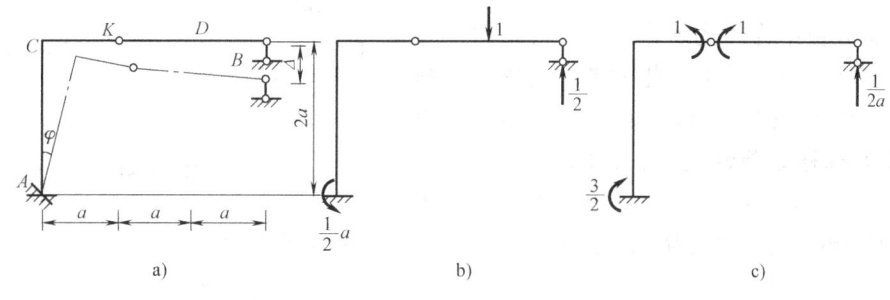

图 6-30

解 图 6-30a 所示刚架为静定复合刚架，在支座移动作用下产生刚体体系位移。

（1）计算 D 点的竖向位移 Δ_1。在 D 点虚设竖向单位荷载，计算沿已知支座位移方向的支座反力，如图 6-30b 所示。

由式（6-19）得

$$\Delta_1 = -\sum \overline{F}_{Rk} c_k = -\left(-\frac{1}{2}\Delta - \frac{1}{2}a\varphi\right)$$

将 $\varphi = \dfrac{\Delta}{2a}$ 代入得

$$\Delta_1 = \frac{3}{4}\Delta \quad (\downarrow)$$

（2）计算铰 K 左右两个截面的相对角位移 Δ_2。在铰 K 左右两个截面虚设一对大小相等、方向相反的单位力偶，计算沿已知支座位移方向的支座反力，如图 6-30c 所示。

由式 (6-19) 得

$$\Delta_2 = -\sum \overline{F}_{Rk} c_k = -\left(\frac{3}{2}\varphi - \frac{1}{2a}\Delta\right)$$

将 $\varphi = \dfrac{\Delta}{2a}$ 代入得

$$\Delta_2 = -\frac{\Delta}{4a}\ (\ )(\ )$$

*6.9 具有弹性支座的静定结构的位移计算

6.9.1 弹性支座与刚度系数

弹性支座是指支座受力后将会发生弹性变形的支座。弹性支座常见的有两种类型：抗移动弹性支座和抗转动弹性支座，如图 6-31a 所示。

外力作用下，弹性支座的反力，与其变形大小成正比。该比例系数称为弹性支座的刚度系数，用 k 表示。如图 6-31b 所示，抗移刚度系数 k，表示使弹性支座发生单位线位移所需施加的力；抗转刚度系数 k，表示使弹性支座发生单位角位移所需施加的力矩。

在结构分析中为简化计算，有时将结构中局部体系受周围部分的约束简化为弹性支座。如图 6-32a 所示组合结构，链杆 CD 对 CBA 部分的约束可简化为抗移动弹性支座，如图 6-32b 所示。如图 6-33a 所示刚架，若只考虑弯曲变形，ACB 部分对 CDE 部分的约束可简化为抗转动弹性支座，如图 6-33b 所示。

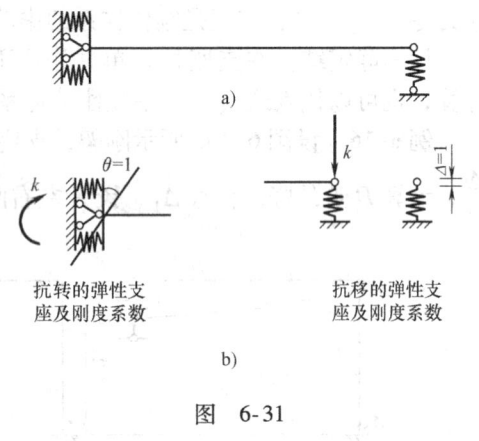

图 6-31

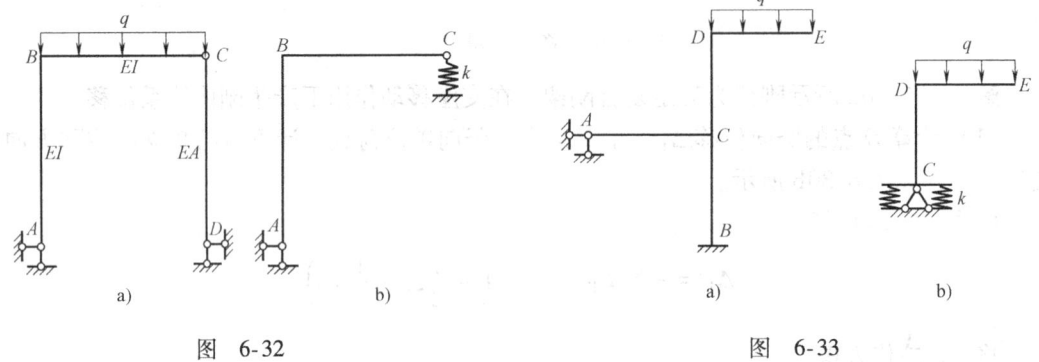

图 6-32　　　　　　　　　　图 6-33

6.9.2 具有弹性支座的静定结构的位移计算

荷载作用下，具有弹性支座的静定结构的位移计算可利用单位荷载法，由变形体体系的虚功原理求解。需要注意的是，在真实位移状态中，由于弹性支座的变形使结构在弹性支座

处产生已知位移 $c_k = \dfrac{F_{Rk}}{k}$，F_{Rk} 为真实荷载产生的弹性支座的反力。虚设单位荷载产生的相应弹性支座的反力 $\overline{F}_{Rk}$ 在位移 c_k 上的做功，可视为外力虚功。以下通过例题，说明计算过程。

例 6-17 设图 6-34a 所示梁，支座 B 为弹性支座，其抗移刚度系数 $k = \dfrac{3EI}{l^3}$，计算 A 截面角位移 Δ。

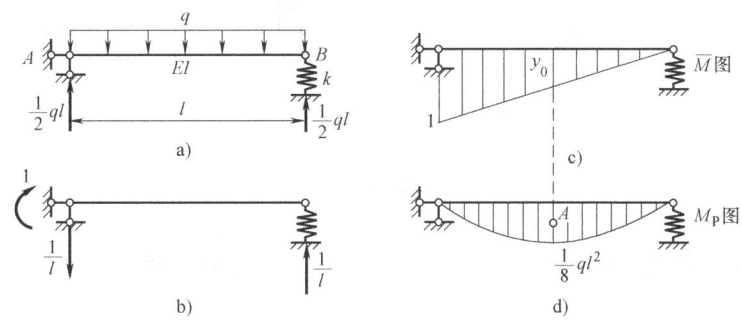

图 6-34

解 （1）虚设单位荷载，如图 6-34b 所示。
（2）计算虚设状态弹性支座的反力，作 $\overline{M}$ 图，如图 6-34b、c 所示。
（3）计算真实状态弹性支座的反力，作 M_P 图，如图 6-34a、d 所示。

梁在支座 B 点的位移 $c_B = \dfrac{F_{RB}}{k}$；将 $F_{RB} = \dfrac{1}{2}ql$、$k = \dfrac{3EI}{l^3}$ 代入得

$$c_B = \dfrac{ql^4}{6EI} \quad (\downarrow)$$

（4）建立虚功方程。

外力虚功 $W_e = 1 \times \Delta + \overline{F}_{RB} c_B = 1 \times \Delta - \dfrac{1}{l} \times \dfrac{ql^4}{6EI} = \Delta - \dfrac{ql^3}{6EI}$

内力虚功 $W_i = \int \dfrac{\overline{M} M_P}{EI} ds = \dfrac{1}{EI} A y_0 = \dfrac{1}{EI} \times \dfrac{2}{3} \times l \times \dfrac{1}{8}ql^2 \times \dfrac{1}{2} = \dfrac{ql^3}{24EI}$

由变形体体系的虚功原理 $W_e = W_i$，得

$$\Delta - \dfrac{ql^3}{6EI} = \dfrac{ql^3}{24EI}$$

于是

$$\Delta = \dfrac{5ql^3}{24EI} \text{（顺时针）}$$

例 6-18 设图 6-35a 所示刚架，支座 A 为弹性支座，抗转刚度系数 $k = \dfrac{EI}{l}$，计算 C 点的竖向位移 Δ。

解 （1）虚设单位荷载，如图 6-35b 所示。
（2）计算虚设状态弹性支座的反力，作 $\overline{M}$ 图，如图 6-35b、c 所示。
（3）计算真实状态弹性支座的反力，作 M_P 图，如图 6-35a、d 所示。

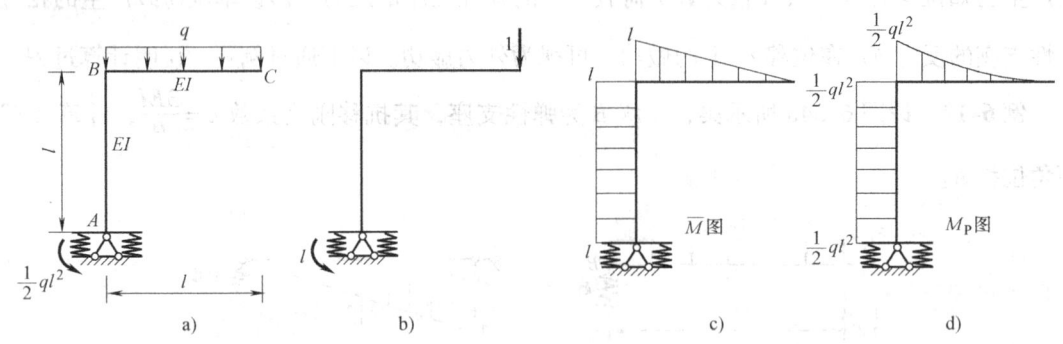

图 6-35

梁在支座 A 点的角位移 $c_A = \dfrac{M_A}{k}$；将 $M_A = \dfrac{1}{2}ql^2$、$k = \dfrac{EI}{l}$ 代入得

$$c_A = \dfrac{ql^3}{2EI} \text{（顺时针）}$$

（4）建立虚功方程。

外力虚功 $W_e = 1 \times \Delta + \overline{F}_{RA} c_A = 1 \times \Delta - l \times \dfrac{ql^3}{2EI} = \Delta - \dfrac{ql^4}{2EI}$

内力虚功 $W_i = \sum \int \dfrac{\overline{M} M_P}{EI} ds = \sum \dfrac{A y_0}{EI}$

$$= \dfrac{1}{EI} \times \dfrac{1}{3} \times l \times \dfrac{1}{2}ql^2 \times \dfrac{3}{4} \times l + \dfrac{1}{EI} \times \dfrac{1}{2}ql^2 \times l \times l = \dfrac{5ql^4}{8EI}$$

由变形体体系的虚功原理 $W_e = W_i$，得

$$\Delta - \dfrac{ql^4}{2EI} = \dfrac{5ql^4}{8EI}$$

于是

$$\Delta = \dfrac{9ql^4}{8EI} \text{（↓）}$$

6.10 线弹性结构的互等定理

线弹性结构有四个互等定理，其中最基本的是功的互等定理，其他三个互等定理可由功的互等定理推导得到。这些定理在结构位移计算以及超静定结构的内力分析中都有重要的作用。

互等定理只适用于线弹性结构，其应用条件为：①线弹性假定：材料处于弹性阶段，应力与应变成正比；②小变形假定：结构变形很小，不影响力的作用。

6.10.1 功的互等定理

图 6-36a、b 所示为同一线弹性结构的两种状态。状态 1 的内力、位移分别记为 F_N'、

F'_Q、M'、Δ';状态 2 的内力、位移分别记为 F''_N、F''_Q、M''、Δ''。

令状态 1 的外力在状态 2 的位移上做功,记作 W_{e12},则

$$W_{e12} = F_{P1}\Delta''_1 + M_1\theta''_1 \qquad (a)$$

令状态 1 的内力在状态 2 的变形上做功,记作 W_{i12},则

$$W_{i12} = \sum\int\frac{F'_N F''_N}{EA}ds + \sum\int\frac{\mu F'_Q F''_Q}{GA}ds + \sum\int\frac{M'M''}{EI}ds \qquad (b)$$

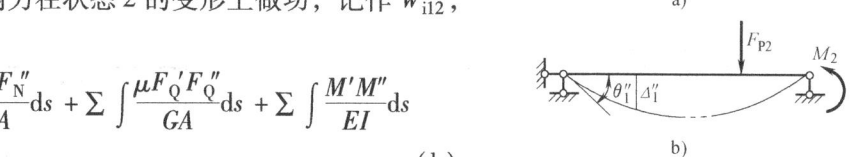

图 6-36

由式(6-2)变形体体系的虚功原理 $W_e = W_i$,得

$$W_{e12} = W_{i12} = \sum\int\frac{F'_N F''_N}{EA}ds + \sum\int\frac{\mu F'_Q F''_Q}{GA}ds + \sum\int\frac{M'M''}{EI}ds \qquad (c)$$

令状态 2 的外力在状态 1 的位移上做功,记作 W_{e21},则

$$W_{e21} = F_{P2}\Delta'_2 + M_2\theta'_2 \qquad (d)$$

令状态 2 的内力在状态 1 的变形上做功,记作 W_{i21},则

$$W_{i21} = \sum\int\frac{F''_N F'_N}{EA}ds + \sum\int\frac{\mu F''_Q F'_Q}{GA}ds + \sum\int\frac{M''M'}{EI}ds \qquad (e)$$

由式(6-2)变形体体系的虚功原理 $W_e = W_i$,得

$$W_{e21} = W_{i21} = \sum\int\frac{F''_N F'_N}{EA}ds + \sum\int\frac{\mu F''_Q F'_Q}{GA}ds + \sum\int\frac{M''M'}{EI}ds \qquad (f)$$

由式(c)、式(f)得

$$W_{e12} = W_{e21} \qquad (6\text{-}20)$$

式(6-20)就是功的互等定理,即对任一线弹性结构,第一状态外力在第二状态位移上所做的功 W_{e12} 等于第二状态外力在第一状态位移上所做的功 W_{e21}。

6.10.2 位移互等定理

图 6-37a、b 所示同一线弹性结构的两种状态,每种状态只作用一个单位力,即 $F_{P1} = F_{P2} = 1$。用 δ_{21} 表示单位力 $F_{P1} = 1$ 所产生的单位力 F_{P2} 作用点沿其作用方向的位移;用 δ_{12} 表示单位力 $F_{P2} = 1$ 所产生的单位力 F_{P1} 作用点沿其作用方向的位移。

由式(6-20)功的互等定理,得

$$F_{P1}\times\delta_{12} = F_{P2}\times\delta_{21} \qquad (g)$$

由于 $F_{P1} = F_{P2} = 1$,于是

$$\delta_{12} = \delta_{21} \qquad (6\text{-}21)$$

式(6-21)就是位移互等定理,即对任一线弹性结构,第一个单位力所产生的第二个单位力作用点沿其作用方向的位移 δ_{21} 等于第二个单位力所产生的第一个单位力作用点沿其作用方向的位移 δ_{12}。

注意,这里的单位力可以是广义单位力,位移则是相应的广义位移。图 6-38a、b 所示同一线弹性结构的两种状态,由位移互等定理可知,图 6-38a 中铰 C 左右两个截面的相对角位移 δ_{21} 等于图 6-38b 中 D 点的竖向线位移 δ_{12}。

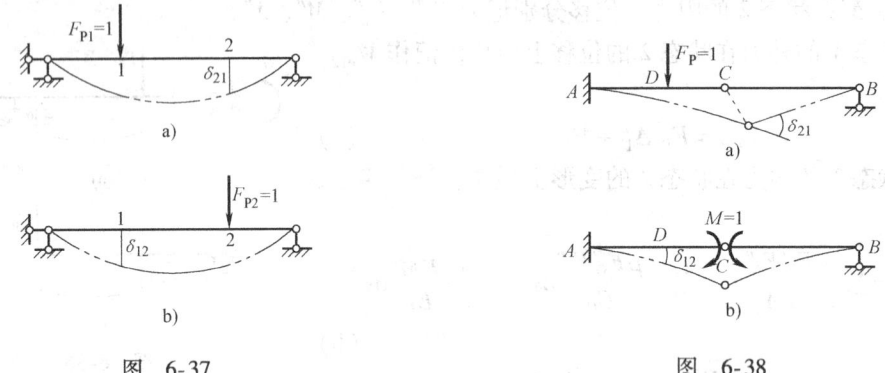

图 6-37   图 6-38

6.10.3 反力互等定理

反力互等定理主要用于超静定结构，用以说明超静定结构发生单位支座位移时反力之间的互等关系。

图 6-39a、b 所示同一线弹性超静定结构的两种状态，每种状态只发生一个单位支座位移，即 $c_1 = c_2 = 1$。用 r_{21} 表示第 1 个支座发生单位支座位移 $c_1 = 1$ 所产生的第 2 个支座反力；用 r_{12} 表示第 2 个支座发生单位支座位移 $c_2 = 1$ 所产生的第 1 个支座反力。

由式（6-20）功的互等定理，得

$$r_{21} \times c_2 = r_{12} \times c_1 \tag{h}$$

由于 $c_1 = c_2 = 1$，于是

$$r_{12} = r_{21} \tag{6-22}$$

式（6-22）就是反力互等定理，即对任一线弹性结构，第 1 个支座发生单位支座位移所产生的第 2 个支座反力 r_{21} 等于第 2 个支座发生单位支座位移所产生的第 1 个支座反力 r_{12}。

注意，这里的支座可以是别的约束，支座位移是该约束相应的广义位移，支座反力是与该约束相应的广义力。图 6-40a、b 所示同一线弹性超静定结构的两种状态，由反力互等定理可知，图 6-40a 中 A 支座发生单位支座角位移所产生的 B 支座反力 r_{21} 等于图 6-40b 中 B 支座发生单位支座位移所产生的 A 支座反力 r_{12}。

若反力互等定理应用于静定结构，会有怎样的结果？请读者自行分析。

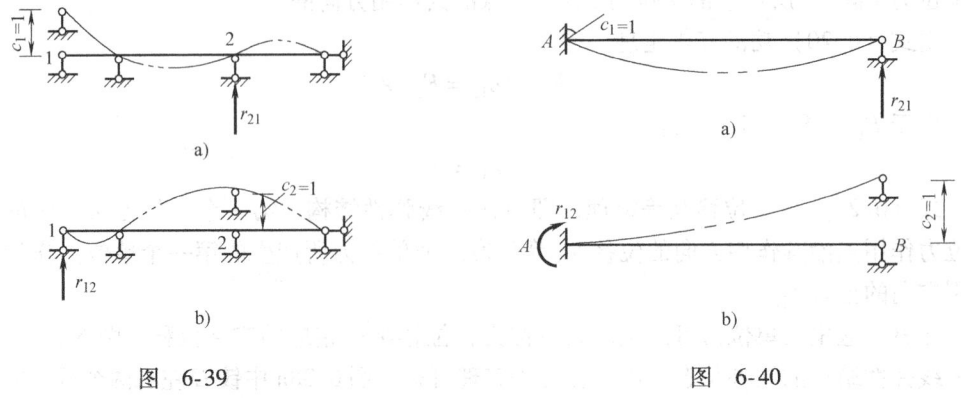

图 6-39   图 6-40

6.10.4 位移反力互等定理

图 6-41a、b 所示同一线弹性超静定结构的两种状态,图 6-41a 中该结构在 C 点作用一单位力 $F_P = 1$,在 A 支座产生的反力矩为 r'_{21};图 6-41b 中该结构 A 支座发生沿 r'_{21} 方向的单位角位移 $\theta_A = 1$,在 C 点产生的沿单位力 F_P 方向的位移为 δ'_{12}。为了书写方便,这里将 $F_P = 1$ 看做第一个广义荷载,$\theta_A = 1$ 看做第二个广义荷载。

由式(6-20)功的互等定理,得
$$r'_{21} \times \theta_A + F_P \times \delta'_{12} = 0 \qquad (\text{i})$$
由于 $F_P = 1$,$\theta_A = 1$,于是
$$\delta'_{12} = -r'_{21} \qquad (6\text{-}23)$$

式(6-23)就是位移反力互等定理,即对任一线弹性结构,某支座发生单位支座位移所产生的沿某荷载方向的位移在绝对值上等于该荷载为单位力时产生的相应支座的反力,但符号相反。

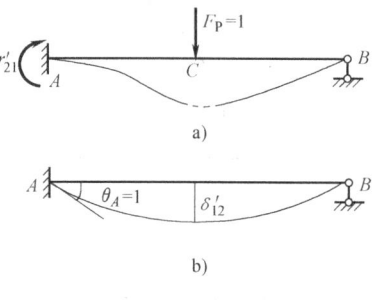

图 6-41

注意,这里的单位力可以是广义单位力,位移则是相应的广义位移。位移反力互等定理也适用于静定结构。图 6-42a、b 所示同一线弹性静定结构的两种状态,由位移反力互等定理可知,图 6-42a 中铰 C 左右两侧作用单位力偶产生的 B 支座的反力 r'_{21} 在绝对值上等于图 6-42b 中 B 支座发生单位支座位移产生的铰 C 左右两截面的相对角位移 δ'_{12},但符号相反。

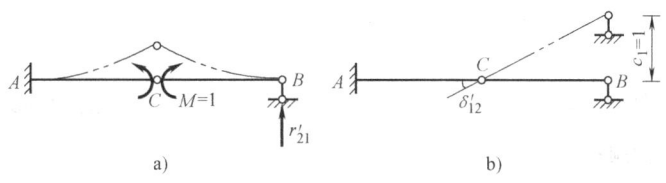

图 6-42

习 题

6-1 计算图 6-43 所示桁架结点 C 的水平位移 Δ,设各杆 EA 相等。

6-2 计算图 6-44 所示桁架结点 C 的竖向位移 Δ,设各杆 $EA = 4.2 \times 10^5 \text{kN}$。

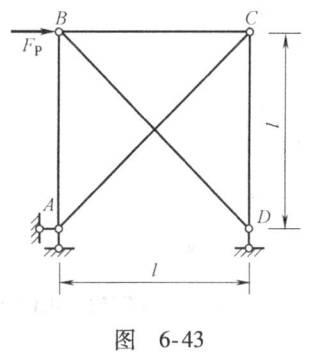

图 6-43

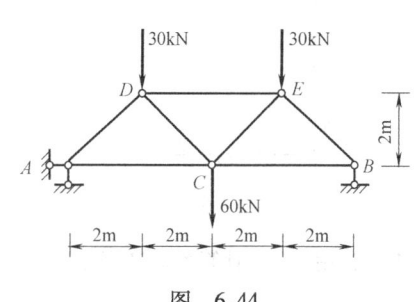

图 6-44

6-3　计算图 6-45 所示四分之一圆弧形悬臂曲梁 A 点的竖向位移 Δ_1、水平位移 Δ_2，设 EI 为常数。

6-4　计算图 6-46 所示简支曲梁 B 点的水平位移 Δ，设 EI 为常数，曲梁轴线方程 $y = \dfrac{4f}{l^2}x(l-x)$，曲梁比较平缓，可取 $\mathrm{d}s = \mathrm{d}x$。

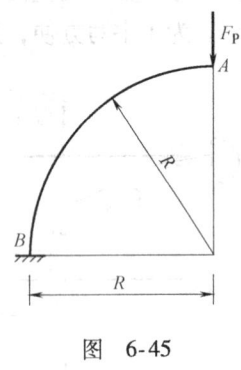

图 6-45

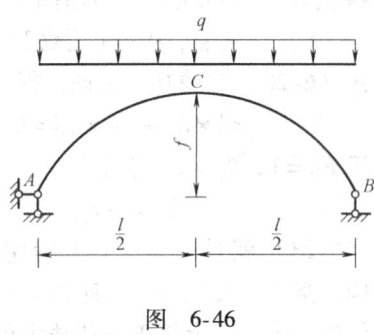

图 6-46

6-5　试用积分法计算图 6-47 所示悬臂梁 C 点的竖向位移 Δ，设 EI 为常数。

6-6　试用积分法计算图 6-48 所示刚架 B 点的竖向位移 Δ_1、水平位移 Δ_2，设 EI 为常数。

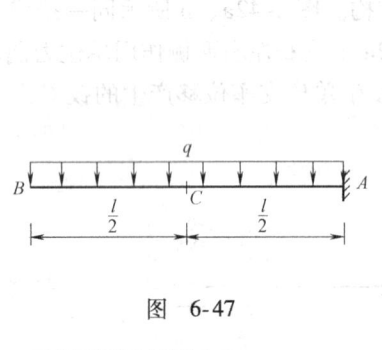

图 6-47

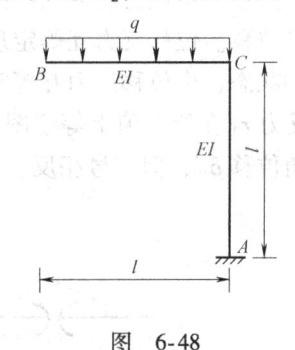

图 6-48

6-7　试用图乘法解题 6-5。

6-8　试用图乘法解题 6-6。

6-9　试用图乘法计算图 6-49 所示刚架 D 点的竖向位移 Δ。

6-10　试用图乘法计算图 6-50 所示刚架 B 点的水平位移 Δ，设 $EI = 2.5 \times 10^6 \mathrm{kN \cdot m^2}$。

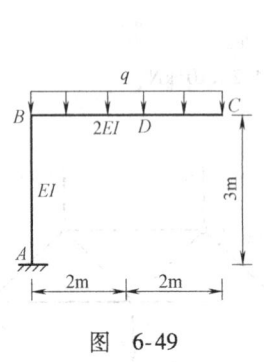

图 6-49

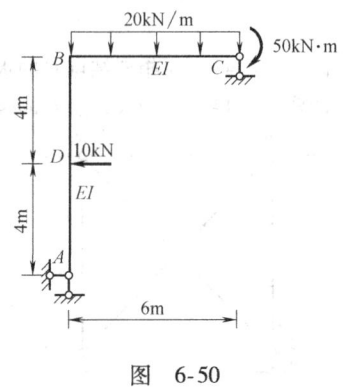

图 6-50

6-11　试用图乘法计算图 6-51 所示刚架 B 点的水平位移 Δ_1 和铰 E 左右两截面的相对角位移 Δ_2，设 EI 为常数。

6-12 试用图乘法计算图 6-52 所示刚架 B 点的竖向位移 Δ。

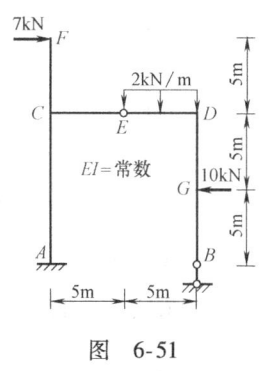

图 6-51

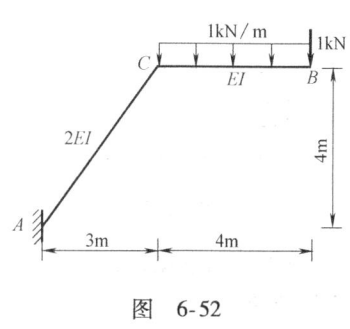

图 6-52

6-13 试用图乘法计算图 6-53 所示框架在切口 A 两侧截面的竖向相对位移 Δ_1、水平相对位移 Δ_2 和相对角位移 Δ_3，设 EI 为常数。

6-14 试用图乘法计算图 6-54 所示刚架 A、B 两点间的水平相对位移 Δ，设 EI 为常数。

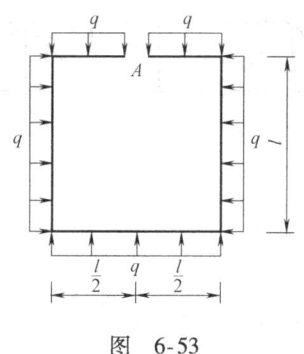

图 6-53

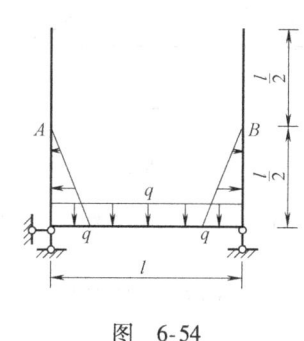

图 6-54

6-15 计算图 6-55 所示组合结构的铰 C 左右两侧截面的相对角位移 Δ，设 $E = 2.1 \times 10^4 \text{kN/cm}^2$，$I = 3200 \text{cm}^4$，$A = 16 \text{cm}^2$。

6-16 计算图 6-56 所示组合结构 D 点的竖向位移 Δ，设 $EA = 2EI$。

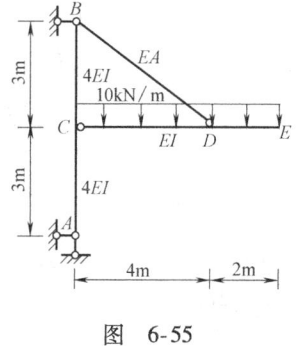

图 6-55

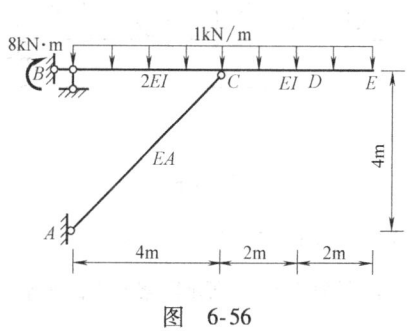

图 6-56

6-17 图 6-57 所示刚架，内部温度升高 20℃，外部温度升高 10℃，各杆截面为矩形，截面高度均为 h，材料的线膨胀系数为 α，求 B 点的水平位移 Δ。

6-18 某刚架的温度改变如图 6-58 所示，各杆截面为矩形，截面高度 $h = 0.6\text{m}$，材料的线膨胀系数 $\alpha = 1 \times 10^{-5} \text{℃}^{-1}$，求 C 点的竖向位移 Δ。

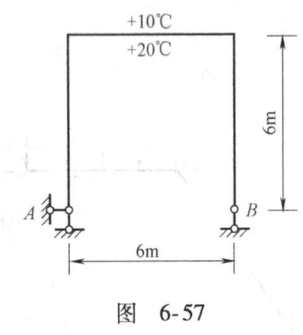
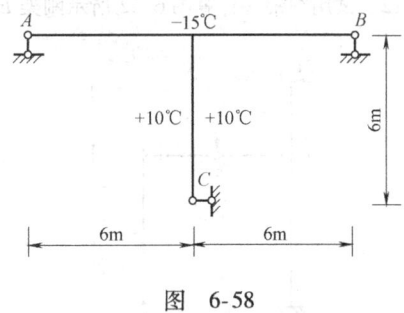

图 6-57　　　　　　　　　　　　　　图 6-58

6-19　图 6-59 所示桁架，AD 杆、AC 杆温度均匀升高 t，其他杆温度没有改变，材料的线膨胀系数为 α，求 C 点的竖向位移 Δ。

6-20　图 6-60 所示桁架的下弦杆在制造时比设计尺寸均缩短了 1cm，计算桁架拼装后结点 C 的竖向位移 Δ。

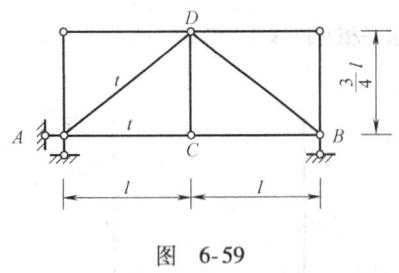
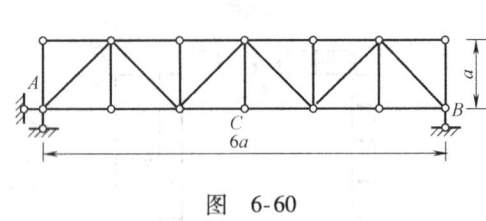

图 6-59　　　　　　　　　　　　　　图 6-60

6-21　图 6-61 所示桁架欲通过均匀改变上弦各杆的长度使跨中起拱 3cm，计算每根上弦杆的长度改变量。

6-22　计算图 6-62 所示刚架在支座移动作用下的铰 C 左右两侧截面的相对角位移 Δ。

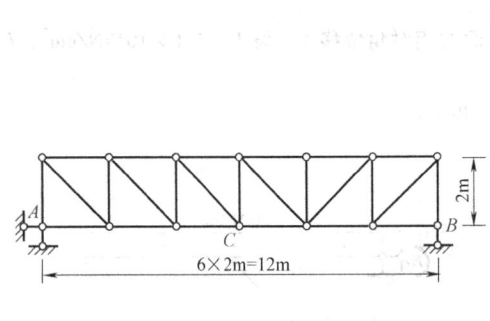
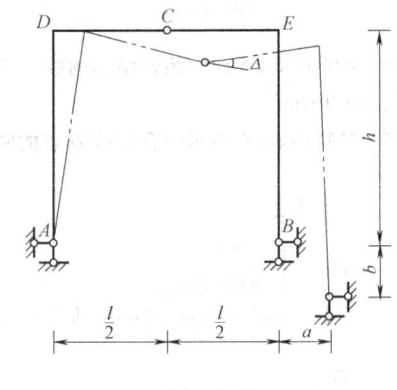

图 6-61　　　　　　　　　　　　　　图 6-62

6-23　图 6-63 所示静定多跨梁，支座 B 下沉 c，计算 E 端的竖向线位移 Δ_1、角位移 Δ_2。

6-24　计算图 6-64 所示刚架 B 点的水平位移 Δ。已知 $k_1 = \dfrac{EI}{l}$，$k_2 = \dfrac{2EI}{l^3}$。

6-25　已知图 6-65a 结构的 M 图，应用互等定理求图 6-65b 同一结构由于支座 A 的转动 θ 引起的 C 点的竖向位移 Δ。

6-26　已知图 6-66a 结构的 C 支座上升 0.02m 引起的 D 点的竖向位移 $\Delta = \dfrac{1}{16} \times 0.03$m，应用互等定理求图 6-66b 同一结构的 C 支座反力 F_{Cy}，并作 M 图。

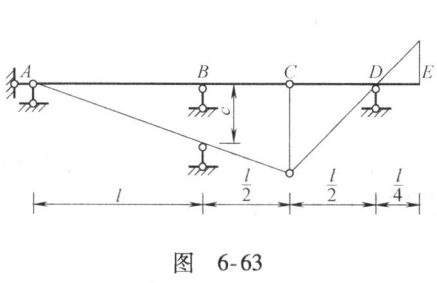

图 6-63

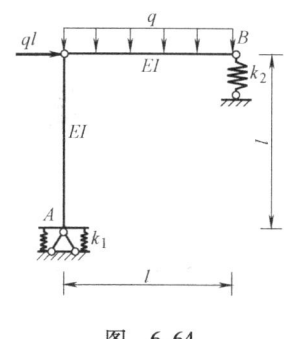

图 6-64

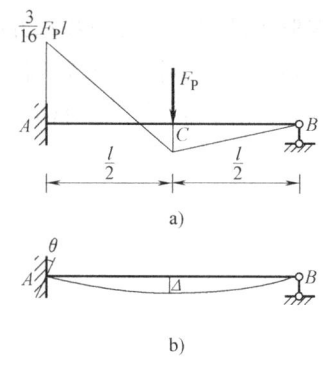

图 6-65

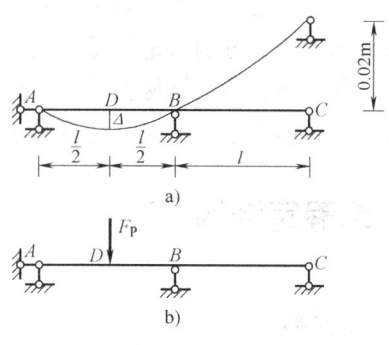

图 6-66

第 7 章 力 法

结构按照是否有多余约束,分为静定结构和超静定结构两类。前几章主要学习静定结构的内力与变形的计算方法,从本章开始讨论计算超静定结构的问题,包括力法、位移法和渐近法等。

力法为超静定结构计算最古老、最基本的方法。本章介绍力法的基本概念和基本原理,讨论如何选择力法的基本未知量、基本体系和如何根据变形条件建立力法的基本方程。作为力法计算的应用,分别讨论了超静定梁、刚架、排架、桁架、组合结构、拱等各种结构的计算问题,并介绍超静定结构在温度变化、支座移动下的内力计算,同时讨论对称结构的简化计算方法,超静定结构的位移计算和超静定结构计算的校核问题。

7.1 超静定结构概述

7.1.1 超静定结构

在前面几章中,讨论了静定结构的计算问题。静定结构的特点是其全部反力和内力都只需根据静力平衡条件即可唯一确定,故称之为静定,图 7-1a 所示简支梁为静定结构。工程实际中还存在另一类结构,其反力和内力不能完全从静力平衡条件中求出,这类结构称为超静定结构,图 7-1b 所示连续梁为超静定结构。

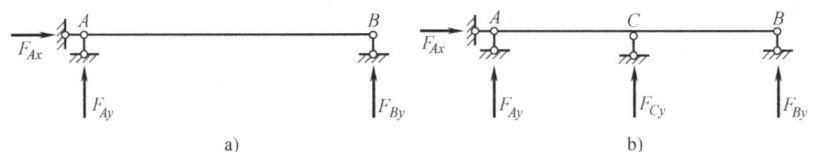

图 7-1
a) 静定结构 b) 超静定结构

超静定结构为有多余约束的几何不变体系,即除了必要约束之外,还有多余约束,用静力平衡条件不能求得全部反力和内力的确定值。求解超静定问题必须综合考虑:

1) 平衡条件,即结构的整体及任何一部分的受力状态都应满足平衡方程。
2) 几何条件,也称为变形条件或位移条件,即结构的变形和位移条件必须符合支承约束条件和各部分之间的变形连续条件。
3) 物理条件,即变形或位移与力之间的物理关系。

超静定结构与静定结构的特性比较见表 7-1。

7.1.2 超静定次数的确定

结构的超静定次数为其多余约束的数目,因此,结构的超静定次数等于将原结构变成静

表 7-1 超静定结构与静定结构的特性

	静 定 结 构	超静定结构
几何特性	无多余约束的几何不变体系	有多余约束的几何不变体系
静力特性	满足平衡条件内力解答是唯一的，即仅由平衡条件就可求出全部内力和反力	超静定结构满足平衡条件内力解答有无穷多种，即仅由平衡条件求不出全部内力和反力，还必须考虑变形条件
非荷载外因的影响	不产生内力	产生了自内力
内力与刚度的关系	无关	荷载引起的内力与各杆刚度的比值有关，非荷载外因引起的内力与各杆刚度的绝对值有关

定结构所去掉多余约束的数目。如果从原结构中去掉 n 个约束，结构就成为静定的，则原结构即为 n 次超静定，因此有

超静定次数 n = 多余约束的个数 = 把原结构变成静定结构时所需撤除的约束个数

另外，从静力分析的角度看，超静定次数等于根据平衡方程计算未知力时所缺少的方程的个数，因此

超静定次数 n = 多余未知力的个数 = 未知力个数 − 独立平衡方程的个数

求超静定次数时，关键在超静定结构上去掉多余约束的基本方式，通常有以下几种：

1）撤除一根支杆、切断一根链杆、把固定端化成固定铰支座，或在连续杆上加铰，等于撤除了一个约束，如图 7-2 所示。

2）撤除一个铰支座、撤除一个单铰或撤除一个滑动支座，等于撤除两个约束，如图 7-3 所示。

3）撤去一个固定端或切断一个梁式杆，等于撤除三个约束，如图 7-4 所示。

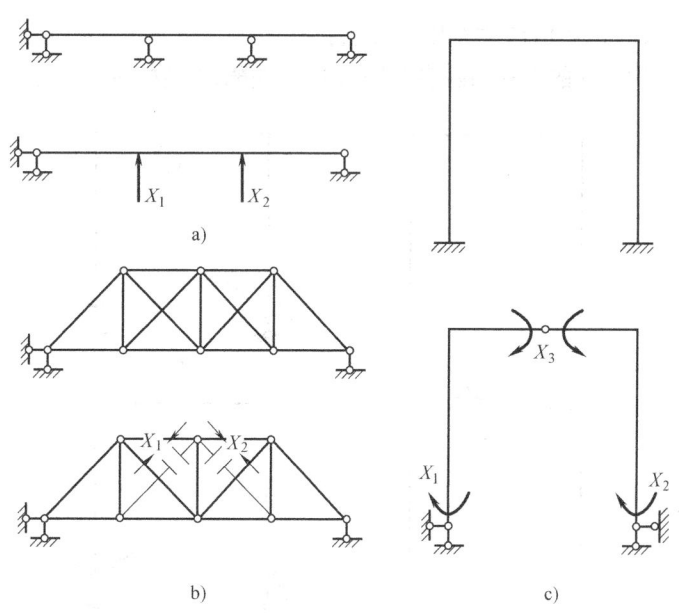

图 7-2
a）撤除支杆 b）切断链杆 c）固定端化成铰

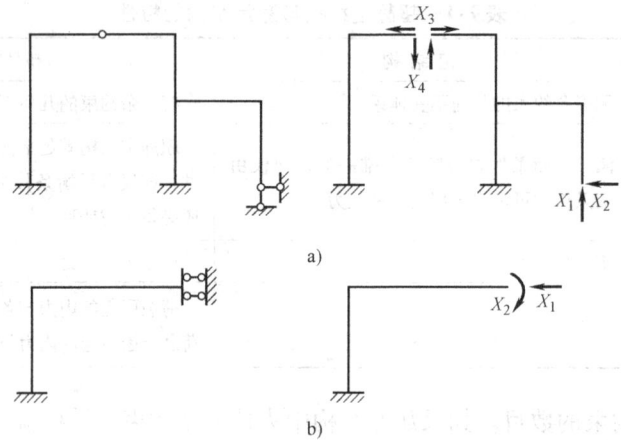

图 7-3

a) 撤除铰支座或单铰　b) 撤除滑动支座

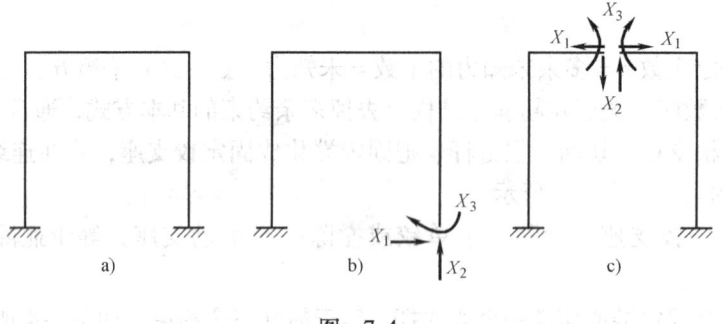

图 7-4

在撤除多余约束时，还应该注意以下几点：

1）同一结构可用不同的方式撤除多余约束但其超静定次数相同，如图7-4和图7-5所示。

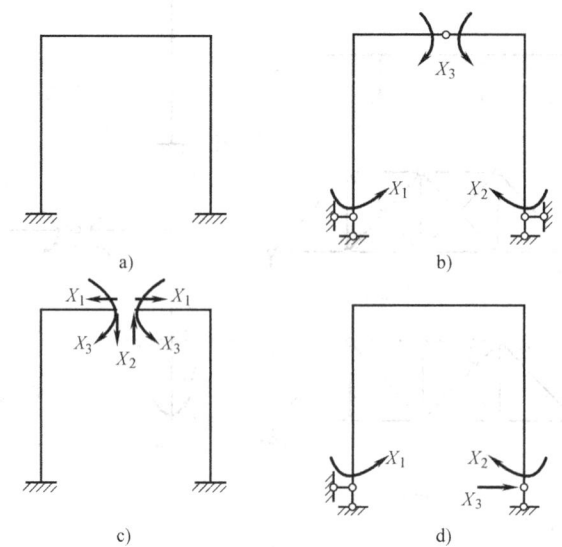

图 7-5

2）撤除一个支座约束用一个多余未知力代替，撤除一个内部约束用一对作用力和反作用力代替，如图 7-2 和图 7-3 所示。

3）不要把原结构拆成一个几何可变体系或几何瞬变体系。例如，不能把图 7-6 所示结构的支杆 1 或支杆 2 或链杆 5 作为多余约束去掉，否则成为几何瞬变体系。

4）要把全部多余的约束都拆除，包括内外多余约束都要撤除。例如，图 7-7 所示结构，如果只拆去一根竖向支杆，则其中的闭合框仍然具有 6 个多余约束。因此，原结构总共有 7 个多余约束，必须全部撤除。（本图中，水平支杆不能作为外部多余约束去掉，为什么?）

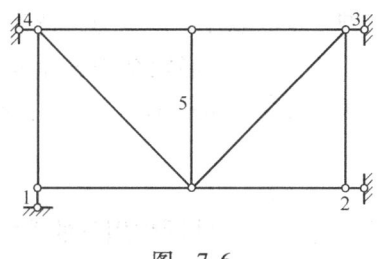

图 7-6

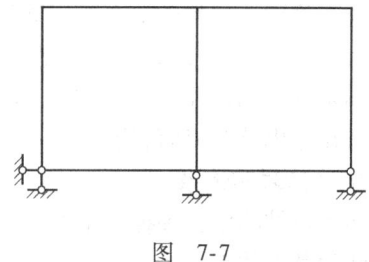

图 7-7

7.2 力法原理和力法典型方程

力法是计算超静定结构最基本的方法。力法计算的基本思路是把超静定结构的计算问题转化为静定结构的计算问题，即利用已经熟悉的静定结构的计算方法来达到计算超静定结构的目的。

7.2.1 力法原理

在力法中，以去掉多余约束得到的静定结构作为力法基本体系，以多余未知力作为力法的基本未知量，根据基本体系中沿多余未知力方向的位移应等于原结构相应的位移来建立力法基本方程，解方程求出多余未知力；多余未知力求出以后，其他反力和内力的计算问题就转化为静定结构的计算问题，可按叠加法或平衡条件计算。

下面结合图 7-8a 所示一次超静定结构说明力法中的三个基本概念。

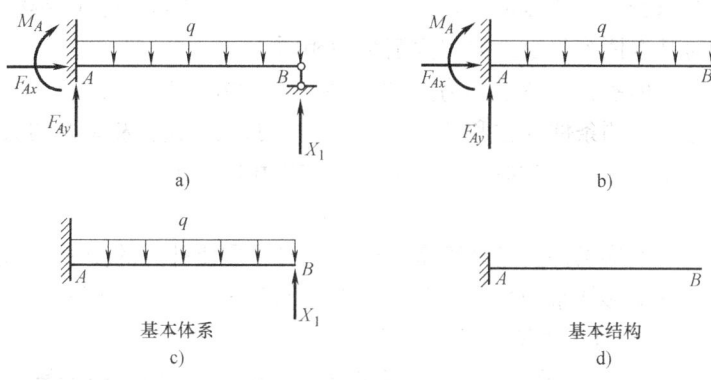

图 7-8

1. 力法的基本未知量

在图 7-8a 所示的超静定结构中，去掉支座 B 处的支杆，以多余未知力 X_1 代替。

与图 7-8b 所示的静定结构相比较：图 7-8b 的静定结构，有三个未知支反力 F_{Ax}、F_{Ay}、M_A，可利用三个平衡方程全部求出；而图 7-8a 的多余未知力 X_1 无法由平衡方程求出。假设 X_1 为已知，即 X_1 成为图 7-8a 所示结构为静定结构的荷载，那么 F_{Ax}、F_{Ay}、M_A 即可求解。因此，在超静定结构中遇到的新问题就是计算多余未知力 X_1 的问题。只要 X_1 能够设法求出，则剩下的问题就是静定的问题了。

力法的基本未知量。把多余未知力的计算问题当作超静定问题的关键问题，把多余未知力当作处于关键地位的未知力——称为力法的基本未知量。力法这个名称就是由此而来的。

在力法中，基本未知量 X_1 不是唯一的，因为超静定结构转化为静定结构去掉多余约束的途径不是唯一的。在图 7-8a 中，也可以把 F_{Ay} 或 M_A 取作基本未知量 X_1。只要 X_1 能解出，其余的未知力也就迎刃而解了。

2. 力法的基本体系

在超静定结构中，去掉多余约束后所得到在荷载和多余未知力共同作用下的静定结构，称为力法的基本体系。图 7-8c 为图 7-8a 的基本体系。不包括荷载和多余未知力的静定结构为基本结构，如图 7-8d 所示。

在基本体系中仍然保留原结构的多余约束反力 X_1，只是把它由被动力改为主动力，而基本体系是静定结构，可以通过调节 X_1 的大小，使基本体系的受力状态与原结构完全相同。所以，基本体系是将超静定结构计算转化为静定结构计算问题的桥梁。

3. 力法的基本方程

下面讨论怎样才能求出图 7-8a 中基本未知量 X_1 的确定值。显然不能利用平衡条件求出，必须补充新的条件。

在图 7-8 中，基本体系中多余未知力 X_1 的大小就是超静定结构中 B 支座的支反力。现在的问题是，在什么条件下，图 7-8c 中的基本体系才能真正与图 7-8a 中的超静定结构完全相同。

在图 7-8a 所示的超静定结构中，X_1 是被动力，是固定值。与 X_1 相应的位移 Δ_1（即 B 点的竖向位移）等于零；在图 7-8c 所示的基本体系中，X_1 是主动力，是变量，B 点可以有位移。如果 X_1 过大，则梁的 B 端有向上的位移；如果 X_1 过小，则 B 端有向下的位移。只有当 B 端的竖向位移正好等于零时，基本体系中的变力 X_1 才与超静定结构中 B 支座的支反力正好相等，这时基本体系与原来的超静定结构相同。

由此，按照基本体系在多余未知力处的位移（包括方向和性质）与原来超静定结构在多余约束处的变形的协调条件（位移相容条件），即可求出多余未知力的大小。对图 7-8c，基本体系沿多余未知力 X_1 方向的位移 Δ_1 应与原结构相同，即

$$\Delta_1 = 0 \tag{a}$$

这个方程是一个变形条件，是计算多余未知力时所需要补充的变形协调条件。

下面只讨论线性变形体系的情形，并应用叠加原理把变形条件即式（a）写成显含多余未知力 X_i 的展开形式，称为力法的基本方程。

图 7-9a 所示为基本体系承受荷载 q 和未知力 X_1 的共同作用，根据叠加原理，体系状态 a 应等于基本结构在荷载 q 和 X_1 单独作用下的受力状态之和。因此，变形条件可表示如下

$$\Delta_1 = \Delta_{11} + \Delta_{1P} = 0 \tag{b}$$

式中，Δ_1 为基本体系（即基本结构在荷载与未知力 X_1 的共同作用下）沿 X_1 方向的总位移（即图 7-9a 中 B 点的竖向位移）；Δ_{1P} 为基本结构在荷载单独作用下沿 X_1 方向的位移（见图 7-9b）；Δ_{11} 为基本结构在未知力 X_1 单独作用下沿 X_1 方向的位移（图 7-9c）。

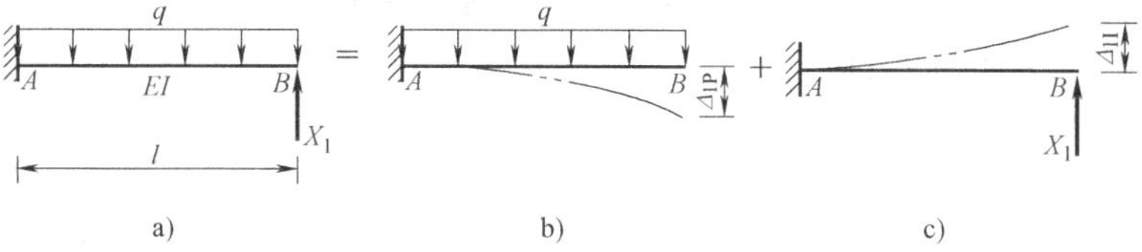

图 7-9

a) 基本体系　b) 基本结构受荷载作用　c) 基本结构受未知力作用

位移 Δ_1、Δ_{1P}、Δ_{11} 的方向：与力 X_1 的正方向相同为正，反之为负。

在线性变形体中，位移 Δ_{11} 与 X_1 成正比，可表示为

$$\Delta_{11} = \delta_{11} X_1 \tag{c}$$

式中，δ_{11} 为基本结构在单位力 $\overline{X}_1 = 1$ 单独作用下沿 X_1 方向产生的位移，如图 7-10b 所示。

将式（c）代入式（b），即得

$$\delta_{11} X_1 + \Delta_{1P} = 0 \tag{7-1}$$

这就是在线性变形条件下一次超静定结构的力法基本方程。

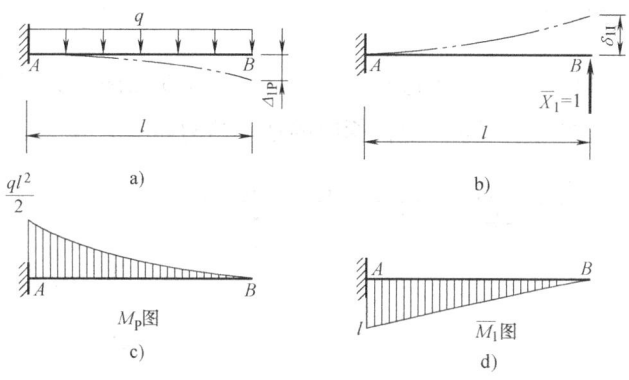

图 7-10

力法方程中的系数 δ_{11} 和自由项 Δ_{1P} 都是基本结构即静定结构的位移，具体计算方法我们已经熟悉。作基本结构在荷载作用下的弯矩图 M_P，如图 7-10c 所示；作基本结构在单位力 $\overline{X}_1 = 1$ 作用下的弯矩图 $\overline{M}_1$，如图 7-10d 所示。应用图乘法，得

$$\Delta_{1P} = \int \frac{\overline{M}_1 M_P}{EI} dx = -\frac{1}{EI}\left(\frac{1}{3} \times \frac{ql^2}{2} \times l\right) \times \frac{3l}{4} = -\frac{ql^4}{8EI}$$

$$\delta_{11} = \int \frac{\overline{M}_1 \overline{M}_1}{EI} dx = \frac{1}{EI}\left(\frac{l \times l}{2} \times \frac{2l}{3}\right) = \frac{l^3}{3EI}$$

代入力法方程式（7-1）得

$$\frac{l^3}{3EI} X_1 - \frac{ql^4}{8EI} = 0$$

由此求出

$$X_1 = \frac{3}{8}ql$$

求得的未知力是正号，表示反力 X_1 的方向与所假设的方向相同。

多余未知力求出以后，就可以利用平衡条件求原结构的支座反力和任一截面的内力，作内力图，其计算结果如图 7-11 所示。

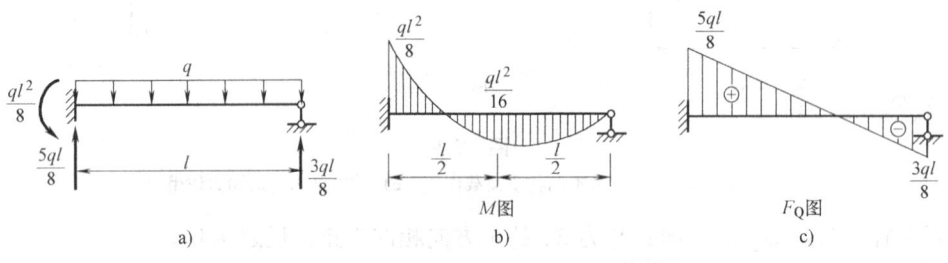

图 7-11

根据叠加原理，结构任一截面的弯矩 M 也可以用下列公式求出

$$M = \overline{M}_1 X_1 + M_P \tag{7-2}$$

式中，$\overline{M}_1$ 为单位力 $\overline{X}_1 = 1$ 在基本结构中任一截面所产生的弯矩；M_P 为荷载在基本结构中所产生的弯矩。

7.2.2 二次超静定结构

如图 7-12a 所示刚架为一个二次超静定结构。如果取 B 点两根支杆的反力 X_1 和 X_2 为基本未知量，则基本体系如图 7-12b 所示，相应的基本结构如图 7-12c 所示。

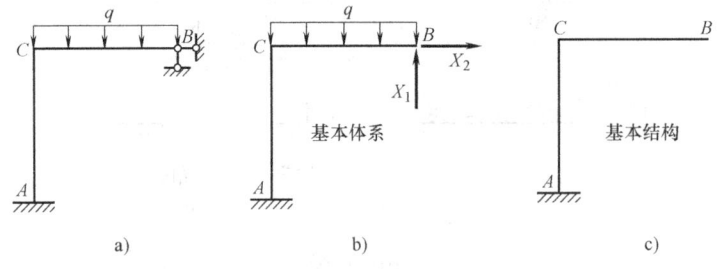

图 7-12

为了确定多余未知力 X_1 和 X_2，可利用多余约束处的变形条件建立方程，即基本体系在 B 点沿 X_1 和 X_2 方向的位移应与原结构相同，应等于零。因此可写成

$$\left.\begin{array}{l}\Delta_1 = 0\\ \Delta_2 = 0\end{array}\right\} \tag{d}$$

式中，Δ_1 为基本体系沿 X_1 方向的位移，即 B 点的竖向位移；Δ_2 为基本体系沿 X_2 方向的位移，即 B 点的水平位移。

基本结构在已知荷载及多余未知力 X_1、X_2 分别作用下的位移如图 7-13 所示。

根据线弹性体系的叠加原理，可知基本结构在多余未知力 X_1、X_2 及荷载 q 共同作用下产生的位移等于它们分别作用时所产生的位移的总和，故可写为

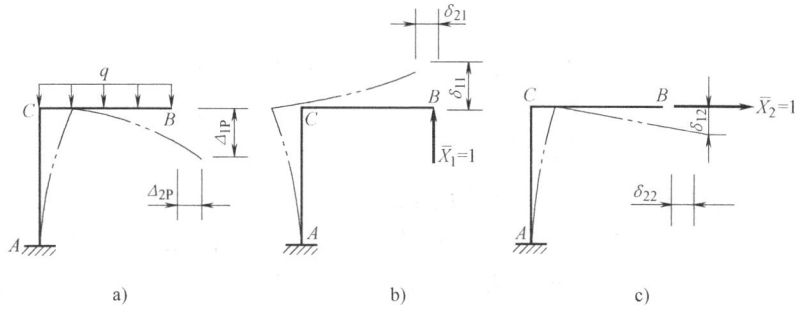

图 7-13

$$\Delta_1 = \delta_{11}X_1 + \delta_{12}X_2 + \Delta_{1P}$$
$$\Delta_2 = \delta_{21}X_1 + \delta_{22}X_2 + \Delta_{2P}$$

因此变形条件即为

$$\left.\begin{array}{c}\delta_{11}X_1 + \delta_{12}X_2 + \Delta_{1P} = 0\\ \delta_{21}X_1 + \delta_{22}X_2 + \Delta_{2P} = 0\end{array}\right\} \qquad (7\text{-}3)$$

式（7-3）就是二次超静定结构的力法基本方程。

力法基本方程中的系数 δ 和自由项 Δ 都是基本结构的位移。由于基本结构是静定结构，所以计算这些系数和自由项时并无困难，按照第 6 章的方法计算即可。

由基本方程求出多余未知力 X_1、X_2 以后，将 X_1、X_2 作为主动力作用于基本体系，按照静定结构内力的计算方法，利用平衡条件便可求出原结构的支座反力和内力。

利用叠加原理求内力更为方便。任一截面的弯矩 M 可用下面的叠加公式计算

$$M = \overline{M}_1 X_1 + \overline{M}_2 X_2 + M_P$$

式中，M_P 为荷载在基本结构任一截面产生的弯矩；$\overline{M}_1$ 和 $\overline{M}_2$ 分别为单位力 $\overline{X}_1 = 1$ 和 $\overline{X}_2 = 1$ 在基本结构同一截面产生的弯矩。

同一结构可以按不同方式选取力法的基本未知量和基本体系。例如，图 7-12a 所示结构，其基本体系也可采用图 7-14a 或 b 所示体系。这时，力法基本方程在形式上与式（7-3）完全相同，但由于 X_1 和 X_2 的实际含义不同，因而变形条件的实际含义也不同。

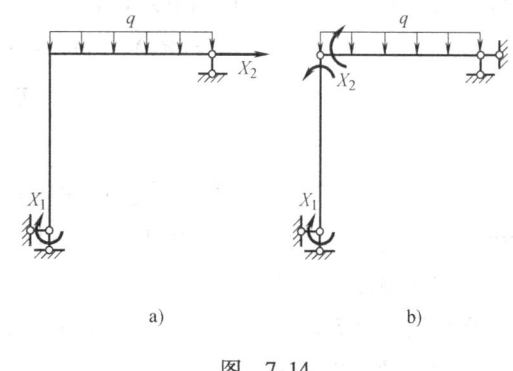

图 7-14

7.2.3 n 次超静定结构

一般地，对于 n 次超静定的结构，力法的基本未知量是 n 个多余未知力 X_1，X_2，…，X_n，力法的基本体系是从原结构中去掉 n 个多余的约束，而代之以相应的 n 个多余未知力后所得到的静定结构，力法的基本方程是在 n 个多余约束处的 n 个变形条件——基本体系中沿多余未知力方向的位移应与原结构中相应的位移相等。在线性变形体系中，根据叠加原理，n 个变形条件通常可写为

$$\left.\begin{array}{l}\delta_{11}X_1+\delta_{12}X_2+\cdots+\delta_{1n}X_n+\Delta_{1P}=0\\ \delta_{21}X_1+\delta_{22}X_2+\cdots+\delta_{2n}X_n+\Delta_{2P}=0\\ \vdots\quad\vdots\quad\quad\vdots\quad\quad\vdots\\ \delta_{n1}X_1+\delta_{n2}X_2+\cdots+\delta_{nn}X_n+\Delta_{nP}=0\end{array}\right\} \tag{7-4}$$

式（7-4）为 n 次超静定结构在荷载作用下力法方程的一般形式，故常称为力法典型方程。

在方程（7-4）中，系数 δ_{ij} 和自由项 Δ_{iP} 都代表基本结构的位移。位移符号中采用两个下标，第一个下标表示位移的方向，第二个下标表示产生位移的原因。例如：Δ_{iP} 为由荷载产生的沿 X_i 方向的位移；δ_{ij} 为由单位力 $\overline{X}_j=1$ 产生的沿 X_i 方向的位移，常称为柔度系数。

位移正负号规则为：当位移 Δ_{iP} 或 δ_{ij} 的方向与相应力 X_i 的正方向相同时为正，反之为负。根据位移互等定理，系数 δ_{ij} 与 δ_{ji} 是相等的，即

$$\delta_{ij}=\delta_{ji}$$

如果把方程组（7-4）中的柔度系数上下对齐，可写成下列的矩阵形式

$$\begin{pmatrix}\delta_{11}\delta_{12}\cdots\delta_{1n}\\ \delta_{21}\delta_{22}\cdots\delta_{2n}\\ \vdots\quad\vdots\quad\quad\vdots\\ \delta_{n1}\delta_{n2}\cdots\delta_{nn}\end{pmatrix} \tag{7-5}$$

这个矩阵就称为柔度矩阵。从矩阵的左上角到右下角的对角线称为主对角线，主对角线上的系数 δ_{11}，δ_{22}，$\cdots$，δ_{nn} 称为主系数，主系数都是正值，且不为零。不在主对角线上的系数 $\delta_{ij}(i\neq j)$，称为副系数。副系数可以是正值或负值，也可以为零。根据位移互等定理，柔度矩阵是一个对称矩阵。

解力法方程得到多余未知力 X_1，X_2，$\cdots$，X_n 的数值后，超静定结构的内力可根据平衡条件求出，或根据叠加原理用下式计算

$$\left.\begin{array}{l}M=\overline{M}_1X_1+\overline{M}_2X_2+\cdots+\overline{M}_nX_n+M_P\\ F_Q=\overline{F}_{Q1}X_1+\overline{F}_{Q2}X_2+\cdots+\overline{F}_{Qn}X_n+F_{QP}\\ \vdots\quad\vdots\quad\quad\vdots\quad\quad\vdots\quad\quad\vdots\\ F_N=\overline{F}_{N1}X_1+\overline{F}_{N2}X_2+\cdots+\overline{F}_{Nn}X_n+F_{NP}\end{array}\right\} \tag{7-6}$$

式中，$\overline{M}_i$、$\overline{F}_{Qi}$ 和 $\overline{F}_{Ni}$ 为基本结构由于 $\overline{X}_i=1$ 作用而产生的内力；M_P、F_{QP} 和 F_{NP} 为基本结构由于荷载作用而产生的内力。

在应用式（7-6）第一式画出原结构的弯矩图后，也可以直接应用平衡条件计算 F_Q 和 F_N，并画出 F_Q 和 F_N 图。

7.3 超静定梁、刚架和排架的计算

用力法计算超静定结构的步骤可归纳如下：

1）选取基本体系。在原结构上去掉多余约束得到一个静定的基本结构，并以多余未知力代替相应多余约束的作用。以多余未知力作为基本未知量。

2）列力法方程。根据基本体系（在荷载和多余未知力共同作用下）在多余未知力处的

变形与原结构在多余约束处变形相等的条件建立力法方程。

3）计算系数和自由项。先分别作出基本结构在单位力作用下的内力图和荷载作用下的内力图，然后利用图乘法计算柔度系数和自由项。

4）解方程，求出多余未知力。

5）作内力图。先利用叠加公式作弯矩图，然后根据平衡条件作剪力图和轴力图。

7.3.1 超静定梁和刚架的计算

用力法计算超静定梁和刚架时，通常忽略轴力和剪力对位移的影响，而只考虑弯矩的影响，因而使计算得到简化。因此，力法方程中的系数和自由项的表达式为

$$\left.\begin{array}{l}\delta_{ii}=\Sigma \int \dfrac{\overline{M}_i^2}{EI}\mathrm{d}s \\ \\ \delta_{ij}=\Sigma \int \dfrac{\overline{M}_i\overline{M}_j}{EI}\mathrm{d}s \\ \\ \Delta_{iP}=\Sigma \int \dfrac{\overline{M}_i M_P}{EI}\mathrm{d}s\end{array}\right\} \qquad (7\text{-}7)$$

例 7-1 用力法解图 7-15a 所示连续梁，作弯矩图。各跨 EI = 常数，跨度为 a。

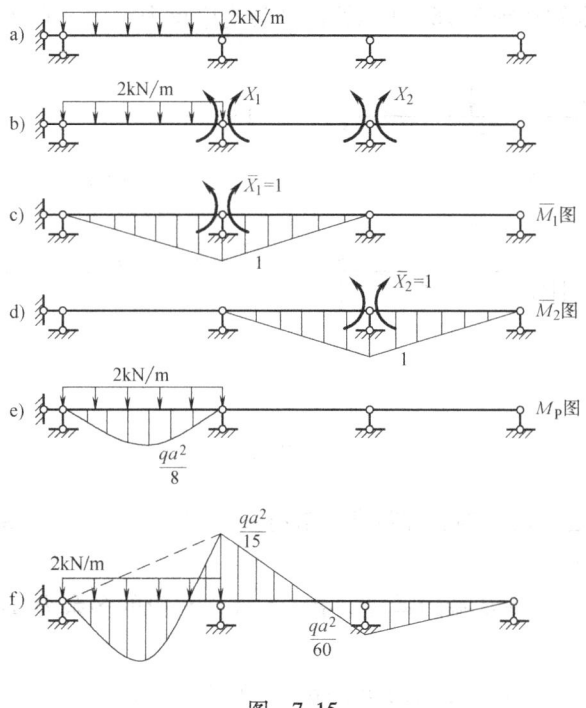

图 7-15

解 这是个两次超静定梁，计算如下：

（1）选取基本体系。选取基本体系如图 7-15b 所示，基本未知量为 X_1 和 X_2。

（2）列力法方程。基本结构在荷载与多余未知力共同作用下，应满足基本未知量对应的支座处无转角的变形条件。力法方程为

$$\left.\begin{array}{l}\delta_{11}X_1 + \delta_{12}X_2 + \Delta_{1P} = 0 \\ \delta_{21}X_1 + \delta_{22}X_2 + \Delta_{2P} = 0\end{array}\right\}$$

（3）求解系数和自由项。分别绘制基本结构在 $\overline{X}_1 = 1$、$\overline{X}_2 = 1$ 和荷载作用下的弯矩图 $\overline{M}_1$、$\overline{M}_2$ 和 M_P 图，如图 7-15c、d 和 e 所示。

采用图乘法，可得到

$$\delta_{11} = \frac{1}{EI} \times \frac{1 \times a}{2} \times \frac{2}{3} \times 2 = \frac{2a}{3EI} = \delta_{22}$$

$$\delta_{12} = \delta_{21} = \frac{1}{EI} \times \frac{1 \times a}{2} \times \frac{1}{3} = \frac{a}{6EI}$$

$$\Delta_{1P} = \frac{1}{EI} \times \frac{2 \times a}{3} \times \frac{qa^2}{8} \times \frac{1}{2} = \frac{qa^3}{24EI}, \quad \Delta_{2P} = 0$$

（4）解方程求解多余未知力。将 δ_{11}、δ_{22}、δ_{12}、δ_{21} 及 Δ_{1P}、Δ_{2P} 代入力法方程，解得

$$X_1 = -\frac{qa^2}{15}, \quad X_2 = \frac{qa^2}{60}$$

（5）作弯矩图。弯矩叠加公式为

$$M = \sum \overline{M}_i X_i + M_P = \overline{M}_1 X_1 + \overline{M}_2 X_2 + M_P$$

由此作出 M 图，如图 7-15f 所示。

例 7-2 用力法求解例图 7-16a 所示梁的弹簧支座反力。$EI = $ 常数，弹簧系数为 k。

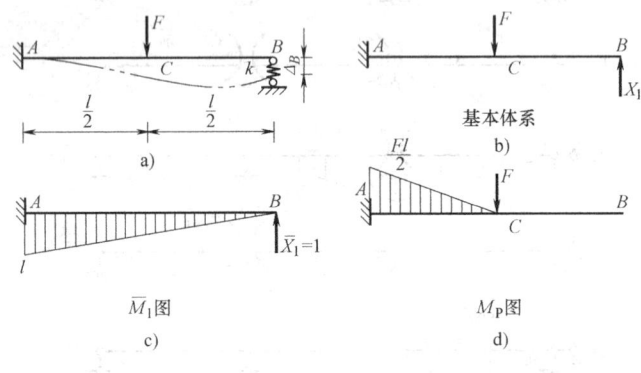

图 7-16

解 该梁为一次超静定结构。弹簧支承端将发生弹性变形（拉伸或压缩），其弹性变形的大小与该支座的反力成正比。

（1）选取基本体系。将 B 端的弹性支承去掉而以相应的多余力 X_1 代替，得图 7-16b 所示基本体系。

（2）列力法方程。根据 X_1 方向的变形条件，其力法方程为

$$\delta_{11}X_1 + \Delta_{1P} = -\Delta_B = -\frac{X_1}{k}$$

式中右边取负号，是由于弹性支承的位移 Δ_B 与 X_1 的方向相反。

（3）求解系数和自由项。δ_{11} 和 Δ_{1P} 的计算，与刚性支承梁相同。作出 $\overline{M}_1$ 图和 M_P 图，如图 7-16c、d 所示，由图乘法求得

$$\delta_{11} = \frac{1}{EI} \times \frac{1}{2} l^2 \times \frac{2l}{3} = \frac{l^3}{3EI}$$

$$\Delta_{1P} = -\frac{1}{EI} \times \frac{1}{2} \times \frac{l}{2} \times \frac{Fl}{2} \times \left(\frac{2}{3}l + \frac{1}{3} \times \frac{l}{2}\right) = -\frac{5Fl^3}{48EI}$$

(4) 解方程求解多余未知力。上面的力法方程可改写为

$$X_1\left(\delta_{11} + \frac{1}{k}\right) = -\Delta_{1P}$$

所以有

$$X_1 = -\frac{\Delta_{1P}}{\delta_{11}\left(1 + \frac{1}{k\delta_{11}}\right)} = \frac{5F}{16} \frac{kl^3}{kl^3 + 3EI}$$

例 7-3 图 7-17a 所示为一超静定刚架，用力法求解，作刚架的 M 图。EI = 常数。

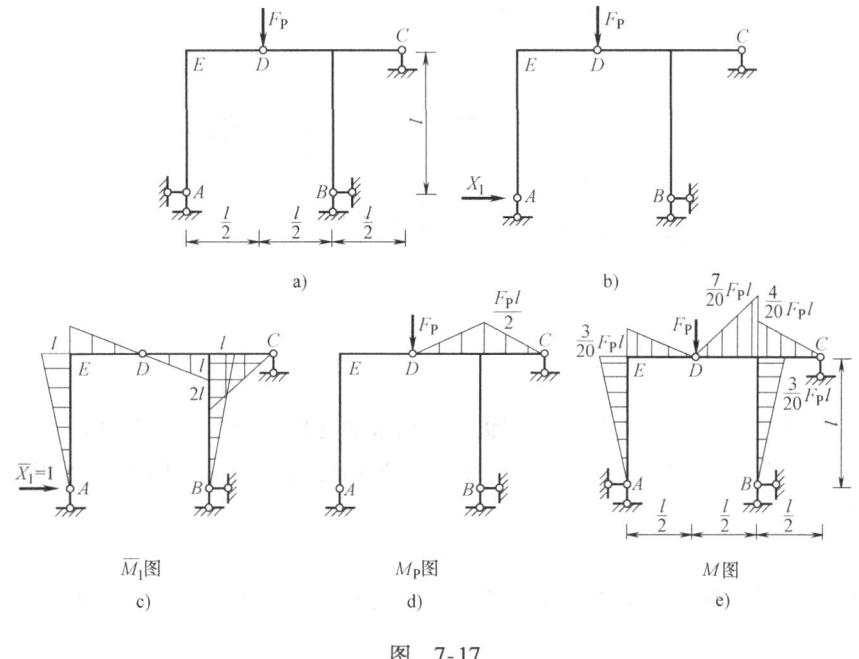

图 7-17

解 (1) 选取基本体系。这是个一次超静定刚架，撤去 A 支座处水平支杆而代之以未知力 X_1 后，得到图 7-17b 所示的基本体系。

(2) 列力法方程。基本结构在荷载与多余未知力共同作用下，应满足 A 点无水平位移的变形条件。力法方程为

$$\delta_{11} X_1 + \Delta_{1P} = 0$$

(3) 求解系数和自由项。绘制基本结构在单位力 $\overline{X}_1 = 1$ 作用下的弯矩图 $\overline{M}_1$ 和在荷载作用下的弯矩图 M_P，分别如图 7-17c、d 所示。由图乘法，可得到

$$\delta_{11} = \sum \int \frac{\overline{M}_1 \overline{M}_1}{EI} \mathrm{d}s = \frac{2}{EI}\left(\frac{l \times 0.5l}{2} \times \frac{2l}{3}\right) + \frac{2}{EI}\left(\frac{l \times l}{2} \times \frac{2l}{3}\right) + \frac{1}{EI}\left(\frac{2l \times 0.5l}{2} \times \frac{2 \times 2l}{3}\right) = \frac{5l^3}{3EI}$$

$$\Delta_{1P} = \sum \int \frac{\overline{M}_1 M_P}{EI} \mathrm{d}s = -\frac{1}{EI}\left[\frac{1}{2} \times \frac{F_P l}{2} \times \frac{l}{2} \times \frac{2}{3} \times (l + 2l)\right] = -\frac{F_P l^3}{4EI}$$

(4) 解方程，求解多余未知力。将 δ_{11} 及 Δ_{1P} 代入力法方程，得

$$X_1 = -\frac{\Delta_{1P}}{\delta_{11}} = \frac{3F_P}{20}$$

(5) 作 M 图。弯矩叠加公式为

$$M = \overline{M}_1 X_1 + M_P$$

因此，以 X_1 乘 $\overline{M}_1$ 图后，再与 M_P 图相加，即得出 M 图，如图 7-17e 所示。

例 7-4 用力法求解图 7-18a 所示刚架，作弯矩图。设 $EI = $ 常数。

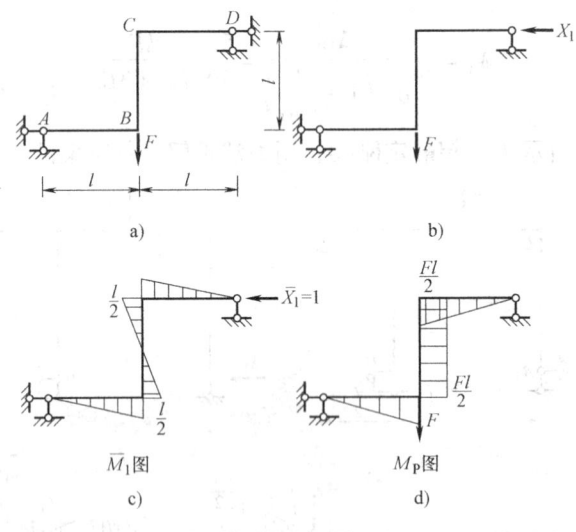

图 7-18

解 (1) 这是个一次超静定刚架，撤去 D 点水平支杆而代之以未知力 X_1 后，选取基本体系如图 7-18b 所示。列出力法典型方程（基本体系在 X_1 和荷载共同作用下在支座 D 处的水平位移为零）

$$\delta_{11} X_1 + \Delta_{1P} = 0$$

(2) 作基本结构在 $\overline{X}_1 = 1$ 作用下的 $\overline{M}_1$ 图和在荷载作用下的 M_P 图，如图 7-18c、d 所示。

(3) 求解系数、自由项。用图乘法得 $\delta_{11} = \dfrac{l^3}{4EI}$，$\Delta_{1P} = 0$。

(4) 解方程，求出 $X_1 = 0$。

(5) 作弯矩图。按叠加法公式 $M = \overline{M}_1 X_1 + M_P$ 可知，$M = M_P$。弯矩图如图 7-18d 所示。

7.3.2 超静定排架的计算

铰接排架是由屋架（或屋面梁）与柱组成。图 7-19a 所示为装配式单层厂房的横剖面结构示意图。当对排架柱（含柱顶）受力进行内力分析时，通常可将屋架（或屋面梁）简化为与柱顶铰接且轴向刚度无限大的链杆。阶梯形的变截面柱其上端与链杆铰接，其下端与基础刚性连接。得到图 7-19b 所示的计算简图。铰接排架的超静定次数等于排架的跨数，其基本体系由切断各跨链杆得到，链杆切断后，代以一对大小相等、方向相反的广义力作为多余未知力，如图 7-19c 所示。

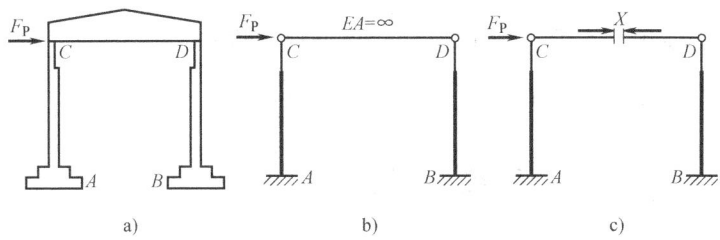

图 7-19

a) 厂房排架剖面示意图 b) 计算简图 c) 基本体系

因链杆的刚度 $EA \to \infty$，在计算系数和自由项时，忽略链杆轴向变形的影响，只考虑柱子弯矩对变形的影响。

例 7-5 用力法计算图 7-20a 所示排架，作 M 图。

解 （1）选取基本体系，确定相应的基本未知量，如图 7-20b 所示。

（2）列力法方程：$\delta_{11}X_1 + \Delta_{1P} = 0$。

该力法方程的物理意义是基本体系在链杆 CD 切口两侧截面的相对轴向位移为零，即切口切开后仍是连续的，不重叠，也不错开。

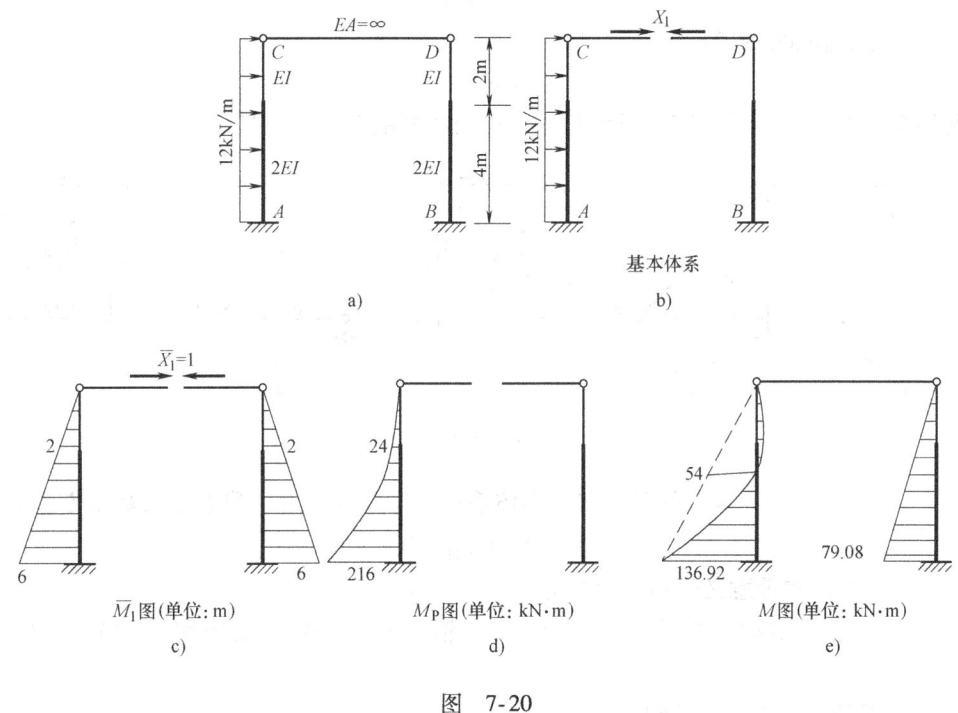

图 7-20

（3）作基本结构在单位未知力作用下的 $\overline{M}_1$ 图和在荷载作用下的 M_P 图，如图 7-20c、d 所示，计算 δ_{11}、Δ_{1P} 为

$$\delta_{11} = \left[\frac{1}{2EI} \frac{6 \times 6}{2} \frac{2 \times 6}{3} + \left(\frac{1}{EI} - \frac{1}{2EI} \right) \frac{2 \times 2}{2} \frac{2 \times 2}{3} \right] \times 2 = \frac{224}{3EI}$$

$$\Delta_{1P} = \frac{1}{2EI} \frac{6 \times 216}{3} \frac{3 \times 6}{4} + \left(\frac{1}{EI} - \frac{1}{2EI} \right) \frac{2 \times 24}{3} \frac{3 \times 2}{4} = \frac{984}{EI}$$

(4) 解方程，求解基本未知力 $X_1 = -\dfrac{\Delta_{1P}}{\delta_{11}} = -13.18\text{kN}$

(5) 作 M 图。利用叠加原理 $M = \overline{M}_1 X_1 + M_P$，作 M 图，如图 7-20e 所示。

7.4 超静定桁架和组合结构的计算

7.4.1 超静定桁架的计算

桁架是链杆体系，在结点荷载作用下，杆件内力只有轴力，计算力法方程的系数和自由项时，只考虑轴力的影响。力法方程中的系数和自由项的表达式为

$$\left. \begin{aligned} \delta_{ii} &= \sum \dfrac{\overline{F}_{Ni}^2}{EA} l \\ \delta_{ij} &= \sum \dfrac{\overline{F}_{Ni} \overline{F}_{Nj}}{EA} l \\ \Delta_{iP} &= \sum \dfrac{\overline{F}_{Ni} F_P}{EA} l \end{aligned} \right\} \quad (7\text{-}8)$$

各杆轴力的叠加公式为

$$F_N = \overline{F}_{N1} X_1 + \overline{F}_{N2} X_2 + \cdots + F_{NP} \quad (7\text{-}9)$$

例 7-6 用力法求解图 7-21 所示超静定桁架各杆的轴力。各杆 EA 相同。

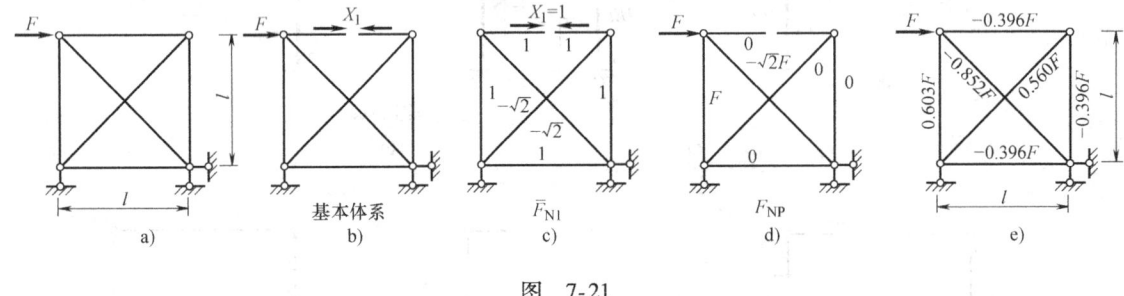

图 7-21

解 (1) 本题为一次超静定，取基本体系如图 7-21b 所示，建立力法基本方程为

$$\delta_{11} X_1 + \Delta_{1P} = 0$$

该力法方程的物理意义是切口处相对轴向位移为零。

(2) 求出基本结构各杆在 $\overline{X}_1 = 1$ 作用下轴力 $\overline{F}_{N1}$ 和在荷载作用下的轴力 F_{NP}，如图 7-21c、d 所示。

(3) 求系数和自由项，并解方程

$$\delta_{11} = \sum \int \dfrac{\overline{F}_{N1}^2}{EA} ds = \sum \dfrac{\overline{F}_{N1}^2 l}{EA}$$

$$= \dfrac{1^2 \times l}{EA} \times 4 + \dfrac{(-\sqrt{2})^2 \times \sqrt{2} l}{EA} \times 2 = \dfrac{4l}{EA}(1 + \sqrt{2})$$

$$\Delta_{1P} = \sum \dfrac{\overline{F}_{N1} F_{NP} l}{EA}$$

$$= \frac{l}{EA}(1 \times F) + \frac{\sqrt{2}l}{EA}\left[(-\sqrt{2})(-\sqrt{2}F)\right] = (1+2\sqrt{2})\frac{Fl}{EA}$$

求解 X_1
$$X_1 = -\frac{\Delta_{1P}}{\delta_{11}} = -0.396F$$

(4) 计算各杆轴力。利用 $F_N = \overline{F}_{N1}X_1 + F_{NP}$ 计算出各杆轴力，如图7-21e所示。

7.4.2 超静定组合结构的计算

组合结构中既有链杆又有梁式杆，在计算力法方程的系数和自由项时，对链杆只考虑轴力的影响；对梁式杆通常可忽略轴力和剪力的影响，只考虑弯矩的影响。因此，力法方程的系数和自由项的计算公式为

$$\left.\begin{aligned}\delta_{ii} &= \sum \int \frac{\overline{M}_i^2}{EI}ds + \sum \frac{\overline{F}_{Ni}^2}{EA}l \\ \delta_{ij} &= \sum \int \frac{\overline{M}_i \overline{M}_j}{EI}ds + \sum \frac{\overline{F}_{Ni}\overline{F}_{Nj}}{EA}l \\ \Delta_{iP} &= \sum \int \frac{\overline{M}_i M_P}{EI}ds + \sum \frac{\overline{F}_{Ni}F_{NP}}{EA}l\end{aligned}\right\} \quad (7\text{-}10)$$

各杆内力的叠加公式为

$$\left.\begin{aligned}M &= \overline{M}_1 X_1 + \overline{M}_2 X_2 + \cdots + \overline{M}_n X_n + M_P \\ F_N &= \overline{F}_{N1}X_1 + \overline{F}_{N2}X_2 + \cdots + \overline{F}_{Nn}X_n + F_{NP}\end{aligned}\right\} \quad (7\text{-}11)$$

例 7-7 图7-22a所示超静定组合结构，计算各桁架杆的轴力。横梁抗弯刚度为 EI，桁架杆的拉压刚度为 EA。

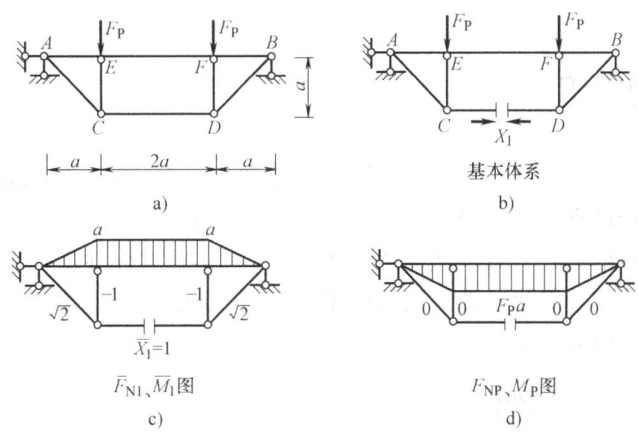

图 7-22

解 (1) 该体系为一次超静定结构，切断杆 CD 并代以 X_1，得图7-22b所示基本体系。

(2) 列力法方程。由切口处两侧截面沿 X_1 方向的相对位移为零的变形协调条件，力法方程为

$$\delta_{11}X_1 + \Delta_{1P} = 0$$

(3) 绘出梁式杆的 $\overline{M}_1$ 图及 M_P 图，并计算各桁架杆的 $\overline{F}_{N1}$ 及 F_{NP}，分别如图7-22c、d

所示。

(4) 求系数、自由项

$$\delta_{11} = \frac{1}{EI}\left(a \times 2a \times a + \frac{1}{2}a^2 \times \frac{2}{3}a \times 2\right) + \frac{1}{EA}\left[1^2 \times 2a + (-1)^2 \times a \times 2 + (\sqrt{2})^2 \times \sqrt{2}a \times 2\right]$$

$$= \frac{8a^3}{3EI} + \frac{4(1+\sqrt{2})a}{EA}$$

$$\Delta_{1P} = -\frac{1}{EI}\left(\frac{1}{2}F_P a \times a \times \frac{2}{3}a \times 2 + F_P a \times 2a \times a\right) + 0 = -\frac{8F_P a^3}{3EI}$$

(5) 解方程,得

$$X_1 = -\frac{\Delta_{1P}}{\delta_{11}} = \frac{F_P}{1 + \dfrac{3(1+\sqrt{2})EI}{2EAa^2}} = \frac{F_P}{1+K}$$

其中 $K = \dfrac{3(1+\sqrt{2})EI}{2EAa^2}$。

(6) 计算各桁架式杆的轴力。根据公式 $F_N = \overline{F}_{N1}X_1 + F_{NP} = \overline{F}_{N1}X_1$,即可计算出各杆的轴力如下

$$F_{NCE} = F_{NDF} = -\frac{F_P}{1+K}, \quad F_{NCD} = \frac{F_P}{1+K}, \quad F_{NAC} = F_{NBD} = \frac{\sqrt{2}F_P}{1+K}$$

(7) 讨论。分析该题中 K 的计算公式,当桁架式杆抗拉压刚度 EA 较大,而梁式杆抗弯刚度 EI 较小时,$K \to 0$,$X_1 \to F_P$,结构的内力接近于三跨连续梁的情况。反之,当桁架式杆抗拉压刚度 EA 较小,而梁式杆抗弯刚度 EI 较大时,K 很大,$X_1 \to 0$,结构的内力接近于简支梁的情况。

7.5 对称性的应用

结构的超静定次数越高,用力法计算工作量越大,因为力法方程的数目与超静定次数相同。在求解力法方程过程中,需要计算大量的系数、自由项并解线性方程组。

在工程中,很多结构具有对称性,图 7-23 是一些具有对称性结构的例子。对称结构可利用对称性质使计算得到简化。在力法的典型方程中,能使一些系数和自由项为零,使尽可能多的副系数及自由项等于零。

7.5.1 结构和荷载的对称性

1. 结构的对称性

对称结构,是指结构对某一轴的对称。所以,对称结构必须有对称轴。对称结构的含义,包括以下两个方面:

1) 结构的几何形状、尺寸和支承情况对某轴对称。

2) 杆件截面尺寸和材料性质也对此轴对称(因而杆件的截面刚度 EI、EA、GA 对此轴对称)。

因此,对称结构绕对称轴对折后,对称轴两边的结构图形应当完全重合。

有的对称结构对称于一根对称轴,如图 7-23a、c 所示;有的对称结构对称于两根对称轴,如图 7-23b 所示;有的对称结构对称于多根对称轴,如图 7-23d 所示。

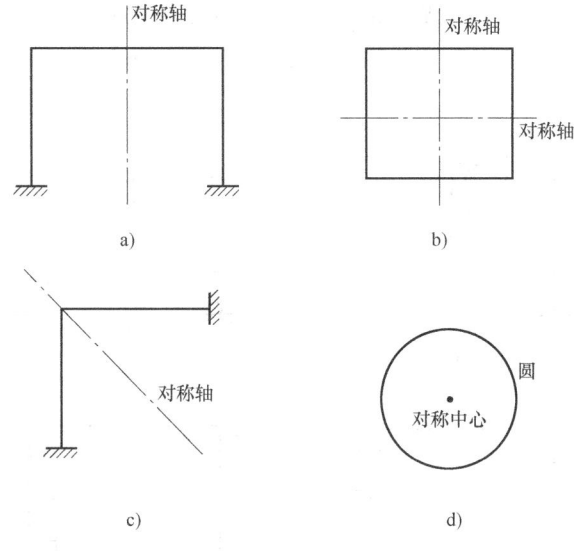

图 7-23

2. 荷载的对称性

对称荷载——绕对称轴对折后,左右两部分的荷载彼此重合(作用点相对应、数值相等、方向相同),如图 7-24a 所示。

反对称荷载——绕对称轴对折后,左右两部分的荷载正好相反(作用点相对应、数值相等、方向相反),如图 7-24b 所示。

作用在对称结构上的任何荷载都可以分解为对称荷载与反对称荷载的叠加。图 7-24c 的一般荷载等于图 7-24a 的对称荷载与图 7-24b 的反对称荷载之和。

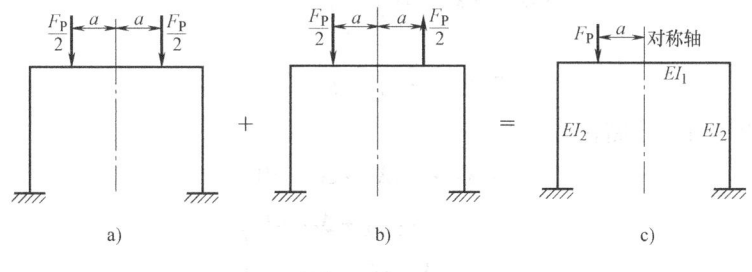

图 7-24

7.5.2 取对称的基本体系计算

计算超静定对称结构时,为了简化计算,应当选择对称的基本体系,并取对称力或反对称力作为多余未知力。以图 7-24c 所示刚架为例,可沿对称轴上梁的中间截面切开,这样得到的基本体系是对称的(见图 7-25a)。这时多余未知力包括三个广义力 X_1、X_2 和 X_3。它们分别是一对弯矩、一对轴力和一对剪力。其中 X_1 和 X_2 是对称力,X_3 是反对称力。

基本体系(见图 7-25a)在荷载与 X_1、X_2、X_3 共同作用下,切口两侧截面的相对转角、

相对水平线位移和相对竖向线位移应等于零。力法方程可写为

$$\left.\begin{array}{l}\delta_{11}X_1 + \delta_{12}X_2 + \delta_{13}X_3 + \Delta_{1P} = 0 \\ \delta_{21}X_1 + \delta_{22}X_2 + \delta_{23}X_3 + \Delta_{2P} = 0 \\ \delta_{31}X_1 + \delta_{32}X_2 + \delta_{33}X_3 + \Delta_{3P} = 0\end{array}\right\} \quad (a)$$

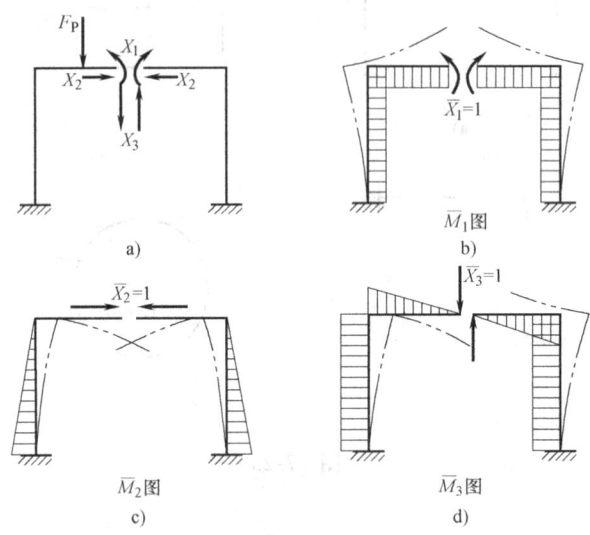

图 7-25

图 7-25b、c、d 所示为各单位未知力作用下的弯矩图和变形图。显然，对称单位未知力 $\overline{X}_1 = 1$ 和 $\overline{X}_2 = 1$ 所产生的弯矩图 $\overline{M}_1$、$\overline{M}_2$ 和变形图是对称的，反对称单位未知力 $\overline{X}_3 = 1$ 所产生的弯矩图 $\overline{M}_3$ 和变形图是反对称的。因此有

$$\delta_{13} = \delta_{31} = \sum \int \frac{\overline{M}_1 \overline{M}_3}{EI} \mathrm{d}s = 0$$

$$\delta_{23} = \delta_{32} = \sum \int \frac{\overline{M}_2 \overline{M}_3}{EI} \mathrm{d}s = 0$$

于是，力法方程（a）就简化为

$$\left.\begin{array}{l}\delta_{11}X_1 + \delta_{12}X_2 + \Delta_{1P} = 0 \\ \delta_{12}X_1 + \delta_{22}X_2 + \Delta_{2P} = 0 \\ \delta_{33}X_3 + \Delta_{3P} = 0\end{array}\right\} \quad (b)$$

从力法方程（b）中可以看出，方程已分为两组：前两式只包含对称未知力 X_1、X_2，第三式只包含反对称未知力 X_3。

一般来说，采用力法计算任何对称结构时，只要选取的基本未知量都是对称力或反对称力，则力法方程必然分解成独立的两组，其中一组只包含对称未知力，另一组只包含反对称未知力，原来的高阶方程组现在分解为两个低阶方程组，因而计算得到简化。

下面先就对称荷载和反对称荷载两种情况作进一步的讨论。

1. 在对称荷载作用下

以图 7-24a 所示荷载为例。这时基本结构的荷载弯矩图 M_P 是对称的，如图 7-26a 所示。

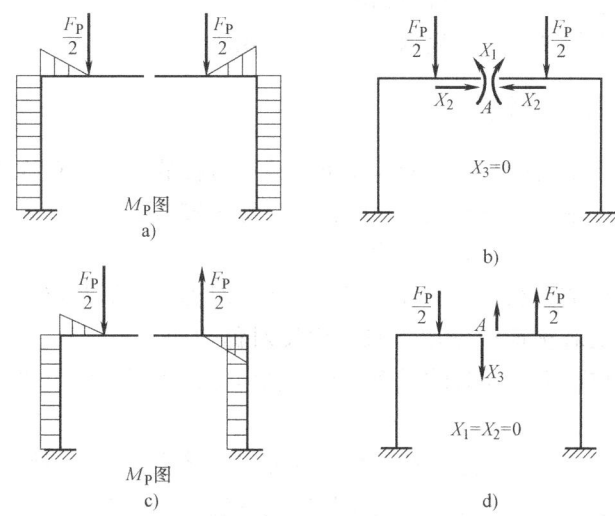

图 7-26

由于 $\overline{M}_3$ 是反对称的，因此

$$\Delta_{3P} = \Sigma \int \frac{\overline{M}_3 M_P}{EI} ds = 0$$

代入力法方程（b）的第三式，可知 $X_3 = 0$。由此可知，对称结构在对称荷载作用下反对称未知力为零。至于对称未知力 X_1 和 X_2，根据力法方程 b 中前两式进行计算即可，如图 7-26b 所示。

一般来说，对称结构在对称荷载作用下，如果所取的基本未知量都是对称力或反对称力，则反对称未知力必等于零，只有对称的未知力。

2. 在反对称荷载作用下

以图 7-24b 所示荷载为例，这时基本结构的荷载弯矩图 M_P 是反对称的，如图 7-26c 所示。

由于 $\overline{M}_1$ 与 $\overline{M}_2$ 是对称的，因此

$$\Delta_{1P} = \Sigma \int \frac{\overline{M}_1 M_P}{EI} ds = 0$$

$$\Delta_{2P} = \Sigma \int \frac{\overline{M}_2 M_P}{EI} ds = 0$$

代入力法方程（b）的前两式，可知对称力 $X_1 = X_2 = 0$。由此可知，对称结构在反对称荷载作用下对称未知力为零。至于反对称未知力 X_3，则需根据方程（b）中的第三式进行计算，如图 7-26d 所示。

一般来说，对称结构在反对称荷载作用下，如果选取的基本未知量都是对称力或反对称力，则对称未知力必等于零，只有反对称未知力。

3. 一般荷载作用下

如图 7-24c 所示。可以有两种方法进行计算：

第一种方法，把荷载分解为对称与反对称两部分，对这两部分荷载分别计算，然后把两种结果叠加起来。

第二种方法，不进行分解，选取对称的基本体系，直接取非对称荷载进行计算。
以上两种方法各有优缺点，可根据具体情况选用。

7.5.3 取半边结构进行计算

从受力角度，对称结构在对称荷载作用下，只有对称的力，反对称未知力必等于零；对称结构在反对称荷载作用下，只有反对称的力，对称未知力必等于零。在对称轴上截面内力中，弯矩、轴力为对称力，剪力为反对称力。

从变形角度，对称结构在对称荷载作用下只产生对称的变形及位移，反对称的变形及位移为零；对称结构在反对称荷载作用下只产生反对称的变形及位移，对称的变形及位移为零。在对称轴上截面位移中，此时的截面转角、轴向位移为反对称位移，竖向位移为对称位移。

在计算对称结构时，利用上述规律，可只计算半边结构，从而使计算工作得到简化。下面分别就对称荷载和反对称荷载作用下的半边结构取法进行讨论。

1. 对称荷载作用下

（1）奇数跨对称结构　图7-27a所示奇数跨刚架在对称荷载作用下，根据上述规律，对于对称轴上的截面，从受力角度来看，截面上的内力只有对称力——轴力和弯矩，而无反对称力——剪力；从变形角度来看，只产生对称的变形及位移——竖向位移，没有反对称的变形及位移——转角位移和水平位移。这时刚架左半部分受力和变形的情况与图7-27b所示的结构的受力、变形情况完全一样，即在对称轴截面C处加一个定向支座。因此，只需计算出图7-27b半刚架的内力和位移，根据对称性，即可知道图7-27a刚架的内力和位移。这种用半个刚架的计算简图代替原对称刚架进行分析的方法称为半刚架法。

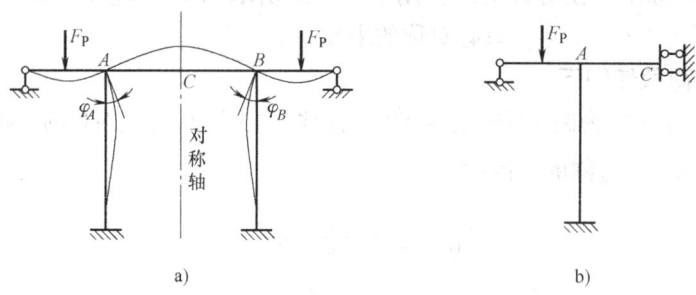

图 7-27

（2）偶数跨对称结构　图7-28a所示偶数跨对称刚架，由于对称轴处有一根竖柱，竖柱的轴向变形忽略不计，故截面C不仅无转角和水平位移，也无竖向位移。此时，截面C相当于一固定端，利用半刚架法选取的半刚架如图7-28b所示，计算图7-28b所示半刚架即可确定整个刚架的内力和位移。

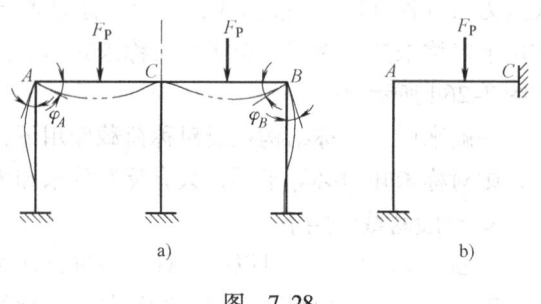

图 7-28

2. 反对称荷载作用下

（1）奇数跨对称结构　图 7-29a 所示奇数跨对称结构，在反对称荷载作用下，从变形角度来看，由于只产生反对称的变形及位移，因此，对称轴上的截面 C 没有竖向位移，但有转角和水平位移。另一方面，从受力情况看，截面 C 处只应有反对称性的内力——剪力。对左半刚架而言，此时截面 C 处相当于一可动铰支座，与图 7-29b 所示刚架的受力和变形情况完全相同。因此，利用半刚架法，只需计算图 7-29b 所示半刚架即可确定整个刚架的内力和位移。

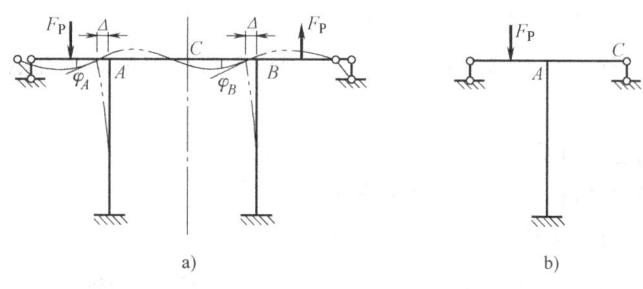

图　7-29

（2）偶数跨对称结构　图 7-30a 所示偶数跨刚架，在对称轴处有一根竖柱，设想该柱是由两根各具有 $I/2$ 的竖柱组成，它们分别在对称轴的两侧与横梁刚接，如图 7-30b 所示。设将此两柱之间的横梁切开，由于荷载是反对称的，故该截面上只有剪力 F_{QC} 存在，如图 7-30c 所示。这一对剪力将只使对称轴两侧的两根竖柱分别产生大小相等性质相反的轴力。就中间柱的内力而言，它应等于此两根竖柱内力之和，因而由剪力 F_{QC} 所产生的轴力则刚好互相抵消，即剪力 F_{QC} 对原结构的内力和变形都无任何影响。于是可将 F_{QC} 略去而取原刚架的一半作为其计算简图，如图 7-30d 所示。左半刚架的内力和位移求得后，右半刚架的内力和位移，可根据反对称的规律求得。

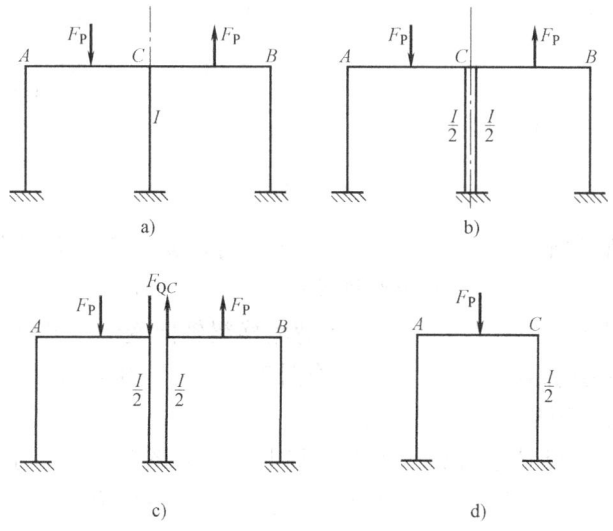

图　7-30

应提出注意的是：图 7-30a 所示刚架中间柱的总内力为图 7-30b 中间两根分柱内力的叠

加。由于反对称，两根分柱的弯矩、剪力相同，故总弯矩、总剪力分别为图 7-30d 中分柱的弯矩、剪力的两倍。同时注意，在利用半刚架计算时，分柱的面积和惯性矩为原来的二分之一。

7.5.4 对称结构计算要点

归纳起来，利用对称性进行简化计算的要点如下：

1）采用对称的基本体系，将基本未知量分为对称未知力和反对称未知力两组：①在对称荷载作用下，只考虑对称未知力（反对称未知力等于零）；②在反对称荷载作用下，只考虑反对称未知力（对称未知力等于零）；③非对称荷载可分解为对称荷载与反对称荷载的叠加。

2）取半边结构进行计算。对称结构可分为奇数跨和偶数跨两种情形，它们在对称荷载和反对称荷载作用时在对称轴上的变形和内力是不同的。此外，采用半边结构简化计算时，荷载必须是对称荷载或反对称荷载。如果是非对称荷载，则必须分解为对称荷载和反对称荷载两种情形，分别采用半边结构进行计算，然后叠加得到最后的结果。

例 7-8 试求作图 7-31a 所示对称刚架在水平力 F 作用下的弯矩图。

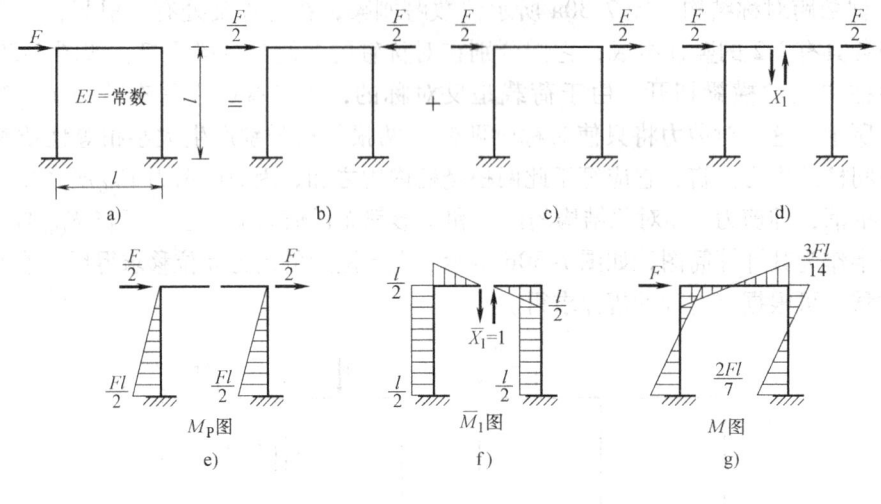

图 7-31

解 （1）对称性分析。这是一个三次超静定对称刚架，荷载 F 是非对称荷载。将荷载 F 可分为对称荷载（见图 7-31b）和反对称荷载（见图 7-31c）。

在对称荷载作用下（见图 7-31b），如果忽略横梁轴向变形，可以得出只有横梁承受压力 $F/2$、其他杆无内力的结论。因此，为了作图 7-31a 所示刚架的弯矩图，只需求图 7-31c 中刚架在反对称荷载作用下的弯矩图即可。

（2）基本体系。在反对称荷载作用下，基本体系如图 7-31d 所示。切口截面的弯矩、轴力都是对称未知力，应为零；只有反对称未知力存在——剪力 X_1。

（3）建立力法方程为

$$\delta_{11}X_1 + \Delta_{1P} = 0$$

（4）系数和自由项。基本结构在荷载和单位未知力作用下的弯矩图，如图 7-31e、f 所

示。由此得

$$\delta_{11} = \frac{2}{EI}\left(\frac{l}{2} \times l \times \frac{l}{2} + \frac{1}{2} \times \frac{l}{2} \times \frac{l}{2} \times \frac{2}{3} \times \frac{l}{2}\right) = \frac{l^3}{2EI} + \frac{l^3}{12EI} = \frac{7l^3}{12EI}$$

$$\Delta_{1P} = \frac{2}{EI}\left(\frac{1}{2} \times \frac{Fl}{2} \times l \times \frac{l}{2}\right) = \frac{Fl^3}{4EI}$$

(5) 解力法方程 $X_1 = -\dfrac{\Delta_{1P}}{\delta_{11}} = -\dfrac{3}{7}F$。

(6) 作弯矩图。刚架的弯矩图如图 7-31g 所示。

例 7-9 试利用对称性计算图 7-32a 所示刚架并作弯矩图。

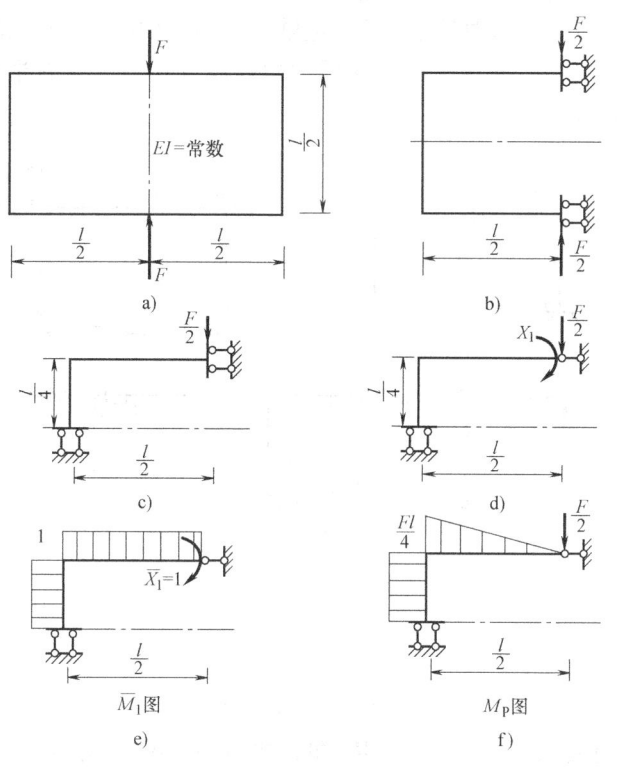

图 7-32

解 (1) 对称性分析。本例为三次超静定结构，承受对称荷载的作用，而且具有两根对称轴。首先沿竖向对称轴进行简化，选取左半结构如图 7-32b 所示，然后，对图 7-32b 所示结构进行简化。图 7-32b 为对称结构在对称荷载作用下，可沿水平对称轴进行简化，选取上半部分进行计算，计算简图如图 7-32c 所示。

(2) 取基本体系如图 7-32d 所示，建立力法方程

$$\delta_{11}X_1 + \Delta_{1P} = 0$$

(3) 作基本结构在单位未知力作用下的 $\overline{M}_1$ 图和在荷载作用下的 M_P 图，如图 7-32e、f 所示。

(4) 求系数和自由项，并解方程

$$\delta_{11} = \frac{1}{EI}\left(\frac{l}{2} \times 1 \times 1 + \frac{l}{4} \times 1 \times 1\right) = \frac{3l}{4EI}$$

$$\Delta_{1P} = \frac{1}{EI}\left(\frac{l}{2} \times 1 \times \frac{Fl}{8} + \frac{l}{4} \times 1 \times \frac{Fl}{4}\right) = \frac{Fl^2}{8EI}$$

$$X_1 = -\frac{\Delta_{1P}}{\delta_{11}} = -\frac{Fl}{6}$$

（5）按叠加公式 $M = \overline{M}_1 X_1 + M_P$，并考虑弯矩图为对称分布，作弯矩图，如图 7-33 所示。

例 7-10 用力法计算图 7-34a 所示刚架，作 M 图。$EI = $ 常数。

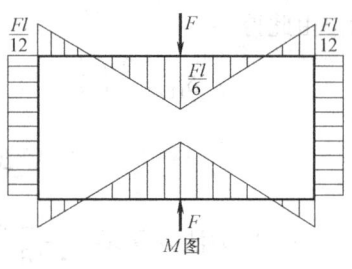

图 7-33

解 （1）对称结构分析。将本刚架悬挑部分 DE 杆的荷载进行等效转化，如图 7-34b 所示。D 结点上的竖向力 2kN 只对柱子 DF 产生轴力，不考虑柱子 DF 的轴向变形，对结构的弯矩无影响。所以，本刚架为对称结构在反对称荷载作用下，取右半刚架 CDF 进行计算，基本体系如图 7-34c 所示。

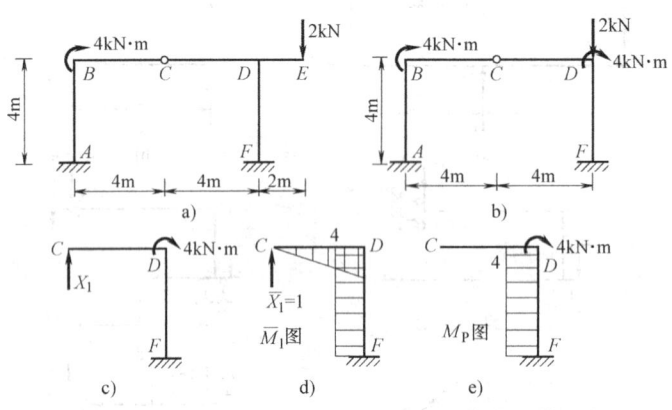

图 7-34

（2）力法典型方程为

$$\delta_{11} X_1 + \Delta_{1P} = 0$$

（3）求系数和自由项。绘出 $\overline{M}_1$ 及 M_P 图，如图 7-34d、e 所示。

$$\delta_{11} = \frac{1}{EI}\left(\frac{1}{2} \times 4 \times 4 \times \frac{2}{3} \times 4 + 4 \times 4 \times 4\right) = \frac{256}{3EI}$$

$$\Delta_{1P} = \frac{1}{EI} \times 4 \times 4 \times 4 = \frac{64}{EI}$$

（4）解力法方程 $X_1 = -\dfrac{\Delta_{1P}}{\delta_{11}} = -\dfrac{3}{4}$。

（5）根据 $M = \overline{M}_1 X_1 + M_P$ 作出弯矩图，如图 7-35 所示。

例 7-11 用力法计算图 7-36a 所示刚架，作 M 图。

解 （1）本刚架为对称结构在对称荷载作用下，取一半结构进行计算，如图 7-36b 所示，取基本体系

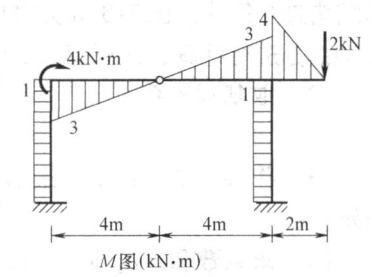

图 7-35

如图 7-36c 所示。力法典型方程为

$$\delta_{11}X_1 + \delta_{12}X_2 + \Delta_{1P} = 0$$
$$\delta_{21}X_1 + \delta_{22}X_2 + \Delta_{2P} = 0$$

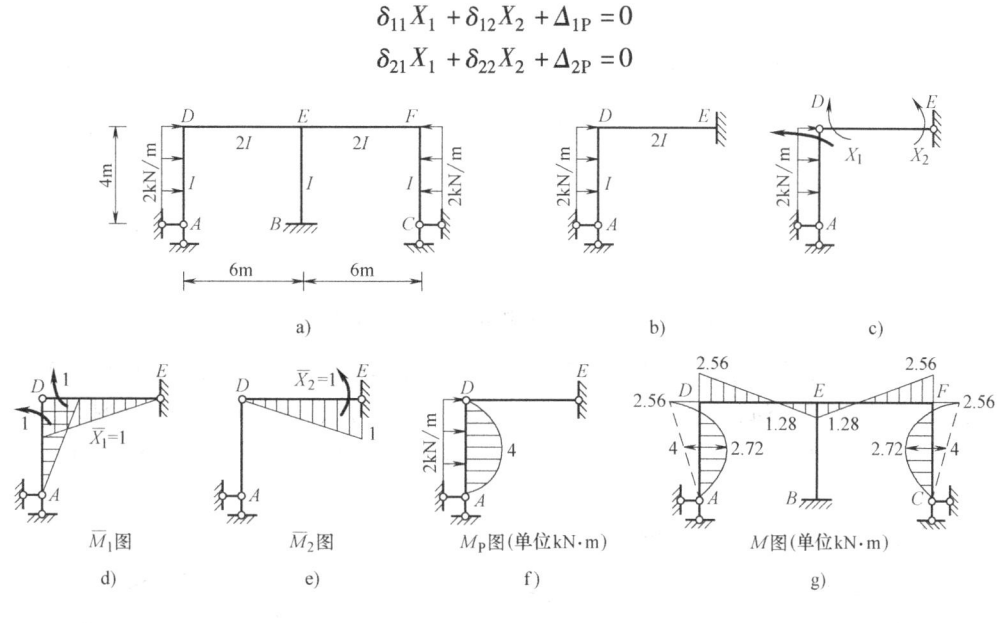

图 7-36

(2) 求系数和自由项。作出 $\overline{M}_1$、$\overline{M}_2$ 及 M_P 图，如图 7-36d、e、f 所示。

$$\delta_{11} = \frac{1}{2EI}\left(\frac{1}{2}\times 1 \times 6 \times \frac{2}{3} \times 1\right) + \frac{1}{EI}\left(\frac{1}{2}\times 1 \times 4 \times \frac{2}{3} \times 1\right) = \frac{7}{3EI}$$

$$\delta_{12} = \delta_{21} = \frac{1}{2EI}\left(\frac{1}{2}\times 1 \times 6 \times \frac{1}{3} \times 1\right) = \frac{1}{2EI}$$

$$\delta_{22} = \frac{1}{2EI}\left(\frac{1}{2}\times 1 \times 6 \times \frac{2}{3} \times 1\right) = \frac{1}{EI}$$

$$\Delta_{1P} = \frac{16}{3EI}, \quad \Delta_{2P} = 0$$

(3) 解力法方程　　$X_1 = -2.56\text{kN}\cdot\text{m}$，$X_2 = 1.28\text{kN}\cdot\text{m}$。

(4) 根据 $M = \overline{M}_1 X_1 + \overline{M}_2 X_2 + M_P$ 以及弯矩图的对称性，作出弯矩图，如图 7-36g 所示。

7.6 超静定拱的计算

拱结构与梁结构相比，具有更大的力学优点。在外荷载作用下，拱主要产生压力，弯矩减小，构件的弯曲变形变小，甚至没有。如用抗压性能较好的材料（如砖石或钢筋混凝土）去做拱，能够充分发挥材料受压性能好的特点。不过拱结构支座（拱脚）会产生水平推力，跨度大时这个推力也大，在实际工程应用上，结构必须有可靠途径来承担水平推力。

拱是工程中应用很广泛的一种结构形式。在桥梁方面，历史上有著名的赵州石拱桥。近年来各种跨度的拱桥被广泛采用。在建筑工程方面拱结构的应用非常普遍，除采用落地式拱顶结构外，还有采用带拉杆的拱式屋架（见图 7-37a）。近年来拱结构在大跨钢结构中应用较多，如航站楼、体育馆、展览厅等。水利工程和地下建筑中的隧洞衬砌也是一种拱式结构

(见图 7-37b、c)。

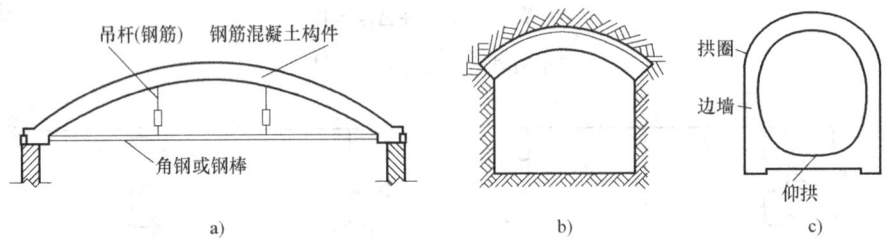

图 7-37
a) 带拉杆的拱式屋架　b) 隧道顶拱　c) 马蹄形隧洞衬砌

拱分为静定拱和超静定拱。静定拱在第 5 章中已经介绍过，主要有三铰拱（包括带拉杆的三铰拱）如图 7-38a、b 所示；超静定拱多数是无铰拱、两铰拱（包括带拉杆的两铰拱），如图 7-38c、d 和 e 所示。图 7-38f 所示的闭合圆环形结构可看做是无铰拱的一种特殊情形。

本节主要介绍两铰拱和无铰拱。

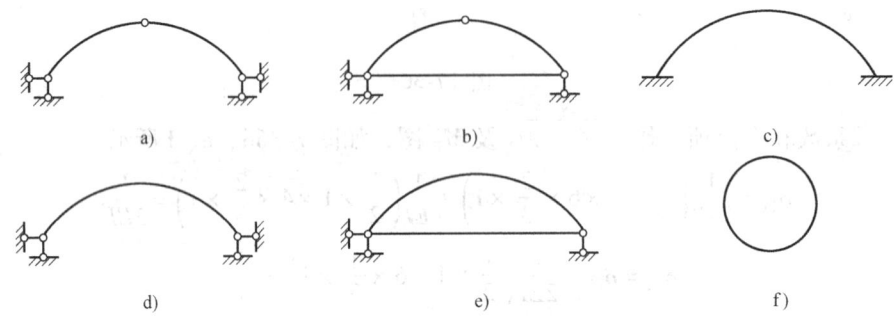

图 7-38
a) 三铰拱　b) 带拉杆三铰拱　c) 无铰拱　d) 两铰拱　e) 带拉杆两铰拱　f) 圆环拱

7.6.1 两铰拱计算

1. 不带拉杆的两铰拱

(1) 基本体系和力法方程　两铰拱是一次超静定结构（见图 7-39a）。撤去支座 B 的水平支杆得到曲梁的基本体系（见图 7-39b），支座 B 的多余未知力 X_1 为基本未知量。

根据基本结构在荷载与 X_1 共同作用下，在支座 B 处沿 X_1 方向的水平位移为零的变形条件，建立力法方程

$$\delta_{11}X_1 + \Delta_{1P} = 0 \tag{a}$$

(2) 计算系数和自由项　在计算系数 δ_{11} 和自由项 Δ_{1P} 时，由于拱是曲杆，不能用图乘法，需采用积分计算。因为基本结构是一个简支曲梁，计算 Δ_{1P} 时一般只考虑弯曲变形；计算 δ_{11} 时，有时（扁拱且截面较厚时）要考虑轴向变形。因此

$$\left. \begin{aligned} \Delta_{1P} &= \int \frac{\overline{M}_1 M_P}{EI} \mathrm{d}s \\ \delta_{11} &= \int \frac{\overline{M}_1^2}{EI} \mathrm{d}s + \int \frac{\overline{F}_{N1}^2}{EA} \mathrm{d}s \end{aligned} \right\} \tag{b}$$

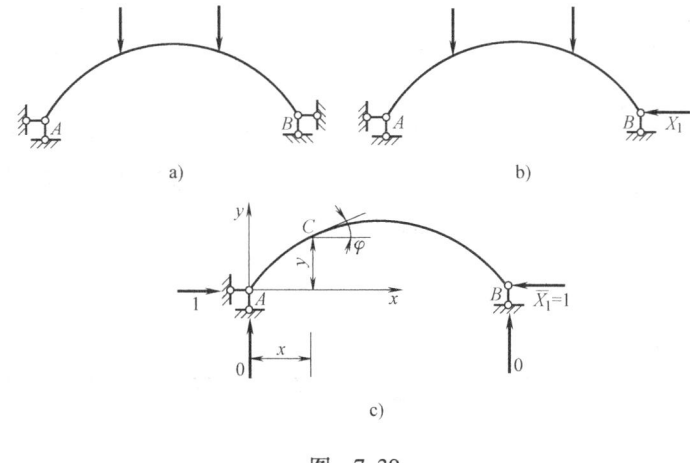

图 7-39

设坐标原点在 A 点,任意截面 C 的横坐标为 x,纵坐标为 y,向上为正;φ 表示截面 C 处拱轴切线与 x 轴所成的锐角,左半拱的 φ 为正,右半拱的 φ 为负;弯矩 M 以使拱的内缘受拉为正;轴力 F_N 以拉力为正。

基本结构在 $\overline{X}_1 = 1$ 作用下(见图 7-39c),竖向支座反力为零,任意截面 C 的弯矩和轴力为

$$\left. \begin{array}{l} \overline{M}_1 = -y \\ \overline{F}_{N1} = -\cos\varphi \end{array} \right\} \qquad (c)$$

如果只承受竖向荷载,则简支曲梁任意截面的弯矩 M_P 与同跨度同荷载的简支水平梁相应截面的弯矩 M^0 彼此相等,即

$$M_P = M^0 \qquad (d)$$

将式(c)和式(d)代入式(b),得

$$\left. \begin{array}{l} \Delta_{1P} = -\int \dfrac{M^0 y}{EI} ds \\ \delta_{11} = \int \dfrac{y^2}{EI} ds + \int \dfrac{\cos^2\varphi}{EA} ds \end{array} \right\} \qquad (e)$$

(3)解力法方程,求得多余未知力 X_1(即推力 F_H)

$$X_1 = F_H = -\dfrac{\Delta_{1P}}{\delta_{11}}$$

(4)内力计算 推力 F_H 求出后,内力的计算方法和计算公式与三铰拱完全相同。在竖向荷载作用下,两铰拱的内力计算公式为

$$\left. \begin{array}{l} M = M^0 - F_H y \\ F_Q = F_Q^0 \cos\varphi - F_H \sin\varphi \\ F_N = -F_Q^0 \sin\varphi - F_H \cos\varphi \end{array} \right\} \qquad (7\text{-}12)$$

将拱轴等分若干段,用内力公式计算各分段点截面的内力,连成曲线,即得内力图。

两铰拱的受力特点:①从力法计算来看,两铰拱与两铰刚架基本相同,只是位移 δ_{11} 和 Δ_{1P} 需按曲杆公式计算,不能采用图乘法;②从受力特性来看,两铰拱与三铰拱基本相同。

内力计算式（7-12）在形式上与三铰拱完全相同，只是其中的 F_H 值有所不同：三铰拱中，推力 F_H 是由平衡条件求得的；在两铰拱中，推力 F_H 则是由变形条件求得的。

2. 带拉杆的两铰拱

两铰拱的水平推力可以通过拉杆来承担设置：一方面是使砖墙或立柱不受推力，从而在砖墙或立柱中不产生弯矩；另一方面又使拱肋承受推力，从而减小了拱肋的弯矩。但为承受推力 F_H，拉杆截面需有一定的刚度（见图7-40）。

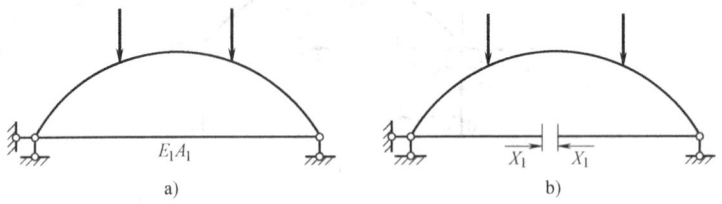

图 7-40

（1）基本体系和力法方程 计算带拉杆的两铰拱时，可将拉杆切断，基本体系如图7-40b所示。基本未知力 X_1 是拉杆内的拉力，也就是拱肋所受的推力 F_H。力法方程的形式与不带拉杆的两铰拱的方程相同，即

$$\delta_{11}X_1 + \Delta_{1P} = 0$$

该方程的物理意义表示切口两侧截面相对线位移为零。

（2）系数和自由项 计算 δ_{11} 时，应当考虑拉杆的轴向变形，即

$$\delta_{11} = \int \frac{\overline{M}_1^2}{EI}ds + \int \frac{\overline{F}_{N1}^2}{EA}ds + \int_0^l \frac{\overline{F}_{N1}^2}{E_1 A_1}dx \tag{f}$$

这里，前两项是对拱肋积分，末一项是对拉杆积分。E_1 和 A_1 分别表示拉杆的弹性模量和截面面积。

基本结构在 $\overline{X}_1 = 1$ 作用下，拉杆的轴力为 $\overline{F}_{N1} = 1$。因此，式（f）末一项积分为

$$\int_0^l \frac{\overline{F}_{N1}^2}{E_1 A_1}dx = \int_0^l \frac{1}{E_1 A_1}dx = \frac{l}{E_1 A_1} \tag{g}$$

将式（c）和式（g）代回式（f），得

$$\delta_{11} = \int \frac{y^2}{EI}ds + \int \frac{\cos^2\varphi}{EA}ds + \frac{l}{E_1 A_1} \tag{h}$$

基本结构在荷载作用下，拉杆的拉力为零。因此，计算 Δ_{1P} 时只对拱肋积分，即

$$\Delta_{1P} = \int \frac{\overline{M}_1 M_P}{EI}ds = -\int \frac{M^0 y}{EI}ds \tag{i}$$

这个式子与无拉杆的两铰拱是一样的。

（3）解方程，求多余未知力 多余未知力，即拉杆的拉力为

$$X_1 = -\frac{\Delta_{1P}}{\delta_{11}}$$

将式（h）和式（i）代入即可求得 X_1，即拉杆中的拉力 F_H

$$F_H = -\frac{\Delta_{1P}}{\delta_{11}} = -\frac{\int \dfrac{M^0 y}{EI}ds}{\int \dfrac{y^2}{EI}ds + \int \dfrac{\cos^2\varphi}{EA}ds + \dfrac{l}{E_1 A_1}} \tag{7-13}$$

(4) 内力计算　内力计算公式与 (7-12) 完全相同。

下面对两铰拱的两种形式（有拉杆和无拉杆）加以比较：由式 (7-13) 可知，如果拉杆的刚度很大 ($E_1A_1 \to \infty$)，则 $l/E_1A_1 \to 0$。这时，两种形式的推力基本相等，因而受力状态也基本相同。如果拉杆的刚度很小 ($E_1A_1 \to 0$)，则 $l/E_1A_1 \to \infty$，$F_H \to 0$。这时，带拉杆的两铰拱实际上是一简支曲梁，拱肋的受力状态是很不利的。由此可见，在设计带拉杆的两铰拱时，为了减少拱肋的弯矩，改善拱的受力状态，应当适当地加大拉杆的刚度。

例 7-12　图 7-41a 所示为一抛物线两铰拱，承受半跨均布荷载，试求其水平推力 F_H，并作弯矩图。设拱的截面尺寸为常数，以左支点为原点，拱轴方程为 $y = \dfrac{4f}{l^2}x(l-x)$。

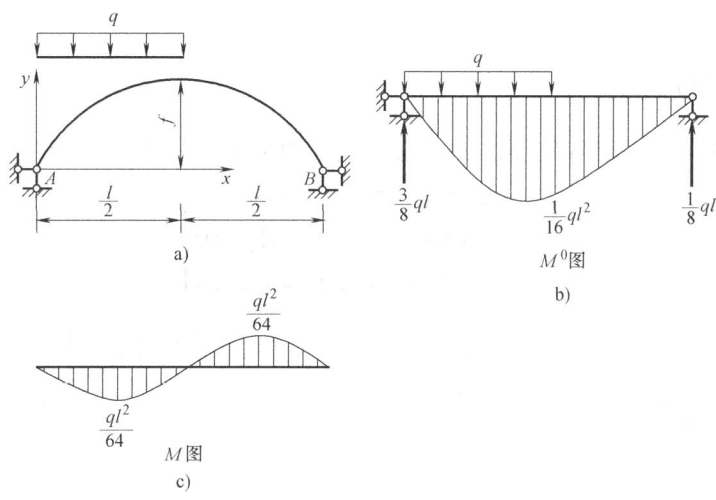

图　7-41

解　(1) 简化假设。计算时，采用两个简化假设：①忽略轴向变形，只考虑弯曲变形；②当拱比较平时（$f/l < 1/5$ 时），可近似地取 $\mathrm{d}s = \mathrm{d}x$，$\cos\varphi = 1$。因此，位移的简化公式为

$$\delta_{11} = \frac{1}{EI}\int_0^l y^2 \mathrm{d}x$$

$$\Delta_{1P} = -\frac{1}{EI}\int_0^l yM^0 \mathrm{d}x$$

(2) 计算系数和自由项。$\delta_{11} = \dfrac{1}{EI}\int_0^l \left[\dfrac{4f}{l^2}x(l-x)\right]^2 \mathrm{d}x$

$$= \frac{16f^2}{EIl^4}\int_0^l (l^2x^2 - 2lx^3 + x^4)\mathrm{d}x = \frac{8f^2l}{15EI}$$

计算 Δ_{1P} 时，先求简支梁的弯矩 M^0，如图 7-41b 所示，弯矩方程分两段表示如下：

左半跨 ($0 < x < l/2$) 　　　$M^0 = \dfrac{3}{8}qlx - \dfrac{1}{2}qx^2$

右半跨 ($l/2 < x < l$) 　　　$M^0 = \dfrac{ql}{8}(l-x)$

$$\Delta_{1P} = -\frac{1}{EI}\int_0^{\frac{l}{2}} y\left(\frac{3}{8}qlx - \frac{1}{2}qx^2\right)\mathrm{d}x - \frac{1}{EI}\int_{\frac{l}{2}}^l y\frac{ql}{8}(l-x)\mathrm{d}x = -\frac{qfl^3}{30EI}$$

(3) 求水平推力

$$F_H = -\frac{\Delta_{1P}}{\delta_{11}} = \frac{ql^2}{16f}$$

这个结果与三铰拱在半跨均布荷载作用下的结果是一样的。

F_H 求出以后，利用公式 $M = M^0 - F_H y$，可作出 M 图，如图 7-41c 所示。这个弯矩图也与三铰拱的弯矩图相同。

说明：上面计算的结果，两铰拱的推力与三铰拱的推力相等，这不是一个普遍性结论。如果在其他荷载作用下，或者在计算位移时不忽略轴向变形的影响，则两铰拱的推力不一定与三铰拱推力相等。但是，在一般荷载作用下，两铰拱的推力与三铰拱的推力通常是比较接近的。

7.6.2 对称无铰拱

对称无铰拱是三次超静定结构，其计算简图如图 7-42a 所示。力法方程为

$$\left.\begin{aligned}\delta_{11}X_1 + \delta_{12}X_2 + \delta_{13}X_3 + \Delta_{1P} = 0 \\ \delta_{21}X_1 + \delta_{22}X_2 + \delta_{23}X_3 + \Delta_{2P} = 0 \\ \delta_{31}X_1 + \delta_{32}X_2 + \delta_{33}X_3 + \Delta_{3P} = 0\end{aligned}\right\} \quad (a)$$

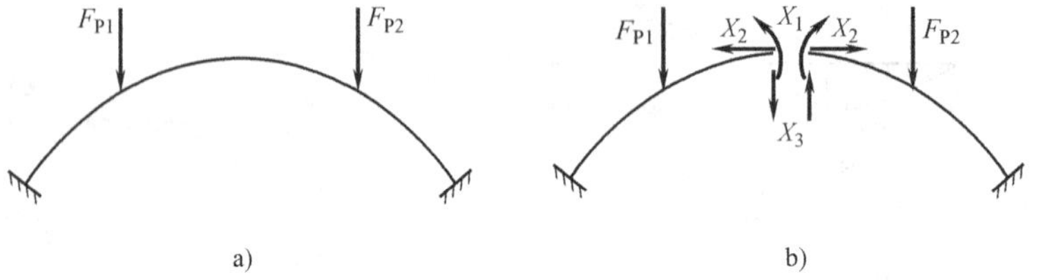

图 7-42 对称无铰拱

利用结构的对称性。为此，选取对称的基本体系，在拱顶截开，取拱顶的弯矩 X_1、轴力 X_2 和剪力 X_3 为多余未知力（见图 7-42b）。X_1 和 X_2 是对称未知力，X_3 是反对称未知力，因此，力法方程简化为独立的两组如下

$$\left.\begin{aligned}\delta_{11}X_1 + \delta_{12}X_2 + \Delta_{1P} = 0 \\ \delta_{21}X_1 + \delta_{22}X_2 + \Delta_{2P} = 0 \\ \delta_{33}X_3 + \Delta_{3P} = 0\end{aligned}\right\} \quad (b)$$

此外，可以利用弹性中心法进一步简化计算，读者可以参考相关书籍自学。具体计算不再赘述。

7.7 支座移动和温度变化时超静定结构的计算

超静定结构与静定结构不同之处在于，即使无荷载作用但有发生变形的因素时，也可以产生内力。支座移动、温度改变、材料收缩、制造误差等所有使结构发生变形的因素，都能使超静定结构产生内力。

超静定结构在支座移动和温度改变等因素作用下产生的内力，称为自内力。用力法计算

自内力时，计算步骤与荷载作用的情形基本相同。下面着重讨论它们与荷载作用时的不同点。

7.7.1 支座移动（沉陷）时的计算

支座移动作用于静定结构时，结构上不产生内力；当作用于超静定结构时，将产生自内力。

支座移动时的计算与荷载作用下的计算，在原理、方法和步骤上相同，不同之处在于力法方程中的自由项，将方程中的 Δ_{iP} 改为 Δ_{ic}。Δ_{ic} 的计算公式为

$$\Delta_{ic} = -\sum \overline{F}_{Ri} c_i \tag{7-14}$$

例 7-13 已知等截面梁支座移动如图 7-43a 所示，梁 $EI = 19200 \text{kN} \cdot \text{m}^2$，用两种基本体系作梁的 M 图。

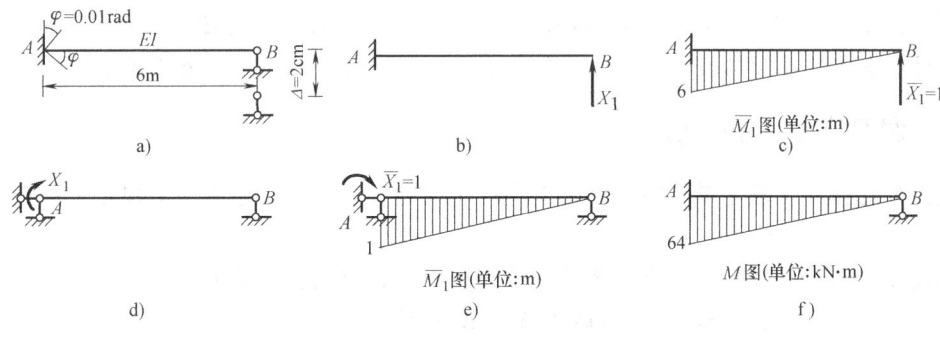

图 7-43

解 （1）基本体系一。

1) 撤除 B 支座支杆，基本体系如图 7-43b 所示。

2) 力法方程为

$$\delta_{11} X_1 + \Delta_{1c} = -0.02$$

力法方程的物理意义是基本体系在 X_1 和支座移动作用下在 B 点的竖向位移等于原结构 B 支座的下沉；因基本未知量 X_1 设为向上，所以 0.02 前有一负号。

3) 作 $\overline{M}_1$ 图，计算 δ_{11} 和 Δ_{1c}。$\overline{M}_1$ 如图 7-43c 所示，得

$$\delta_{11} = \frac{1}{EI} \times \frac{1}{2} \times 6 \times 6 \times \frac{2}{3} \times 6 = \frac{72}{EI}, \quad \Delta_{1c} = -\sum \overline{F}_R c = -6 \times 0.01 \text{m} = -0.06 \text{m}$$

4) 解方程

$$X_1 = \frac{-\Delta_{1c} - 0.02}{\delta_{11}} = \frac{(0.06 - 0.02)EI}{72} = \frac{0.04 \times 19200}{72} \text{kN} = 10.67 \text{kN}$$

5) 作 M 图。$M = \overline{M}_1 X_1$，M 图如图 7-43f 所示。

（2）基本体系二。

1) 将固定端支座 A 改为铰支座，得到基本体系和相应的基本未知量，如图 7-43d 所示。

2) 力法方程为

$$\delta_{11} X_1 + \Delta_{1c} = 0.01$$

方程的物理意义是基本体系在 X_1 和支座移动作用下 A 支座的转角等于原结构支座 A 的转角, 因 X_1 与 $\varphi = 0.01\text{rad}$ 转向相同, 所以, 0.01rad 前为正号。

3) 作 $\overline{M}_1$ 图, 计算 δ_{11}、Δ_{1c}。$\overline{M}_1$ 图如图 7-43e 所示, 得

$$\delta_{11} = \frac{1}{EI} \times \frac{1}{2} \times 6 \times 1 \times \frac{2}{3} = \frac{2}{EI}, \quad \Delta_{1c} = -\left(-\frac{1}{6} \times 0.02\right) = \frac{0.01}{3}$$

4) 解方程

$$X_1 = \frac{0.01 - \Delta_{1c}}{\delta_{11}} = \frac{\left(0.01 - \dfrac{0.01}{3}\right)EI}{2} = \frac{0.01}{3} \times 19200\text{kN} \cdot \text{m} = 64\text{kN} \cdot \text{m}$$

5) 作 M 图。M 图如图 7-43f 所示。

通过例题可知, 支座移动下列力法方程时, 注意选取不同的基本体系, 力法方程有不同的表现形式。如选取基本体系, 撤除的支座约束, 在原结构中有支座移动 Δ 时, 则力法方程等号右边不等于零, 而应等于原结构的支座移动 Δ, Δ 的方向与基本未知量方向一致时, Δ 取正号。支座移动时自由项 Δ_{1c}, $\overline{R}$ 与 c 方向一致时, 取正号; 反之取负号。

7.7.2 温度变化时的计算

温度变化作用于静定结构时, 结构上不产生内力; 当作用于超静定结构时, 将产生自内力。

温度变化时的计算与荷载作用下的计算, 在原理、方法和步骤上相同, 不同之处在于力法方程中的自由项, 将方程中的 Δ_{iP} 改为 Δ_{it}。Δ_{it} 的计算公式为

$$\Delta_{it} = \sum \frac{\alpha \Delta t}{h} \int \overline{M}_i \mathrm{d}s + \sum \alpha t_0 \int \overline{F}_{Ni} \mathrm{d}s \tag{7-15}$$

例 7-14 图 7-44a 所示结构产生温度变化, 外部温度为 -5°C, 内部温度为 $+25^\circ\text{C}$。杆件为矩形截面, 截面高度 $h = l/10$, 线膨胀系数为 α, EI 为常数。试作弯矩图。

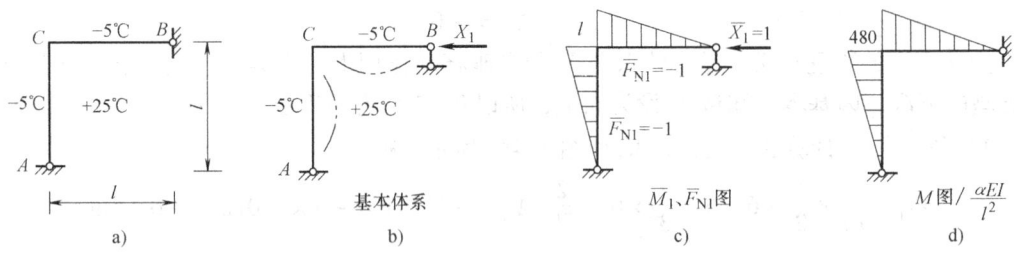

图 7-44

解 (1) 取基本体系如图 7-44b 所示, 建立力法方程

$$\delta_{11} X_1 + \Delta_{1t} = 0$$

这里, 自由项 Δ_{1t} 是由温度变化在基本结构中沿 X_1 方向产生的位移。

(2) 计算系数和自由项。

$$t_0 = \frac{1}{2} \times (-5 + 25)^\circ\text{C} = 10^\circ\text{C}, \quad \Delta t = [25 - (-5)]^\circ\text{C} = 30^\circ\text{C}$$

作 $\overline{M}_1$ 图和 $\overline{F}_{N1}$ 图, 如图 7-44c 所示, 求得

$$\delta_{11} = \frac{2l^3}{3EI}$$

$$\Delta_{1t} = \sum \frac{\alpha \Delta t}{h} \int \overline{M}_1 \mathrm{d}s + \sum \alpha t_0 \int \overline{F}_{N1} \mathrm{d}s$$

$$= -2\frac{\alpha}{h} \times 30 \times \frac{1}{2} \times l \times l - 2\alpha \times 10 \times 1 \times l = -320\alpha l$$

在 $\overline{M}_1$ 图中，杆件外侧纤维受拉，而温差 Δt 使内部温度较高，即杆件内侧纤维受拉，故上式第一项取负号；$\overline{F}_{N1}$ 使构件受压，而温度变化 t_0 为正，使构件伸长，故上式第二项也取负号。

（3）求多余未知力。

$$X_1 = -\frac{\Delta_{1t}}{\delta_{11}} = \frac{320\alpha l \times 3EI}{2l^3} = \frac{480\alpha EI}{l^2}$$

（4）作弯矩图，弯矩图如图 7-45d 所示。内力计算公式

$$\left. \begin{array}{c} M = \overline{M}_1 X_1 \\ F_N = \overline{F}_{N1} X_1 \end{array} \right\}$$

计算结果表明，温度变化引起的内力与杆件的 EI 成正比。在给定的温度条件下，截面尺寸越大，内力也越大。所以为了改善结构在温度作用下的受力状态，加大尺寸并不是一个有效的途径。

当杆件有温差 Δt 时，弯矩图的竖矩出现在降温面一边，使升温面产生压应力，降温面产生拉应力。因此，在钢筋混凝土结构中，要特别注意因降温可能出现裂缝的问题。

7.8 超静定结构位移的计算

7.8.1 超静定结构位移计算原理

超静定结构位移计算的基本原理，与静定结构位移计算相同，仍然是以虚功原理为基础的单位荷载法。为避免计算时绘制超静定结构在单位荷载作用下的内力图，可以把虚设的单位力加在超静定结构的基本结构（静定结构）上，而且是任一基本结构均可。这样，单位荷载的内力图是在静定结构上完成的，计算和绘制内力图都较简便。前面讨论过静定结构的位移计算，现在讨论超静定结构的位移计算。

力法计算原理是选取静定结构作为基本体系，利用基本体系来求原结构的内力。基本体系可以选取任一静定结构，最后所求得的弯矩图就是基本体系（静定结构）的弯矩图，只是把多余未知力由原来的被动力转换成主动力。因此，只要多余未知力满足力法方程，则基本体系的受力、变形状态就与原结构完全相同，因而求原结构位移的问题就归结为求基本体系这个静定结构的位移问题。

以图 7-45a 所示的超静定梁为例，求在均布荷载作用下梁的中点 C 的挠度 f。

取图 7-45b 所示的静定梁作为基本体系，求得的弯矩图如图 7-45c 所示。图 7-45c 就是图 7-45b 所示静定梁的弯矩图，只是把多余未知力 X_1 和 X_2 由原来的被动力转换成主动力。因此，求图 7-45a 的超静定梁中点 C 的挠度的问题，就是求图 7-45b 所示静定梁中点 C 的挠度 f。

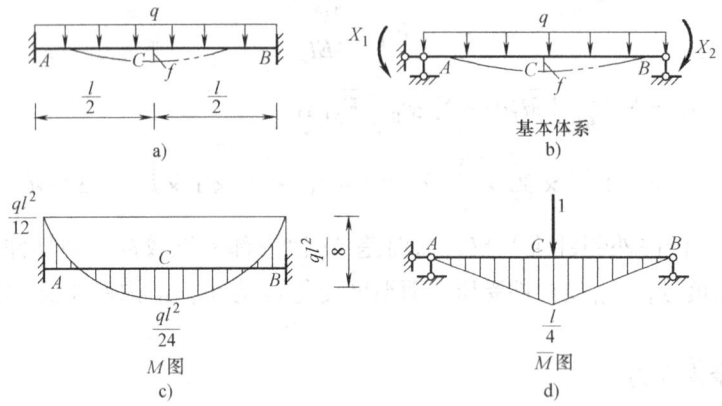

图 7-45

为此，在基本结构的 C 点加单位竖向荷载，作出单位弯矩图 $\overline{M}$，如图 7-45d 所示。利用 $\overline{M}$ 图和 M 图，进行图乘，得

$$f = \int \frac{\overline{M}M}{EI}ds = \frac{2}{EI}\left[-\left(\frac{ql^2}{12} \times \frac{l}{2}\right) \times \left(\frac{1}{2} \times \frac{l}{4}\right) + \left(\frac{2}{3} \times \frac{ql^2}{8} \times \frac{l}{2}\right)\left(\frac{5}{8} \times \frac{l}{4}\right)\right] = \frac{ql^4}{384EI}(\downarrow)$$

即为原结构 C 点的挠度 f。

因此，计算超静定结构的位移时，单位荷载可加在基本结构上。由于计算超静定结构时可以采用不同的基本体系。同理，计算同一位移时，单位荷载可加在不同的基本结构上，即单位内力图将不只是一种。例如，求图 7-45a 所示超静定梁的跨中位移 f 时，除了采用图 7-45d 所示的单位弯矩图外，也可以采用图 7-46a 或 b 所示的单位弯矩图。所采用的单位弯矩图虽然不同，但求得的位移是相同的。

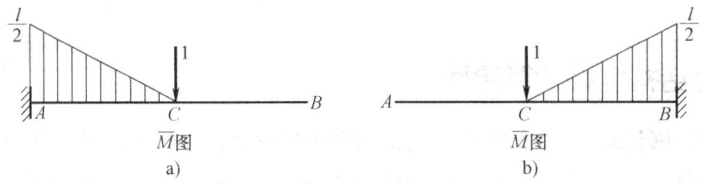

图 7-46

例如，对于图 7-46a 所示单位弯矩图，与图 7-45c 所示的弯矩图图乘，得

$$f = \int \frac{\overline{M}M}{EI}ds = \frac{1}{EI}\left[\left(\frac{ql^2}{12} \times \frac{l}{2}\right) \times \left(\frac{1}{2} \times \frac{l}{2}\right) - \left(\frac{2}{3} \times \frac{ql^2}{8} \times \frac{l}{2}\right)\left(\frac{3}{8} \times \frac{l}{2}\right)\right] = \frac{ql^4}{384EI}(\downarrow)$$

计算结果与前面计算相同。

所以，计算超静定结构的位移时，单位荷载可作用在静定的基本结构上，而且可以选取任意的基本结构。

7.8.2 超静定结构位移计算公式

平面结构位移计算的一般公式为

$$\Delta = \sum \int (\overline{M}\kappa + \overline{F}_N\varepsilon + \overline{F}_Q\gamma_0)ds - \sum \overline{F}_{Rk}c_k$$

对于静定和超静定结构都同样适用。下面讨论超静定结构在荷载、支座移动和温度变化等因素作用下的位移公式。

1. 荷载作用下超静定结构位移计算

设超静定结构在荷载作用下的内力为 M、F_N、F_Q，因此有

$$\kappa = \frac{M}{EI}$$

$$\varepsilon = \frac{F_N}{EA}$$

$$\gamma_0 = \frac{\mu F_Q}{GA}$$

位移公式为

$$\Delta = \sum \int \frac{\overline{M}M}{EI}\mathrm{d}s + \sum \int \frac{\overline{F}_N F_N}{EA}\mathrm{d}s + \sum \int \frac{\mu \overline{F}_Q F_Q}{GA}\mathrm{d}s \tag{7-16}$$

此公式与静定结构的公式形式上完全相同。但这里的 $\overline{M}$、$\overline{F}_N$、$\overline{F}_Q$ 可以是任一基本结构在单位力作用下的内力，也可以是原计算超静定结构内力时取用的基本结构。

对超静定刚架和超静定梁，一般不考虑轴力和剪力的影响，于是有

$$\Delta = \sum \int \frac{\overline{M}M}{EI}\mathrm{d}s \tag{7-17}$$

2. 支座移动时超静定结构位移计算

设支座移动时超静定结构的内力为 M、F_N、F_Q，这时

$$\kappa = \frac{M}{EI}$$

$$\varepsilon = \frac{F_N}{EA}$$

$$\gamma_0 = \mu \frac{F_Q}{GA}$$

因此，位移公式为

$$\Delta = \sum \int \frac{\overline{M}M}{EI}\mathrm{d}s + \sum \int \frac{\overline{F}_N F_N}{EA}\mathrm{d}s + \sum \int \frac{\mu \overline{F}_Q F_Q}{GA}\mathrm{d}s - \sum \overline{F}_{Rk} c_k \tag{7-18}$$

3. 温度变化时超静定结构位移计算

设温度变化时超静定结构的内力为 M、F_N、F_Q，这时，除内力引起弹性变形外，还有微段在自由膨胀的条件下由温度引起的变形，即

$$\kappa = \frac{M}{EI} + \frac{\alpha \Delta t}{h}$$

$$\varepsilon = \frac{F_N}{EA} + \alpha t_0$$

$$\gamma_0 = \mu \frac{F_Q}{GA}$$

因此，位移公式为

$$\Delta = \sum \int \frac{\overline{M}M}{EI}\mathrm{d}s + \sum \int \frac{\overline{F}_N F_N}{EA}\mathrm{d}s + \sum \int \frac{\mu \overline{F}_Q F_Q}{GA}\mathrm{d}s + \sum \int \overline{M}\frac{\alpha \Delta t}{h}\mathrm{d}s + \sum \int \overline{F}_N \alpha t_0 \mathrm{d}s$$
(7-19)

4. 综合影响下的位移公式

如果超静定结构是在荷载、支座移动、温度变化等因素的共同作用下，则位移公式为

$$\Delta = \sum \int \frac{\overline{M}M}{EI}\mathrm{d}s + \sum \int \frac{\overline{F}_N F_N}{EA}\mathrm{d}s + \sum \int \frac{\mu \overline{F}_Q F_Q}{GA}\mathrm{d}s + \sum \int \overline{M}\frac{\alpha \Delta t}{h}\mathrm{d}s + \sum \int \overline{F}_N \alpha t_0 \mathrm{d}s - \sum \overline{F}_{Rk} c_k$$
(7-20)

式中，M、F_N、F_Q 是超静定结构在全部因素影响下的内力，而 $\overline{M}$、$\overline{F}_N$、$\overline{F}_Q$ 和 $\overline{F}_{Rk}$ 则是基本结构在单位力作用下的内力和支座反力。

例 7-15 已知连续梁 M 图如图 7-47a 所示，$EI = 18000\mathrm{kN \cdot m^2}$，计算 AB 跨中 E 点的挠度。

解 （1）基本体系一。将固定支座 A 改为铰支座，撤去支杆 C、D，得外伸梁基本结构，如图 7-47b 所示。在 E 点加 $\overline{F}_P = 1$，作 $\overline{M}_1$ 图，如图 7-47b 所示。计算 Δ

$$\Delta_E = \sum \int \frac{\overline{M}M}{EI}\mathrm{d}x$$

$$= \frac{-1}{EI} \times \frac{1}{2} \times 4 \times 1 \times \frac{1}{2} \times (50.77 + 18.46)$$

$$+ \frac{2}{EI} \times \frac{2}{3} \times 2 \times 60 \times \frac{5}{8}$$

$$= \frac{30.77}{EI} = \frac{30.77}{18000}\mathrm{m} = 0.0017\mathrm{m}$$

$$= 1.7\mathrm{mm}(\downarrow)$$

（2）基本体系二。撤去支杆 B、C、D，得悬臂梁基本结构，如图 7-47c 所示。在 E 点加 $\overline{F}_P = 1$，作 $\overline{M}_1$ 图，如图 7-47c 所示。

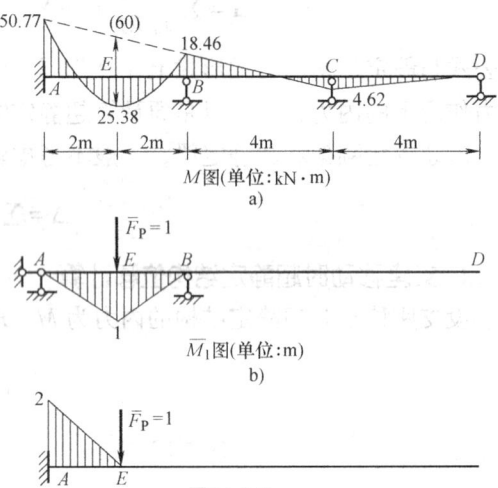

图 7-47
a) 原连续梁及弯矩图　b) 基本结构一的单位弯矩图
c) 基本结构二的单位弯矩图

$$\Delta_E = \sum \int \frac{\overline{M}M}{EI}\mathrm{d}x$$

$$= \frac{1}{EI} \times \frac{1}{2} \times 2 \times 34.62 \times \frac{1}{3} \times 2 + \frac{1}{EI} \times \frac{1}{2} \times 2 \times 50.77 \times \frac{2}{3} \times 2 + \frac{-1}{EI} \times \frac{2}{3} \times 2 \times 60 \times \frac{3}{8} \times 2$$

$$= \frac{1}{EI} \times 30.77 = 1.7\mathrm{mm}(\downarrow)$$

可见，取不同的基本体系计算时，结果是相同的。

例 7-16 求图 7-48a 所示长度为 l 的超静定梁在支座发生移动时的跨中挠度 Δ。

解 （1）首先用力法求解超静定结构（计算过程略），画出弯矩图，如图 7-48b 所示。

（2）基本体系一。将固定支座 A 改为铰支座，得简支梁基本结构，如图 7-48c 所示。在跨中点加 $\overline{F}_P = 1$，作 $\overline{M}_1$ 图，如图 7-48c 所示。

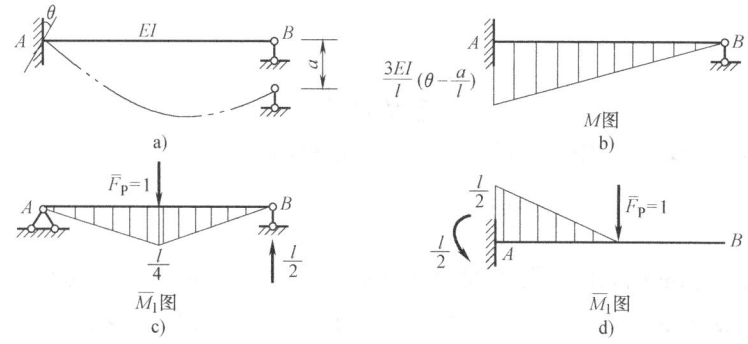

图 7-48

$$\Delta = \sum \int \frac{\overline{M}M}{EI}\mathrm{d}s - \sum \overline{F}_{Rk}c_k$$
$$= \frac{1}{EI}\left(\frac{1}{2} \times \frac{l}{4} \times l\right)\left[\frac{1}{2} \times \frac{3EI}{l} \times \left(\theta - \frac{a}{l}\right)\right] - \frac{1}{2} \times (-a) = \frac{3}{16}\theta l + \frac{5}{16}a$$

(3) 基本体系二。撤去支杆 B，得悬臂梁基本结构，如图 7-48d 所示。在梁中点加 $\overline{F}_P = 1$，作 $\overline{M}_1$ 图，如图 7-48d 所示。

$$\Delta = \sum \int \frac{\overline{M}M}{EI}\mathrm{d}s - \sum \overline{F}_{Rk}c_k$$
$$= \frac{-1}{EI}\left(\frac{1}{2} \times \frac{l}{2} \times \frac{l}{2}\right)\left[\frac{5}{6} \times \frac{3EI}{l} \times \left(\theta - \frac{a}{l}\right)\right] - \frac{l}{2} \times (-\theta) = \frac{3}{16}\theta l + \frac{5}{16}a$$

7.9 超静定结构计算结果的校核

超静定结构计算时，因经历的步骤、数字运算较多，尤其对于超静定次数较多时采用力法进行的计算，计算工作量大、计算过程繁琐，计算容易出错。因此，计算的校核工作极为重要。超静定结构的内力图应同时满足平衡条件和变形条件，一般校核可分为以下三个方面进行。

7.9.1 计算过程的校核

包括分析计算的各个阶段、各个步骤的正确性和运算的正确性。
1) 超静定次数的判定正确与否，选择的基本未知量和基本结构正确与否。
2) 所画基本结构的荷载内力图及单位内力图正确与否。
3) 力法方程所代表的变形条件正确与否。
4) 系数和自由项的计算（包括图乘法计算时各杆的 A、y_0 及杆件的 EI 值）正确与否。
5) 求解力法方程正确与否，解出多余未知力 X_i 后应代回原方程，检查是否满足。
6) 最后内力的计算正确与否。

7.9.2 平衡条件的校核

从结构中任意取出的一部分，都应该满足平衡条件，即有

$$\left.\begin{array}{l}\sum F_x = 0\\ \sum F_y = 0\\ \sum M = 0\end{array}\right\} \tag{7-21}$$

通常的做法是截取结构中的刚结点、杆件或某一部分。

7.9.3 变形（位移）条件的校核

计算超静定结构的内力时，除满足平衡条件外，还应满足变形（位移）条件。尤其在力法计算中，力法方程就是变形协调方程，计算工作量主要是在变形条件方面，因此，校核工作也应以此为重点。

变形条件校核，一般选超静定结构已知位移的条件（或已知为零的位移）进行校核，即任意选取基本结构，任意选取一个多余未知力 X_i，然后根据最后的内力图算出沿 X_i 方向的位移 Δ_i 是否与原结构中的相应位移（如给定值 c）相等，即检查是否满足下式

$$\Delta_i = c$$

如果按位移公式 (7-20) 求 Δ_i，则上式变为

$$\sum \int \frac{\overline{M}M}{EI}ds + \sum \int \frac{\overline{F}_N F_N}{EA}ds + \sum \int \mu \frac{\overline{F}_Q F_Q}{GA}ds + \sum \int \overline{M}\frac{\alpha \Delta t}{h}ds + \sum \int \overline{F}_N \alpha t_0 ds - \sum \overline{F}_{Rk} c_k = c \tag{7-22}$$

式中，$\overline{M}$、$\overline{F}_N$、$\overline{F}_Q$ 和 $\overline{F}_R$ 为基本结构在单位力 $\overline{X}_i = 1$ 作用下的内力和支座反力。

如果原结构只受荷载作用，则式 (7-22) 的左边项 Δ_i 可按式 (7-16) 计算，右边项则为零，因此可写成

$$\sum \int \frac{\overline{M}M}{EI}ds + \sum \int \frac{\overline{F}_N F_N}{EA}ds + \sum \int \mu \frac{\overline{F}_Q F_Q}{GA}ds = 0 \tag{7-23}$$

对于梁和刚架在荷载作用下，主要考虑弯曲变形的影响，则变形校核公式为

$$\sum \int \frac{\overline{M}M}{EI}ds = 0 \tag{7-24}$$

一个具有封闭框架的结构 $ACDB$，如图 7-49a，在荷载作用下的弯矩图为 7-49b 所示。选取图 7-49c 为基本结构，在单位力 $\overline{X}_1 = 1$ 作用下的 $\overline{M}_1$ 图，只有封闭框形部分产生弯矩 $\overline{M}_1 = 1$。因此，变形条件 (7-24) 为

$$\oint \frac{M}{EI}ds = 0 \tag{7-25}$$

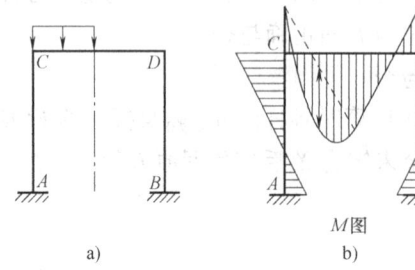
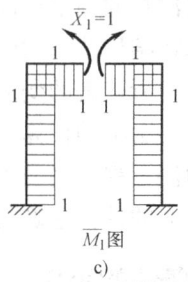

图 7-49

例 7-17 已知刚架的 M 图如图 7-50a 所示，试用变形条件对 M 图进行校核。

解 因图 7-50a 所示刚架，不是封闭框架，不能用 $\oint \frac{M}{EI}\mathrm{d}s = 0$ 校核。所以应校核任一已知位移是否正确，一般检查沿任一支杆方向的位移是否为零。另外，求超静定结构位移，单位力可加在任一基本结构上。

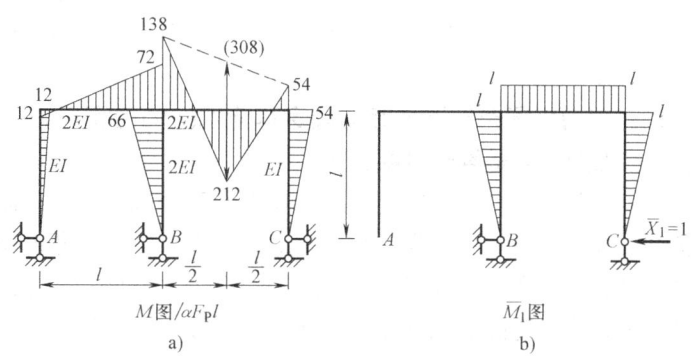

图 7-50

现校核 C 支座水平位移是否为零。
（1）撤去铰支座 A 及 C 支座水平支杆，得到基本结构，如图 7-50b 所示。
（2）作基本结构在单位力作用下的 $\overline{M}_1$ 图，如图 7-50b 所示。
（3）计算 Δ。

$$\Delta = \sum \int \frac{\overline{M}M}{EI}\mathrm{d}s$$

$$= \frac{1}{2EI} \times \frac{1}{2}l \times 66\alpha F_{\mathrm{P}}l \times \frac{2}{3}l + \frac{1}{EI} \times \frac{1}{2}l \times 54\alpha F_{\mathrm{P}}l \times \frac{2}{3}l + \frac{1}{2EI} \times l \times \frac{1}{2} \times$$

$$(138 + 54)\alpha F_{\mathrm{P}}l \times l - \frac{1}{2EI} \times \frac{1}{2}l \times 308\alpha F_{\mathrm{P}}l \times l$$

$$= \frac{\alpha F_{\mathrm{P}}l^3}{EI}(11 + 18 + 48 - 77) = 0$$

满足支杆 C 水平位移为零的条件，M 图可能是正确的。

注意，M 图的正确性还须经过另外两个变形条件的校核和平衡条件的校核，才能判定。

一般进行变形条件校核时，选取的基本结构最好与进行力法计算时所选的基本结构不同，即进行位移条件校核的变形条件最好不是力法方程所表示的变形条件。

7.10 超静定结构的特性

通过前面对静定结构和本章超静定结构力法的学习，使我们更加掌握了超静定结构的特性。总结归纳出超静定结构的一些主要特性如下。

1. 超静定结构是具有多余约束的几何不变体系

从体系的几何构造上看，无多余约束的几何不变体系是静定的，为静定结构；有多余约束的几何不变体系是静不定的，为超静定结构。

2. 超静定结构比静定结构具有较强的防御能力

超静定结构是具有多余约束的几何不变体系。因此，超静定结构由于存在多余约束，故它与相应的静定结构相比，超静定结构的位移较小，结构的内力分布比较均匀，峰值较静定结构小，刚度和稳定性都有所提高。而且如果超静定结构的部分或全部多余约束破坏后仍为几何不变体系，仍然具有一定的承载能力。只有成为几何可变体系后，才完全丧失承载力。而静定结构则不同，静定结构中任一约束的破坏都将导致整个结构变为几何可变体系，从而发生破坏，丧失承载能力。

3. 超静定结构单靠静力平衡条件不能完全确定其全部的内力和反力，满足超静定结构平衡条件和变形条件的内力解答是唯一真实的解

对于静定结构，用平衡条件可以求出全部的未知力（反力和内力）。而超静定结构由于存在多余约束，仅用静力平衡条件不能确定其全部反力和内力，必须考虑变形条件，即综合应用超静定结构的平衡条件和数量与多余约束力相等的变形条件后才能求得唯一的内力解答。力法典型方程实际上就是超静定结构的变形条件（变形几何条件及力与变形的对应物理条件）和平衡条件的综合体现。

4. 超静定结构在荷载作用下的内力只与各杆的相对刚度有关，而与各杆的绝对刚度值无关

由于超静定结构的内力必须综合应用平衡条件和变形条件后才能确定，而结构的变形与各杆刚度（弯曲刚度 EI、轴向刚度 EA 等）有关，因此，如果按同一比例增加或减小各杆刚度的绝对值，则力法典型方程中各系数和自由项的比值将保持不变，内力不受刚度绝对值的影响。反之，如果不按同一比例增加或减小各杆刚度的绝对值，则力法典型方程中的各系数和自由项的比值将发生改变，内力的数值也因各杆的相对刚度比发生改变而变化。

根据这个特性，在设计超静定结构时，必须预先选定结构的材料并根据经验或参照同类型结构的现有资料假定各杆的截面尺寸，定出各杆刚度比值，才能进行内力计算，待内力求出后，再复核截面尺寸，若截面尺寸不合理，还要重复计算、调整截面尺寸。另外，根据这个特性，可以通过改变各杆刚度比值的办法以达到调整结构内力分布的目的。

5. 超静定结构在非荷载因素（温度变化、杆件制造误差、支座位移等）**作用下会产生内力**

由于超静定结构具有多余约束，因此，温度改变、支座移动、制造误差等非荷载因素在超静定结构中也会引起内力，而非荷载因素在静定结构中不会引起内力。而且这种内力（自内力）与各杆刚度的绝对值有关，各杆刚度的绝对值增大，内力一般也随之增大。因此，为了提高结构对温度变化、支座位移等因素的抵抗能力，仅增加构件截面尺寸并不是理想的措施，为了减小自内力对结构的不利影响，有时可以采用设置温度缝、沉降缝等构造措施。

习　题

7-1　试确定图 7-51 所示结构的超静定次数。

7-2　试用力法计算图 7-52 所示超静定梁，作出 M 和 F_Q 图。梁的 EI 为常量。

7-3　试用力法计算图 7-53 所示超静定梁，作出 M 和 F_Q 图。梁的 EI 为常量。

7-4　试用力法计算图 7-54 所示刚架，作出 M、F_Q、F_N 图。

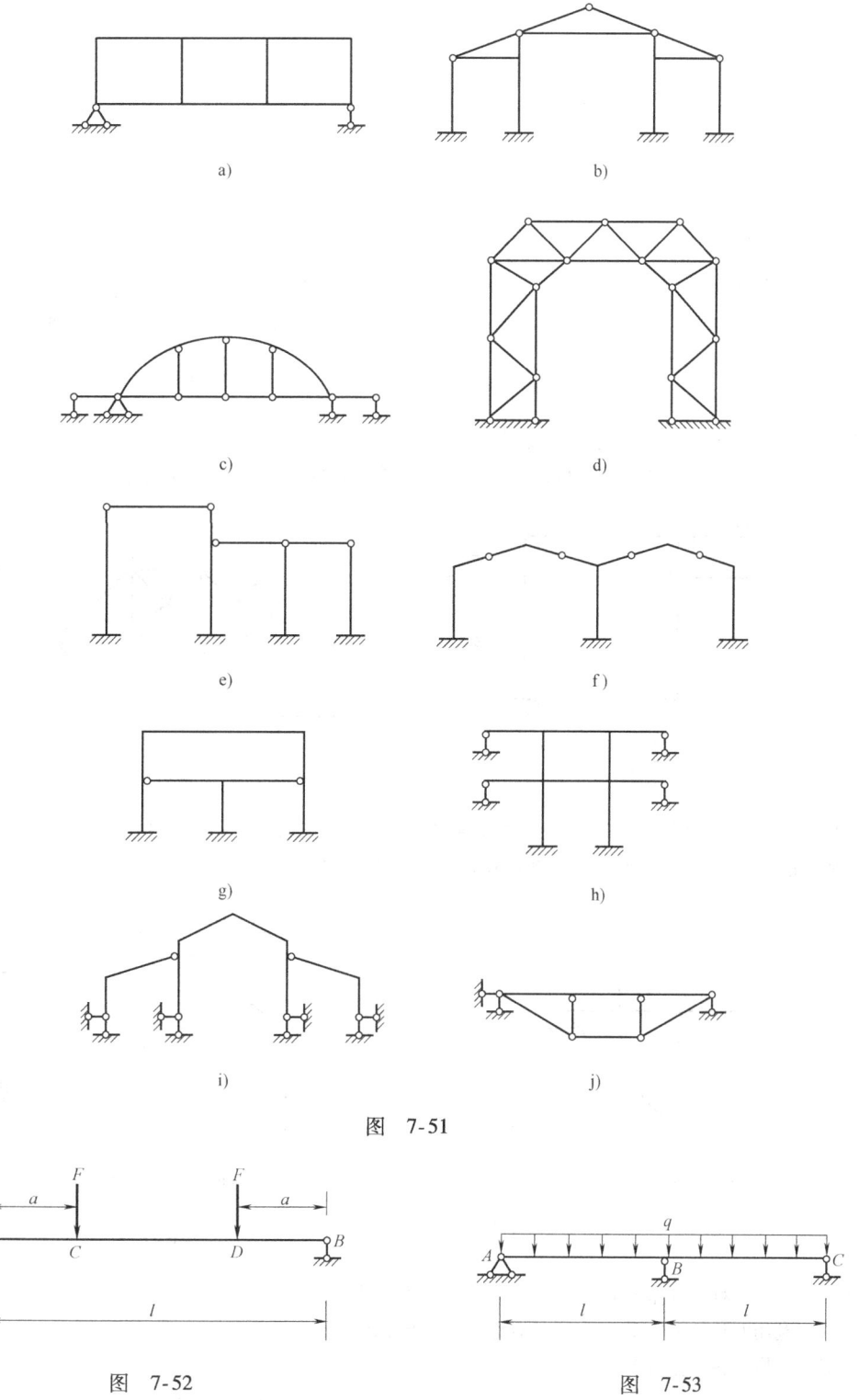

图 7-51

图 7-52

图 7-53

7-5 试用力法计算图 7-55 所示刚架,作出 M、F_Q、F_N 图。

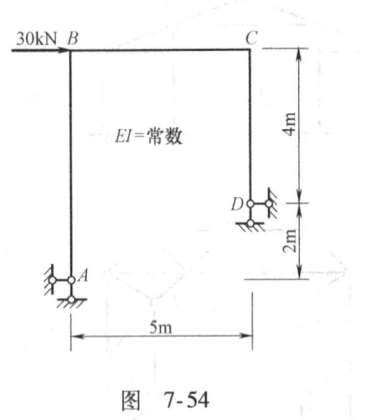

图 7-54

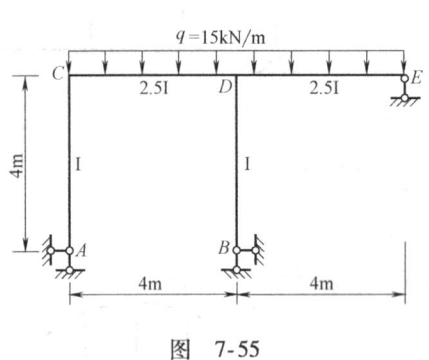

图 7-55

7-6 试用力法作图 7-56 所示铰接排架的 M 图。

7-7 利用对称性减少未知数数目，求图 7-57 所示桁架各杆内力。各杆 EA 相等。

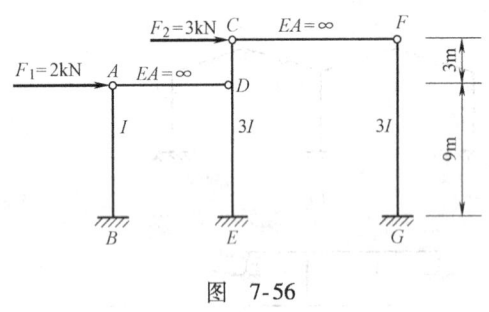

图 7-56

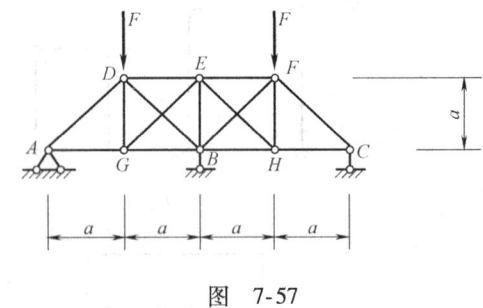

图 7-57

7-8 用力法计算并作出图 7-58 所示结构的 M 图。已知 EI = 常数，EA = 常数。

7-9 用力法计算组合结构并作出图 7-59 所示结构的 M 图。

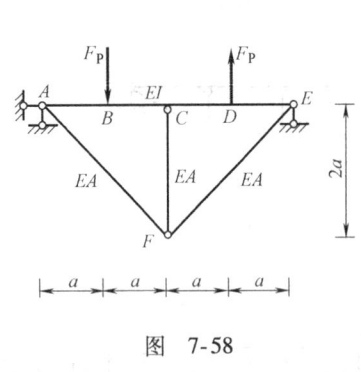

图 7-58

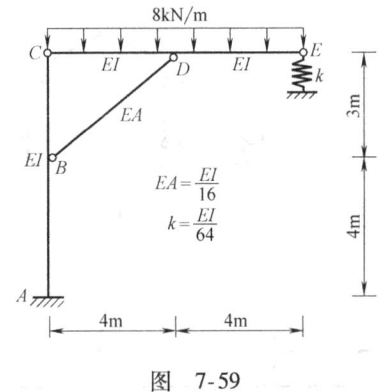

图 7-59

7-10 利用对称性求作图 7-60 所示对称结构的弯矩图。

7-11 利用对称性求作图 7-61 所示对称结构的弯矩图。

7-12 利用对称性作出图 7-62 所示对称结构的弯矩图。

7-13 如图 7-63 所示连续梁 EI = 常数，B 处为弹性支座，弹簧刚度 $k = \dfrac{10EI}{l^3}$。试作其弯矩图并求 D 点的竖向位移。

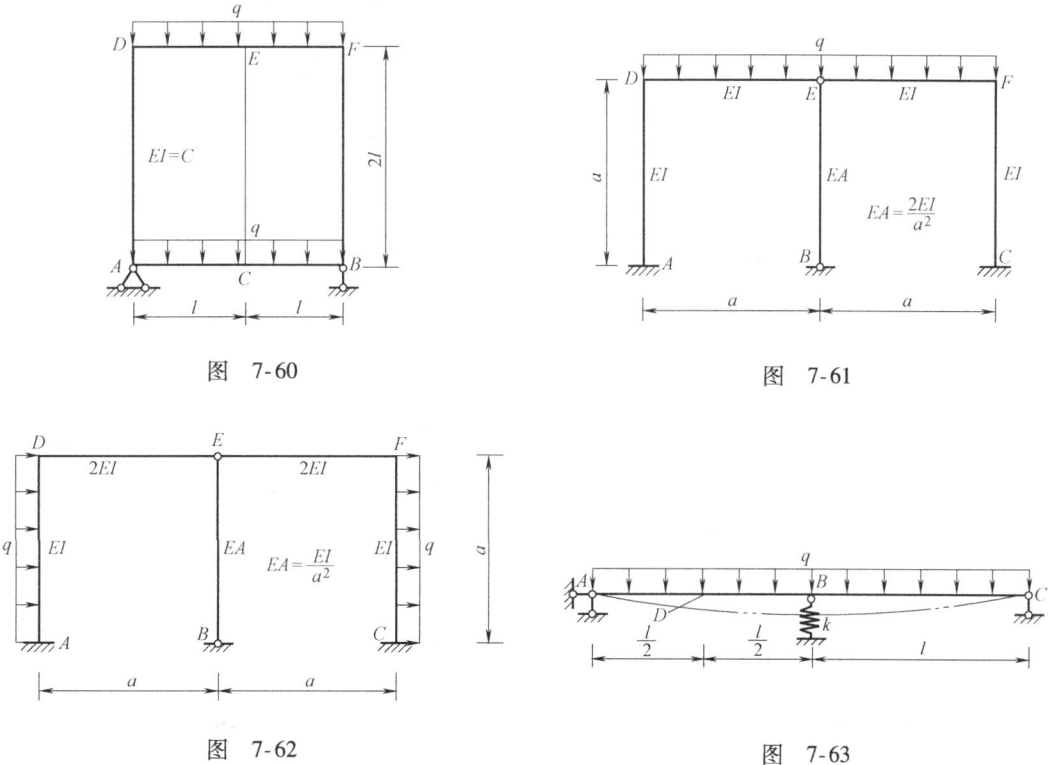

图 7-60   图 7-61

图 7-62   图 7-63

7-14 试作图 7-64 所示梁的 M 图，并求 C 点竖向位移。已知 EI = 常数，弹性支座的刚度 $k = EI/a^3$。

7-15 图 7-65 所示刚架 EI = 常数，两弹性支座刚度为 $k = 3EI/l^3$。试绘制其弯矩图。

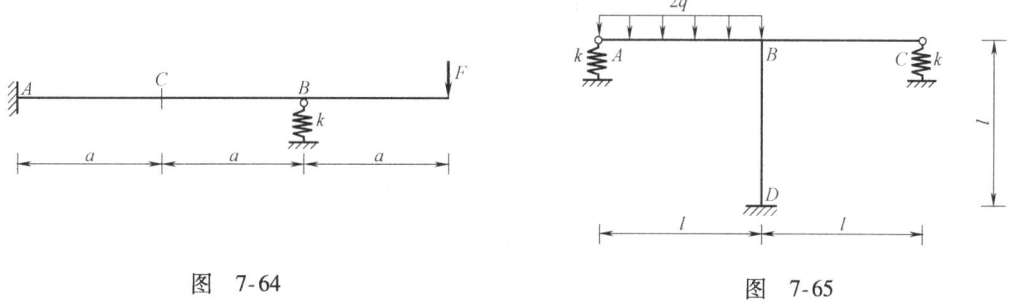

图 7-64   图 7-65

7-16 用力法求解图 7-66 所示具有弹性支撑的结构，EI = 常数。

7-17 试计算图 7-67 所示等截面半圆形两铰拱的支座反力及 C、D 截面的内力。忽略轴力及剪力对变形的影响。

7-18 试用力法计算图 7-68 所示超静定梁由于支座移动所引起的内力，并画出 M、F_Q 图。

7-19 试求图 7-69 所示刚架由于支座移动而引起的内力，画出 M、F_Q、F_N 图。已知支座 A 有竖向位移 $\Delta_1 = \frac{3}{100}a$（向下），水平位移 $\Delta_2 = \frac{2}{100}a$（向左），$C$ 支座有竖向位移 $\Delta_3 = \frac{1}{100}a$（向下）。

7-20 试求图 7-70 所示刚架由于温度变化而引起的内力，绘出 M、F_Q、F_N。杆件截面为矩形，$b \times h = 30\text{cm} \times 50\text{cm}$。线膨胀系数 $\alpha = 1 \times 10^{-5}$，弹性模量 $E = 23\text{GPa}$。

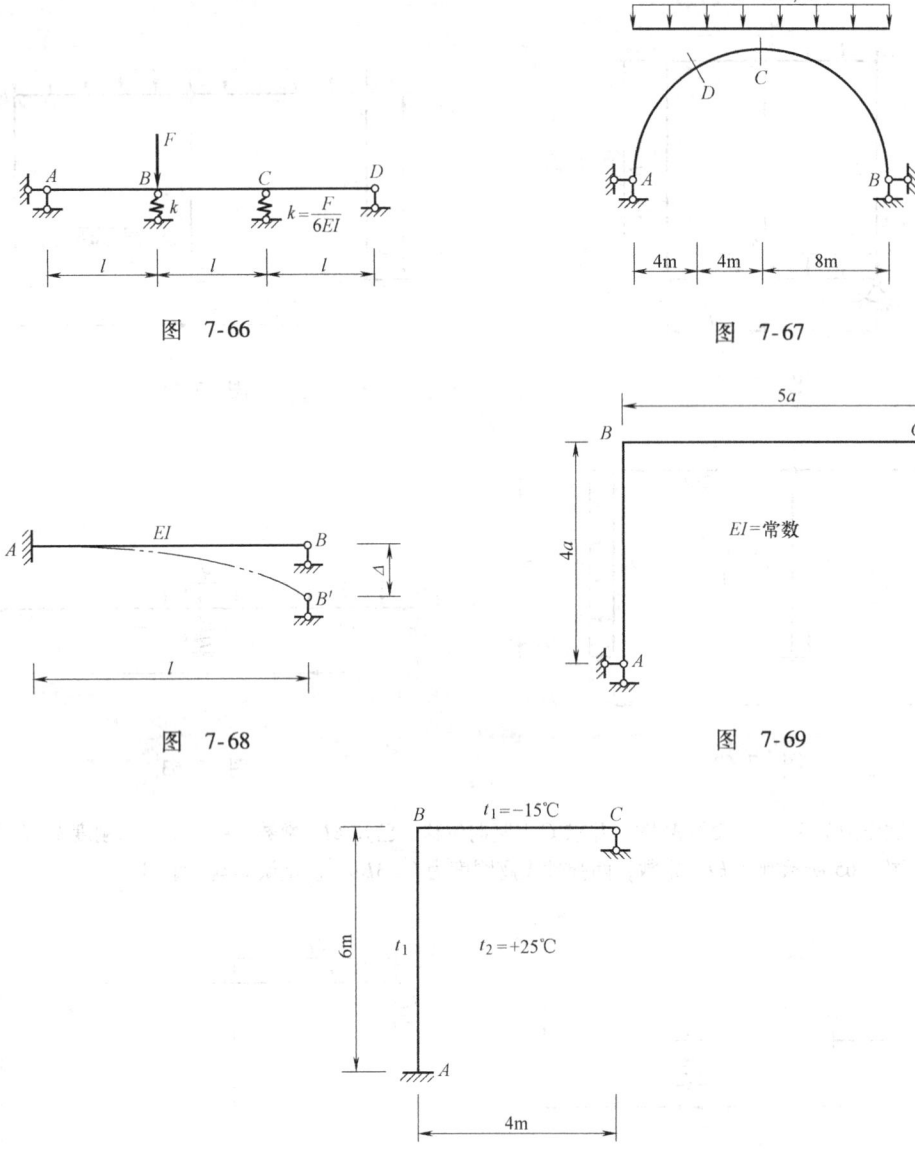

图 7-66

图 7-67

图 7-68

图 7-69

图 7-70

第8章 位移法

8.1 概述

与力法相应,位移法是分析超静定结构的另一种基本方法。位移法比力法的发展稍晚一些,力法在19世纪末就已经应用于各种超静定结构的分析。20世纪初,由于钢筋混凝土结构的出现,使刚架这一结构形式得到广泛应用。而对于高层或多跨刚架,由于超静定次数较高,如果仍然采用力法计算就显得十分繁琐,工作量也较大。正是为了求解这种超静定次数较高的刚架,在力法的基础上,位移法产生并发展。

在用力法计算超静定结构时,以结构的多余未知力作为基本未知量,通过结构的变形条件求出这些基本未知量,从而确定结构的全部内力和任一截面的位移。我们已经知道,在一定的外因作用下,对于线性弹性结构,其内力与位移之间存在着确定的对应关系。因此,在结构计算时,也可以将结构中的某些未知位移作为基本未知量,先根据结构的平衡条件求出这些基本未知量,然后利用位移与内力之间的对应关系求出相应的内力,这就是位移法。

为了说明位移法的基本思路,我们来分析图8-1a所示刚架。刚架在荷载作用下发生如双点画线所示的变形,其中结点 A 发生角位移 θ_A 和线位移 Δ。用位移法计算时,取结点位移 θ_A 和 Δ 作为基本未知量。如果能够设法求出这两个基本未知量,那么杆 AB 相当于两端固定的单跨梁,如图8-1b所示,其 A 端有已知位移 θ_A 和 Δ,并承受已知荷载 q 的作用。杆 AC 则相当于一端固定另一端简支的单跨梁,如图8-1c所示,其 A 端有已知位移 θ_A,并承受已知荷载 F_P 的作用。此时,整个刚架的计算问题就被分解成为单个杆件的计算问题。

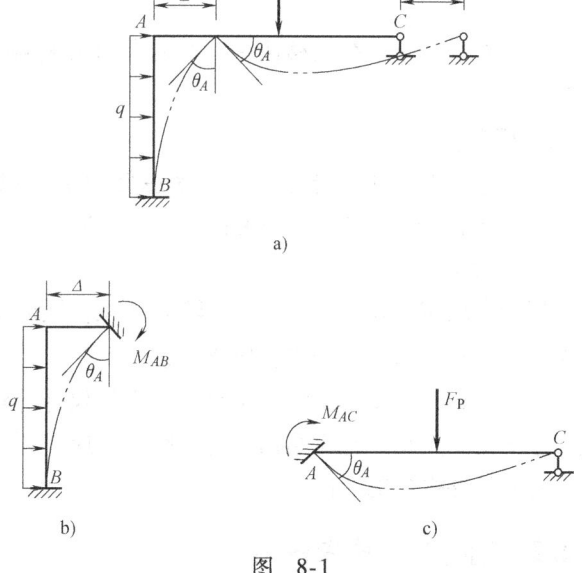

图 8-1

在上述分析过程中,如果把结点位移作为基本未知量,那么各个杆件的杆端内力应该是这些基本未知量的函数。而当将杆件组装成原结构时,这些杆端内力应该满足结点的平衡条件。因此,应用结点的平衡条件就得到这些基本未知量的方程式,从而求得未知的结点位移。而只要将这些结点的角位移和线位移求出,则各杆的内力就可以完全确定。

由此可见,用位移法分析结构时,先将整个结构离散成杆件,进行单个杆件的受力分析,然后考虑结点的平衡条件,将杆件在结点处组装成整体结构,从而得到整个结构的内力和变形。这就是位移法的基本思路。

根据这个基本思路，采用位移法进行结构计算时，需要解决以下几个问题：

1) 如何建立单个杆件的杆端内力与杆端位移以及荷载之间的关系。
2) 选取结构的哪些结点位移作为基本未知量。
3) 如何建立以结点位移为基本未知量的方程，即位移法的基本方程。

这些问题将在后面各节分别予以讨论。

8.2 等截面直杆的刚度方程

前一节中已经指出，单根杆件的受力分析是用位移法进行结构计算的基础，因此，需要知道单跨超静定杆在杆端发生位移以及在荷载等外因作用下产生的杆端内力（简称杆端力）。

8.2.1 杆端位移和杆端力的正负号规定

图 8-2 所示为一等截面直杆 AB 的隔离体，杆长为 l，杆件的弹性模量 E 和截面惯性矩 I 均为常数，杆端 A 和 B 的角位移分别为 θ_A 和 θ_B，杆端 A 和 B 在垂直于杆轴方向上的相对线位移为 Δ，弦转角 $\varphi = \dfrac{\Delta}{l}$。杆端 A 和 B 的弯矩和剪力分别为 M_{AB}、M_{BA}、F_{QAB}、F_{QBA}。

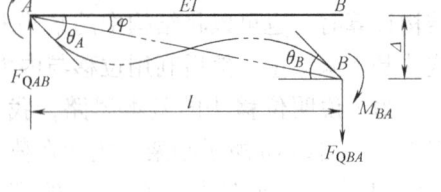

图 8-2

为了便于计算，在位移法中对杆端位移和杆端力的正负号作如下规定：

1. 杆端位移

在位移法中，杆端转角 θ_A、θ_B 和弦转角 φ 均以顺时针为正，逆时针为负；相对线位移 Δ 则以使整个杆件顺时针转动为正，反之为负。

2. 杆端力

杆端弯矩 M_{AB} 和 M_{BA} 以顺时针转向为正，逆时针为负；杆端剪力 F_{QAB} 和 F_{QBA} 以对作用截面产生顺时针转向者为正，反之为负。

必须注意，这里对弯矩的正负号规定仅仅是针对杆端弯矩而言的，而杆件其他截面的弯矩并未规定其正负。在作结构的弯矩图时，应按照此符号规定正确判定杆件的受拉边，把弯矩图画在杆件受拉的一侧。

8.2.2 由杆端位移求杆端力

首先，计算简支梁在两端力偶 M_{AB} 和 M_{BA} 作用下产生的杆端转角（见图 8-3a）。由单位荷载法，可得到

$$\left. \begin{array}{l} \theta_A' = \dfrac{1}{3i}M_{AB} - \dfrac{1}{6i}M_{BA} \\[2mm] \theta_B' = -\dfrac{1}{6i}M_{AB} + \dfrac{1}{3i}M_{BA} \end{array} \right\}$$

式中，$i = \dfrac{EI}{l}$，称为杆件的线刚度。

其次，当简支梁两端有相对竖向位移 Δ 时（图 8-3b），杆端转角为

$$\theta_A'' = \theta_B'' = \dfrac{\Delta}{l}$$

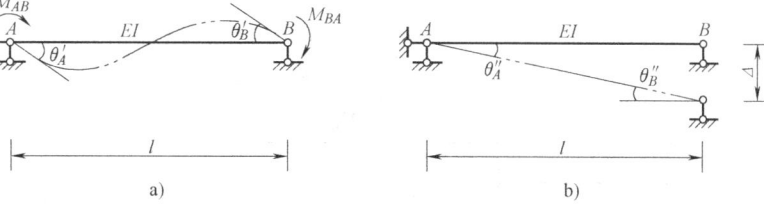

图 8-3

综合起来，当两端有力偶 M_{AB} 和 M_{BA} 作用，同时又有相对竖向位移 Δ 时，杆端转角为

$$\left.\begin{aligned}\theta_A &= \dfrac{1}{3i}M_{AB} - \dfrac{1}{6i}M_{BA} + \dfrac{\Delta}{l}\\ \theta_B &= -\dfrac{1}{6i}M_{AB} + \dfrac{1}{3i}M_{BA} + \dfrac{\Delta}{l}\end{aligned}\right\}$$

解联立方程，得

$$\left.\begin{aligned}M_{AB} &= 4i\theta_A + 2i\theta_B - 6i\dfrac{\Delta}{l}\\ M_{BA} &= 2i\theta_A + 4i\theta_B - 6i\dfrac{\Delta}{l}\end{aligned}\right\} \tag{8-1}$$

式（8-1）就是由杆端位移 θ_A、θ_B、Δ 求杆端弯矩的公式，称为转角位移方程。

此外，由平衡条件可求出杆端剪力

$$F_{QAB} = F_{QBA} = -\dfrac{1}{l}(M_{AB} + M_{BA})$$

将式（8-1）代入，得

$$F_{QAB} = F_{QBA} = -\dfrac{6i}{l}\theta_A - \dfrac{6i}{l}\theta_B + \dfrac{12i}{l^2}\Delta \tag{8-2}$$

式（8-1）和式（8-2）可以写成矩阵的形式

$$\begin{pmatrix}M_{AB}\\ M_{BA}\\ F_{QAB}\end{pmatrix} = \begin{bmatrix}4i & 2i & -\dfrac{6i}{l}\\ 2i & 4i & -\dfrac{6i}{l}\\ -\dfrac{6i}{l} & -\dfrac{6i}{l} & \dfrac{12i}{l^2}\end{bmatrix}\begin{pmatrix}\theta_A\\ \theta_B\\ \Delta\end{pmatrix} \tag{8-3}$$

上式称为弯曲杆件的刚度方程，它表示杆端力与杆端位移之间的关系。其中

$$\begin{bmatrix}4i & 2i & -\dfrac{6i}{l}\\ 2i & 4i & -\dfrac{6i}{l}\\ -\dfrac{6i}{l} & -\dfrac{6i}{l} & \dfrac{12i}{l^2}\end{bmatrix}$$

称为弯曲杆件的刚度矩阵,其中的系数称为刚度系数。刚度系数是只与杆件的材料性质、尺寸及截面形状有关的常数,因此又被称为形常数。

在位移法中,经常遇到的单跨超静定杆有三种类型:两端固定;一端固定、另一端简支;一端固定、另一端滑动支承。各种情况的形常数见表8-1。表中杆件长度均为l,线刚度为i。

表8-1 等截面杆件的形常数

编号	简图	弯矩		剪力	
		M_{AB}	M_{BA}	F_{QAB}	F_{QBA}
1		$4i$	$2i$	$-\dfrac{6i}{l}$	$-\dfrac{6i}{l}$
2		$-\dfrac{6i}{l}$	$-\dfrac{6i}{l}$	$\dfrac{12i}{l^2}$	$\dfrac{12i}{l^2}$
3		$3i$	0	$-\dfrac{3i}{l}$	$-\dfrac{3i}{l}$
4		$-\dfrac{3i}{l}$	0	$\dfrac{3i}{l^2}$	$\dfrac{3i}{l^2}$
5		i	$-i$	0	0

8.2.3 由荷载求固端弯矩

对于前面提到的三种类型的单跨超静定杆,当只受荷载作用时,所得的杆端力通常称为固端力,包括固端弯矩和固端剪力,分别用 M_{AB}^F、M_{BA}^F、F_{QAB}^F、F_{QBA}^F 等符号表示。因为它们是只与荷载形式有关的常数,所以又称为载常数。

常用的载常数见表8-2。表中杆件长度均为l,线刚度为i,固端弯矩以顺时针转向为正。

表8-2 等截面杆件的载常数

编号	简图	固端弯矩		固端剪力	
		M_{AB}^F	M_{BA}^F	F_{QAB}^F	F_{QBA}^F
1		$-\dfrac{ql^2}{12}$	$\dfrac{ql^2}{12}$	$\dfrac{ql}{2}$	$-\dfrac{ql}{2}$
2		$-\dfrac{ql^2}{30}$	$\dfrac{ql^2}{20}$	$\dfrac{3ql}{20}$	$-\dfrac{7ql}{20}$

(续)

编号	简 图	固端弯矩 M_{AB}^F	M_{BA}^F	固端剪力 F_{QAB}^F	F_{QBA}^F
3	简图：两端固定梁，A端到荷载 F_P 距离为 a，荷载到B端距离为 b	$-\dfrac{F_P a b^2}{l^2}$	$\dfrac{F_P a^2 b}{l^2}$	$\dfrac{F_P b^2}{l^2}\left(1+\dfrac{2a}{l}\right)$	$-\dfrac{F_P a^2}{l^2}\left(1+\dfrac{2b}{l}\right)$
4	简图：两端固定梁，跨中作用 F_P，$l/2$、$l/2$	$-\dfrac{F_P l}{8}$	$\dfrac{F_P l}{8}$	$\dfrac{F_P}{2}$	$-\dfrac{F_P}{2}$
5	简图：两端固定梁，上缘 t_1，下缘 t_2，$\Delta t = t_1 - t_2$	$\dfrac{EI\alpha\Delta t}{h}$	$-\dfrac{EI\alpha\Delta t}{h}$	0	0
6	简图：A端固定，B端简支，满跨均布荷载 q	$-\dfrac{ql^2}{8}$	0	$\dfrac{5}{8}ql$	$-\dfrac{3}{8}ql$
7	简图：A端固定，B端简支，三角形分布荷载（A端 q，B端为0）	$-\dfrac{ql^2}{15}$	0	$\dfrac{2}{5}ql$	$-\dfrac{1}{10}ql$
8	简图：A端固定，B端简支，三角形分布荷载（A端为0，B端 q）	$-\dfrac{7ql^2}{120}$	0	$\dfrac{9}{40}ql$	$-\dfrac{11}{40}ql$
9	简图：A端固定，B端简支，集中荷载 F_P 距A为 a，距B为 b	$-\dfrac{F_P b(l^2-b^2)}{2l^2}$	0	$\dfrac{F_P b(3l^2-b^2)}{2l^3}$	$-\dfrac{F_P a^2(3l-a)}{2l^3}$
10	简图：A端固定，B端简支，跨中作用 F_P，$l/2$、$l/2$	$-\dfrac{3F_P l}{16}$	0	$\dfrac{11F_P}{16}$	$-\dfrac{5F_P}{16}$
11	简图：A端固定，B端简支，上缘 t_1，下缘 t_2，$\Delta t = t_1 - t_2$	$\dfrac{3EI\alpha\Delta t}{2h}$	0	$-\dfrac{3EI\alpha\Delta t}{2hl}$	$-\dfrac{3EI\alpha\Delta t}{2hl}$

(续)

编号	简 图	固端弯矩 M_{AB}^F	固端弯矩 M_{BA}^F	固端剪力 F_{QAB}^F	固端剪力 F_{QBA}^F
12	均布荷载 q，A 固定，B 定向支座	$-\dfrac{ql^2}{3}$	$-\dfrac{ql^2}{6}$	ql	0
13	集中荷载 F_P，距 A 为 a	$-\dfrac{F_P a(2l-a)}{2l}$	$-\dfrac{F_P a^2}{2l}$	F_P	0
14	悬挑端集中荷载 F_P	$-\dfrac{F_P l}{2}$	$-\dfrac{F_P l}{2}$	F_P	$F_{QB}^L = F_P$ $F_{QB}^R = 0$
15	温度变化 $\Delta t = t_1 - t_2$	$\dfrac{EI\alpha\Delta t}{h}$	$-\dfrac{EI\alpha\Delta t}{h}$	0	0

如果等截面杆件上既有已知荷载作用，又有已知的端点位移，根据叠加原理，对照式（8-1），杆端弯矩的一般公式为

$$\left.\begin{array}{l} M_{AB} = 4i\theta_A + 2i\theta_B - 6i\dfrac{\Delta}{l} + M_{AB}^F \\ M_{BA} = 2i\theta_A + 4i\theta_B - 6i\dfrac{\Delta}{l} + M_{BA}^F \end{array}\right\} \quad (8\text{-}4)$$

对照式（8-2），杆端剪力的一般公式为

$$\left.\begin{array}{l} F_{QAB} = -\dfrac{6i}{l}\theta_A - \dfrac{6i}{l}\theta_B + \dfrac{12i}{l^2}\Delta + F_{QAB}^F \\ F_{QBA} = -\dfrac{6i}{l}\theta_A - \dfrac{6i}{l}\theta_B + \dfrac{12i}{l^2}\Delta + F_{QBA}^F \end{array}\right\} \quad (8\text{-}5)$$

8.3 位移法的基本未知量和基本结构

8.3.1 位移法的基本未知量

由转角位移方程可知，如果结构上每根杆件两端的角位移和垂直于杆轴的相对线位移都已求得，则各杆的内力即可确定。由于结构中的杆件是在结点处相互连接的，汇交于某刚结点处的各杆杆端位移相等，且等于结点位移，因此，位移法的基本未知量就是结构各结点的角位移和线位移。用位移法计算结构内力时，应首先确定独立的结点角位移和线位移的数目。

首先讨论结点角位移。由于在同一结点处刚接的各杆杆端转角都是相同的，因此，每一个刚结点只有一个独立的角位移未知量。而铰结点或铰支座处的杆端转角不是独立的位移，确定杆件内力时并不需要知道它们的数值，故可不作为基本未知量。因此，在确定结构独立的结点角位移数目时，只需计算刚结点的数目。一般来说，独立的结点角位移未知量的数目

就等于结构刚结点的数目。

例如，图 8-4a 所示刚架，它在荷载作用下产生的变形用双点画线表示。因为 A、E、F 均为固定支座，它们的转角等于零。此外，因为 D 是铰结点，可知 $M_{DC}=0$，所以 θ_D 不作为基本未知量。结构中有两个刚结点 B 和 C，分别产生结点角位移 θ_B 和 θ_C。由于刚架无结点线位移，故结构全部的基本未知量只有两个，即 θ_B 和 θ_C。

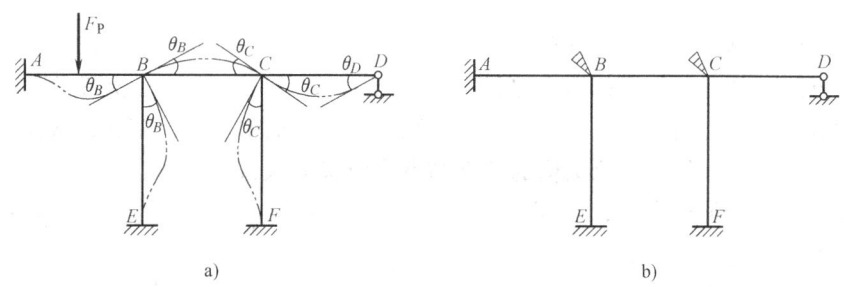

图 8-4

然后再讨论结点线位移。由于一个结点在平面内具有两个移动自由度，因此在一般情况下，平面结构的每个结点可以有两个线位移，即水平位移和竖向位移。如图 8-5a 所示刚架，有两个结点 C 和 D，每个结点分别有竖直方向和水平方向两个线位移，则共有四个结点线位移。如图 8-5b 所示铰接排架，有三个铰结点 D、E、F，则共有六个结点线位移。

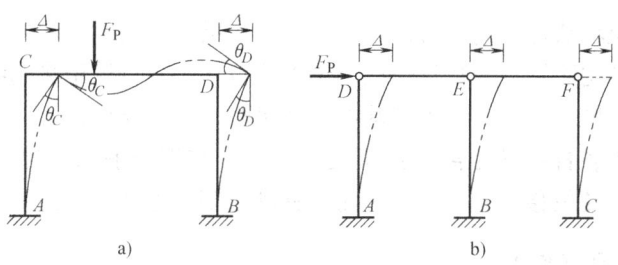

图 8-5

结点线位移的个数越多，位移法的计算工作量越大。为了减少基本未知量的个数，使计算得到简化，引入以下假设：

1）忽略各杆轴力引起的轴向变形。

2）结点转角 θ 和各杆弦转角 $\varphi\left(\varphi=\dfrac{\Delta}{l}\right)$ 都很微小。

根据假设 1），杆件变形前直线长度与变形后的曲线长度可以认为相等；而根据假设 2），变形后的曲线长度与弦线长度可以认为相等。综合起来，可得出如下结论：尽管杆件发生弯曲变形，但变形后杆件两端结点之间距离仍保持不变，或者说杆长保持不变。这样每一根受弯直杆就相当于一个约束，减少了独立线位移的数目。

现在根据以上假设，研究独立的结点线位移的个数。

图 8-5a 所示刚架，由于杆 AC 和 BD 两端距离假设不变，因此，在微小位移的情况下，结点 C 和 D 都没有竖向位移；结点 C 和 D 虽然有水平线位移，但由于杆 CD 长度不变，因

此，结点 C 和 D 的水平位移也就彼此相等，可用一个符号 Δ 表示。因此，原来的四个结点线位移归结为一个独立的结点线位移。该刚架的全部基本未知量只有三个，即结点角位移 θ_C、θ_D 和结点线位移 Δ。

图 8-5b 所示排架，因杆 AD、BE、CF 两端距离保持不变，结点 D、E、F 都没有竖向位移；因杆 DE 和 EF 两端距离保持不变，结点 D、E、F 的水平线位移也相同。该排架的基本未知量只有一个独立的结点线位移 Δ。

由于在刚架计算中，不考虑各杆长度的改变，因而结点的独立线位移的数目可以用几何构造分析的方法来判定。如果把所有刚结点（包括固定支座）都改为铰结点，则此铰接体系的自由度数就是原结构的独立结点线位移的数目。换句话说，为了使此铰接体系成为几何不变而需添加的链杆数就等于原结构的独立结点线位移的数目。

以图 8-6a 所示刚架为例，为了确定独立结点线位移的数目，把所有刚结点（包括固定支座）都改为铰结点，得到图 8-6b 实线所示的铰接杆件体系，必须添加两个链杆（虚线）后，体系才由几何可变成为几何不变（实际上成为一简单桁架）。由此可知，图 8-6a 中的刚架有两个独立结点线位移。

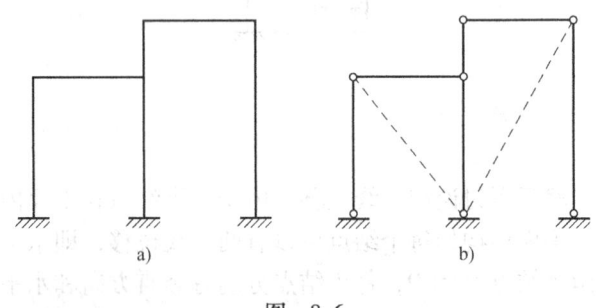

图 8-6

总起来说，用位移法计算刚架时，基本未知量包括结点角位移和独立结点线位移。结点角位移的数目等于结构刚结点的数目；独立结点线位移的数目等于将刚结点改为铰结点后得到的铰接体系的自由度数目。在确定基本未知量时，由于既保证了刚结点处各杆杆端转角彼此相等，又保证了各杆杆端距离保持不变。因此，在将分解的杆件再综合为结构的过程中，能够保证各杆杆端位移彼此协调，因而能够满足变形连续条件。

8.3.2 位移法的基本结构

位移法的基本结构是通过增加约束将基本未知量完全锁住后，得到的超静定杆的综合体。

图 8-7a 所示刚架，只有一个刚结点 C，所以只有一个结点角位移 θ_C，没有结点线位移。因此，基本结构可在结点 C 加一个控制结点 C 转动的约束，用加斜线的三角符号表示（注意，这种约束并不约束结点线位移）。这样得到的基本结构如图 8-7b 所示。这里，基本结构就是

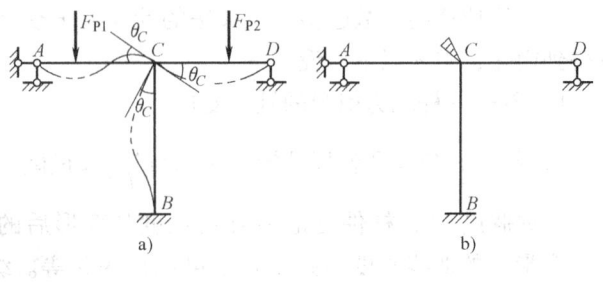

图 8-7

把结点角位移锁住后的三个单跨超静定杆的综合体。同理，图 8-4a 的结构，基本结构如图 8-4b 所示。

又如图 8-8a 所示刚架，有两个基本未知量：一个是结点 C 的角位移 θ_C，一个是结点 C 和 D 的结点线位移 Δ，而独立结点线位移只有一个。因此，可在结点 C 加一控制结点 C 转

动的约束，同时，在结点 D 加一个水平支杆，控制结点 C 和 D 的水平线位移。这样得到的基本结构，如图 8-8b 所示。

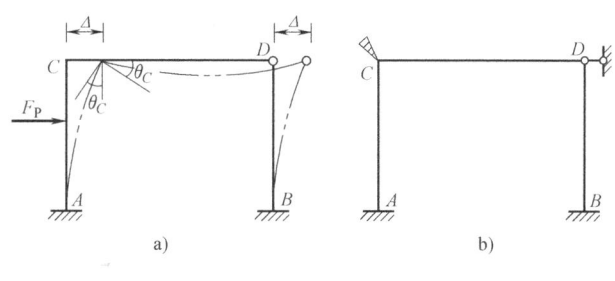

图 8-8

通过以上讨论可知，在原结构基本未知量处，增加相应的约束，就得到基本结构。对于结点角位移，增加控制结点转角的约束；对于结点线位移，则增加控制结点线位移的约束——支杆；这两种约束的作用是相互独立的。因此，基本结构与原结构的区别在于：增加了人为的约束，把原结构变成为一个被约束的单杆综合体。

下一节将讨论如何利用基本结构这一工具来建立位移法方程。

8.4 位移法的典型方程

位移法的基本结构，在荷载和结点位移的共同作用下，怎样才能转化为原结构呢？这个转化条件就是位移法的基本方程。为了使位移法方程的表示具有一般性，将基本未知量，包括角位移和独立结点线位移，统一用 Δ 表示。

8.4.1 位移法方程的建立

以图 8-9a 所示的刚架说明位移法方程的建立。

图 8-9a 所示刚架只有一个刚结点 C，基本未知量就是结点 C 的角位移 Δ_1，可在结点 C 施加控制转动的约束，得到基本结构（见图 8-9b）。

基本结构在荷载和 Δ_1 共同作用下转化为原结构的重要条件就是施加转动约束的约束力矩 F_1（见图 8-9c）应等于零，即

$$F_1 = 0 \qquad\qquad (a)$$

这是因为原结构在 C 处没有约束，所以基本结构在荷载和 Δ_1 共同作用下在结点 C 处应与原结构完全相同，即 $F_1 = 0$。只有这样，图 8-9c 所示结构的内力和变形才能与原结构（见图 8-9a）的内力和变形完全相符合。现在根据使 $F_1 = 0$ 的条件来建立位移法方程，这里 $F_1 = 0$ 的方程也就是平衡方程。方程的建立可以分解为两种情形的叠加：

（1）荷载单独作用（见图 8-9d） 此时结点 C 处于约束（简称锁住）状态。先求出基本结构在荷载作用下 CB 杆的固端力，以及在转动约束中存在的约束力矩 F_{1P}。

（2）基本未知量 Δ_1 单独作用（见图 8-9e） 使基本结构结点 C 发生结点角位移 Δ_1。这时可求出基本结构在有 Δ_1 作用时杆件 CA 和 CB 的杆端力，以及在转动约束中存在的约束力矩 F_{11}。

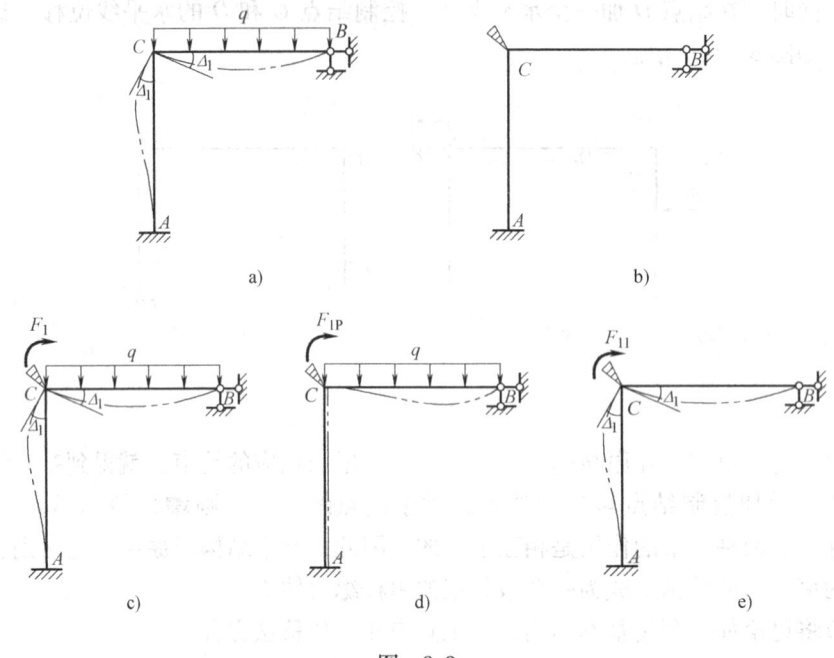

图 8-9

将以上两种情形叠加，使基本结构恢复到原结构的状态，即基本结构在荷载和 Δ_1 共同作用下附加的约束力矩 F_1 消失。这时，图 8-9c 中的结点 C 虽然在形式上还有附加转动约束，但实际上已不起作用，即结点 C 已处于放松状态。

根据以上分析，式（a）可写为

$$F_1 = F_{1P} + F_{11} = 0 \tag{b}$$

进一步利用叠加原理，将 F_{11} 表示成与 Δ_1 有关的量，即

$$F_1 = k_{11}\Delta_1 + F_{1P} = 0 \tag{8-6}$$

式中，k_{11} 为基本结构在单位位移 $\Delta_1 = 1$ 单独作用时附加约束中的约束力矩；F_{1P} 为基本结构在荷载单独作用下附加约束中的约束力矩。

式（8-6）就是用来求解基本未知量 Δ_1 的位移法方程，它的本质是平衡方程。

总之，对于一个刚结点，有一个结点角位移——基本未知量；相应地可以写出一个结点约束力矩等于零的平衡方程——基本方程。一个基本方程正好解出一个基本未知量。

8.4.2 位移法方程的典型形式

对于具有多个基本未知量的结构，仍然可以应用上述思路，建立位移法方程的典型形式。以图 8-10a 所示的刚架为例说明。该刚架有两个基本未知量，分别为结点 C 的转角 Δ_1 和结点 D 的水平位移 Δ_2。在结点 C 施加控制转动的约束，称为约束 1；在结点 D 加一控制水平线位移的支杆，称为约束 2；得到的基本结构如图 8-10b 所示。基本结构在荷载、Δ_1、Δ_2 共同作用下受力和变形如图 8-10c 所示。由 $F_1 = 0$、$F_2 = 0$ 来建立位移法方程。

（1）荷载单独作用（见图 8-10d）　先求出各杆的固端力，然后求附加约束中存在的约束力矩 F_{1P} 和约束力 F_{2P}。

（2）Δ_1 单独作用（见图 8-10e）　使基本结构在结点 C 发生结点位移 Δ_1，但结点 D 仍

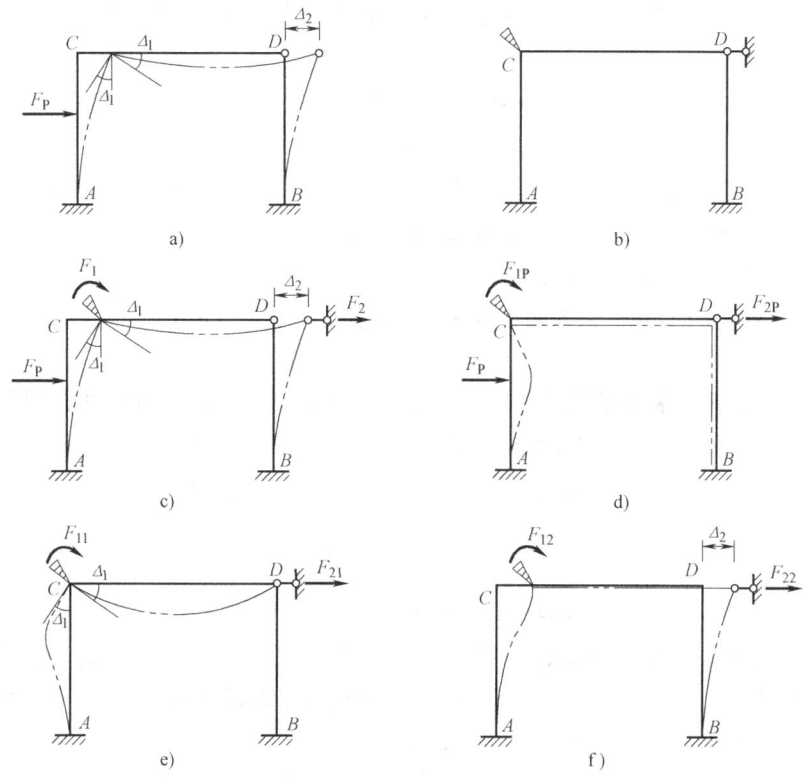

图 8-10

然锁住。这时可求出基本结构在杆件 CA 和 CD 的杆端力,以及在两个约束中分别存在的约束力矩 F_{11} 和约束力 F_{21}。

(3) Δ_2 单独作用(见图 8-10f) 使基本结构在结点 D 发生结点位移 Δ_2,但结点 C 仍然锁住。这时可求出基本结构在杆件 AC 和 BD 的杆端力,以及在两个约束中分别存在的约束力矩 F_{12} 和约束力 F_{22}。

叠加以上三种情况,使基本结构恢复到原结构的状态,即基本结构在荷载和结点位移 Δ_1、Δ_2 共同作用下附加约束中的约束力矩 F_1 和约束力 F_2 消失。因此,附加约束处于放松状态,其中的总约束力应等于零,即

$$\left.\begin{array}{l} F_1 = 0 \\ F_2 = 0 \end{array}\right\} \tag{c}$$

即

$$\left.\begin{array}{l} F_{1P} + F_{11} + F_{12} = 0 \\ F_{2P} + F_{21} + F_{22} = 0 \end{array}\right\} \tag{d}$$

式中,F_{1P}、F_{2P} 为基本结构在荷载单独作用时在附加约束 1 和 2 中产生的约束力矩和约束力;F_{11}、F_{21} 为基本结构在结点位移 Δ_1 单独作用($\Delta_2 = 0$)时,在附加约束 1 和 2 中产生的约束力矩和约束力;F_{12}、F_{22} 为基本结构在结点位移 Δ_2 单独作用($\Delta_1 = 0$)时,在附加约束 1 和 2 中产生的约束力矩和约束力。

利用叠加原理,可将 F_{11}、F_{21}、F_{12}、F_{22} 表示成与 Δ_1、Δ_2 有关的量。将式(d)展开写为

$$\left.\begin{array}{l} k_{11}\Delta_1 + k_{12}\Delta_2 + F_{1P} = 0 \\ k_{21}\Delta_1 + k_{22}\Delta_2 + F_{2P} = 0 \end{array}\right\} \tag{8-7}$$

式中,k_{11}、k_{21} 为基本结构在单位结点位移 $\Delta_1 = 1$ 单独作用($\Delta_2 = 0$)时,在附加约束 1 和 2 中产生的约束力矩和约束力;k_{12}、k_{22} 为基本结构在单位结点位移 $\Delta_2 = 1$ 单独作用($\Delta_1 = 0$)时,在附加约束 1 和 2 中产生的约束力矩和约束力。

式(8-7)就是两个基本未知量的位移法方程。利用式(8-7),可解出基本未知量 Δ_1 和 Δ_2。

对于具有 n 个基本未知量的结构,用类似的方法,可得位移法方程的典型形式如下

$$\left.\begin{array}{l} k_{11}\Delta_1 + k_{12}\Delta_2 + \cdots + k_{1n}\Delta_n + F_{1P} = 0 \\ k_{21}\Delta_1 + k_{22}\Delta_2 + \cdots + k_{2n}\Delta_n + F_{2P} = 0 \\ \vdots \qquad \vdots \qquad \qquad \vdots \qquad \vdots \\ k_{n1}\Delta_1 + k_{n2}\Delta_2 + \cdots + k_{nn}\Delta_n + F_{nP} = 0 \end{array}\right\} \tag{8-8}$$

式中,k_{ij} 为基本结构在结点位移 $\Delta_j = 1$ 单独作用(其他结点位移为零)时,在附加约束 i 中产生的约束力($i = 1, 2, \cdots, n$;$j = 1, 2, \cdots, n$);F_{iP} 为基本结构在荷载单独作用时,在附加约束 i 中产生的约束力($i = 1, 2, \cdots, n$)。

式(8-8)与力法典型方程是对应的,称为位移法典型方程。这里

$$\begin{bmatrix} k_{11} & k_{12} & \cdots & k_{1n} \\ k_{21} & k_{22} & \cdots & k_{2n} \\ \vdots & \vdots & & \vdots \\ k_{n1} & k_{n2} & \cdots & k_{nn} \end{bmatrix}$$

称为结构的刚度矩阵,其中系数称为结构的刚度系数。由反力互等定理可知

$$k_{ij} = k_{ji}$$

因此,结构刚度矩阵是一个对称矩阵,主对角线上的系数称为主系数,恒大于零;其他系数称为副系数,可为正,可为负,也可为零。

方程组中的每一方程表示基本结构与每一基本未知量相应的附加约束处约束力等于零的平衡条件。具有 n 个基本未知量的结构,基本结构就有 n 个附加约束,也就有 n 个附加约束处的平衡条件,即 n 个平衡方程。显然,方程的数目与基本未知量的数目是相等的,n 个方程正好解出 n 个基本未知量。

8.5 位移法的计算实例及步骤

8.5.1 无侧移刚架的计算

例 8-1 用位移法计算图 8-11a 所示连续梁的内力图。$EI =$ 常数。

解 (1) 基本未知量。图 8-11a 连续梁在结点 B 有角位移 Δ_1。

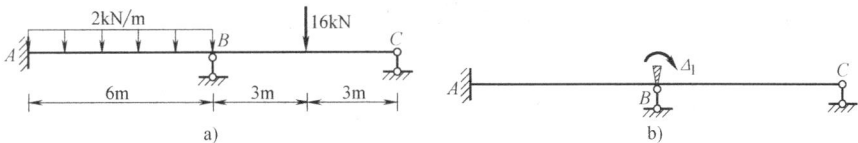

图 8-11

（2）基本结构。在结点 B 施加抵抗转动的约束，得到基本结构如图 8-11b 所示，基本结构上表示出了 Δ_1。

（3）列位移法方程

$$k_{11}\Delta_1 + F_{1P} = 0$$

（4）计算 k_{11}——基本结构在结点 B 有转角 $\Delta_1 = 1$ 作用时的计算。利用各杆形常数 $\left(\diamondsuit\dfrac{EI}{6\mathrm{m}}=i\right)$，计算各杆杆端弯矩，并作 $\overline{M}_1$ 图，如图 8-12a 所示。

$$M_{BC}=3i,\ M_{BA}=4i,\ M_{AB}=2i$$

由结点 B 的力矩平衡（见图 8-12b），可得

$$\sum M_B=0,\ k_{11}=4i+3i=7i$$

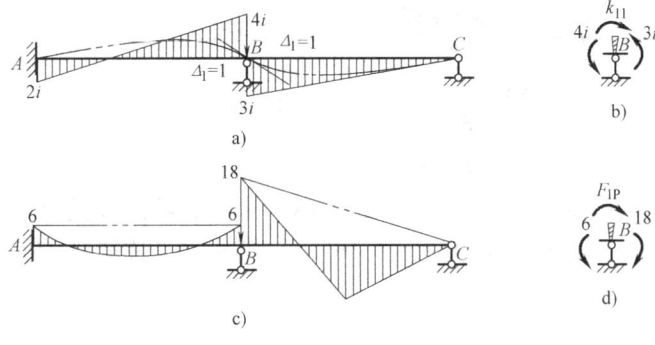

图 8-12

（5）计算 F_{1P}——基本结构在荷载作用下的计算（结点 B 锁住，$\Delta_1=0$）。利用载常数，计算各杆的固端弯矩，并作 M_P 图，如图 8-12c 所示。

$$-M_{AB}^F = M_{BA}^F = \frac{ql^2}{12} = \frac{2\times 6^2}{12}\mathrm{kN\cdot m} = 6\mathrm{kN\cdot m}$$

$$M_{BC}^F = -\frac{3F_P l}{16} = -\frac{3\times 16\times 6}{16}\mathrm{kN\cdot m} = -18\mathrm{kN\cdot m}$$

由结点 B 的力矩平衡（见图 8-12d），可得

$$\sum M_B=0,\ F_{1P}+18\mathrm{kN\cdot m}-6\mathrm{kN\cdot m}=0,\ F_{1P}=-12\mathrm{kN\cdot m}$$

（6）将以上系数和自由项代入位移法方程，解出 Δ_1

$$\Delta_1 = -\frac{F_{1P}}{k_{11}} = \frac{12}{7i} = \frac{1.714}{i}$$

（7）作 M 图。利用叠加公式，$M = \overline{M}_1\Delta_1 + M_P$，计算杆端弯矩

$$M_{AB} = 2i\Delta_1 + M_{AB}^F = 2i \times \left(\frac{1.714\text{kN} \cdot \text{m}}{i}\right) - 6\text{kN} \cdot \text{m} = -2.57\text{kN} \cdot \text{m}$$

$$M_{BA} = 4i\Delta_1 + M_{BA}^F = 4i \times \left(\frac{1.714\text{kN} \cdot \text{m}}{i}\right) + 6\text{kN} \cdot \text{m} = 12.86\text{kN} \cdot \text{m}$$

$$M_{BC} = 3i\Delta_1 + M_{BC}^F = 3i \times \left(\frac{1.714\text{kN} \cdot \text{m}}{i}\right) - 18\text{kN} \cdot \text{m} = -12.86\text{kN} \cdot \text{m}$$

计算杆端弯矩后，根据杆端弯矩顺时针旋转为正的符号规定，确定杆端弯矩的转向及杆的受拉边。作 M 图时，仍将杆端弯矩纵坐标画在杆的受拉边；有荷载段，将杆件两端弯矩纵坐标连以虚直线，再叠加相应的简支梁的 M^0 图，即得最后 M 图。

如 AB 杆（见图 8-13a），M_{AB} 为 $-2.57\text{kN} \cdot \text{m}$，对杆端为逆时针转向，则杆件上边受拉；$M_{BA}$ 为 $12.86\text{kN} \cdot \text{m}$，对杆端应为顺时针转向，则杆件上边受拉；$M_{BC}$ 同理。

M 图如图 8-13b 所示，单位为 $\text{kN} \cdot \text{m}$。

(8) 作 F_Q 图。取杆 AB 为隔离体（见图 8-13c）

由 $\sum M_B = 0$ 得，$F_{QAB} = \dfrac{-12.86 + 2 \times 6 \times 3 + 2.57}{6}\text{kN} = 4.29\text{kN}$

由 $\sum M_A = 0$ 得，$F_{QBA} = \dfrac{-12.86 - 2 \times 6 \times 3 + 2.57}{6}\text{kN} = -7.72\text{kN}$

取杆 BC 为隔离体（见图 8-13c）

由 $\sum M_B = 0$ 得，$F_{QCB} = \dfrac{-16 \times 3 + 12.86}{6}\text{kN} = -5.86\text{kN}$

由 $\sum M_C = 0$ 得，$F_{QBC} = \dfrac{16 \times 3 + 12.86}{6}\text{kN} = 10.14\text{kN}$

F_Q 图如图 8-13d 所示，单位为 kN。

(9) 校核。$\sum M_B = +12.86\text{kN} \cdot \text{m} - 12.86\text{kN} \cdot \text{m} = 0$，结点 B 满足力矩平衡。

$\sum F_y = 4.29\text{kN} + 17.86\text{kN} + 5.86\text{kN} - 2 \times 6\text{kN} - 16\text{kN} = 0$，连续梁 ABC 整体，竖向受力平衡。

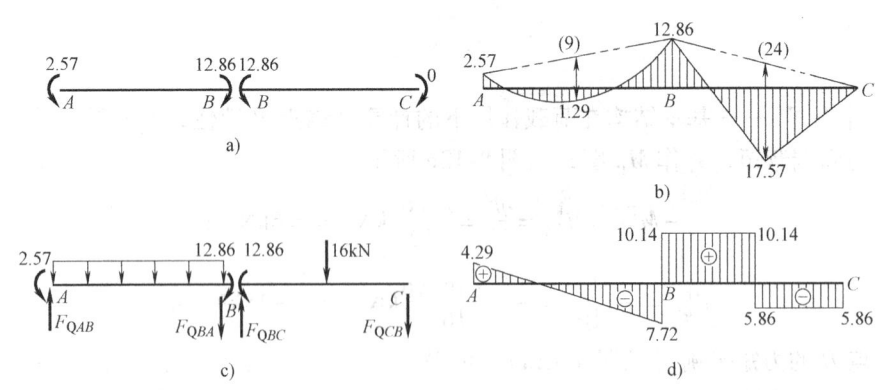

图 8-13

例 8-2 用位移法作图 8-14a 所示无侧移刚架的弯矩图。

解 (1) 基本未知量。图 8-14a 所示刚架，有两个刚结点 D 和 E，没有结点线位移，基

本未知量为结点 D 和 E 的转角 Δ_1、Δ_2。

（2）基本结构。在结点 D 和 E 分别施加转动约束，得到基本结构如图 8-14b 所示，图中标出了 Δ_1、Δ_2。

（3）列位移法方程

$$\left.\begin{array}{l}k_{11}\Delta_1 + k_{12}\Delta_2 + F_{1P} = 0\\ k_{21}\Delta_1 + k_{22}\Delta_2 + F_{2P} = 0\end{array}\right\}$$

（4）计算 k_{11}、k_{21}、k_{12} 和 k_{22}。仅有荷载作用时，超静定结构内力只与各杆的刚度比值有关，因此，可设 $EI_0 = 1\text{kN}\cdot\text{m}^2$。

$$i_{CD} = i_{EF} = \frac{4EI_0}{4\text{m}} = \frac{4\times1}{4\text{m}} = 1\text{kN}\cdot\text{m},$$

$$i_{DE} = \frac{6EI_0}{6\text{m}} = \frac{6\times1}{6\text{m}} = 1\text{kN}\cdot\text{m}$$

$$i_{DA} = \frac{2EI_0}{4\text{m}} = \frac{1}{2}\text{kN}\cdot\text{m},\quad i_{BE} = \frac{3EI_0}{4} = \frac{3}{4}\text{kN}\cdot\text{m}$$

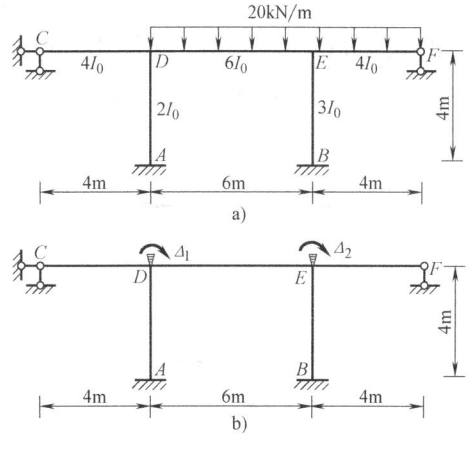

图 8-14

1）单位转角 $\Delta_1 = 1$ 单独作用——相应的约束力矩为 k_{11} 和 k_{21}。当 $\Delta_1 = 1$ 时，可利用各杆形常数求杆件 DC、DE、DA 的杆端弯矩，并作出 $\overline{M}_1$ 图，如图 8-15a 所示。

$$\overline{M}_{DC} = 3i_{CD} = 3\text{kN}\cdot\text{m},\quad \overline{M}_{DA} = 4i_{DA} = 4\times\frac{1}{2}\text{kN}\cdot\text{m} = 2\text{kN}\cdot\text{m}$$

$$\overline{M}_{DE} = 4i_{DE} = 4\times1\text{kN}\cdot\text{m} = 4\text{kN}\cdot\text{m},\quad \overline{M}_{ED} = 2i_{ED} = 2\times1\text{kN}\cdot\text{m} = 2\text{kN}\cdot\text{m}$$

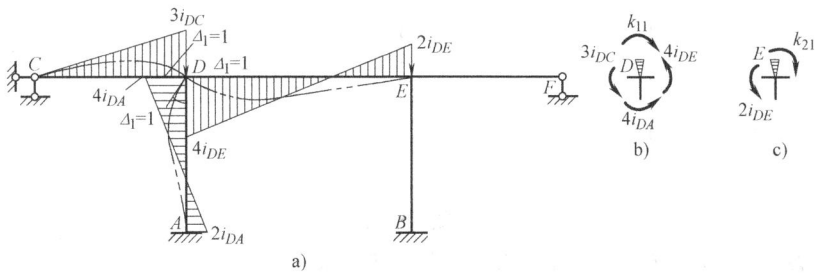

图 8-15

由结点 D 的力矩平衡（见图 8-15b）求约束力矩 k_{11}

$$\sum M_D = 0,\quad k_{11} = 3i_{CD} + 4i_{DA} + 4i_{DE} = (3+2+4)\text{kN}\cdot\text{m} = 9\text{kN}\cdot\text{m}$$

由结点 E 的力矩平衡（图 8-15c），求约束力矩 k_{21}

$$\sum M_E = 0,\quad k_{21} = 2i_{DE} = 2\text{kN}\cdot\text{m}$$

2）单位转角 $\Delta_2 = 1$ 单独作用——相应的约束力矩为 k_{12} 和 k_{22}。当 $\Delta_2 = 1$ 时，利用各杆的形常数求杆件 ED、EB、EF 的杆端弯矩，并作 $\overline{M}_2$ 图，如图 8-16a 所示。

$$\overline{M}_{ED} = 4i_{ED} = 4\times1\text{kN}\cdot\text{m} = 4\text{kN}\cdot\text{m},\quad \overline{M}_{EF} = 3i_{EF} = 3\times1\text{kN}\cdot\text{m} = 3\text{kN}\cdot\text{m},$$

$$\overline{M}_{EB} = 4i_{EB} = 4\times\frac{3}{4}\text{kN}\cdot\text{m} = 3\text{kN}\cdot\text{m}$$

由结点 D 的力矩平衡（见图 8-16b），求约束力矩 k_{12}
$$\sum M_D = 0, \quad k_{12} = 2i_{DE} = 2\text{kN} \cdot \text{m}$$
由结点 E 的力矩平衡（见图 8-16c），求约束力矩 k_{22}
$$\sum M_E = 0, \quad k_{22} = 4i_{DE} + 4i_{EB} + 3i_{EF} = (4+3+3)\text{kN} \cdot \text{m} = 10\text{kN} \cdot \text{m}$$

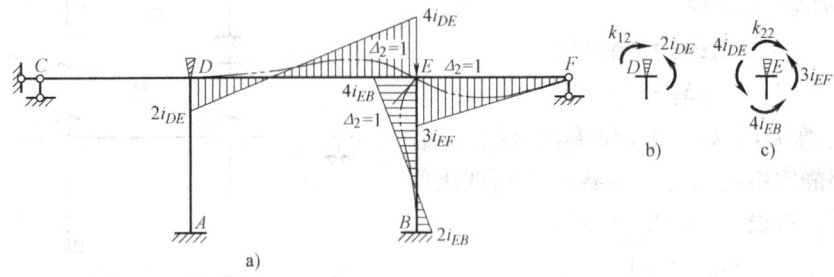

图 8-16

(5) 荷载单独作用——相应的约束力矩为 F_{1P}、F_{2P}。先利用各杆载常数，计算各杆固端弯矩，并作 M_P 图，如图 8-17a 所示。

$$M_{DE}^F = -M_{ED}^F = -\frac{1}{12}ql^2 = -\frac{20}{12} \times 6^2 \text{kN} \cdot \text{m} = -60\text{kN} \cdot \text{m}$$

$$M_{EF}^F = -\frac{1}{8}ql^2 = -\frac{1}{8} \times 20 \times 4^2 \text{kN} \cdot \text{m} = -40\text{kN} \cdot \text{m}$$

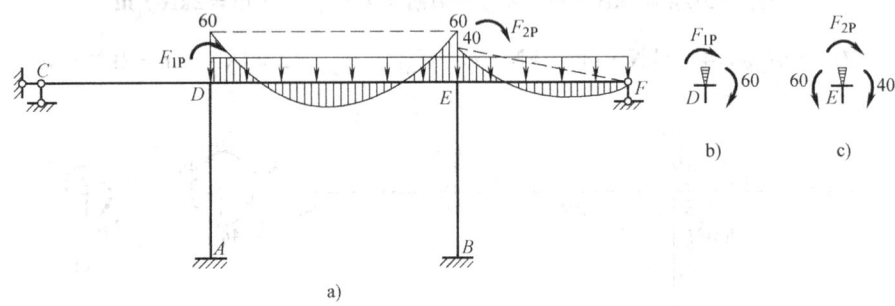

图 8-17

由结点 D 的力矩平衡（见图 8-17b），求力矩 F_{1P}
$$\sum M_D = 0, \quad F_{1P} + 60\text{kN} \cdot \text{m} = 0, \quad F_{1P} = -60\text{kN} \cdot \text{m}$$
由结点 E 的力矩平衡（见图 8-17c），求约束力矩 F_{2P}
$$\sum M_E = 0, \quad F_{2P} + 40\text{kN} \cdot \text{m} - 60\text{kN} \cdot \text{m} = 0, \quad F_{2P} = 20\text{kN} \cdot \text{m}$$

(6) 将以上系数和自由项，代入位移法方程，解出 Δ_1 和 Δ_2。
$$\left. \begin{array}{l} 9\text{kN} \cdot \text{m}\Delta_1 + 2\text{kN} \cdot \text{m}\Delta_2 - 60\text{kN} \cdot \text{m} = 0 \\ 2\text{kN} \cdot \text{m}\Delta_1 + 10\text{kN} \cdot \text{m}\Delta_2 + 20\text{kN} \cdot \text{m} = 0 \end{array} \right\}$$

解得
$$\left. \begin{array}{l} \Delta_1 = 7.442 \\ \Delta_2 = -3.488 \end{array} \right\}$$

(7) 作 M 图。利用叠加公式 $M = \overline{M}_1 \Delta_1 + \overline{M}_2 \Delta_2 + M_P$，计算杆端弯矩

$$M_{AD} = 2i_{DA}\Delta_1 = 2 \times \frac{1}{2} \times 7.442 \text{kN} \cdot \text{m} = 7.44 \text{kN} \cdot \text{m}$$

$$M_{DA} = 4i_{DA}\Delta_1 = 4 \times \frac{1}{2} \times 7.442 \text{kN} \cdot \text{m} = 14.88 \text{kN} \cdot \text{m}$$

$$M_{BE} = 2i_{BE}\Delta_2 = 2 \times \frac{3}{4} \times (-3.488) \text{kN} \cdot \text{m} = -5.23 \text{kN} \cdot \text{m}$$

$$M_{EB} = 4i_{BE}\Delta_2 = 4 \times \frac{3}{4} \times (-3.488) \text{kN} \cdot \text{m} = -10.46 \text{kN} \cdot \text{m}$$

$$M_{DC} = 3i_{DC}\Delta_1 = 3 \times 1 \times 7.442 \text{kN} \cdot \text{m} = 22.33 \text{kN} \cdot \text{m}$$

$$M_{DE} = 4i_{DE}\Delta_1 + 2i_{DE}\Delta_2 + M_{DE}^F = [4 \times 1 \times 7.442 + 2 \times 1 \times (-3.448) - 60] \text{kN} \cdot \text{m} = -37.21 \text{kN} \cdot \text{m}$$

$$M_{ED} = 2i_{DE}\Delta_1 + 4i_{DE}\Delta_2 + M_{ED}^F = [2 \times 1 \times 7.442 + 4 \times 1 \times (-3.488) + 60] \text{kN} \cdot \text{m} = 60.93 \text{kN} \cdot \text{m}$$

$$M_{EF} = 3i_{EF}\Delta_2 + M_{EF}^F = [3 \times 1 \times (-3.488) - 40] \text{kN} \cdot \text{m} = -50.46 \text{kN} \cdot \text{m}$$

M 图如图 8-18 所示，单位 kN·m。

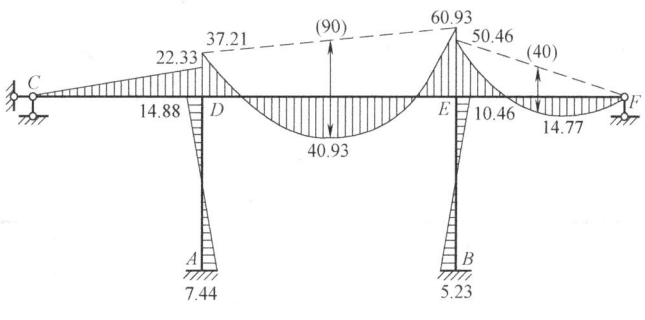

图 8-18

8.5.2 有侧移刚架的计算

例 8-3 用位移法作图 8-19a 所示刚架的内力图。

解 （1）基本未知量。图 8-19a 所示刚架，在刚结点 C 处有角位移 Δ_1；结点 D 有线位移，用 Δ_2 表示。

（2）基本结构。在刚结点 C 施加控制转动的约束，为约束 1；在结点 D 施加控制线位移的约束，为约束 2；得基本结构如图 8-19b 所示。在图 8-19b 上同时标出了 Δ_1 和 Δ_2。

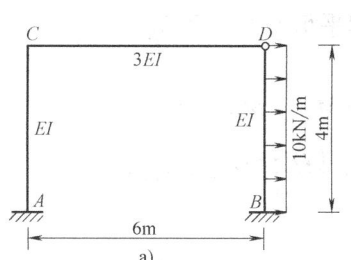 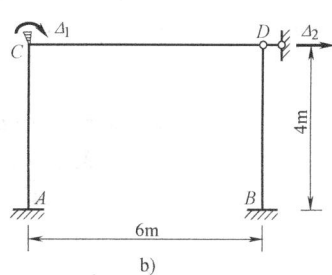

图 8-19

（3）列位移法方程

$$k_{11}\Delta_1 + k_{12}\Delta_2 + F_{1P} = 0 \brace k_{21}\Delta_1 + k_{22}\Delta_2 + F_{2P} = 0$$

（4）计算 k_{11}、k_{21}、k_{12}、k_{22}。先计算各杆的相对线刚度，令 $EI = 4i$，则

$$i_{AC} = i_{BD} = \frac{EI}{4} = i, \quad i_{CD} = \frac{3EI}{6} = 2i$$

1）基本结构在单位转角 $\Delta_1 = 1$ 单独作用（$\Delta_2 = 0$）下的计算。由各杆件形常数，计算各杆杆端弯矩

$$\overline{M}_{CA} = 4i_{CA} = 4i, \quad \overline{M}_{AC} = 2i_{CA} = 2i, \quad \overline{M}_{CD} = 3i_{CD} = 6i$$

作 $\overline{M}_1$ 图，如图 8-20a 所示。

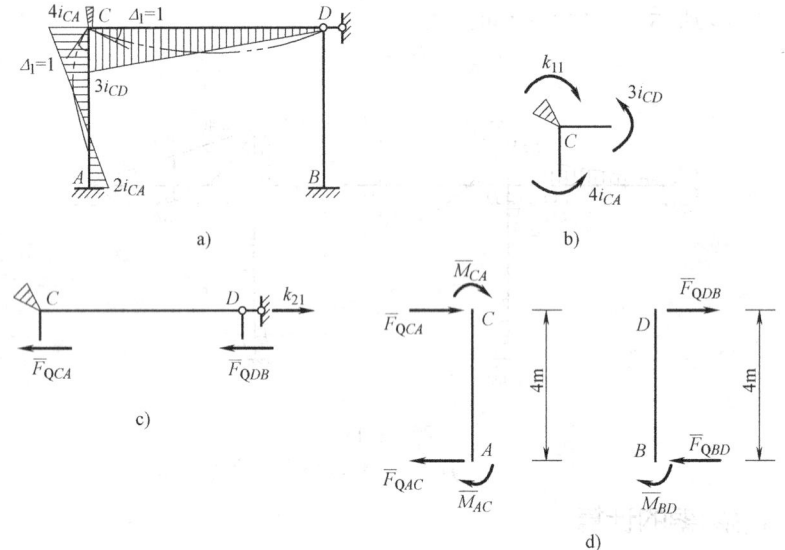

图 8-20

由节点 C 的力矩平衡（见图 8-20b），求 k_{11}

$$\sum M_C = 0, \quad k_{11} = 3i_{CD} + 4i_{CA} = 6i + 4i = 10i$$

为了计算 k_{21}，沿有侧移的柱 AC、BD 柱顶处作一截面，暴露出柱顶剪力，取柱顶以上横梁 CD 为隔离体（见图 8-20c），建立水平投影方程

$$\sum F_x = 0, \quad \overline{F}_{QCA} + \overline{F}_{QDB} - k_{21} = 0 \tag{a}$$

以柱 AC、BD 为隔离体（见图 8-20d），应用平衡条件计算 $\overline{F}_{QCA}$、$\overline{F}_{QDB}$。

柱 AC：

$$\sum M_A = 0, \quad \overline{F}_{QCA} \times 4 + \overline{M}_{AC} + \overline{M}_{CA} = 0$$

$$\overline{F}_{QCA} = -\frac{(\overline{M}_{AC} + \overline{M}_{CA})}{4} = -\frac{(2i + 4i)}{4} = -1.5i$$

柱 BD：

$$\sum M_B = 0, \quad \overline{F}_{QDB} \times 4 + \overline{M}_{BD} = 0, \quad \overline{F}_{QDB} = 0$$

将 $\overline{F}_{QCA}$、$\overline{F}_{QDB}$ 代入式（a），得

$$-1.5i - k_{21} = 0, \quad k_{21} = -1.5i$$

2) 基本结构在单位水平线位移 $\Delta_2 = 1$ 单独作用（$\Delta_1 = 0$）下约束力矩和力（k_{12} 和 k_{22}）的计算。由各杆件形常数计算各杆杆端弯矩

$$\overline{M}_{AC} = \overline{M}_{CA} = -\frac{6i_{AC}}{l_{CA}} = -\frac{6i}{4} = -1.5i$$

$$\overline{M}_{BD} = -\frac{3i_{BD}}{l_{BD}} = -\frac{3i}{4}$$

作 $\overline{M}_2$ 图，如图 8-21a 所示。

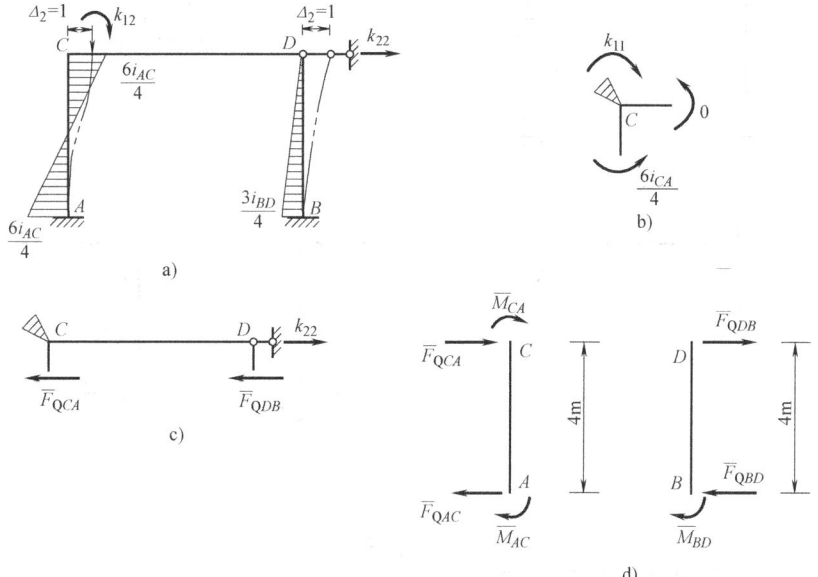

图 8-21

由结点 C 的力矩平衡（见图 8-21b），求 k_{12}

$$\sum M_C = 0, \quad k_{12} + \frac{6i_{AC}}{4} = 0, \quad k_{12} = -1.5i$$

同理，计算 k_{22} 时，取柱顶以上横梁 CD 为隔离体（见图 8-21c），建立水平投影方程

$$\sum F_x = 0, \quad \overline{F}_{QCA} + \overline{F}_{QDB} - k_{22} = 0 \tag{b}$$

以柱 AC、BD 为隔离体（见图 8-21d），计算 $\overline{F}_{QCA}$、$\overline{F}_{QDB}$。

柱 AC：

$$\sum M_A = 0, \quad \overline{F}_{QCA} \times 4 + \overline{M}_{AC} + \overline{M}_{CA} = 0$$

$$\overline{F}_{QCA} = -\frac{(\overline{M}_{AC} + \overline{M}_{CA})}{4} = \frac{-(-1.5i - 1.5i)}{4} = \frac{3i}{4}$$

柱 BD：

$$\sum M_B = 0, \quad \overline{F}_{QDB} \times 4 + \overline{M}_{BD} = 0$$

$$\overline{F}_{QDB} = -\frac{\overline{M}_{BD}}{4} = -\frac{-0.75i}{4} = \frac{0.75i}{4}$$

将 $\overline{F}_{QCA}$、$\overline{F}_{QDB}$ 代入式（b）得

$$\frac{3}{4}i + \frac{0.75}{4}i - k_{22} = 0, \quad k_{22} = \frac{3.75i}{4}$$

(5) 计算 F_{1P}、F_{2P}——基本结构在荷载单独作用（$\Delta_1 = 0$，$\Delta_2 = 0$）下的计算。利用杆件载常数，计算杆件 BD 的固端弯矩

$$M_{BD}^F = -\frac{1}{8}ql^2 = -\frac{1}{8} \times 10 \times 4^2 \text{kN} \cdot \text{m} = -20 \text{kN} \cdot \text{m}$$

作 M_P 图，如图 8-22a 所示。

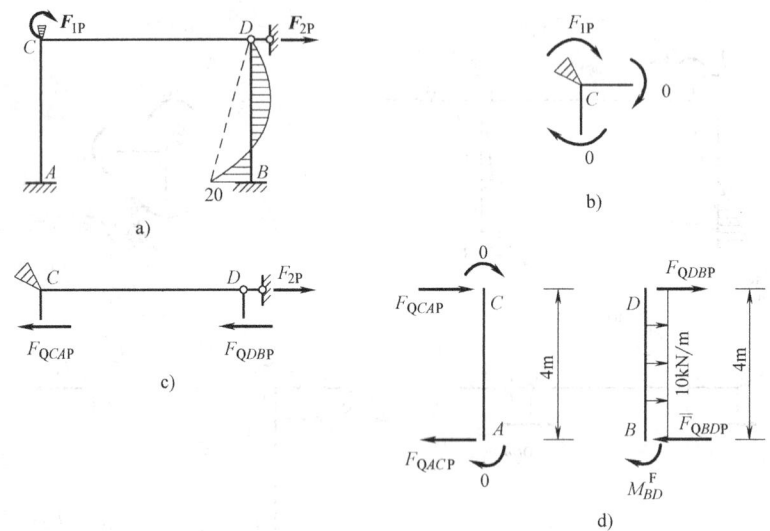

图 8-22

由结点 C 的力矩平衡（见图 8-22b）

$$\sum M_C = 0, \quad F_{1P} = 0$$

取柱顶以上横梁 CD 为隔离体（见图 8-22c），建立水平投影平衡方程

$$\sum F_x = 0, \quad F_{QCAP} + F_{QDBP} - F_{2P} = 0 \tag{c}$$

以柱 CA、BD 为隔离体（见图 8-22d），计算 F_{QCAP}、F_{QDBP}。

柱 CA：

$$\sum M_A = 0, \quad F_{QCAP} = 0$$

柱 BD：

$$\sum M_B = 0, \quad F_{QDBP} \times 4 + M_{BD}^F + 10 \times 4 \times 2 \text{kN} \cdot \text{m} = 0$$

$$F_{QDBP} = \frac{20 - 80}{4} \text{kN} = -15 \text{kN}$$

将 F_{QCAP}、F_{QDBP} 代入式（c），得

$$-15 \text{kN} - F_{2P} = 0, \quad F_{2P} = -15 \text{kN}$$

(6) 将系数和自由项代入位移法方程，计算基本未知量。

$$\left.\begin{array}{r} 10i\Delta_1 - 1.5i\Delta_2 = 0 \\ -1.5i\Delta_1 + 0.9375i\Delta_2 - 15 = 0 \end{array}\right\}$$

解得

$$\Delta_1 = \frac{3.158}{i} \}$$
$$\Delta_2 = \frac{21.05}{i} \}$$

(7) 作 M 图。利用叠加公式 $M = \overline{M}_1 \Delta_1 + \overline{M}_2 \Delta_2 + M_P$，计算杆端弯矩

$$M_{AC} = 2i_{AC}\Delta_1 - \frac{6i_{AC}}{4}\Delta_2 = \left(2 \times 3.158 - \frac{6}{4} \times 21.05\right) \text{kN} \cdot \text{m} = -25.26 \text{kN} \cdot \text{m}$$

$$M_{CA} = 4i_{AC}\Delta_1 - \frac{6i_{AC}}{4}\Delta_2 = \left(4 \times 3.158 - \frac{6}{4} \times 21.05\right) \text{kN} \cdot \text{m} = -18.94 \text{kN} \cdot \text{m}$$

$$M_{CD} = 3i_{CD}\Delta_1 = 6 \times 3.158 \text{kN} \cdot \text{m} = 18.95 \text{kN} \cdot \text{m}$$

$$M_{BD} = -\frac{3i_{BD}}{4}\Delta_2 + M_{BD}^F = \left[-\frac{3}{4} \times (21.05) - 20\right] \text{kN} \cdot \text{m} = -35.79 \text{kN} \cdot \text{m}$$

M 图如图 8-23a 所示，单位为 $\text{kN} \cdot \text{m}$。

(8) 作 F_Q 和 F_N 图。由杆件 AC、BD、CD 的隔离体，分别建立平衡方程，可计算各杆杆端剪力，画出 F_Q 图，如图 8-23b 所示，单位为 kN。由结点 C 和 D 的隔离体，分别建立平衡方程，可计算各杆杆端轴力，画出 F_N 图，如图 8-23c 所示，单位为 kN。

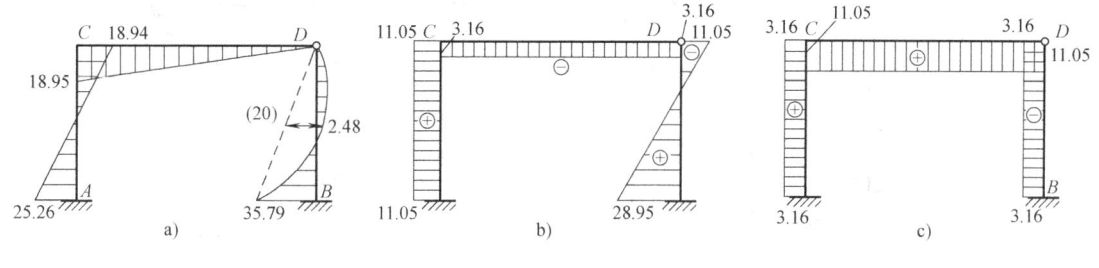

图 8-23

例 8-4 用位移法作图 8-24a 所示铰接排架的弯矩图和剪力图。

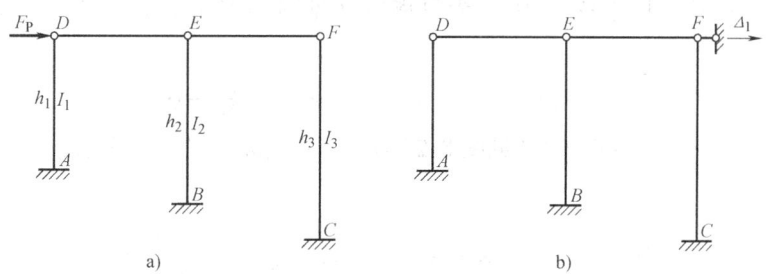

图 8-24

解 (1) 基本未知量。图 8-24a 所示排架在结点力 F_P 作用下，三根不等高柱 AD、BE、CF 在柱顶有线位移，因忽略横梁轴向变形，横梁 DE、EF 长度不变，因此，三根柱的柱顶水平线位移相等，只有一个独立结点线位移 Δ_1。

(2) 基本结构。在结点 F 加一控制水平线位移的约束（水平支杆），得到基本结构，如图 8-24b 所示。图中同时标出了 Δ_1。

（3）写出位移法方程

$$k_{11}\Delta_1 + F_{1P} = 0$$

（4）计算 k_{11}——基本结构在单位水平线位移 $\Delta_1 = 1$ 单独作用下约束力的计算。各柱的线刚度为

$$i_{AD} = \frac{EI_1}{h_1} = i_1, \quad i_{BE} = \frac{EI_2}{h_2} = i_2, \quad i_{CF} = \frac{EI_3}{h_3} = i_3$$

利用各柱的形常数，计算杆端弯矩

$$\overline{M}_{AD} = -3\frac{i_1}{h_1}$$

$$\overline{M}_{BE} = -3\frac{i_2}{h_2}$$

$$\overline{M}_{CF} = -3\frac{i_3}{h_3}$$

作 $\overline{M}_1$ 图，如图 8-25a 所示。

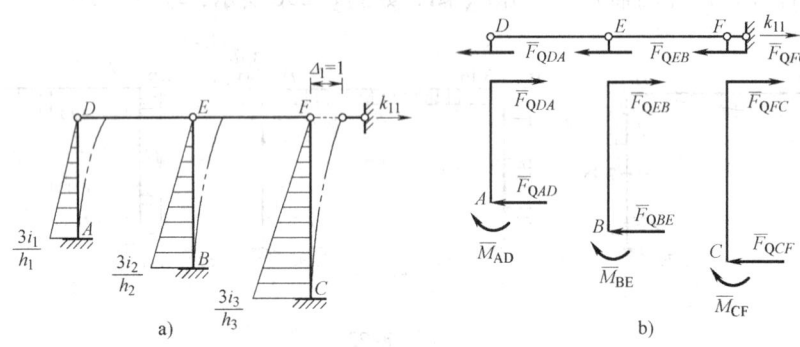

图 8-25

截断各柱，取柱顶以上横梁 DEF 为隔离体（见图 8-25b），建立水平投影方程，计算 k_{11}。

$$\sum F_x = 0, \quad \overline{F}_{QDA} + \overline{F}_{QEB} + \overline{F}_{QFC} - k_{11} = 0 \tag{a}$$

以柱 DA、EB、FC 为隔离体（见图 8-25b），计算 $\overline{F}_{QDA}$、$\overline{F}_{QEB}$、$\overline{F}_{QFC}$。

柱 DA

$$\sum M_A = 0, \quad \overline{F}_{QDA} \times h_1 + \overline{M}_{AD} = 0, \quad \overline{F}_{QDA} = -\frac{\overline{M}_{AD}}{h_1} = \frac{3i_1}{h_1^2}$$

柱 EB

$$\sum M_B = 0, \quad \overline{F}_{QEB} \times h_2 + \overline{M}_{BE} = 0, \quad \overline{F}_{QEB} = -\frac{\overline{M}_{BE}}{h_2} = \frac{3i_2}{h_2^2}$$

柱 FC

$$\sum M_C = 0, \quad \overline{F}_{QFC} \times h_3 + \overline{M}_{CF} = 0, \quad \overline{F}_{QFC} = -\frac{\overline{M}_{CF}}{h_3} = \frac{3i_3}{h_3^2}$$

将 $\overline{F}_{QDA}$、$\overline{F}_{QEB}$、$\overline{F}_{QFC}$ 代入式（a），得

$$\frac{3i_1}{h_1^2}+\frac{3i_2}{h_2^2}+\frac{3i_3}{h_3^2}-k_{11}=0,\quad k_{11}=3\left(\frac{i_1}{h_1^2}+\frac{i_2}{h_2^2}+\frac{i_3}{h_3^2}\right)$$

(5) 计算 F_{1P}——基本结构在荷载单独作用下约束力的计算。作 M_P 图，如图 8-26a 所示。

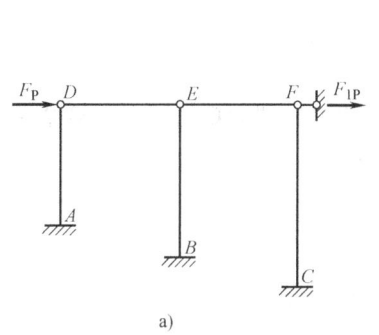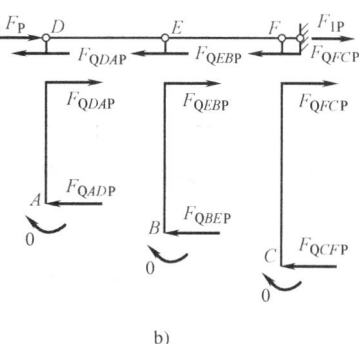

图 8-26

取柱上的横梁 DEF 为隔离体（见图 8-26b），建立水平投影方程

$$\sum F_x=0,\ F_{QDAP}+F_{QEBP}+F_{QFCP}-F_P-F_{1P}=0 \tag{b}$$

以柱 DA、EB、FC 为隔离体（见图 8-26b），计算 F_{QDAP}、F_{QEBP}、F_{QFCP}。

柱 DA：
$$\sum M_A=0,\ F_{QDAP}=0$$

柱 EB：
$$\sum M_B=0,\ F_{QEBP}=0$$

柱 FC：
$$\sum M_C=0,\ F_{QFCP}=0$$

将 F_{QDAP}、F_{QEBP}、F_{QFCP} 代入（b），得

$$0-F_P-F_{1P}=0,\ F_{1P}=-F_P$$

(6) 将系数和自由项代入位移法方程，计算 Δ_1。

$$3\left(\frac{i_1}{h_1^2}+\frac{i_2}{h_2^2}+\frac{i_3}{h_3^2}\right)\Delta_1-F_P=0$$

$$\Delta_1=\frac{F_P}{3\left(\dfrac{i_1}{h_1^2}+\dfrac{i_2}{h_2^2}+\dfrac{i_3}{h_3^2}\right)}=\frac{F_P}{3\sum\limits_{m=1}^{3}\dfrac{i_m}{h_m^2}}$$

(7) 作 M 图。由叠加公式 $M=\overline{M}_1\Delta_1+M_P$，计算各杆杆端弯矩。

$$M_{AD}=-\frac{3i_1}{h_1}\Delta_1=-\frac{\dfrac{i_1}{h_1}}{\sum\limits_{m=1}^{3}\dfrac{i_m}{h_m^2}}F_P$$

$$M_{BE} = -\frac{3i_2}{h_2}\Delta_1 = -\frac{\dfrac{i_2}{h_2}}{\sum\limits_{m=1}^{3}\dfrac{i_m}{h_m^2}}F_P$$

$$M_{CF} = -\frac{3i_3}{h_3}\Delta_1 = -\frac{\dfrac{i_3}{h_3}}{\sum\limits_{m=1}^{3}\dfrac{i_m}{h_m^2}}F_P$$

根据杆端弯矩，作 M 图，如图 8-27a 所示，图中杆端弯矩值同上计算结果。

（8）作 F_Q 图。由平衡条件计算各杆杆端剪力

$$F_{QAD} = F_{QDA} = \frac{\dfrac{i_1}{h_1^2}}{\sum\limits_{m=1}^{3}\dfrac{i_m}{h_m^2}}F_P$$

$$F_{QBE} = F_{QEB} = \frac{\dfrac{i_2}{h_2^2}}{\sum\limits_{m=1}^{3}\dfrac{i_m}{h_m^2}}F_P$$

$$F_{QCF} = F_{QFC} = \frac{\dfrac{i_3}{h_3^2}}{\sum\limits_{m=1}^{3}\dfrac{i_m}{h_m^2}}F_P$$

由杆端剪力，作 F_Q 图，如图 8-27b 所示，图中杆端剪力值同上计算结果。

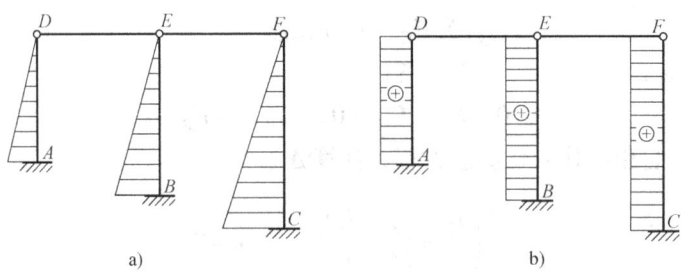

图 8-27

8.5.3 位移法的计算步骤

根据以上位移法解题过程，将位移法计算连续梁及超静定刚架的步骤归纳如下：

1）确定基本未知量，即确定结构的结点角位移和独立结点线位移。

2）确定基本结构。在原结构上有基本未知量处，施加相应的抵抗转动的约束或支杆等附加约束，得到基本结构。

3）建立位移法方程。根据基本结构在荷载和结点位移共同作用下在附加约束处的约束力（力矩）应为零的条件建立位移法方程。

4) 计算位移法方程的系数和自由项。作基本结构在单位结点位移 $\Delta_i = 1$ 单独作用下（其他结点位移 $\Delta_j = 0$）的 $\overline{M}_i$ 图，由平衡条件计算方程的系数。作基本结构在荷载单独作用下的 M_P 图，由平衡条件计算方程的自由项。

5) 解方程，计算基本未知量。

6) 作内力图。利用叠加公式计算刚架中各杆的杆端弯矩，作弯矩图。叠加公式为

$$M = \overline{M}_1 \Delta_1 + \overline{M}_2 \Delta_2 + \cdots + M_P$$

利用平衡条件计算刚架的杆端剪力和轴力，作剪力图和轴力图。

7) 校核。变形连续条件在选取基本未知量时已得到满足，因此，应重点校核平衡条件。

8.6 对称性的应用

用位移法计算结构时，当基本未知量较多时，需解较多数目的联立方程。对于实际工程中应用较多的对称连续梁和刚架，可以利用结构和荷载的对称性，进行计算简化。

在前面力法讨论结构的对称性时曾提出，任何荷载都可分解为对称荷载和反对称荷载；而对称结构在对称荷载作用下，变形和内力是对称分布的；在反对称荷载作用下，变形和内力是反对称分布的。这些特征并不因方法而改变，因此，在用位移法计算对称结构时，在对称荷载或反对称荷载作用下，仍然可以利用对称轴上的变形和内力特征，取半结构的计算简图（此简图可用力法，也可用位移法）进行计算，以减少基本未知量的个数。

现以例题说明如下。

例 8-5 用位移法作图 8-28a 所示对称刚架的弯矩图（各杆 E 为常数）。

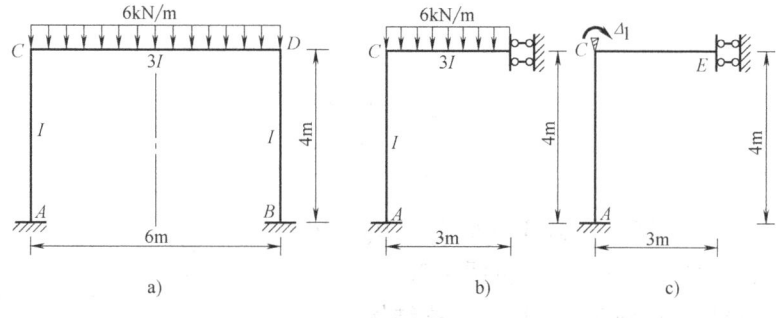

图 8-28

解 （1）确定基本未知量数目和基本结构。

图 8-28a 所示刚架，原有三个结点位移，两个结点角位移和一个结点线位移。但刚架是对称的，在对称荷载作用下，可取半结构的计算简图如图 8-28b 所示，这时只有一个结点 C 的角位移 Δ_1，所以基本未知量为结点 C 角位移 Δ_1。在结点 C 施加转动约束，得到基本结构如图 8-28c 所示。

（2）列位移法方程

$$k_{11}\Delta_1 + F_{1P} = 0$$

(3) 计算位移法方程的系数 k_{11}（令 $EI = i$）。基本体系在 $\Delta_1 = 1$ 作用下，作 $\overline{M}_1$ 图（见图 8-29a）。由结点 D 的力矩平衡条件（见图 8-29b），可得

$$k_{11} = i_{CE} + 4i_{CA} = \frac{3EI}{3\mathrm{m}} + \frac{4EI}{4\mathrm{m}} = \frac{2i}{\mathrm{m}}$$

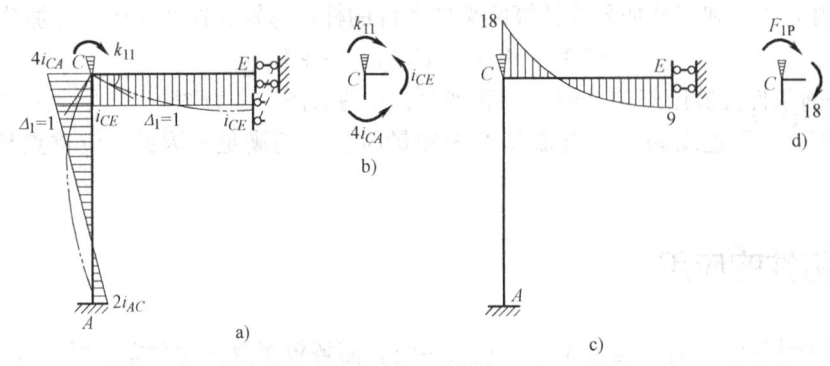

图 8-29

(4) 计算位移法方程的自由项 F_{1P}。利用载常数，计算杆 CE 的固端弯矩

$$M_{CE}^F = -\frac{1}{3}ql^2 = -\frac{1}{3} \times 6 \times 3^2 \mathrm{kN \cdot m} = -18\mathrm{kN \cdot m}$$

$$M_{EC}^F = -\frac{1}{6}ql^2 = -\frac{1}{6} \times 6 \times 3^2 \mathrm{kN \cdot m} = -9\mathrm{kN \cdot m}$$

作基本结构在荷载作用下的 M_P 图（见图 8-29c）。由结点 C 的力矩平衡条件（见图 8-29d），可得

$$F_{1P} = -18\mathrm{kN \cdot m}$$

(5) 解位移法方程

$$2i\Delta_1 - 18 = 0$$

得

$$\Delta_1 = \frac{9}{i}$$

(6) 作 M 图。利用叠加公式 $M = \overline{M}_1 \Delta_1 + M_P$，作半结构的 M 图，另一半按对称画出（见图 8-30）。

例 8-6 用位移法作图 8-31a 所示对称结构的弯矩图，各杆 $EI =$ 常数。

解 (1) 确定基本未知量和基本结构。此结构为一封闭的矩形框，有四个结点角位移。结构和荷载都对 x 轴和 y 轴对称，可取 1/4 结构为计算简图，如图 8-31b 所示，这时只有结点 A 的角位移 Δ_1 为基本未知量，基本结构如图 8-31c 所示。

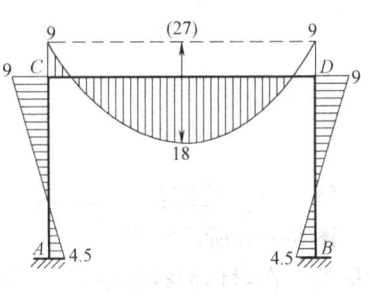

图 8-30

(2) 建立位移法方程

$$k_{11}\Delta_{11} + F_{1P} = 0$$

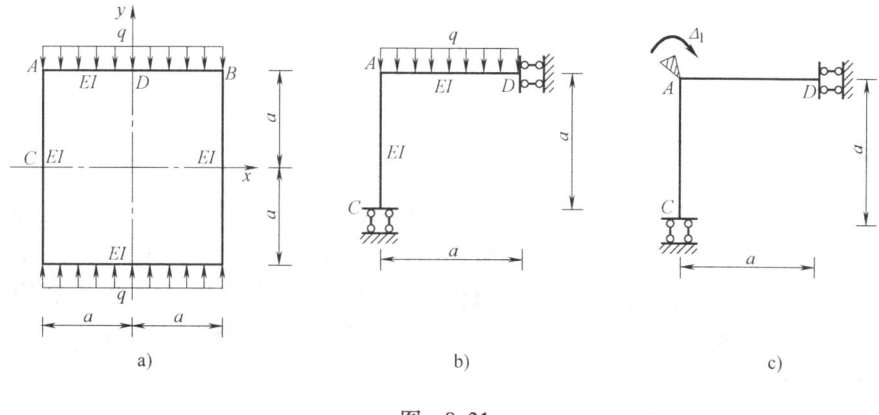

图 8-31

(3) 计算 k_{11}。令 $i = \dfrac{EI}{a}$，基本结构在 $\Delta_1 = 1$ 作用下，作 $\overline{M}_1$ 图，如图 8-32a 所示。由结点 A 的力矩平衡条件（见图 8-32b），可得

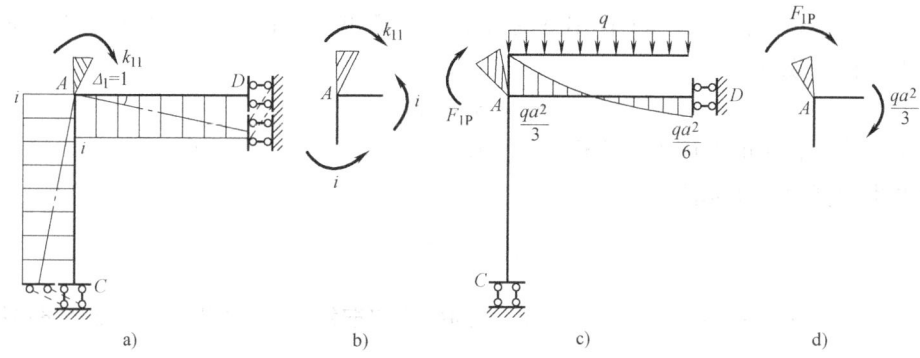

图 8-32

$$k_{11} = 2i$$

(4) 计算 F_{1P}。利用载常数，可得杆 AD 的固端弯矩为

$$M_{AD}^F = -\frac{1}{3}qa^2, \quad M_{DA}^F = -\frac{1}{6}qa^2$$

作基本结构在荷载作用的 M_P 图，如图 8-32c 所示。
由结点 A 的力矩平衡条件（见图 8-32d），可得

$$F_{1P} = -\frac{1}{3}qa^2$$

(5) 解位移法方程

$$2i\Delta_1 - \frac{1}{3}qa^2 = 0, \quad \Delta_1 = \frac{qa^2}{6i}$$

(6) 作 M 图。利用叠加公式 $M = \overline{M}_1 \Delta_1 + M_P$，作 1/4 结构的 M 图；然后根据对称性，作出原结构的 M 图，如图 8-33 所示。

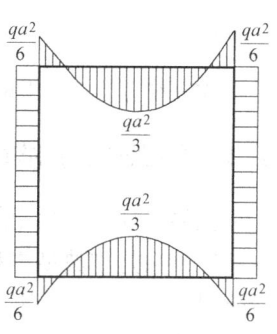

图 8-33

*8.7 支座位移与温度改变时的内力计算

8.7.1 支座位移时的内力计算

超静定结构当支座产生已知的位移（移动或转动）时，结构中一般会引起内力。用位移法计算时，其基本原理和计算步骤与荷载作用时相同，区别仅在于典型方程中的自由项不同。此时，自由项是基本结构由于支座位移而产生的附加约束中的反力 F_{ic}。利用形常数作基本结构由于支座位移产生的弯矩图（M_c 图）后，同样可由平衡条件计算 F_{ic}。具体计算通过下面的例题说明。

例 8-7 图 8-34a 所示连续梁的支座 C 下沉了 Δ_C，设两杆的线刚度 i 和长度 l 均相同，试绘出连续梁由此产生的弯矩图。

解 基本未知量为结点 B 的结点转角，记为 Δ_1。基本结构和基本未知量如图 8-34b 所示。位移法方程为

$$k_{11}\Delta_1 + F_{1c} = 0$$

基本结构在单位转角 $\Delta_1 = 1$ 作用下的弯矩图（$\overline{M}_1$ 图）如图 8-34c 所示。由图 8-34d 中所示结点 B 的平衡得

$$k_{11} = 3i + 3i = 6i$$

为了计算方程中的自由项，应作出 M_c 图。由表 8-1 中的形常数可算得基本结构由于支座位移产生的杆 BC 的固端弯矩为

$$M_{BC}^{F} = -\frac{3i\Delta_C}{l}$$

据此可作出 M_c 图，如图 8-34e 所示。从 M_c 图中取结点 B 为隔离体，如图 8-34f 所示。由 $\sum M_B = 0$ 求得

$$F_{1c} = -\frac{3i\Delta_C}{l}$$

将系数和自由项的数值代入位移法方程，得

$$6i \times \Delta_1 - \frac{3i\Delta_C}{l} = 0$$

解得

$$\Delta_1 = \frac{\Delta_C}{2l}$$

由 $M = \overline{M}_1\Delta_1 + M_c$ 得刚架的最后弯矩图，如图 8-34g 所示。

8.7.2 温度改变时的内力计算

用位移法计算超静定结构由于温度变化产生的内力，其基本原理和计算步骤也与荷载作用时相同，只是把典型方程中的自由项 F_{iP} 代之以由温度变化引起的 F_{it}。F_{it} 代表基本结构温度变化时附加约束 i 中的反力。在得到基本结构由于温度变化作用下的弯矩图（M_t 图）后，即可根据平衡条件求出 F_{it}。需要注意的是，在温度变化时，除了杆件内外温差使杆件弯曲，而产生一部分固端弯矩外，还有温度变化时的轴向变形不能忽略，这种轴向变形使结点产生

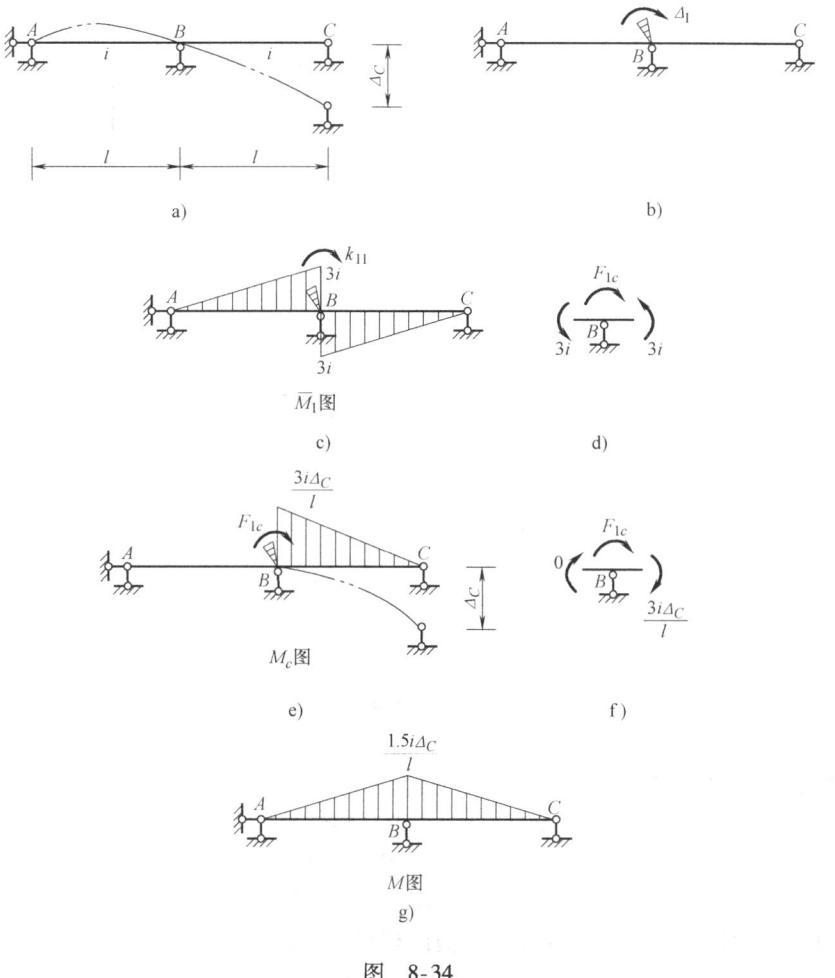

图 8-34

已知位移，从而使杆端产生相对横向位移，又产生另一部分固端弯矩。具体计算通过下面的例题说明。

例 8-8 图 8-35a 所示刚架，各杆的内侧温度升高 10℃，外侧温度升高 30℃，试建立位移法典型方程，并计算自由项。设各杆的 EI 值相同，截面为矩形，其高度 $h=0.5\text{m}$，材料的线膨胀系数为 α。

解 基本结构和基本未知量如图 8-35b 所示。位移法方程为

$$\begin{cases} k_{11}\Delta_1 + k_{12}\Delta_2 + F_{1t} = 0 \\ k_{21}\Delta_1 + k_{22}\Delta_2 + F_{2t} = 0 \end{cases}$$

方程中各系数的求法与荷载作用时相同，不再赘述。

为求自由项 F_{1t} 和 F_{2t}，应算出基本结构在温度变化时各杆的固端弯矩，据此绘出 M_t 图。为了便于计算，可将杆件两侧的温度变化 t_1 和 t_2 对杆轴线分解为正、反对称的两部分：平均温度变化 $t_0=(t_1+t_2)/2=20℃$ 和温度变化之差 $\pm\Delta t/2 = \pm(t_2-t_1)/2 = \pm10℃$。前者使杆件发生轴向变形而不弯曲，后者使杆件发生弯曲变形而不伸长或缩短。由于温度变化时杆件的轴向变形不能忽略，而这种轴向变形会使基本结构的结点产生移动，从而使杆端产生横向相对位移。可见，除温度变化之差 Δt 外，平均温度变化 t_0 也会使基本结构中的杆件产生

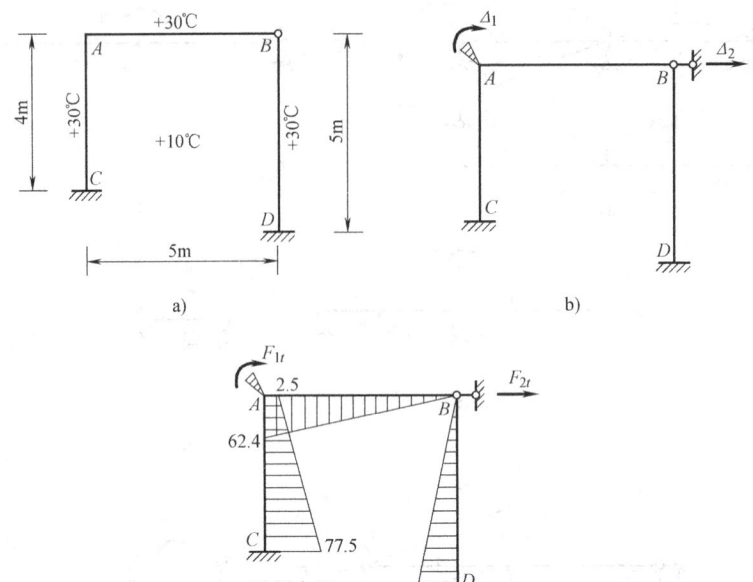

图 8-35

固端弯矩。

在平均温度变化 t_0 的作用下，各杆轴向伸长为

AB 杆 $\qquad \alpha t_0 l_{AB} = \alpha \times 20 \times 5 = 100\alpha$

AC 杆 $\qquad \alpha t_0 l_{AC} = \alpha \times 20 \times 4 = 80\alpha$

BD 杆 $\qquad \alpha t_0 l_{BD} = \alpha \times 20 \times 5 = 100\alpha$

根据以上各伸长值，可求得各杆两端横向相对位移为

$$\Delta_{AB} = 80\alpha - 100\alpha = -20\alpha$$

$$\Delta_{AC} = -100\alpha$$

$$\Delta_{DB} = 0$$

上述杆端相对侧移使杆端产生的固端弯矩为

$$\left. \begin{array}{l} M_{AB}^{F'} = -3\dfrac{EI}{5^2}(-20\alpha) = 2.4\alpha EI \\[2mm] M_{AC}^{F'} = M_{CA}^{F'} = -6\dfrac{EI}{4^2}(-100\alpha) = 37.5\alpha EI \\[2mm] M_{DB}^{F'} = 0 \end{array} \right\} \qquad (a)$$

查表 8-2，可得杆件两侧的温度变化之差 Δt 使杆端产生固端弯矩为

$$\left. \begin{array}{l} M_{AB}^{F''} = -\dfrac{3EI\alpha\Delta t}{2h} = -\dfrac{3EI\alpha(-20)}{2\times 0.5} = 60\alpha EI \\[2mm] M_{CA}^{F''} = -M_{AC}^{F''} = -\dfrac{EI\alpha\Delta t}{h} = -\dfrac{EI\alpha(-20)}{0.5} = 40\alpha EI \\[2mm] M_{DB}^{F''} = -\dfrac{3EI\alpha\Delta t}{2h} = -\dfrac{3EI\alpha(20)}{2\times 0.5} = -60\alpha EI \end{array} \right\} \qquad (b)$$

总的固端弯矩为式（a）与式（b）的叠加，即

$$M_{AB}^F = 2.4\alpha EI + 60\alpha EI = 62.4\alpha EI$$

$$M_{AC}^F = 37.5\alpha EI - 40\alpha EI = -2.5\alpha EI$$

$$M_{CA}^F = 37.5\alpha EI + 40\alpha EI = 77.5\alpha EI$$

$$M_{DB}^F = -60\alpha EI$$

据此可绘出 M_t 图，如图 8-35c 所示。取结点 A 为隔离体，由 $\sum M_A = 0$ 可求得

$$F_{1t} = 62.4\alpha EI - 2.5\alpha EI = 59.9\alpha EI$$

沿柱顶截取横梁为隔离体，由 $\sum F_x = 0$ 可求得

$$F_{2t} = 12\alpha EI - 18.75\alpha EI = -6.75\alpha EI$$

下面的步骤同一般位移法，此处不再赘述。

需要指出的是，进行温度变化的超静定刚架计算时，EI 不能取相对值进行计算，而必须取实际值。

8.8 直接利用平衡条件建立位移法方程

前面介绍了利用位移法基本结构来建立位移法典型方程。基本结构在各种情况下的杆端内力是由转角位移方程确定的。而位移法典型方程实际上是反映了原结构的静力平衡条件。因此，也可以不通过基本结构，而直接利用转角位移方程和原结构的静力平衡条件来建立位移法典型方程。

在一般情况下，当结构有 n 个基本未知量时，对于每个独立的结点位移都有一个相应的刚结点力矩平衡方程，每一个独立的结点线位移都有一个相应的截面平衡方程。平衡方程数与基本未知量的数目恰好相等，因而可以求出 n 个独立的结点位移。

下面以图 8-36a 所示刚架为例说明这种方法的计算步骤。

该刚架有两个基本未知量，即刚结点 B 的转角 Δ_1 和结点 B、C 的水平位移 Δ_2，并设 Δ_1 为顺时针方向转动，Δ_2 为向右移动，如图 8-36b 所示。

首先，根据各杆杆端的位移情况和承受的荷载，应用转角位移方程写出各杆端弯矩的表达式。

对于杆件 AB，其 $\theta_A = 0$，$\theta_B = \Delta_1$，$M_{AB}^F = -\dfrac{1}{8} \times 40 \times 4 \text{kN} \cdot \text{m} = -20\text{kN} \cdot \text{m}$，$M_{BA}^F = 20\text{kN} \cdot \text{m}$，则

$$M_{AB} = 2i\Delta_1 - 1.5i\Delta_2 - 20$$

$$M_{BA} = 4i\Delta_1 - 1.5i\Delta_2 + 20$$

对于杆 BC、DC，可得

$$M_{BC} = 3i\Delta_1$$

$$M_{DC} = -0.75i\Delta_2$$

然后，根据结点 B 的力矩平衡条件 $\sum M_B = 0$（见图 8-36c），以及柱顶以上部分隔离体的平衡条件 $\sum F_x = 0$（见图 8-36d），可建立如下两个方程

$$M_{BA} + M_{BC} = 0 \tag{a}$$

$$F_{QBA} + F_{QCD} = 0 \tag{b}$$

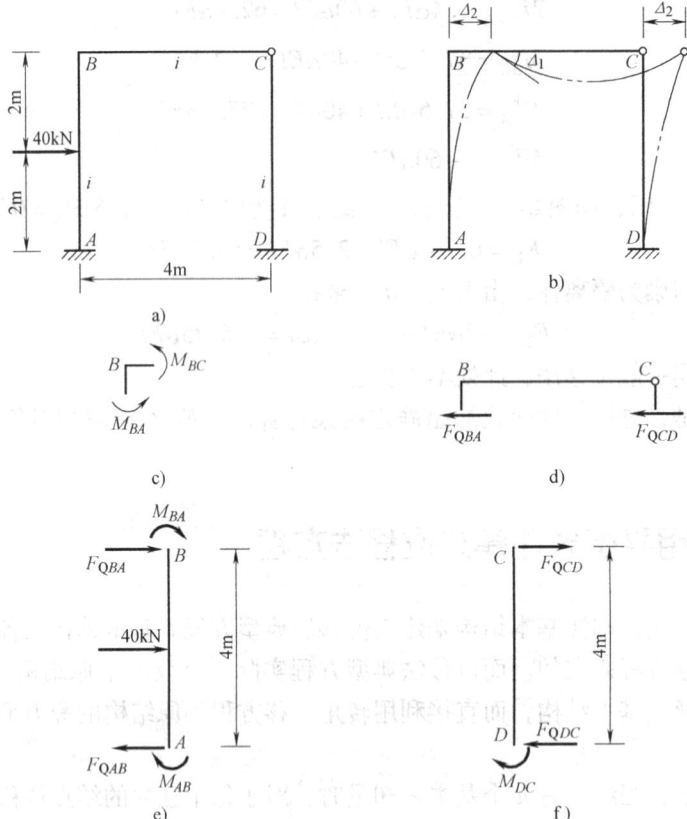

图 8-36

式中，杆端剪力 F_{QBA}、F_{QCD} 也可用杆端弯矩表示。

取杆件 AB 为隔离体（见图 8-36e），由 $\sum M_A = 0$ 得

$$F_{QBA} = -\frac{1}{4}(M_{AB} + M_{BA}) - 20 \qquad (c)$$

取杆件 CD 为隔离体（见图 8-36f），由 $\sum M_D = 0$ 得

$$F_{QCD} = -\frac{1}{4}M_{DC} \qquad (d)$$

将式（c）、式（d）代入式（b），得

$$-\frac{1}{4}(M_{AB} + M_{BA} + M_{DC}) - 20 = 0 \qquad (e)$$

再将各杆端弯矩表达式代入式（a）、（e），得

$$\begin{cases} 7i\Delta_1 - 1.5i\Delta_2 + 20 = 0 \\ -1.5i\Delta_1 + 0.9375i\Delta_2 - 20 = 0 \end{cases}$$

解得 $\Delta_1 = \dfrac{2.61}{i}$，$\Delta_2 = \dfrac{25.5}{i}$

最后，将所得位移计算结果代入杆端弯矩表达式，即可求得各杆端弯矩如下

$$M_{AB} = \left(2i \times \frac{2.61}{i} - 1.5i \times \frac{25.5}{i} - 20\right) \text{kN} \cdot \text{m} = -53.0 \text{kN} \cdot \text{m}$$

$$M_{BA} = \left(4i \times \frac{2.61}{i} - 1.5i \times \frac{25.5}{i} + 20\right) \text{kN} \cdot \text{m} = -7.8 \text{kN} \cdot \text{m}$$

$$M_{BC} = 3i \times \frac{2.61}{i} \text{kN} \cdot \text{m} = 7.8 \text{kN} \cdot \text{m}$$

$$M_{DC} = -0.75i \times \frac{25.5}{i} \text{kN} \cdot \text{m} = -19.1 \text{kN} \cdot \text{m}$$

可以看出，直接利用平衡条件建立的位移法方程与通过基本体系建立的位移法方程，都是反映原结构的平衡条件。因此，这两种方法本质上是相同的，只是建立方程的途径不同。同一结构用这两种方法求解，所得到的位移法方程及最后弯矩图均应相同。

习 题

8-1 确定图 8-37 所示结构用位移法求解时的基本未知量数目。除注明外，EI = 常数，EA = 常数。

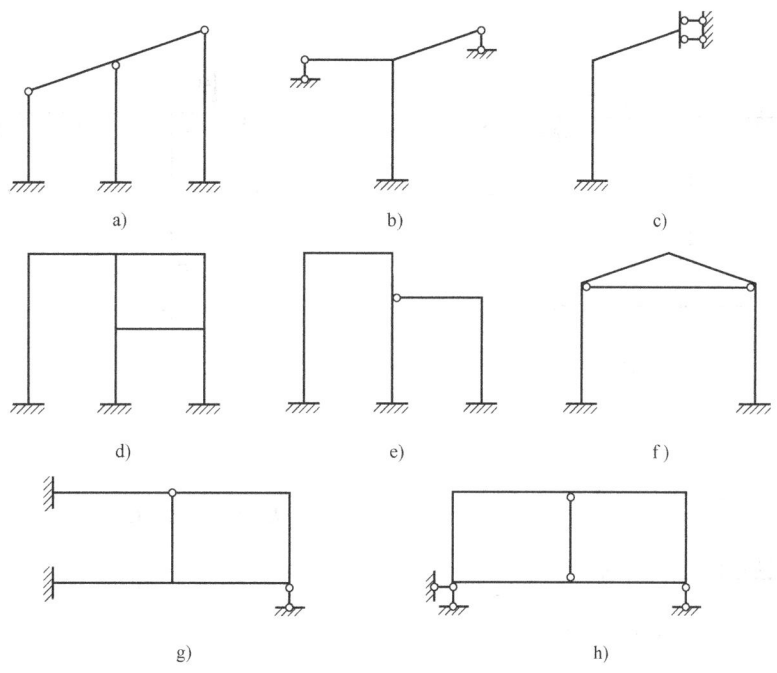

图 8-37

8-2 作图 8-38 所示连续梁的 M 图，已知各杆的 EI 为常数。
8-3 作图 8-39 所示刚架的内力图，已知各杆的 EI 为常数。
8-4 作图 8-40 所示刚架的内力图，已知各杆的 E 为常数。
8-5 作图 8-41 所示刚架的内力图。
8-6 作图 8-42 所示刚架的 M 图，已知各杆的 E 为常数。
8-7 作图 8-43 所示刚架的 M 图，已知各杆的 EI 为常数。
8-8 作图 8-44 所示刚架的 M 图，已知各杆的 E 为常数。

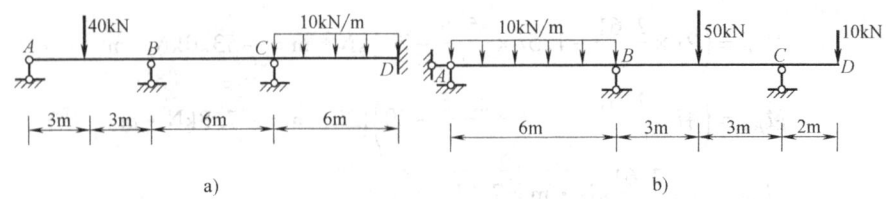

图 8-38

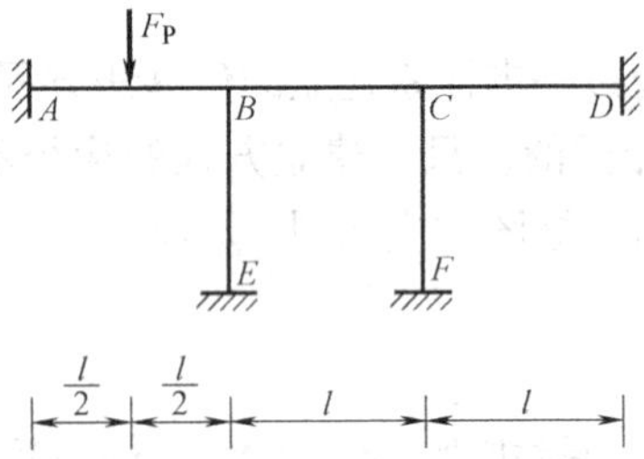

图 8-39 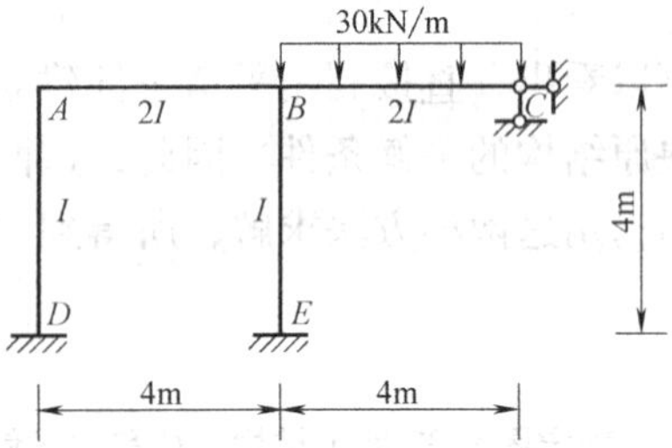　　　　　　　　　　　　图 8-40

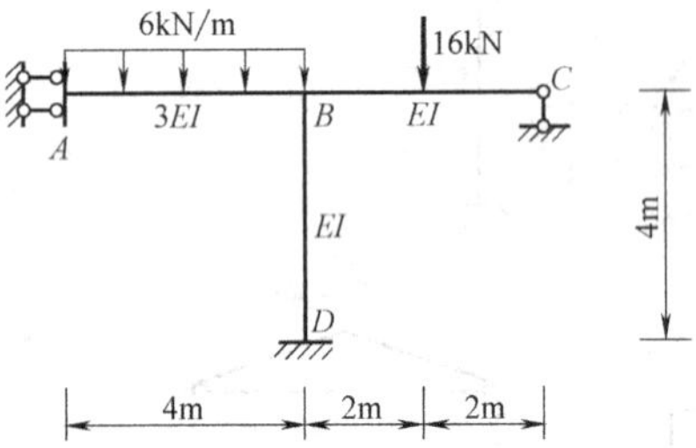

图 8-41 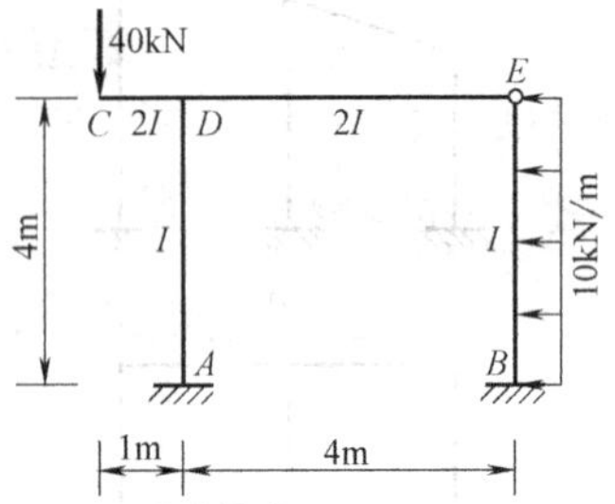　　　　　　　　　　　　图 8-42

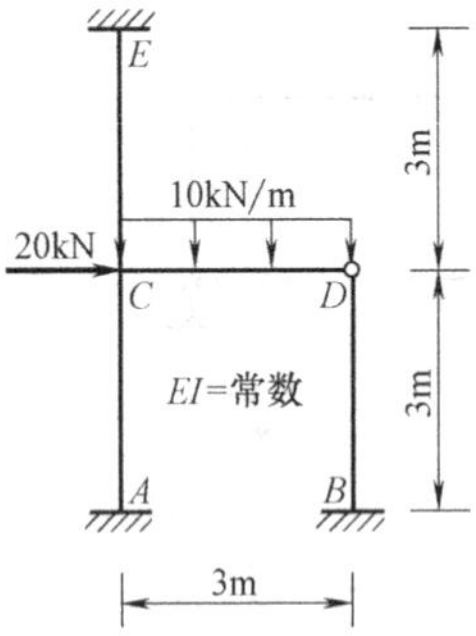

图 8-43 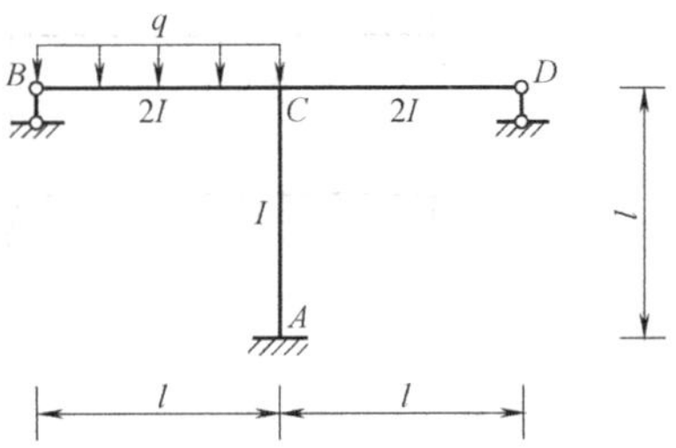　　　　　　　　　　　　图 8-44

8-9　作图 8-45 所示刚架的 M 图。

8-10　作图 8-46 所示排架的 M 图。

8-11　作图 8-47 所示刚架的内力图,已知各杆的 EI 为常数。

8-12　作图 8-48 所示刚架的内力图,已知各杆的 EI 为常数。

8-13　利用对称性,作图 8-49 所示刚架的内力图,已知各杆的 EI 为常数。

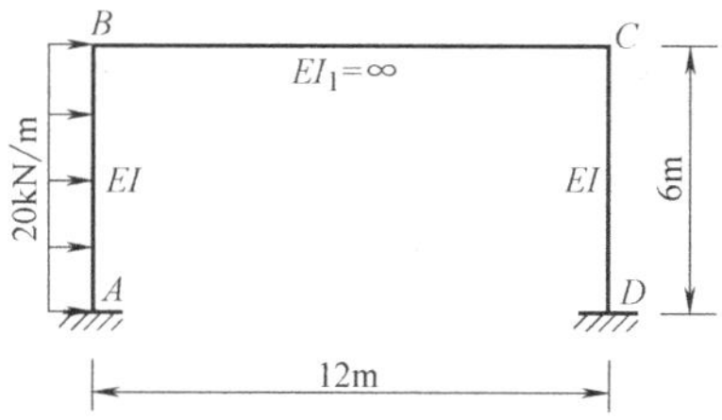

图 8-45

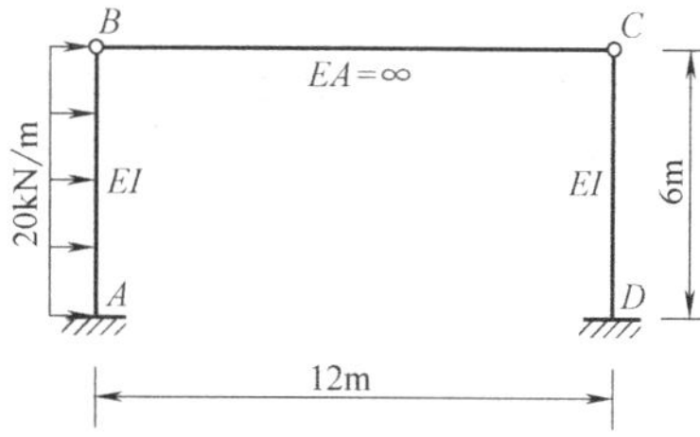

图 8-46

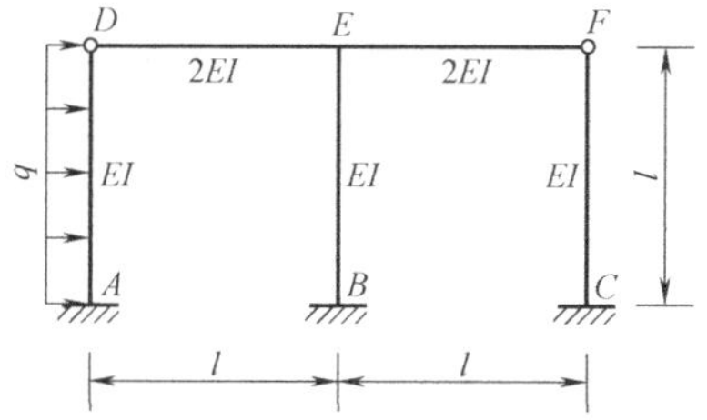

图 8-47

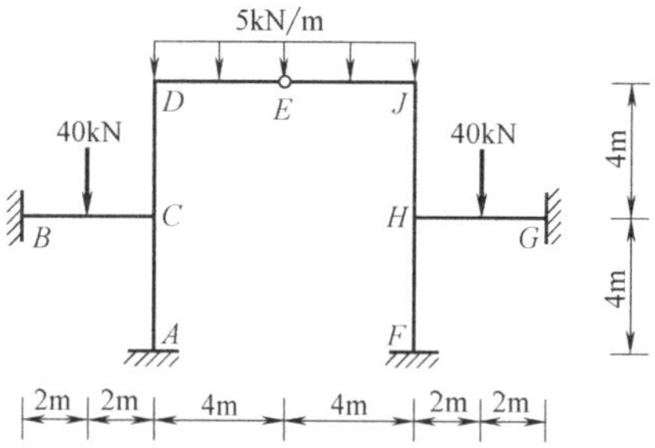

图 8-48

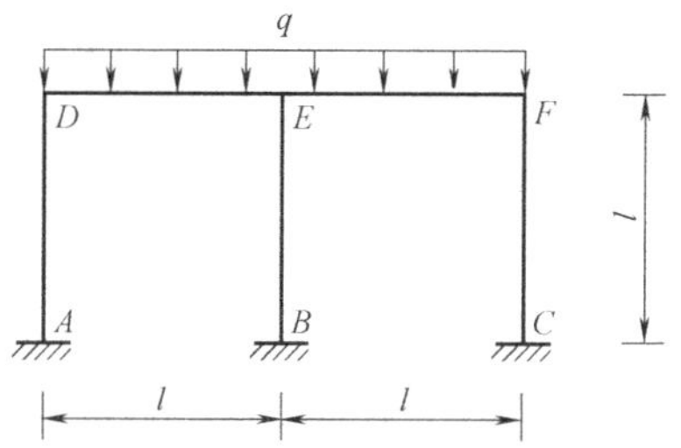

图 8-49

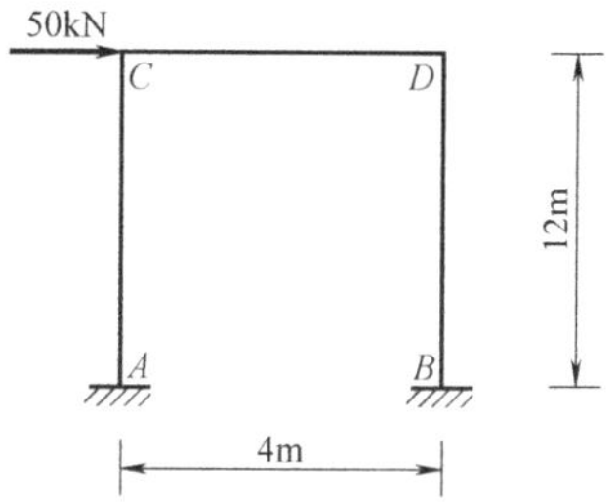

图 8-50

8-14 利用对称性,作图 8-50 所示刚架的内力图,已知各杆的 EI 为常数。

8-15 利用对称性,作图 8-51 所示结构的弯矩图。

8-16 设图 8-52 所示刚架的支座 B 下沉 $\Delta_B = 0.5\text{cm}$,已知 $EI = 3 \times 10^5 \text{kN} \cdot \text{m}^2$。试作其 M 图。

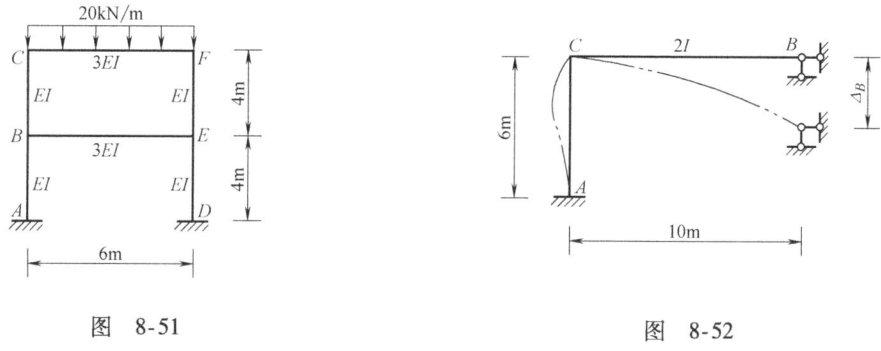

图 8-51

图 8-52

8-17 设图 8-53 所示连续梁的支座 C 下沉 $\Delta_C = 1\text{cm}$,各杆的 $EI = 1.4 \times 10^5 \text{kN} \cdot \text{m}^2$。试作其 M 图。

8-18 图 8-54 所示刚架，浇注混凝土时温度为 20℃，冬季混凝土外皮温度为 -20℃，室内为 8℃，作此温度变化在刚架中引起的弯矩图。设各杆 $E = 2 \times 10^7 \text{kPa}$，线膨胀系数 $\alpha = 1 \times 10^{-5}/℃$，截面尺寸均为 $b \times h = 40\text{cm} \times 60\text{cm}$。

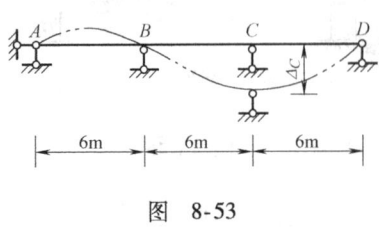

图 8-53

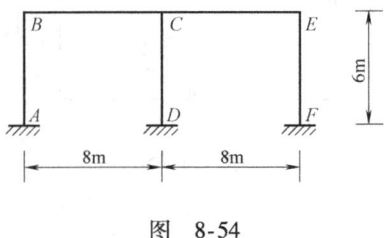

图 8-54

第 9 章　渐近法和近似法

9.1　概述

计算超静定结构，不论采用力法还是位移法，都需要建立和求解联立方程组。当基本未知量较多时，计算工作量将十分繁琐。为了避免解算联立方程，人们提出了许多实用的特别适合手算的计算方法，以简化计算，这些方法大致可以分为两类：一类为渐近法，如力矩分配法、无剪力分配法、迭代法等；另一类为近似法，如分层法、反弯点法等。渐近法以逐次渐近的方法来计算杆端弯矩，其结果的精度随计算轮次的增多而提高，最后收敛于精确解。其物理概念生动形象，每一轮计算又是按同一步骤重复进行，因而易于掌握，适合手算。近似法是在计算中忽略一些影响结构内力的某些次要影响，以较小的工作量取得较为粗略的解答，它避免了反复的数字运算。但是，随着计算机在结构分析中的广泛应用，这些方法的应用虽会有所减少，但在基本未知量较少的场合下仍不失为一种简单易行的方法。

属于渐近法类别的力矩分配法、无剪力分配法是本章讨论的重点，此外，还简略地介绍力矩分配法和位移法联合应用以及属于近似法类别的分层法和反弯点法。

9.2　力矩分配法

力矩分配法是在位移法的基础上发展起来的一种渐近法，它主要应用于分析结点无线位移而仅有角位移的超静定梁和刚架。分析中杆端弯矩的正负号规定与位移法相同。

9.2.1　名词解释

（1）转动刚度　杆端的转动刚度表示杆端对转动的抵抗能力。杆端的转动刚度以 S 表示，它在数值上等于使杆端产生单位转角时需要施加的力矩。图 9-1 所示等截面直杆 AB，当仅在 A 端（称为近端）产生单位转角时，在 A 端所需施加的力矩称为该杆端的转动刚度，并用 S_{AB} 表示。

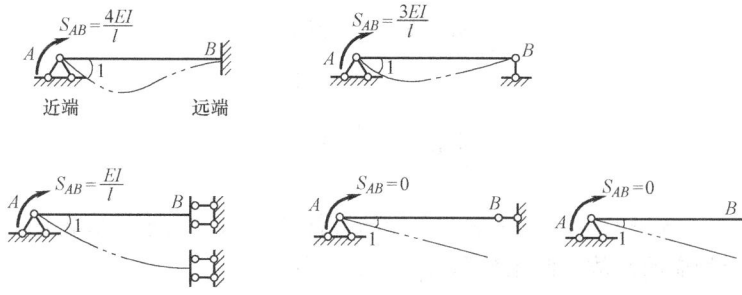

图　9-1

图 9-1 中 AB 杆 A 端转动刚度 S_{AB} 的值可由位移法中介绍的刚度方程导出，即远端为固定，$S_{AB}=4i$；远端为铰支，$S_{AB}=3i$；远端为滑动，$S_{AB}=i$；远端为自由或沿杆轴支杆，$S_{AB}=0$，式中，$i=\dfrac{EI}{l}$。由此可知，转动刚度 S 与杆件的弯曲线刚度 i 和杆件另一端（称为远端）的支承情况有关。如果把 A 端看做可转动（但不能移动）的刚结点，这时 S_{AB} 就代表当刚结点 A 产生单位转角时在杆端 A 引起的杆端弯矩。

(2) 分配系数　图 9-2a 所示为由等截面杆件组成的无结点线位移的单刚结点刚架。设有力偶荷载 M（结点力偶以顺时针转向为正）加于结点 A，使结点 A 产生转角 θ_A，然后达到平衡。试求杆端弯矩 M_{AB}、M_{AC} 和 M_{AD}。

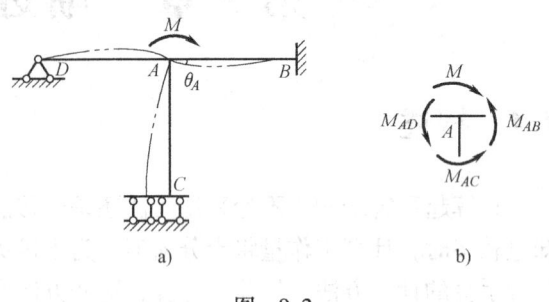

图 9-2

由转动刚度的定义可知

$$\left.\begin{array}{l}M_{AB}=S_{AB}\theta_A=4i_{AB}\theta_A\\ M_{AC}=S_{AC}\theta_A=i_{AC}\theta_A\\ M_{AD}=S_{AD}\theta_A=3i_{AD}\theta_A\end{array}\right\} \quad (a)$$

取结点 A 为隔离体（见图 9-2b），由平衡方程 $\sum M=0$，得

$$M=M_{AB}+M_{AC}+M_{AD}$$

将式（a）代入上式，得

$$M=S_{AB}\theta_A+S_{AC}\theta_A+S_{AD}\theta_A$$

解得

$$\theta_A=\frac{M}{S_{AB}+S_{AC}+S_{AD}}=\frac{M}{\sum\limits_A S}$$

式中，$\sum\limits_A S$ 表示各杆 A 端转动刚度之和。

将 θ_A 值代入式（a），得

$$\left.\begin{array}{l}M_{AB}=\dfrac{S_{AB}}{\sum\limits_A S}M\\[2mm] M_{AC}=\dfrac{S_{AC}}{\sum\limits_A S}M\\[2mm] M_{AD}=\dfrac{S_{AD}}{\sum\limits_A S}M\end{array}\right\} \quad (b)$$

由式（b）知，各杆的近端即 A 端的弯矩与各杆 A 端的转动刚度成正比，并且等于外力偶矩 M 乘上一个相应的系数。此系数用 μ_{Aj} 表示，即有

$$M_{Aj}=\mu_{Aj}M$$

$$\mu_{Aj} = \frac{S_{Aj}}{\sum_A S}$$

式中，M_{Aj} 称为杆件的近端弯矩或分配弯矩；μ_{Aj} 则称为力矩分配系数，它表示了某一分配弯矩所占的比例，其数值与外力偶矩 M 的大小无关；j 为杆件远端的代号，在图 9-2a 刚架中即为 B、C、D 各点，如 μ_{AB} 称为杆 AB 在 A 端的分配系数，其等于杆 AB 的转动刚度与交于 A 点的各杆转动刚度之和的比值。

同一结点各杆分配系数之间存在下列关系

$$\sum \mu_{Aj} = \mu_{AB} + \mu_{AC} + \mu_{AD} = 1$$

总之，加于结点 A 的力偶荷载 M，按各杆的分配系数分配于各杆的 A 端。

(3) 传递系数 在图 9-2a 中，力偶荷载 M 加于结点 A，使各杆近端产生弯矩，同时也使各杆远端产生弯矩。由位移法中的刚度方程可知杆端弯矩的数值如下

$$M_{AB} = 4i_{AB}\theta_A, \quad M_{BA} = 2i_{AB}\theta_A$$
$$M_{AC} = i_{AC}\theta_A, \quad M_{CA} = -i_{AC}\theta_A$$
$$M_{AD} = 3i_{AD}\theta_A, \quad M_{DA} = 0$$

由上述结果可知

$$\frac{M_{BA}}{M_{AB}} = C_{AB} = \frac{1}{2}, \quad \frac{M_{CA}}{M_{AC}} = C_{AC} = -1, \quad \frac{M_{DA}}{M_{AD}} = C_{AD} = 0$$

式中，比值 C_{Aj}（$j = B$、C、D）称为杆 Aj 由 A 端至 j 端的弯矩传递系数，即当杆件近端（与结点相交端）发生转角时，远端（远离结点的杆件另一端）弯矩与近端弯矩的比值，亦即

$$C_{Aj} = \frac{M_{jA}}{M_{Aj}}$$

对等截面杆件来说，传递系数 C 随远端的支承情况而不同，数值如下：远端为固定，$C = \frac{1}{2}$；远端为滑动，$C = -1$；远端为铰支，$C = 0$。

于是，可用下列公式表示传递弯矩及传递系数的应用

$$M_{jA} = C_{Aj} M_{Aj}$$

总括以上，可把图 9-2a 所示刚架杆端弯矩的计算过程归纳为两步：当力偶荷载 M 作用在刚结点 A 时，按各杆的分配系数将力偶荷载 M 分配给各杆的近端，即得各杆近端弯矩（分配弯矩），此步称为分配过程；将近端弯矩乘以传递系数得各杆远端弯矩（传递弯矩），此步称为传递过程。经过分配、传递两过程就可以求出各杆的杆端弯矩，简称为"近端分配，远端传递"。

以上是用力矩分配和传递的概念解决结点力偶荷载作用下的计算问题，故称为力矩分配法。

例 9-1 用力矩分配法计算图 9-3a 所示刚架各杆的杆端弯矩，并作弯矩图。各杆 $EI = $ 常数。

解 EB 杆是内力静定杆，为简化计算，可按图 9-3b 进行分析计算。

(1) 求各杆端转动刚度及分配系数。杆 BA、BC、BD 的线刚度相等，都为 i，即

$$i = \frac{EI}{4\text{m}}$$

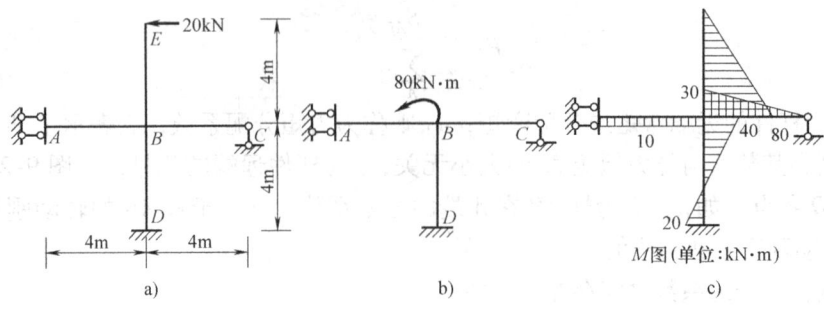

图 9-3

转动刚度为

$$S_{BA}=i_{BA}=i,\ S_{BC}=3i_{BC}=3i,\ S_{BD}=4i_{BD}=4i$$

分配系数为

$$\mu_{BA}=\frac{S_{BA}}{\sum_A S}=\frac{i}{4i+i+3i}=0.125$$

$$\mu_{BC}=\frac{S_{BC}}{\sum_A S}=\frac{3i}{4i+i+3i}=0.375$$

$$\mu_{BD}=\frac{S_{BD}}{\sum_A S}=\frac{4i}{4i+i+3i}=0.5$$

校核

$$\sum_B \mu_{Bj}=\mu_{BA}+\mu_{BC}+\mu_{BD}=0.125+0.375+0.5=1$$

(2) 求分配弯矩

$$M_{BA}=0.125\times(-80)\text{kN}\cdot\text{m}=-10\text{kN}\cdot\text{m}$$
$$M_{BC}=0.375\times(-80)\text{kN}\cdot\text{m}=-30\text{kN}\cdot\text{m}$$
$$M_{BD}=0.5\times(-80)\text{kN}\cdot\text{m}=-40\text{kN}\cdot\text{m}$$

(3) 求传递弯矩

$$M_{AB}=-M_{BA}=-1\times(-10)\text{kN}\cdot\text{m}=10\text{kN}\cdot\text{m}$$

$$M_{CB}=0$$

$$M_{DB}=\frac{1}{2}M_{BD}=\frac{1}{2}\times(-40)\text{kN}\cdot\text{m}=-20\text{kN}\cdot\text{m}$$

(4) 绘制弯矩图　根据各杆端的分配弯矩和传递弯矩，可绘出结构的弯矩图，如图 9-3c 所示。

9.2.2　力矩分配法的基本概念（单结点的力矩分配）

前面分析了无结点线位移的单结点刚架承受力偶荷载作用时力矩的分配和传递，下面以连续梁为例来说明承受一般荷载作用时力矩分配法的基本概念。

图 9-4a 所示为一连续梁，承受图示荷载作用，其变形状态如图中双点画线所示。伴随

着这个变形出现的杆端弯矩的计算过程可归纳如下：

（1）固定结点　设想先在结点 B 加一个阻止转动的附加约束（刚臂），锁住结点 B 的转动（即 $\theta_B=0$），这时结点 B 相当于固定端，表明结点约束把连续梁 ABC 分解为两根在结点 B 为固端的单跨梁 AB 和 BC；然后在 AB 梁上施加荷载 F_P，AB 梁受荷载作用后产生变形，如图 9-4b 中双点画线所示，相应地产生固端弯矩 M_{AB}^F、M_{BA}^F。BC 梁无荷载作用，没有变形，也无固端弯矩，即 $M_{BC}^F=0$。在结点 B 处两杆固端弯矩不能相互平衡，故附加约束上必定产生约束力矩 M_B（也称不平衡力矩），由 $\sum M_B=0$ 可知，结点 B 的约束力矩 $M_B=M_{BC}^F+M_{BA}^F$。约束力矩等于汇交于结点 B 各杆的固端弯矩之和，规定以顺时针转向为正。

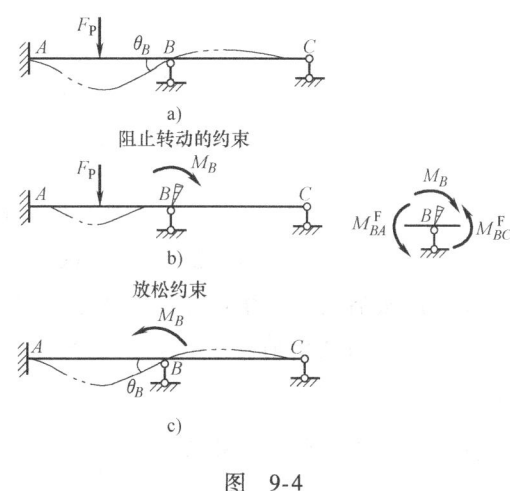

图 9-4

（2）放松结点　连续梁的结点 B 本来没有附加约束，也不存在约束力矩 M_B。因此，必须放松结点 B 的约束（取消刚臂），使其恢复到原来的状态（见图 9-4c），即让结点 B 出现转角 θ_B，结点 B 处的约束力矩即由 M_B 回复到零，这相当于在结点 B 原有约束力矩 M_B 的基础上再新加一个力偶荷载（$-M_B$），随之使梁产生新的变形如图 9-4c 中双点画线所示。这时，结点 B 各杆在近端 B 新产生弯矩 M'_{BA} 和 M'_{BC}，称为分配弯矩；在远端 A 新产生弯矩 M'_{AB}，称为传递弯矩。杆端弯矩以顺时针为正，反之为负。

（3）叠加　把图 9-4b、c 所示两种情况叠加，就得到图 9-4a 所示的情况。

现在把一般荷载作用时力矩分配法的物理概念及杆端弯矩的计算步骤简述如下：

1）"先锁"——固定结点，求约束力矩。先在刚结点 B 加上阻止转动的约束，把连续梁分为单跨梁，求出杆端的固端弯矩。结点 B 各杆固端弯矩之和即为约束力矩 M_B。

2）"后松"——放松结点，求分配弯矩和传递弯矩。去掉约束（即相当于在结点 B 新加 $-M_B$），求出各杆近端 B 新产生的分配弯矩和远端新产生的传递弯矩。

3）"叠加"——叠加得到实际杆端弯矩。将第 1）步中各杆端的固端弯矩分别和第 2）步中各杆端的分配弯矩或传递弯矩叠加，就得到实际结构的各杆端弯矩。

可见，具有单刚结点的无结点线位移结构，用力矩分配法计算，不必求出结点角位移的数值，即可直接算得杆端弯矩的精确解。

下面通过例题说明力矩分配法的基本运算步骤。

例 9-2　图 9-5 所示为一连续梁，试用力矩分配法作弯矩图。

解　（1）固定结点 B（见图 9-6a）。在结点 B 上加约束（也可不画在图上），计算由荷载产生的固端弯矩（对杆端顺时针转向为正号），写在各杆端的下方（见图 9-6b）。

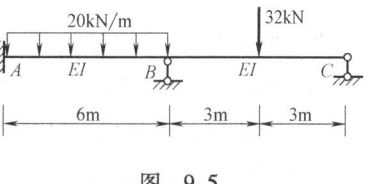

图 9-5

$$M_{AB}^{F} = -\frac{20\text{kN/m} \times (6\text{m})^2}{12} = -60\text{kN} \cdot \text{m}$$

$$M_{BA}^{F} = \frac{20\text{kN/m} \times (6\text{m})^2}{12} = 60\text{kN} \cdot \text{m}$$

$$M_{BC}^{F} = -\frac{3 \times 32\text{kN} \times 6\text{m}}{16} = -36\text{kN} \cdot \text{m}$$

在结点 B 处，约束力矩为各杆固端弯矩代数和，即

$$M_B = M_{BA}^{F} + M_{BC}^{F} = 60\text{kN} \cdot \text{m} - 36\text{kN} \cdot \text{m} = 24\text{kN} \cdot \text{m}$$

（2）放松结点 B。为了消除约束力矩 M_B，应在结点 B 新加一个外力偶矩 $-24\text{kN} \cdot \text{m}$（见图 9-6b）。此力偶荷载按分配系数分配于两杆的 B 端，并使 A 端产生传递弯矩。具体演算如下：

杆 AB 和 BC 的线刚度相等，$i = \dfrac{EI}{6\text{m}}$。

分配系数为

$$\mu_{BA} = \frac{S_{BA}}{S_{BA} + S_{BC}} = \frac{4i}{4i + 3i} = \frac{4}{7}$$

$$\mu_{BC} = \frac{S_{BC}}{S_{BA} + S_{BC}} = \frac{3i}{4i + 3i} = \frac{3}{7}$$

校核

$$\sum \mu = \mu_{BA} + \mu_{BC} = 1$$

分配系数写在图 9-6b 所示结点 B 上面的方框内。

分配弯矩为

$$M_{BA}' = \frac{4}{7} \times (-24\text{kN} \cdot \text{m}) = -13.71\text{kN} \cdot \text{m}$$

$$M_{BC}' = \frac{3}{7} \times (-24\text{kN} \cdot \text{m}) = -10.29\text{kN} \cdot \text{m}$$

分配弯矩下面画一横线（见图 9-6b），表示结点已经放松，达到平衡。

传递弯矩为

$$M_{AB}' = \frac{1}{2}M_{BA}' = \frac{1}{2} \times (-13.71\text{kN} \cdot \text{m}) = -6.86\text{kN} \cdot \text{m}$$

$$M_{CB}' = 0$$

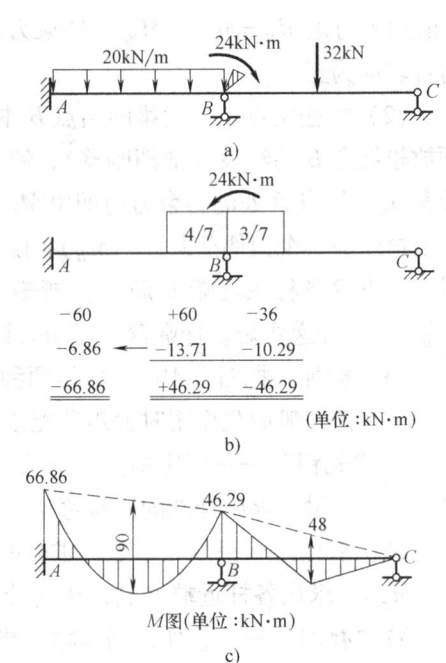

图 9-6

将结果按图 9-6b 所示格式写出，并用箭头表示弯矩传递的方向。

（3）将以上（1）和（2）的结果叠加，即得到最后的杆端弯矩，如图 9-6b 所示。

实际演算时，可将以上计算步骤汇集在一起，按图 9-6b 所示的格式演算。下面画双横线表示各杆端弯矩的最后结果。注意在结点 B 应满足平衡条件

$$\sum M_B = 46.29\text{kN} \cdot \text{m} - 46.29\text{kN} \cdot \text{m} = 0$$

根据杆端弯矩，可作出 M 图，如图 9-6c 所示。

例 9-3 试用力矩分配法计算图 9-7 所示刚架，并作弯矩图。各杆长均为 4m。

解 由于结点 B、C 无结点线位移，所以本题可采用力矩分配法求解。

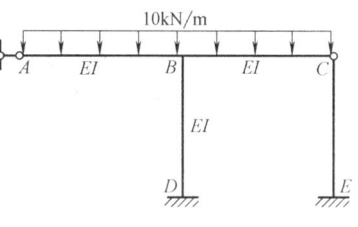

图 9-7

（1）固端弯矩为

$$M_{BA}^F = \frac{10\text{kN/m} \times (4\text{m})^2}{2} = 80\text{kN} \cdot \text{m}$$

$$M_{BC}^F = -\frac{10\text{kN/m} \times (4\text{m})^2}{8} = -20\text{kN} \cdot \text{m}$$

（2）分配系数。各杆的线刚度相等，$i = \dfrac{EI}{4\text{m}}$，则

$$\mu_{BA} = \frac{0}{3i + 4i + 0} = 0$$

$$\mu_{BC} = \frac{3i}{3i + 4i + 0} = \frac{3}{7}$$

$$\mu_{BD} = \frac{4i}{3i + 4i + 0} = \frac{4}{7}$$

校核

$$\sum \mu = \mu_{BA} + \mu_{BC} + \mu_{BD} = 0 + \frac{3}{7} + \frac{4}{7} = 1$$

（3）弯矩分配与传递。计算过程如图 9-8a 所示。

（4）作弯矩图。根据杆端弯矩，可作出 M 图，如图 9-8b 所示。

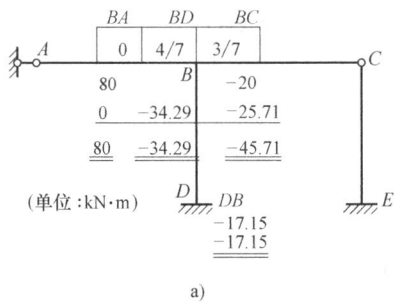
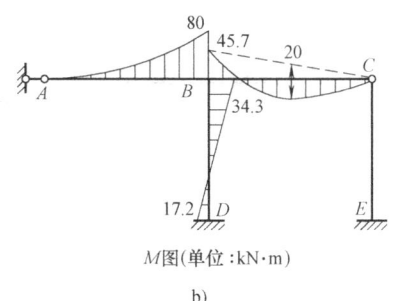

图 9-8

例 9-4 试用力矩分配法计算图 9-9a 所示连续梁，并作弯矩图。$EI = 4 \times 10^4 \text{kN} \cdot \text{m}^2$。

解 结构在支座移动时的内力计算与荷载作用下的内力计算，其计算步骤完全相同，只是支座移动时的固端弯矩是由支座位移产生的。

（1）固定结点 B，求各杆端的固端弯矩。

$$M_{AB}^F = -6i_{AB}\frac{\Delta_{BA}}{l} = -6 \times \frac{4 \times 10^4 \text{kN} \cdot \text{m}^2}{6\text{m}} \times \frac{1.5 \times 10^{-2}\text{m}}{6\text{m}} = -100\text{kN} \cdot \text{m}$$

$$M_{BA}^F = -6i_{AB}\frac{\Delta_{BA}}{l} = -100\text{kN} \cdot \text{m}$$

$$M_{BC}^F = -3i_{BC}\frac{\Delta_{BC}}{l} = -3 \times \frac{4 \times 10^4 \text{kN} \cdot \text{m}^2}{6\text{m}} \times \frac{(-1.5 \times 10^{-2}\text{m})}{6\text{m}} = 50 \text{kN} \cdot \text{m}$$

在结点 B 处，各杆端固端弯矩代数和为约束力矩 M_B，即

$$M_B = M_{BA}^F + M_{BC}^F = -100\text{kN} \cdot \text{m} + 50\text{kN} \cdot \text{m} = -50\text{kN} \cdot \text{m}$$

(2) 放松结点 B，求各杆的分配系数 $\left(i = \dfrac{EI}{6\text{m}}\right)$。

转动刚度为

$$S_{BA} = 4i, \quad S_{BC} = 3i$$

分配系数为

$$\mu_{BA} = \frac{S_{BA}}{S_{BA} + S_{BC}} = \frac{4i}{4i + 3i} = \frac{4}{7}$$

$$\mu_{BC} = \frac{S_{BC}}{S_{BA} + S_{BC}} = \frac{3i}{4i + 3i} = \frac{3}{7}$$

校核

$$\sum \mu = \mu_{BA} + \mu_{BC} = 1$$

(3) 弯矩分配与传递。计算过程如图 9-9b 所示。

(4) 作弯矩图，如图 9-9c 所示。

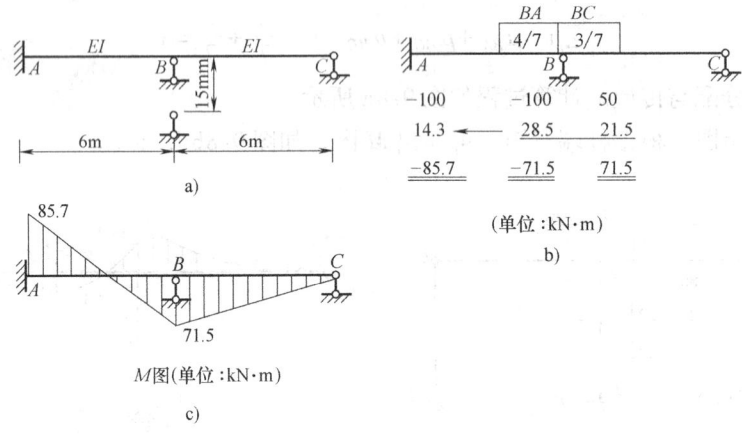

图 9-9

9.2.3 力矩分配法的基本原理（多结点的力矩分配）

上节说明了单结点力矩分配法的基本概念。我们将这一计算方法推广运用到具有多结点的连续梁和无结点线位移刚架。对于这类结构可采用逐次放松每一个结点，应用上节的单结点力矩分配的运算方法，逐步渐近求出最后杆端弯矩。下面通过图 9-10a 所示三跨连续梁（图中双点画线为变形曲线）为例来说明力矩分配法逐次渐近的基本原理。

第一步，先在结点 B、C 加附加刚臂，约束各结点转动，然后再将荷载 F_P 加到 BC 跨上。这时，约束把连续梁分成三根在结点 B、C 为固端的单跨梁。各单跨梁的变形如图 9-10b 中双点画线所示。这时，杆 BC 两端有固端弯矩 M_{BC}^F 和 M_{CB}^F，结点 B、C 有约束力矩 M_B 和 M_C。

第二步，放松结点 B 的刚臂约束，此时结点 C 仍锁住。即在结点 B 加一个与约束力矩反向的力偶荷载 $-M_B$，在结点 B 进行力矩分配，得到结点 B 各杆端的第一次分配弯矩，同时结点 A、C 杆端有第一次的传递弯矩，结点 C 有约束力矩增量 M_C'。这时结点 B 有转角 θ_B'，累加的总变形如图 9-10c 中双点画线所示。

第三步，将已转动到新位置上的结点 B 再次加以固定，然后放松结点 C，即在结点 C 加一个力偶荷载 $-M_C''$（$M_C'' = M_C + M_C'$），在结点 C 进行力矩分配，得到结点 C 各杆端的第一次分配弯矩，同时结点 B、D 杆端有第一次的传递弯矩，结点 B 又有约束力矩增量 M_B'。此时结点 C 有转角 θ_C'，累加的总变形如图 9-10d 中双点画线所示。

第四步，再次固定结点 C 后放松结点 B，结点 B 又有转角增量，但它比 θ_B' 小得多。因为结点 B 在首次放松后已处于平衡状态，现在放松时，结点 B 的约束力矩是由于前次结点 C 放松时的分配力矩传来的力矩，它比上一轮放松结点 B 时的约束力矩小得多，同样进行力矩的分配、传递。

按照以上步骤，继续采取将结点 B 和 C 轮流固定与放松的方法，进行分配和传递，直到结点 B、C 的转角增量很小，附加约束只起极微小的作用。也就是说，此时连续梁的变形和内力已很接近其真实的变形和内力，这就是多结点的力矩分配法。

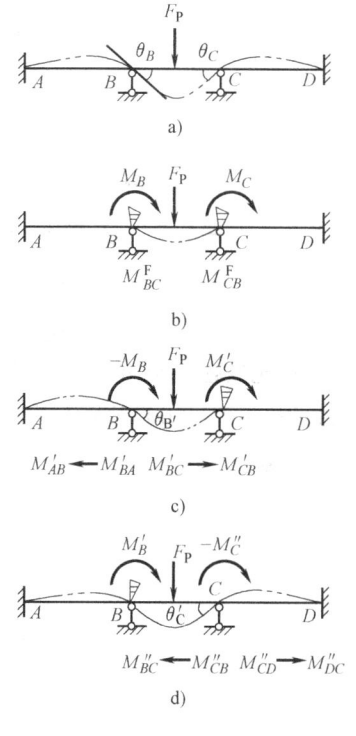

图 9-10

力矩分配法是逐次放松各结点以消去其上的约束力矩而修正各杆端的弯矩，使其逐步接近真实的弯矩值。所以，它是一种渐近法。其计算结果的精度随着计算轮次的增加而提高。实际计算中，为了使计算过程收敛较快，通常从约束力矩绝对值相对较大的结点开始放松，对各结点进行两到三个循环的运算，就能达到较好的精度。

现通过例题说明用力矩分配法运算多结点结构的步骤和演算格式。

例 9-5 试用力矩分配法计算图 9-11a 所示连续梁，并绘制内力图。

解 通过本例题进一步说明多结点力矩分配法的物理意义及解题步骤。

悬臂杆 DE 的内力静定，可直接由静力平衡条件求得 $M_{DE} = -30 \text{kN} \cdot \text{m}$，$F_{QDE} = 10 \text{kN}$。为简化计算，可将其切去，而以相应的弯矩和剪力作为外力施加于结点 D，结点 D 简化为铰支座来处理，如图 9-11b 所示。

（1）锁住结点 B、C，求各杆的固端弯矩。

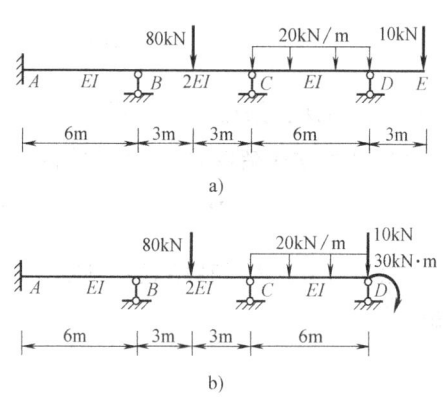

图 9-11

$$M_{BC}^F = -\frac{80\text{kN} \times 6\text{m}}{8} = -60\text{kN} \cdot \text{m}$$

$$M_{CB}^F = \frac{80\text{kN} \times 6\text{m}}{8} = 60\text{kN} \cdot \text{m}$$

$$M_{CD}^F = -\frac{20\text{kN/m} \times (6\text{m})^2}{8} + \frac{30}{2}\text{kN} \cdot \text{m} = -75\text{kN} \cdot \text{m}$$

$$M_{DC}^F = 30\text{kN} \cdot \text{m}$$

将上述固端弯矩写在图 9-12a 中第一行。这时结点 B、C 的约束力矩分别为

$$M_B = -60\text{kN} \cdot \text{m}$$

$$M_C = 60\text{kN} \cdot \text{m} - 75\text{kN} \cdot \text{m} = -15\text{kN} \cdot \text{m}$$

（2）先放松结点 B（此时结点 C 仍被锁住），按单结点问题进行分配和传递，即在结点 B 新加一个 $-(-60)\text{kN} \cdot \text{m}$ 的力偶荷载，进行力矩分配。为此，求出汇交于结点 B 各杆端的分配系数。

$$\mu_{BA} = \frac{4 \times \dfrac{EI}{6\text{m}}}{4 \times \dfrac{EI}{6\text{m}} + 4 \times \dfrac{2EI}{6\text{m}}} = \frac{1}{3}$$

$$\mu_{BC} = \frac{4 \times \dfrac{2EI}{4\text{m}}}{4 \times \dfrac{EI}{6\text{m}} + 4 \times \dfrac{2EI}{6\text{m}}} = \frac{2}{3}$$

BA 和 BC 两杆端的分配弯矩为

$$M'_{BA} = \frac{1}{3} \times 60\text{kN} \cdot \text{m} = 20\text{kN} \cdot \text{m}$$

$$M'_{BC} = \frac{2}{3} \times 60\text{kN} \cdot \text{m} = 40\text{kN} \cdot \text{m}$$

同时应将分配弯矩按照 1/2 的传递系数向各自的远端传递，得到传递弯矩

$$M'_{AB} = \frac{1}{2} \times 20\text{kN} \cdot \text{m} = 10\text{kN} \cdot \text{m}$$

$$M'_{CB} = \frac{1}{2} \times 40\text{kN} \cdot \text{m} = 20\text{kN} \cdot \text{m}$$

经过分配和传递，结点 B 已经平衡。

（3）重新锁住结点 B，并放松结点 C。结点 C 的约束力矩为

$$M_C = \sum_C M_{Cj}^F = -15\text{kN} \cdot \text{m} + 20\text{kN} \cdot \text{m} = 5\text{kN} \cdot \text{m}$$

放松结点 C，等于在结点 C 新加一力偶荷载 $-5\text{kN} \cdot \text{m}$，进行力矩分配。计算结点 C 各杆端的分配系数

$$\mu_{CB} = \frac{4 \times \dfrac{2EI}{6\text{m}}}{4 \times \dfrac{2EI}{6\text{m}} + 3 \times \dfrac{EI}{6\text{m}}} = \frac{8}{11}$$

$$\mu_{CD} = \frac{3 \times \dfrac{EI}{6m}}{4 \times \dfrac{2EI}{6m} + 3 \times \dfrac{EI}{6m}} = \frac{3}{11}$$

CB 和 CD 两杆端的分配弯矩为

$$M'_{CB} = \frac{8}{11} \times (-5)\,\text{kN}\cdot\text{m} = -3.64\,\text{kN}\cdot\text{m}$$

$$M'_{CD} = \frac{3}{11} \times (-5)\,\text{kN}\cdot\text{m} = -1.36\,\text{kN}\cdot\text{m}$$

同时将它们向各自的远端传递，得传递弯矩

$$M'_{BC} = \frac{1}{2} \times (-3.64)\,\text{kN}\cdot\text{m} = -1.82\,\text{kN}\cdot\text{m}$$

$$M'_{DC} = 0$$

此时，结点 C 已经平衡，但结点 B 又有新的约束力矩。以上完成了力矩分配法的第一个循环。

将各结点处的分配系数分别写在各结点上端的方框内，在分配弯矩的数字下面画一单横线，如图 9-12a 所示，表示横线以上的结点力矩总和已等于零，此结点暂时达到了平衡并随之转动一个角度（但未转动到最终位置）。

（4）进行第二个循环。再次先后放松结点 B 和 C，相应的结点约束力矩分别为 -1.82kN·m，0.61kN·m。

（5）进行第三个循环。相应的结点约束力矩分别为 -0.22kN·m、0.07kN·m。由此可以看出，结点约束力矩的衰减过程是很快的。进行三次循环以后，结点约束力矩已经很小，结构已接近恢复到实际状态，故计算工作可以停止。

（6）将各杆端的固端弯矩、历次的分配弯矩和传递弯矩叠加，即得最后的杆端弯矩，并在最后杆端弯矩的数字下画一双横线，表示最后结果（见图 9-12a）。

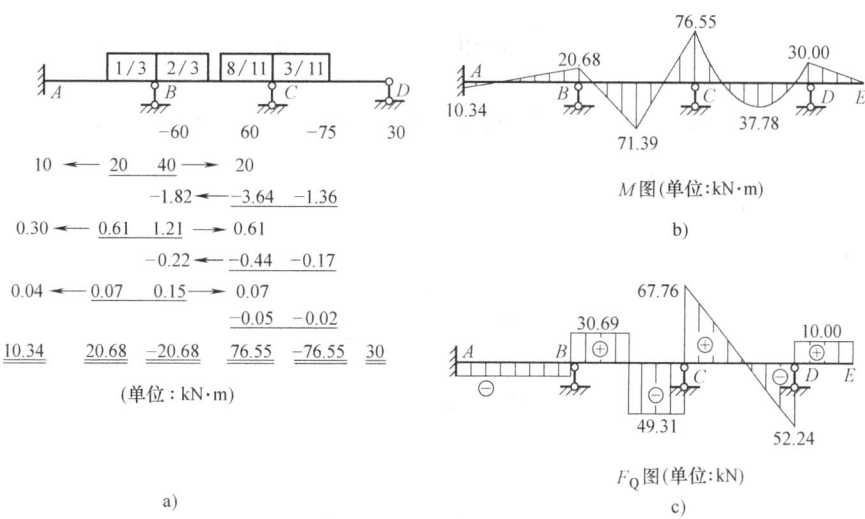

图 9-12

(7) 根据叠加的杆端弯矩，作弯矩图（见图 9-12b）。

(8) 以各杆件为隔离体，利用杆端弯矩，建立力矩平衡条件可求出各杆端剪力。根据各杆端剪力作剪力图（见图 9-12c）。

此外，上述悬臂杆 DE 也可不去掉，同时固定三个结点 B、C、D，求出各杆的固端弯矩。然后，先放松结点 D，由于 DE 杆的转动刚度为零，故知其分配系数 $\mu_{DE}=0$，而有 $\mu_{DC}=1$，进行力矩的分配、传递；再放松结点 C，而结点 D 此次放松后便不再重新固定，在以后的计算中则作为铰支座处理。那么，本题能否同时放松结点 B、D 呢？

归纳起来，运用力矩分配法计算连续梁和无结点线位移刚架的步骤如下：

(1) 先锁 利用附加约束锁住所有刚结点（在图上不一定画出），使结构变成互不相关的单跨梁，分别计算各杆端的固端弯矩及各结点的约束力矩。

(2) 逐次放松 逐次放松每个结点，其他刚结点都被固定。将约束力矩反向，根据分配系数进行分配，得各杆近端的分配弯矩；根据传递系数求各杆远端的传递弯矩。经过多次循环后，使所有结点趋于平衡。为加快计算过程，每次可同时放松所有不相邻的刚结点，重复进行单结点的力矩分配和传递，但相邻结点不可同时放松。

(3) 叠加 将各杆杆端的固端弯矩与历次的分配弯矩和传递弯矩叠加，即得各杆端的最后弯矩。

例 9-6 试用力矩分配法作图 9-13 所示刚架的弯矩图。EI = 常数。

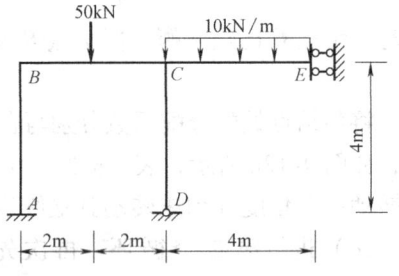

图 9-13

解 (1) 固端弯矩为

$$M_{BC}^F = -\frac{1}{8}F_P l = -\frac{1}{8} \times 50\text{kN} \times 4\text{m} = -25.0\text{kN}\cdot\text{m}$$

$$M_{CB}^F = \frac{1}{8}F_P l = \frac{1}{8} \times 50\text{kN} \times 4\text{m} = 25.0\text{kN}\cdot\text{m}$$

$$M_{CE}^F = -\frac{1}{3}ql^2 = -\frac{1}{3} \times 10\text{kN/m} \times (4\text{m})^2 = -53.33\text{kN}\cdot\text{m}$$

$$M_{EC}^F = -\frac{1}{6}ql^2 = -\frac{1}{6} \times 10\text{kN/m} \times (4\text{m})^2 = -26.67\text{kN}\cdot\text{m}$$

(2) 分配系数$\left(\text{设 } i = \dfrac{EI}{4\text{m}}\right)$计算。

结点 B

$$\mu_{BC} = \frac{4i}{4i+4i} = \frac{1}{2}$$

$$\mu_{BA} = \frac{4i}{4i+4i} = \frac{1}{2}$$

结点 C

$$\mu_{CD} = \frac{3i}{3i+4i+i} = \frac{3}{8}$$

$$\mu_{CB} = \frac{4i}{3i+4i+i} = \frac{1}{2}$$

$$\mu_{CE} = \frac{i}{3i+4i+i} = \frac{1}{8}$$

（3）弯矩分配与传递，如图 9-14 所示。
（4）作 M 图，如图 9-15 所示。

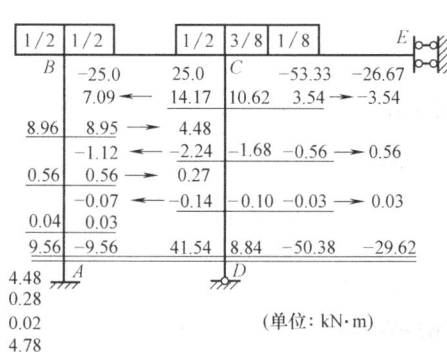

图 9-14

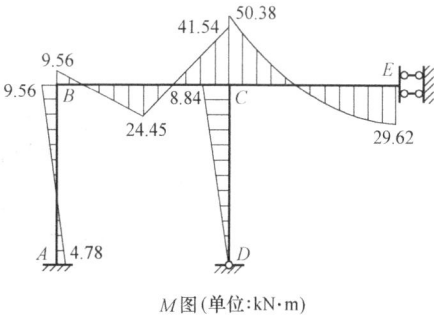

图 9-15

例 9-7 用力矩分配法计算图 9-16a 所示单跨对称双层刚架，作 M 图。

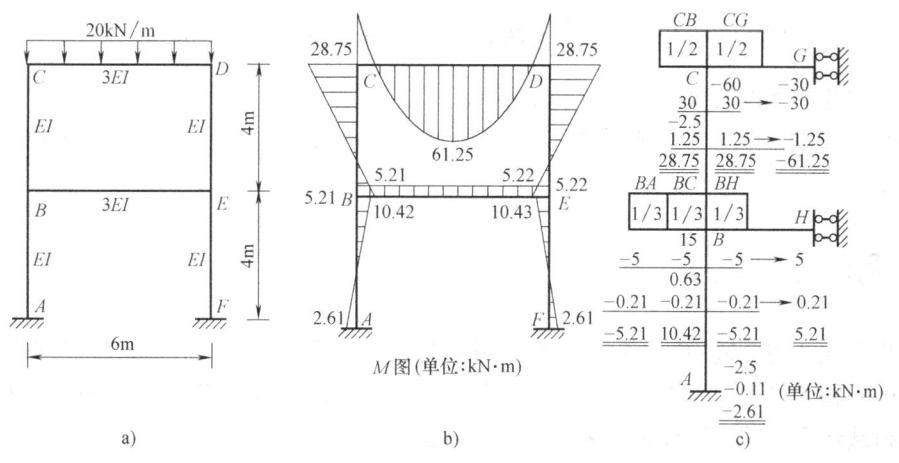

图 9-16

解 这是一个对称刚架承受对称荷载作用，可取图 9-16c 所示半刚架结构进行计算。

（1）分配系数计算。

结点 C

$$S_{CG} = i_{CG} = \frac{3EI}{3\mathrm{m}} = EI/\mathrm{m}$$

$$S_{CB} = 4i_{CB} = 4 \times \frac{EI}{4\mathrm{m}} = EI/\mathrm{m}$$

$$\mu_{CG} = \frac{S_{CG}}{S_{CG}+S_{CB}} = \frac{EI}{EI+EI} = 0.5$$

$$\mu_{CB} = \frac{S_{CB}}{S_{CG}+S_{CB}} = \frac{EI}{EI+EI} = 0.5$$

结点 B

$$S_{BH} = i_{BH} = \frac{3EI}{3\mathrm{m}} = EI/\mathrm{m}$$

$$S_{BC} = S_{BA} = 4i_{BC} = 4 \times \frac{EI}{4\mathrm{m}} = EI/\mathrm{m}$$

$$\mu_{BH} = \frac{S_{BH}}{S_{BH}+S_{BA}+S_{BC}} = \frac{EI}{EI+EI+EI} = \frac{1}{3}$$

$$\mu_{BA} = \frac{S_{BA}}{S_{BH}+S_{BA}+S_{BC}} = \frac{EI}{EI+EI+EI} = \frac{1}{3}$$

$$\mu_{BC} = \frac{S_{BC}}{S_{BH}+S_{BA}+S_{BC}} = \frac{EI}{EI+EI+EI} = \frac{1}{3}$$

（2）固端弯矩计算。梁 CD 的固端弯矩可以根据原结构或半结构计算。

据原结构，$M_{CD}^{F} = -\frac{1}{12}ql^2 = -\frac{1}{12} \times 20\mathrm{kN/m} \times (6\mathrm{m})^2 = -60\mathrm{kN\cdot m}$

据半结构，$M_{CG}^{F} = -\frac{1}{3}ql^2 = -\frac{1}{3} \times 20\mathrm{kN/m} \times (3\mathrm{m})^2 = -60\mathrm{kN\cdot m}$

$$M_{GC}^{F} = -\frac{1}{6}ql^2 = -\frac{1}{6} \times 20\mathrm{kN/m} \times (3\mathrm{m})^2 = -30\mathrm{kN\cdot m}$$

（3）弯矩分配与传递，如图 9-16c 所示。

（4）作 M 图。计算的杆端弯矩仅为左半结构，利用对称性，可作出整个刚架的 M 图，如图 9-16b 所示。

9.3 无剪力分配法

力矩分配法主要适用于无结点线位移的超静定梁和刚架。但是对于某些特殊的具有结点线位移的问题，可以用与力矩分配法类似的无剪力分配法进行计算。本节以单跨对称刚架在反对称荷载作用下的半刚架为例来说明这种方法。

单跨对称刚架是工程中常见的结构形式，如刚架式桥墩、渡槽或管道的支架，以及单跨厂房等。对于图 9-17a 所示单跨对称刚架，可将其荷载分为正、反对称两组。正对称时（见图 9-17b）结点只有角位移，没有线位移，可用前述一般力矩分配法计算。反对称时（见

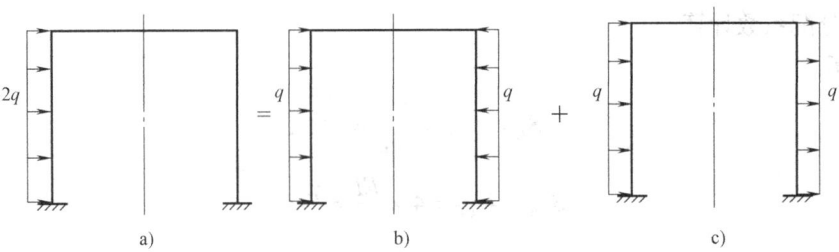

图 9-17

图9-17c）结点除有角位移外，还有线位移，此时可采用下面的无剪力分配法来计算。

9.3.1　无剪力分配法的应用条件

无剪力分配法不能直接用于有结点线位移的一般刚架，而只能用于某些特殊有结点线位移刚架，是力矩分配法的一种拓展，用于单跨对称刚架在反对称荷载作用下的计算极为方便。

取单跨对称刚架在反对称时半刚架如图9-18a所示，此半刚架的变形和受力有如下特点：各梁的两端结点没有相对线位移（即没有垂直杆轴的相对位移），这种杆件称为两端无相对线位移的杆件；各柱的两端结点虽然有侧移，但剪力是静定的（各柱的剪力可由静力平衡条件直接求出，图9-18b所示为其剪力图），这种杆件称为剪力静定杆件。

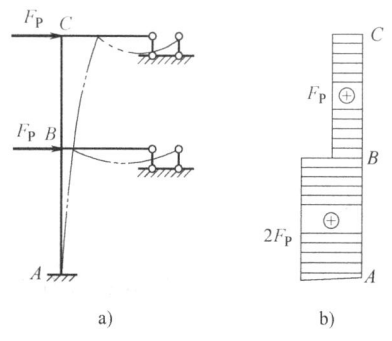

所以，无剪力分配法的应用条件是：刚架中除两端无相对线位移的杆件外，其余杆件都是剪力静定杆件。

图　9-18

例如，图9-19a所示刚架，立柱只有一根而各横梁支杆均与立柱平行，可用无剪力分配法求解。而在图9-19b所示有侧移的刚架中，竖柱 AB、CD 既不是杆端无相对线位移的杆件，也不是剪力静定杆件。这种刚架不能直接用无剪力分配法求解。

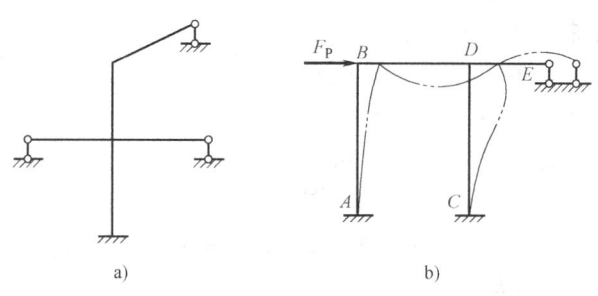

图　9-19

9.3.2　无剪力分配法的计算过程

1. 单层刚架的情况

采用无剪力分配法计算图9-20a所示半刚架，其计算过程和力矩分配法一样。

（1）先锁　锁住结点（只约束结点的角位移，但不约束线位移），求各杆端的固端弯矩。

我们只加附加刚臂约束结点 B 的角位移，而不加附加链杆约束其线位移，如图9-20b所示。这时，柱 BA 的上端虽不能转动但仍可自由地水平滑行，故相当于下端固定上端滑动的单跨梁，如图9-20c所示。至于横梁 BC 则因其水平移动并不影响其内力，仍相当于一端固定另一端铰支的梁。柱的固端弯矩为

$$M_{AB}^F = -\frac{ql^2}{3}, \quad M_{BA}^F = -\frac{ql^2}{6}$$

结点 B 的约束力矩暂时由刚臂来承受。注意，此时柱 AB 的剪力仍然是静定的，其两端

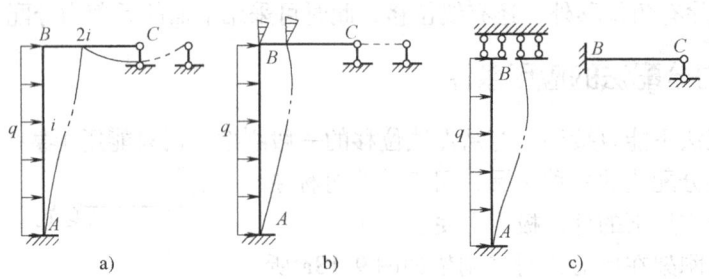

图 9-20

剪力为

$$F_{QBA}=0, \quad F_{QAB}=ql$$

即全部水平荷载由柱的下端剪力所平衡。

(2) 后松 放松结点（结点产生角位移，同时也产生线位移），进行力矩的分配和传递，求各杆端的分配弯矩和传递弯矩。

放松结点 B 的约束，相当于在结点 B 加一个与约束力矩等值反向的力偶荷载，此时结点 B 不仅产生角位移 θ_B，同时也发生水平线位移，如图 9-21a 所示。对于横梁来说，结点线位移对它没有影响，所以，仍按一端固定另一端铰支的梁来处理，其计算与一般力矩分配法相同。对于 AB 柱的计算，AB 柱相当于下端固定上端滑动的杆件，当上端转动时柱的剪力为零，因而处于纯弯曲受力状态（见图 9-21b），这与上端固定下端滑动而上端

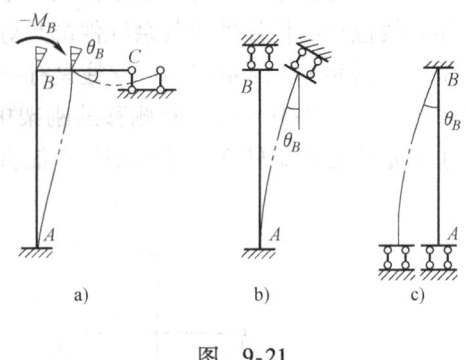

图 9-21

转动同样角度时杆件的受力和变形（见图 9-21c）完全相同，故可推知 AB 柱（零剪力杆件）的转动刚度和传递系数分别为

$$S_{BA}=i_{BA}, \quad C_{BA}=-1$$

由上可见，在固定结点时，柱 AB 的剪力是静定的；在放松结点时，这些剪力静定杆件（柱 AB）的剪力为零。也就是说，这些剪力静定杆件是在零剪力的条件下得到分配弯矩和传递弯矩，故称为无剪力分配。

(3) 叠加 将以上两步所得的结果叠加，即得出原刚架的杆端弯矩。

2. 多层刚架的情况

以上方法同样可以推广到多层刚架的情况。如图 9-22a 所示的多层刚架，各横梁均为两端无相对线位移的杆件，各竖柱均为剪力静定杆件，其分析方法与单层刚架的分析方法相同。

首先锁住所有刚结点，只加附加刚臂约束各结点的角位移，如图 9-22b 所示。此时各层柱子两端均无转角，但有侧移。考察其中任一层柱子两端的相对侧移时，可将其下端看做是固定的，上端是滑动的。根据平衡条件可知，C 点下边截面的剪力为 $F_{QCB}=0$，B 点下边截面的剪力为 $F_{QBA}=ql$。因此，不论刚架有多少层，每一层的柱子均视为上端滑动下端固定的单跨梁，除了柱身承受本层荷载外，柱顶处还承受数值等于柱顶剪力的杆端荷载，其值等于

柱顶以上各层所有水平荷载的代数和。这样，可根据上滑下固的单跨梁求出各层竖柱的固端弯矩，如图 9-22c、d 所示。

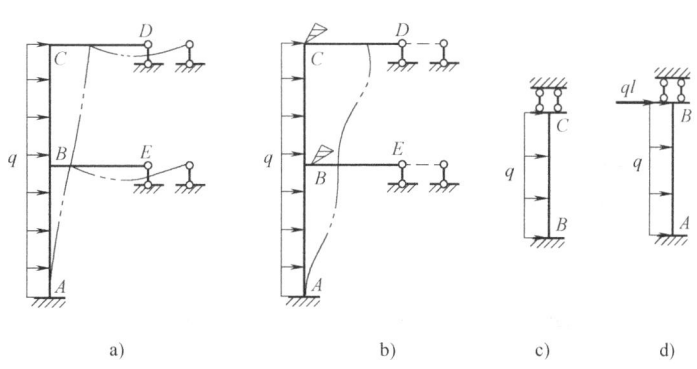

图 9-22

然后将各结点轮流地放松，进行力矩的分配、传递。图 9-23a 所示为放松某一结点 B 时的情形，这相当于在该结点上施加了一个与约束力矩等值反向的力偶荷载。此时结点 B 不仅转动某一角度 θ_B，同时 AB、BC 两柱还将产生相对侧移。根据平衡条件知两柱剪力均为零，处于纯弯曲受力状态，因而计算时各柱的转动刚度应取各自的线刚度 i 而传递系数为 -1（与图 9-23b、c 相同）。放松其他结点时情况亦相似。至于力矩分配、传递的具体计算步骤则与一般力矩分配法相同，毋须赘述。

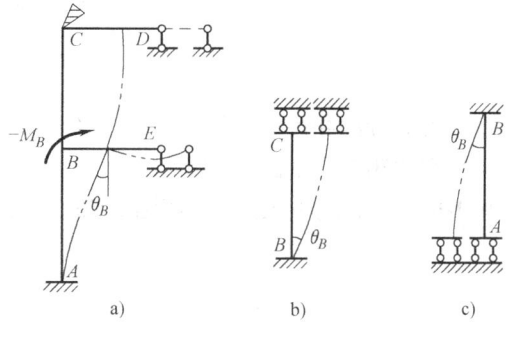

图 9-23

总之，在无剪力分配法中，固定各结点求各杆端的固端弯矩时，是将剪力静定杆件（即每一层的竖柱）看做上端滑动下端固定的单跨梁（除承受杆身荷载外，杆顶端还承受上层传来的剪力）；放松各结点求各杆端的分配弯矩和传递弯矩时，对零剪力杆件，可把放松的这端看作固定端，另一端为滑动端。其计算步骤与一般力矩分配法相同。

例 9-8 用无剪力分配法计算图 9-24a 所示刚架，并作弯矩图。

解 刚架中的杆 BC 为杆端无相对线位移的杆件，杆 AB 为剪力静定杆件，可采用无剪力分配法计算。

（1）求固端弯矩。

$$M_{AB}^{F} = -\frac{ql^2}{3} = -\frac{5\text{kN/m} \times (4\text{m})^2}{3} = -26.67\text{kN} \cdot \text{m}$$

$$M_{BA}^{F} = -\frac{ql^2}{6} = -\frac{5\text{kN/m} \times (4\text{m})^2}{6} = -13.33\text{kN} \cdot \text{m}$$

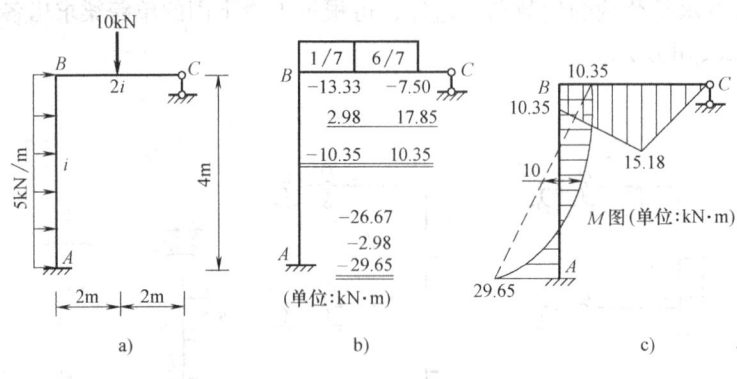

图 9-24

$$M_{BC}^F = -\frac{3}{16} \times 10\text{kN} \times 4\text{m} = -7.5\text{kN} \cdot \text{m}$$

（2）求分配系数。

$$S_{BA} = i_{BA} = i$$
$$S_{BC} = 3i_{BC} = 6i$$
$$\mu_{BA} = \frac{i}{i+6i} = \frac{1}{7}$$
$$\mu_{BC} = \frac{6i}{i+6i} = \frac{6}{7}$$

（3）力矩分配和传递。计算过程如图 9-24b 所示。注意，立柱的传递系数为 -1。

（4）作弯矩图，如图 9-24c 所示。

例 9-9 用无剪力分配法计算图 9-25a 所示结构，并作弯矩图。各杆长均为 l。

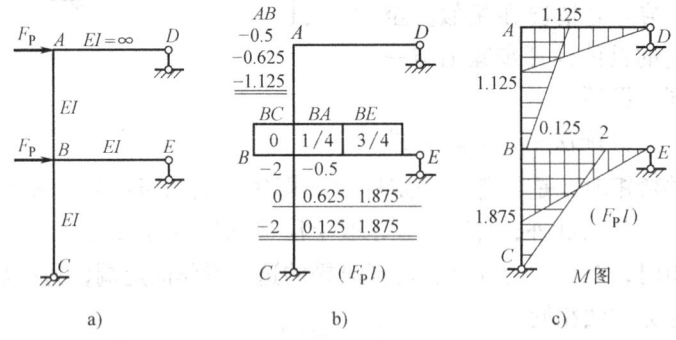

图 9-25

解 因 AD 杆 $EI = \infty$，A 结点不可能转动，因此只需对 B 结点进行力矩分配。

（1）求固端弯矩。

$$M_{BA}^F = -0.5F_Pl$$
$$M_{BC}^F = -2F_Pl$$
$$M_{AB}^F = -0.5F_Pl$$

（2）求分配系数。

$$\mu_{BA} = \frac{\dfrac{EI}{l}}{\dfrac{EI}{l} + \dfrac{3EI}{l}} = \frac{1}{4}$$

$$\mu_{BE} = \frac{\dfrac{3EI}{l}}{\dfrac{EI}{l} + \dfrac{3EI}{l}} = \frac{3}{4}$$

$$\mu_{BC} = 0$$

（3）分配与传递。计算过程如图 9-25b 所示。

（4）作弯矩图，如图 9-25c 所示。

例 9-10 用力矩分配法或无剪力分配法计算图 9-26a 所示结构，并作弯矩图。各杆 EI 为常数。

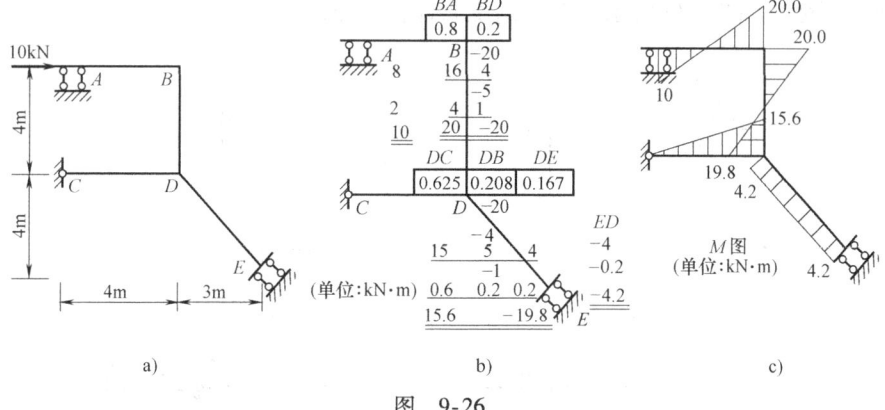

图 9-26

解 结点 D 无线位移。结点 B 有水平位移，但杆件 BD 是剪力静定杆。用力矩分配法和无剪力分配法求解：

（1）求分配系数。

$$S_{BA} = 4i_{BA} = 4 \times \frac{EI}{4\text{m}} = \frac{EI}{1\text{m}}, \quad S_{BD} = i_{BD} = \frac{EI}{4\text{m}}$$

$$\mu_{BA} = \frac{EI/\text{m}}{\dfrac{EI}{1\text{m}} + \dfrac{EI}{4\text{m}}} = 0.8, \quad \mu_{BD} = \frac{\dfrac{EI}{4\text{m}}}{\dfrac{EI}{1\text{m}} + \dfrac{EI}{4\text{m}}} = 0.2$$

$$C_{BD} = -1, \quad C_{BA} = 0.5$$

$$S_{DB} = i_{DB} = \frac{EI}{4\text{m}}, \quad S_{DC} = 3i_{DC} = \frac{3EI}{4\text{m}}, \quad S_{DE} = i_{DE} = \frac{EI}{5\text{m}}$$

$$\mu_{DB} = 0.208, \quad \mu_{DC} = 0.625, \quad \mu_{DE} = 0.167$$

$$C_{DB} = -1, \quad C_{DE} = -1$$

（2）求固端弯矩。

$$M_{BD}^{F} = M_{DB}^{F} = -\frac{1}{2} \times 10\text{kN} \times 4\text{m} = -20\text{kN} \cdot \text{m}$$

(3) 力矩分配与传递。计算过程如图9-26b所示。

(4) 作弯矩图。弯矩图如图9-26c所示。

*9.4 力矩分配法和位移法的联合应用

对于一般有结点线位移的刚架，上述力矩分配法和无剪力分配法均不适用。为此，可应用联合法，联合法的形式有很多，如力法与位移法的联合、力法与力矩分配法的联合、力矩分配法和位移法的联合、力矩分配法和无剪力分配法的联合等。对于各种不同的问题，可采用不同的联合应用方法。本节仅讨论用力矩分配法与位移法联合求解有结点线位移刚架的情况。这一方法的基本思路是：用力矩分配法考虑角位移的影响，用位移法考虑线位移的影响。也就是在应用位移法时仅以结点线位移为基本未知量列位移法方程，而在计算位移法方程中的自由项和系数时，所需的基本结构在荷载和单位线位移作用下的弯矩，则用力矩分配法来求得。下面以图9-27a所示刚架为例说明计算的原理。

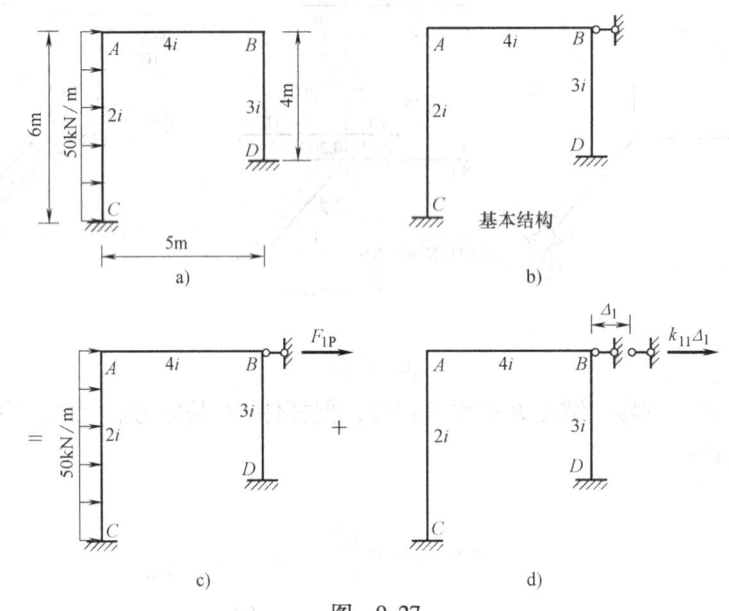

图 9-27

首先，用位移法求解，图9-27a所示刚架，在荷载作用下有两个结点角位移和一个线位移。但在计算时只以结点线位移 Δ_1 为基本未知量（角位移不作为基本未知量），选取只加附加链杆控制结点线位移而不加附加刚臂控制结点角位移的基本结构（见图9-27b）。设此基本结构在荷载作用下附加链杆上的反力为 F_{1P}（见图9-27c）；而发生与原结构相同的结点线位移 Δ_1 时附加链杆上的反力为 $k_{11}\Delta_1$（见图9-27d）。根据叠加原理可建立位移法方程

$$k_{11}\Delta_1 + F_{1P} = 0 \tag{a}$$

而弯矩可表示为

$$M = \overline{M}_1 \Delta_1 + M_P \tag{b}$$

式中，F_{1P}、M_P 是基本结构在荷载作用下附加链杆的反力和弯矩，k_{11}、$\overline{M}_1$ 是基本结构由于单位位移 $\Delta_1 = 1$ 而产生的附加反力和弯矩。

其次，用力矩分配法计算基本结构，求出 k_{11}、F_{1P}、$\overline{M}_1$、M_P。由于在基本结构中，结

点线位移是给定的,只有结点角位移是未知量,因此用力矩分配法求解是很方便的。

按式(a)求出结点线位移 $\Delta_1 = -\dfrac{F_{1P}}{k_{11}}$,然后按式(b)可求得弯矩图。

例 9-11 试求图 9-27a 所示刚架的弯矩图。

解 (1) 在 B 处加水平链杆取基本结构,求其在荷载作用下附加链杆处的附加反力 F_{1P}(见图 9-27c)。

为了确定自由项 F_{1P},需要作出基本结构在荷载作用下的弯矩图 M_P,此时,由于各结点无线位移,可用力矩分配法求得。弯矩的计算如图 9-28a 所示。

由杆端弯矩可求出柱顶剪力

$$F_{QAC} = \frac{177.38\text{kN} \cdot \text{m} - 95.24\text{kN} \cdot \text{m}}{6\text{m}} - \frac{50\text{kN} \times 6\text{m}}{2\text{m}} = -136.31\text{kN}$$

$$F_{QBD} = -\frac{23.43\text{kN} \cdot \text{m} + 11.74\text{kN} \cdot \text{m}}{4\text{m}} = -8.79\text{kN}$$

再取两柱顶端以上横梁 AB 部分为隔离体(见图 9-28b),由平衡条件 $\sum F_x = 0$,求得

$$F_{1P} = F_{QAC} + F_{QBD} = -136.31\text{kN} - 8.79\text{kN} = -145.10\text{kN} \; (\leftarrow)$$

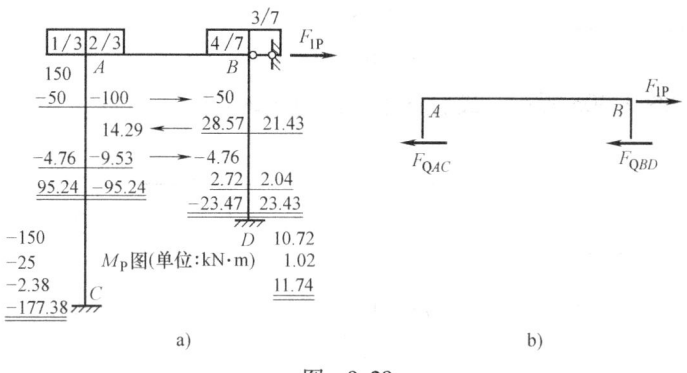

图 9-28

(2) 求基本结构由于单位位移 $\Delta_1 = 1$ 作用而产生的附加反力 k_{11}。为了确定 k_{11},需要作出基本结构在支座 B 向右产生单位位移时的弯矩图 $\overline{M}_1$,此时,结点线位移 $\Delta_1 = 1$,相当于无侧移刚架发生已知支座位移的情况,故其弯矩同样可用力矩分配法求得。$\overline{M}_1$ 的计算如图 9-29a 所示。固端弯矩计算如下

$$M_{AC}^F = M_{CA}^F = -\frac{6i_{AC}}{h_{AC}} = -\frac{6 \times 2i}{6} = -2i$$

$$M_{BD}^F = M_{DB}^F = -\frac{6i_{BD}}{h_{BD}} = -\frac{6 \times 3i}{4} = -4.5i$$

由杆端弯矩求出柱顶剪力

$$F_{QAC} = \frac{1.74i + 1.87i}{6} = 0.60i$$

$$F_{QBD} = \frac{2.68i + 3.59i}{4} = 1.57i$$

再取两柱顶端以上横梁 AB 部分为隔离体(见图 9-29b),由平衡条件 $\sum F_x = 0$,求得

$$k_{11} = F_{QAC} + F_{QBD} = 0.6i + 1.57i = 2.17i \ (\rightarrow)$$

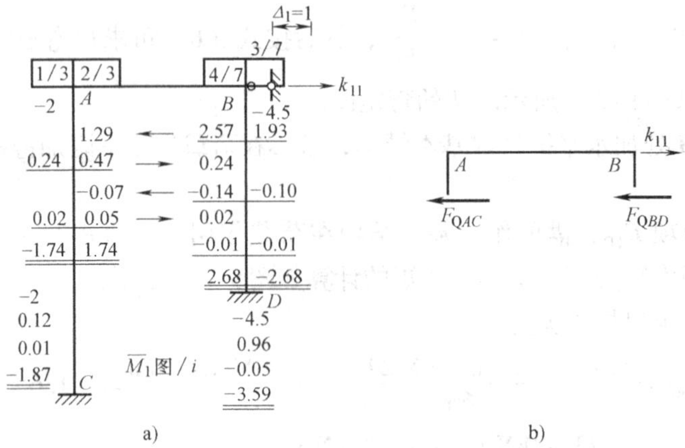

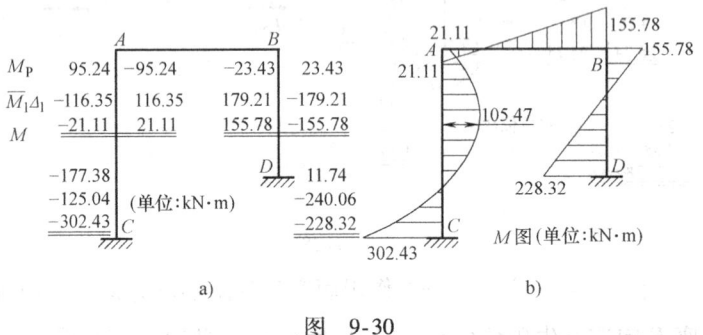

图 9-29

(3) 由位移法方程求结点 B 的水平位移 Δ_1

$$\Delta_1 = -\frac{F_{1P}}{k_{11}} = -\frac{-145.10}{2.17i} = \frac{66.87}{i} \ (\rightarrow)$$

(4) 由叠加法求刚架最后弯矩并作弯矩图

$$M = M_P + \overline{M}_1 \Delta_1$$

其计算过程如图 9-30a 所示,最后弯矩图如图 9-30b 所示。

图 9-30

以上刚架是只具有一个结点线位移的情况,当结点线位移多于一个时,也可用类似的方法进行计算。现以具有两个线位移未知量 Δ_1、Δ_2 的刚架为例,写出其计算步骤如下:

1) 在原结构上设置两根附加支杆,以控制线位移 Δ_1、Δ_2,并以这个无线位移的体系作为基本结构。

2) 用力矩分配法求出基本结构在荷载作用下的 M_P、F_{1P}、F_{2P}。

3) 在基本结构中令 $\Delta_1 = 1$,用力矩分配法求出 $\overline{M}_1$、k_{11}、k_{21}。

4) 在基本结构中令 $\Delta_2 = 1$,用力矩分配法求出 $\overline{M}_2$、k_{12}、k_{22}。

5) 位移法方程为

$$\begin{cases} k_{11}\Delta_1 + k_{12}\Delta_2 + F_{1P} = 0 \\ k_{21}\Delta_1 + k_{22}\Delta_2 + F_{2P} = 0 \end{cases}$$

由此解出 Δ_1、Δ_2。

6) 用叠加公式 $M = \overline{M}_1 \Delta_1 + \overline{M}_2 \Delta_2 + M_P$ 作弯矩图。

*9.5 近似法

用精确法计算多跨多层刚架，常有大量的计算工作，如不借助计算机，往往无法进行计算。如果在计算中忽略一些次要影响，则可得到各种近似法。近似法以较小的工作量，取得较为粗略的解答，可用于结构的初步设计，也可用于对计算结果的合理性进行判断。

下面介绍工程中常用的分层计算法和反弯点法。

9.5.1 竖向荷载下的分层计算法

多层多跨刚架在竖向荷载作用下的侧移一般较小，当这种侧移可以忽略时，可近似地按无侧移刚架进行分析。多层多跨刚架在竖向荷载作用下的分层计算法就是忽略侧移影响的一种近似法。

如图9-31所示的多层多跨刚架，当仅某层梁上作用有竖向荷载时，梁两端的固端弯矩构成了结点i、j的不平衡力矩M_i、M_j，根据分配系数可分别得到柱端的分配弯矩M_{ik}、M_{im}和M_{jl}、M_{jn}，柱端弯矩向远端传递，传递系数为$1/2$，得到传递弯矩，这些远端弯矩又构成了结点k、l、m、n的不平衡力矩；进一步可以得到上、下梁端的分配弯矩，在经过柱子传递和结点分配后，其值比直接受荷载层的梁端弯矩要小得多，即只有直接受荷载的梁及与它相连的上、下层柱的弯矩较大，其他各层梁、柱的弯矩由于经过分配、传递而衰减很快，数值均很小。当梁的线刚度大于柱的线刚度时，这一特点更为明显。

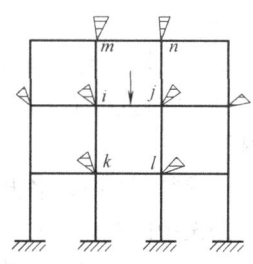

图 9-31

根据上述刚架的受力特点，可以将各层满载的刚架分解为若干个只有单层受载的刚架之和，如图9-32a所示的三层刚架可按层分为图9-32b、c、d所示的三个刚架来分别计算，

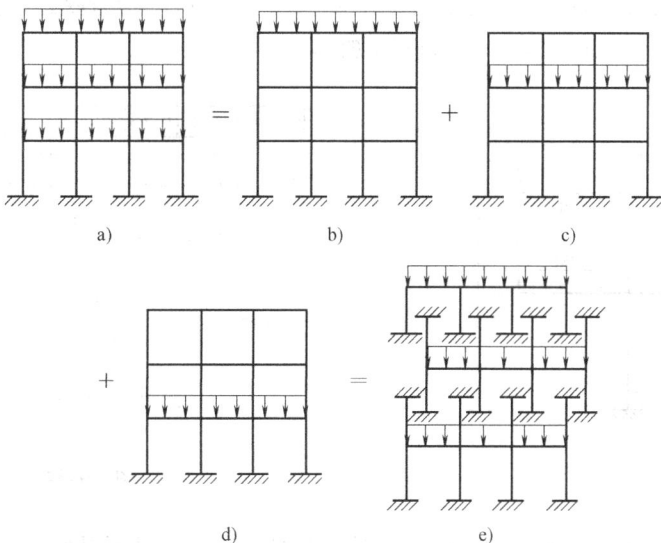

图 9-32

而每一单层受荷载刚架的内力又都可忽略其非本层梁、柱的弯矩，进而可以设想把其中无内力的杆件从结构计算模型中去掉，而以完全固定支座来代替它们对直接受荷载层梁、柱的约束作用，得到一系列开口刚架（见图9-32e）。最后，再将这些开口刚架的内力图叠加，即可得到整个刚架的内力图。内力计算中，如忽略这些非本层梁、柱的弯矩，对内力结果影响很小。

在上述分析的基础上，对于竖向荷载作用下多层多跨刚架的内力分析作如下两个近似假设：

1）忽略侧移的影响，用力矩分配法计算。

2）每一层刚架梁上的竖向荷载只对本层的梁及与本层梁相连的刚架柱产生弯矩和剪力，忽略对其他各层梁、柱的影响，把多层刚架分解成一层一层地单独计算。

因此，多层刚架在各层竖向荷载同时作用下的内力，可以看成是各层竖向荷载单独作用下的内力的叠加；进一步可以对一系列开口刚架利用力矩分配法进行计算，如图9-32e所示。在各个分层刚架中，柱的远端都假设为固定端。除底层柱底部外，其余各柱的远端并不真正是固定端，而是弹性固定端。为了反映这个特点，可将上层各柱的线刚度乘以折减系数0.9，传递系数由1/2改为1/3（至于底层柱脚本来即为固定支座，故底层柱的线刚度不予折减）。

在求得图9-32e各开口刚架的内力后，将相邻两个开口刚架中相同柱的内力相叠加，即为原刚架中的柱内力；而开口刚架计算所得的各层梁内力即为原刚架梁内力。这种将刚架分解为一系列开口刚架计算的方法称为分层法。由于作了上述假定，所以这是一种近似法，但可使计算大大简化。

由分层法计算的结果，在刚结点上弯矩是不平衡的，但一般误差不会很大。如有需要，可对结点的不平衡力矩，再进行一次分配，但不传递。

例 9-12 试用分层计算法作图9-33所示二层刚架的弯矩图。括号内数字为各杆线刚度的相对值。

解 （1）上层刚架内力计算。上层柱线刚度乘以0.9后，计算各结点的分配系数，柱的传递系数取1/3，计算过程及结果如图9-34所示。

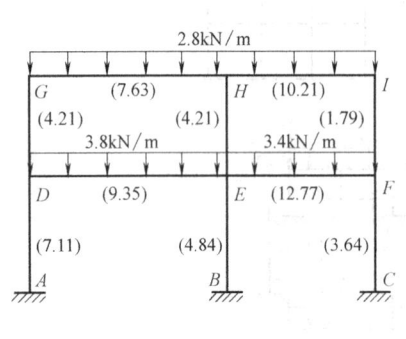

图 9-33

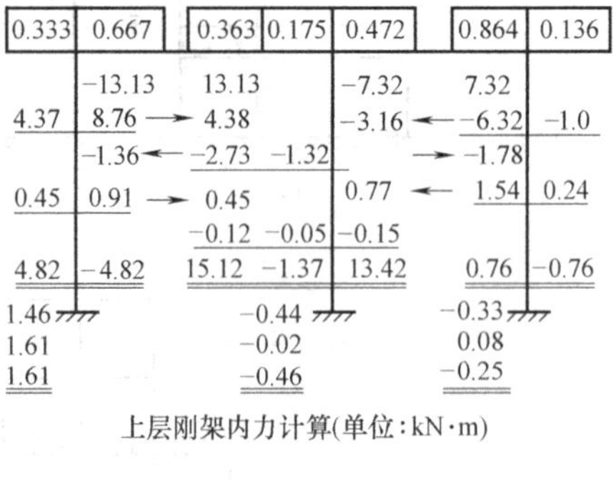

上层刚架内力计算(单位:kN·m)

图 9-34

（2）下层刚架内力计算。图9-35所示为下层刚架内力计算过程及结果。除底层柱传递系数为1/2外，其余同上层。

(3) 全刚架各杆内力图。图 9-36 为图 9-34 和图 9-35 计算结果叠加后所得到的各杆弯矩图。由图中可见,结点中弯矩有不平衡情况。经调整平衡后其值为图 9-37 不带括号数字。

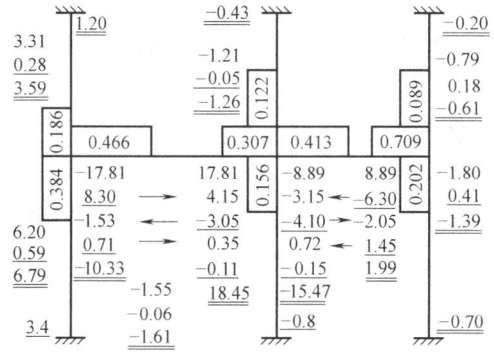

下层刚架内力计算(单位:kN·m)

图 9-35

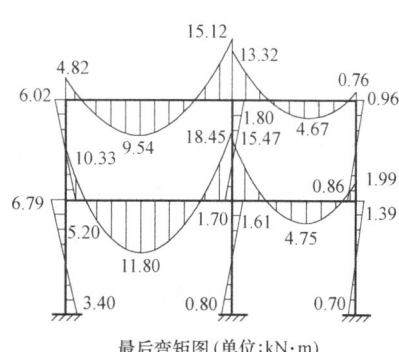

最后弯矩图(单位:kN·m)

图 9-36

(4) 精确值和近似值的比较。图 9-37 给出了精确解法和分层法计算结果。图中不带括号的数值为不考虑结点线位移的杆端弯矩,即近似值;括号内数值为考虑结点线位移的弯矩值,即精确值。本例中,梁的误差小,柱的误差大,但可满足工程要求。若不满足时,则可多分配几次,直到满足要求为止,一般分配 2~3 次即可。

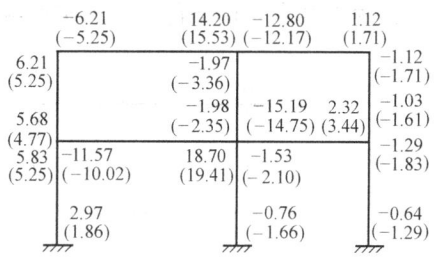

计算结果比较(单位:kN·m)

图 9-37

9.5.2 水平荷载下的反弯点法

分层计算法只能应用于多层多跨刚架承受竖向荷载作用的情况,而不能应用于承受水平荷载作用的情况。因为这时不但不能忽略侧移的影响,而且荷载的影响也不局限在本层。反弯点法是多层多跨刚架在水平结点荷载作用下最常用的近似方法。

1. 基本思路

工程实际中,多层多跨刚架承受的水平荷载主要有风荷载和地震荷载作用,它们都可以简化为水平结点荷载的作用。在水平荷载作用下,刚架的弯矩图如图 9-38a 所示。因无结间荷载,各杆的弯矩图都是直线,各杆都有一个弯矩为零的点称为反弯点。当然,各杆反弯点位置未必相同。图 9-38b 表示该刚架受力后的变形图,各柱的上下端既有水平位移,又有角位移(即柱端转角)。如果刚架的各层都不缺梁且不考虑轴力所引起各杆的变形,则在同一横梁标高处,各柱端都将产生一个相同的水平位移,同一层各柱上下端的水平位移差也相等。其次,如果梁的线刚度比柱的线刚度大得多(如 $i_b/i_c \geqslant 3$),上述的结点转角就很小。

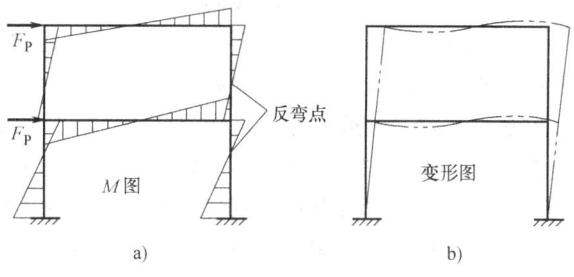

图 9-38

由于反弯点处曲率为零,弯矩为零,在此截面,柱仅承受由外荷载引起的剪力和轴力,各层的层间剪力等于该层以上的水平荷载的总和。若能确定各柱的侧移刚度系数(指柱两端发生单位相对侧移时所需的侧向力)就能按各柱的刚度系数比例将层间剪力分配给各柱,有了每层各柱的剪力,即可按静力方法求出各柱的杆端弯矩,所以确定反弯点的位置和柱的侧移刚度系数就是求内力的重要内容。

如图9-39a所示简单刚架,横梁与立柱线刚度之比为 $i_b/i_c = 3$,属强梁弱柱的情况。其弯矩图如图9-39b所示。如果采用反弯点法,则假设梁的线刚度 $i_b = \infty$,则按图9-40a的理想刚架计算。这时,刚架变形的特点是结点有侧移而无转角。弯矩图的特点是立柱中点的弯矩为零(见图9-40b),利用这个特点,整个弯矩图可按下列程序直接画出:

1)由于对称性,得知各柱剪力为 $F_Q = \dfrac{F_P}{2}$。

2)由于反弯点在立柱中点,可知各柱两端弯矩为 $M = F_Q \times \dfrac{h}{2} = \dfrac{F_P h}{4}$,由此可画出立柱的弯矩图。

3)根据结点平衡条件,可求出梁端弯矩,并画出横梁的弯矩图。

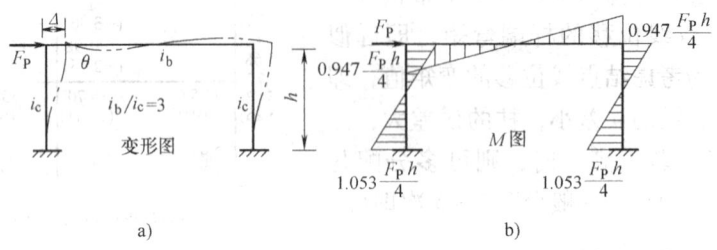

图 9-39

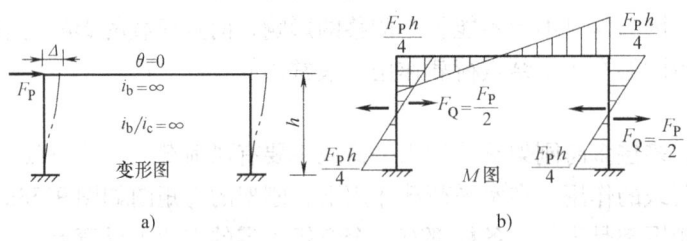

图 9-40

由此可知,对有结点线位移的刚架,如果梁的线刚度比柱的线刚度大得多,则在水平荷载作用下,结点侧移是主要位移,而结点转角是次要位移。在这种情况下,忽略结点转角,利用柱反弯点的位置和侧移刚度系数计算刚架的内力,将使计算大为简化,这种忽略结点转角来求解刚架内力的近似方法称为反弯点法。反弯点法是多层多跨刚架在水平结点荷载作用下最常用的近似方法,对于强梁弱柱的情况最为适用。

反弯点法的基本假设是把刚架中的横梁简化为刚性梁。

从图9-39b和图9-40b可以看出,精确法和反弯点法计算弯矩的相对误差只有5%。由此看出,如果梁柱线刚度比值 $i_b/i_c \geq 3$,则可采用反弯点法计算,并能得到较好的精度。

2. 柱的反弯点位置和侧移刚度系数确定

图 9-41a 所示横梁为刚性梁的理想刚架，刚架变形的特点是结点有侧移而无转角，弯矩图的特点是立柱中点的弯矩为零（见图 9-41b）。图中左柱线刚度为 i_{c1}，高度为 h_1，右柱线刚度为 i_{c2}，高度为 h_2。由于两柱侧移 Δ 相等，因此两柱的剪力应为（见图 9-41c）

$$\left. \begin{aligned} F_{Q1} &= \frac{12i_{c1}}{h_1^2}\Delta = k_1\Delta \\ F_{Q2} &= \frac{12i_{c2}}{h_2^2}\Delta = k_2\Delta \end{aligned} \right\} \qquad (a)$$

式中，k 为柱的侧移刚度系数，即柱两端发生单位相对侧移时所引起的剪力，对两端固定的等截面直杆，$k = \dfrac{12i_c}{h^2}$；对一端固定另一端铰支的等截面直杆，$k = \dfrac{3i_c}{h^2}$。

由平衡条件，两柱剪力的和应等于 F_P，即

$$F_{Q1} + F_{Q2} = F_P \qquad (b)$$

由式（a）和式（b）可求出

$$\left. \begin{aligned} F_{Q1} &= \frac{k_1}{\sum\limits_{i=1}^{2} k_i} F_P \\ F_{Q2} &= \frac{k_2}{\sum\limits_{i=1}^{2} k_i} F_P \end{aligned} \right\} \qquad (c)$$

由此看出，各柱的剪力与该柱的侧移刚度系数 k_j 成正比，$\dfrac{k_j}{\sum k_j} = \nu_j$ 称为剪力分配系数。因此，荷载 F_P 按剪力分配系数分配给各柱。由于弯矩零点在柱中点，故可作出刚架弯矩图，如图 9-41b 所示。

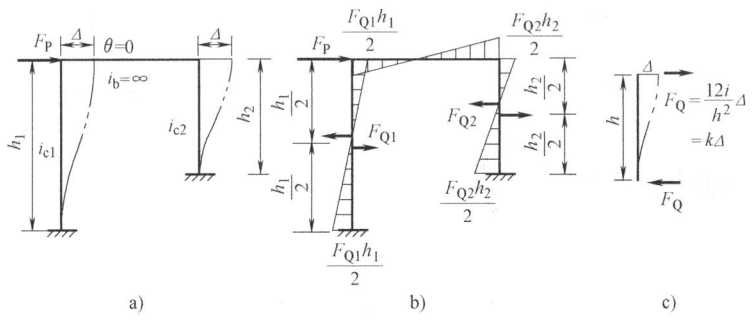

图 9-41

在确定柱反弯点位置时，要考虑影响柱上下结点转角的各种因素，即柱上下端的约束条件。当两端约束相同时，反弯点在中点；当两端约束不相同时，反弯点则移向转角较大的一端，也就是移向约束刚度较小的一端。用反弯点法计算时，可近似认为除底层柱外，上层各柱的反弯点均在柱中点处。由于底层柱的底端为固结，柱上端约束刚度较小，因此反弯点向上移，可取离柱底 2/3 柱高度处为反弯点。

综上所述，反弯点法的要点可归纳如下：

1) 刚架在结点水平荷载作用下，当梁的线刚度比柱的线刚度大得多（如 $i_b/i_c \geq 3$）时，可采用反弯点法计算。

2) 反弯点法假设横梁相对线刚度为无限大，因而刚架结点不发生转角，只有侧移。

3) 刚架同层各柱有相同侧移时，同层各柱剪力与柱的侧移刚度系数成正比。每层柱共同承受该层以上的水平荷载作用。各层的总剪力按各柱侧移刚度所占的比例分配到各柱。所以，反弯点法又可称为剪力分配法。

4) 反弯点法的反弯点位置。用反弯点法计算时，可近似认为除底层柱外，上层各柱的反弯点均在柱中点处，底层柱可取离柱底 2/3 柱高度处为反弯点。

5) 柱端弯矩根据柱的剪力和反弯点位置确定。梁端弯矩由结点力矩平衡条件确定（中间结点计算的是梁端弯矩之和），中间结点的两侧梁端弯矩，按梁的转动刚度分配不平衡力矩求得。

例 9-13 用反弯点法计算图 9-42 所示刚架，并作出弯矩图。括号内数字为杆件相对线刚度。

解 设底层柱的反弯点在离底 2/3 柱高度处，其他各层柱的反弯点在柱高中点。在反弯点处将柱切开，隔离体如图 9-43 所示。为了绘图方便，本图将各层分别切开求剪力并合成了一个图。

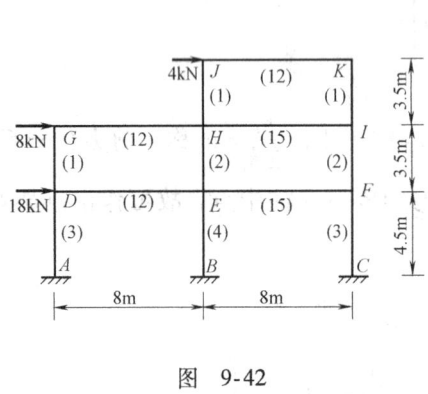

图 9-42

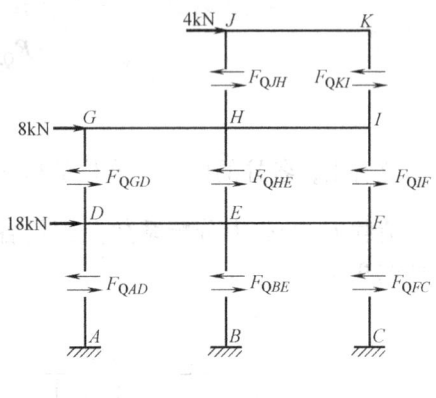

图 9-43

(1) 求各柱剪力分配系数 $\nu_j = \dfrac{k_j}{\sum k_j}$。

顶层

$$\nu_{JH} = \nu_{KI} = \frac{1}{1 \times 2} = 0.5$$

第 2 层

$$\nu_{HE} = \nu_{IF} = \frac{2}{2 \times 2 + 1} = 0.4$$

$$\nu_{GD} = \frac{1}{2 \times 2 + 1} = 0.2$$

底层

$$\nu_{DA} = \nu_{FC} = \frac{3}{3 \times 2 + 4}$$

$$\nu_{EB} = \frac{4}{3 \times 2 + 4} = 0.4$$

（2）求各柱剪力。

$$F_{QJH} = F_{QKI} = 0.5 \times 4\text{kN} = 2\text{kN}$$
$$F_{QGD} = 0.2 \times 12\text{kN} = 2.4\text{kN}$$
$$F_{QHE} = F_{QIF} = 0.4 \times 12\text{kN} = 4.8\text{kN}$$
$$F_{QDA} = F_{QFC} = 0.3 \times 30\text{kN} = 9\text{kN}$$
$$F_{QEB} = 0.4 \times 30\text{kN} = 12\text{kN}$$

（3）求杆端弯矩。以结点 E 为例说明杆端弯矩的计算。

柱端弯矩

$$M_{EH} = -F_{QEH} \times \frac{h_2}{2} = -4.8\text{kN} \times \frac{3.5}{2}\text{m} = -8.4\text{kN} \cdot \text{m}$$

$$M_{EB} = -F_{QEB} \times \frac{h_1}{3} = -12\text{kN} \times \frac{4.5}{3}\text{m} = -18.0\text{kN} \cdot \text{m}$$

计算梁端弯矩时，先求出结点柱端弯矩之和为

$$M = M_{EH} + M_{EB} = -26.4\text{kN} \cdot \text{m}$$

按梁的刚度分配

$$M_{ED} = \frac{12}{27} \times 26.4\text{kN} \cdot \text{m} = 11.73\text{kN} \cdot \text{m}$$

$$M_{EF} = \frac{15}{27} \times 26.4\text{kN} \cdot \text{m} = 14.67\text{kN} \cdot \text{m}$$

图 9-44 是刚架的弯矩图，括号内数值是精确法计算的杆端弯矩。

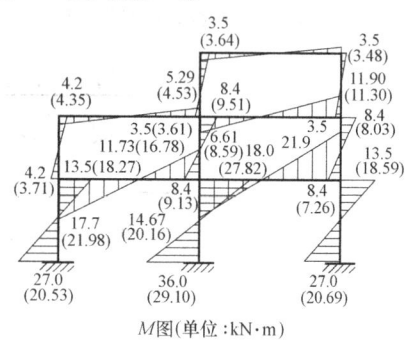

图 9-44

习 题

9-1 试说明力矩分配法的基本运算有哪些步骤？每一步的物理意义是什么？为什么力矩分配法一般只能用于无结点线位移的梁和刚架的计算？

9-2 力矩分配法可直接计算出各杆的杆端弯矩，如果还要求出结点的转角，应当如何进行计算？请用力矩分配法计算图 9-45 所示梁和刚架的杆端弯矩，并求刚结点 B 的转角 φ_B。

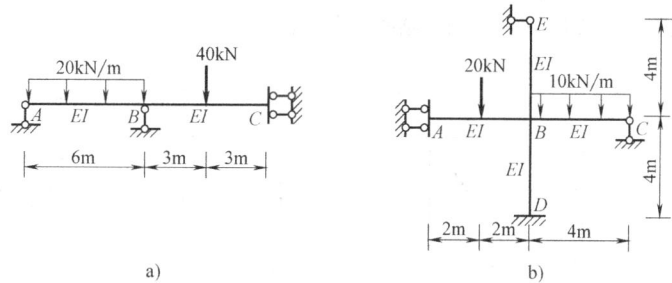

图 9-45

9-3 试用力矩分配法计算图 9-46 所示结构，并作 M 图。

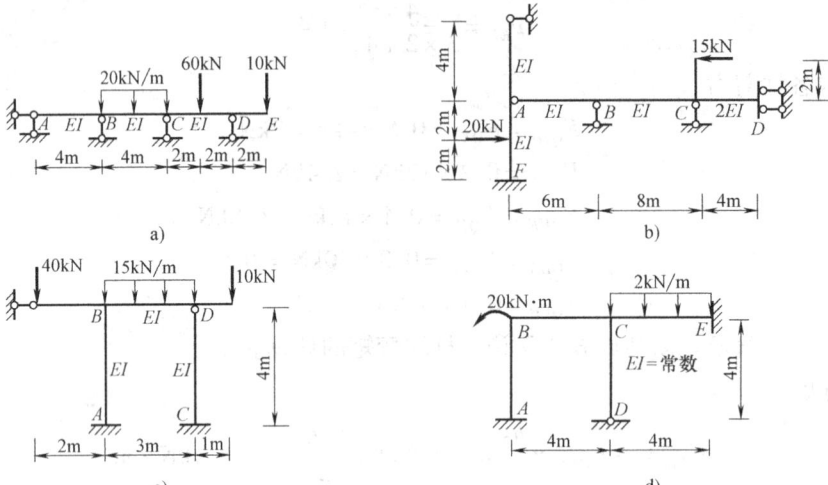

图 9-46

9-4 试用力矩分配法计算图9-47所示刚架，并作 M 图。

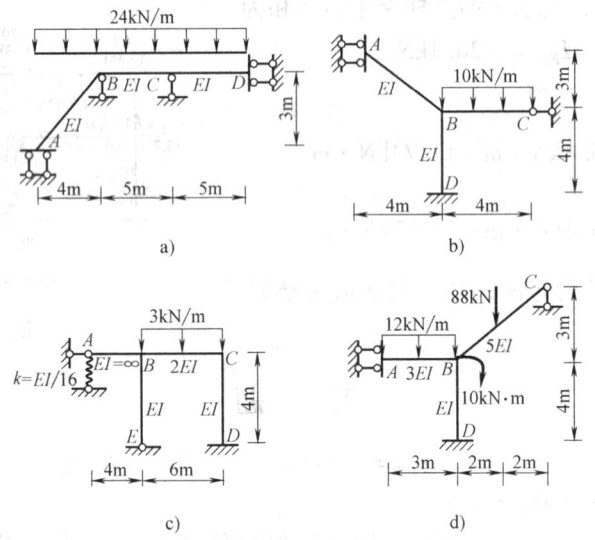

图 9-47

9-5 无剪力分配法的适用范围如何？无剪力分配法与力矩分配法的计算有何区别？

9-6 用无剪力分配法计算如图9-48所示结构，作 M 图。

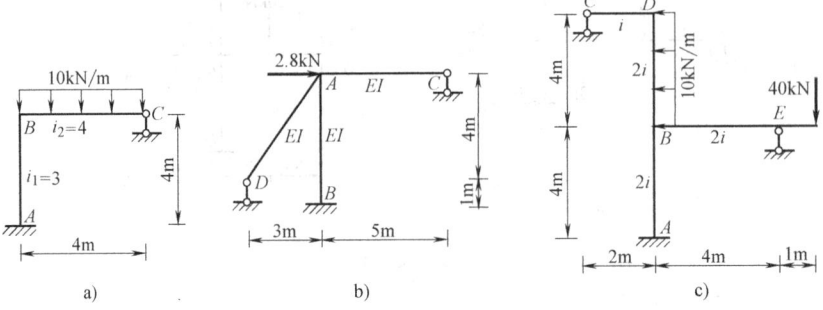

图 9-48

9-7 试作图9-49所示对称刚架的内力图。

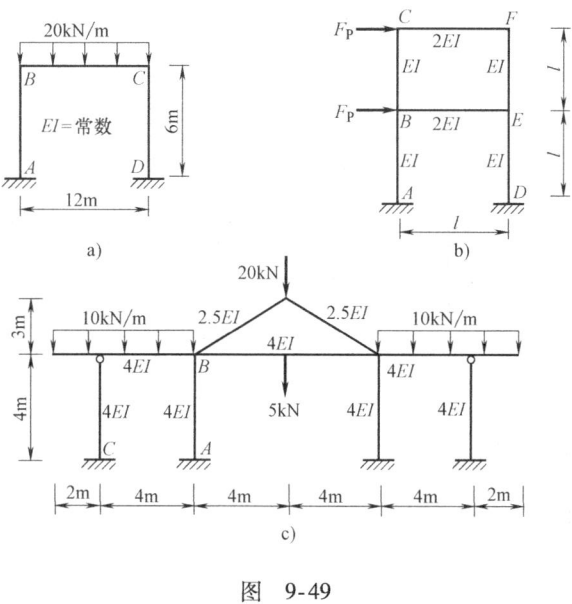

图 9-49

9-8 用力矩分配法或无剪力分配法计算图9-50所示结构，作 M 图。各杆 EI = 常数。

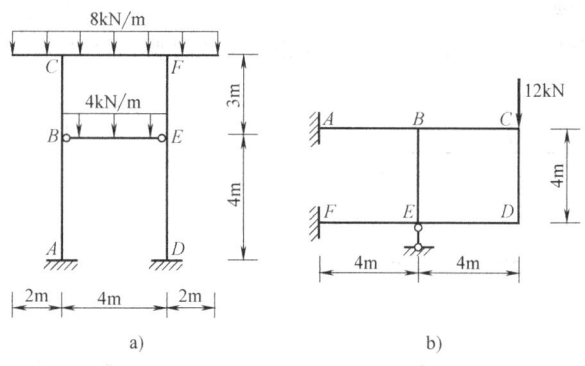

图 9-50

9-9 已知图9-51所示结构结点 C 的水平位移 $\Delta_{CH} = \dfrac{947.34}{EI}$ （→），试用力矩分配法求作结构的弯矩图，并求结点 C 的转角 φ_C。

9-10 试运用力学基本概念分析图9-52示结构，并作出 M 图的形状。除注明外，各杆的 EI、l 均相同。

9-11 图示9-53所示连续梁，已知 $E = 2.6 \times 10^6 \text{N/cm}^2$，$I = 5.4 \times 10^5 \text{cm}^4$，试用力矩分配法计算由于支座 C 下沉1cm时的弯矩图。

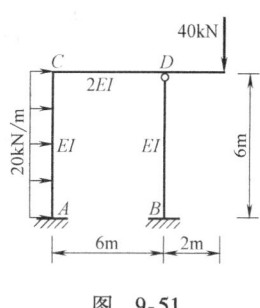

图 9-51

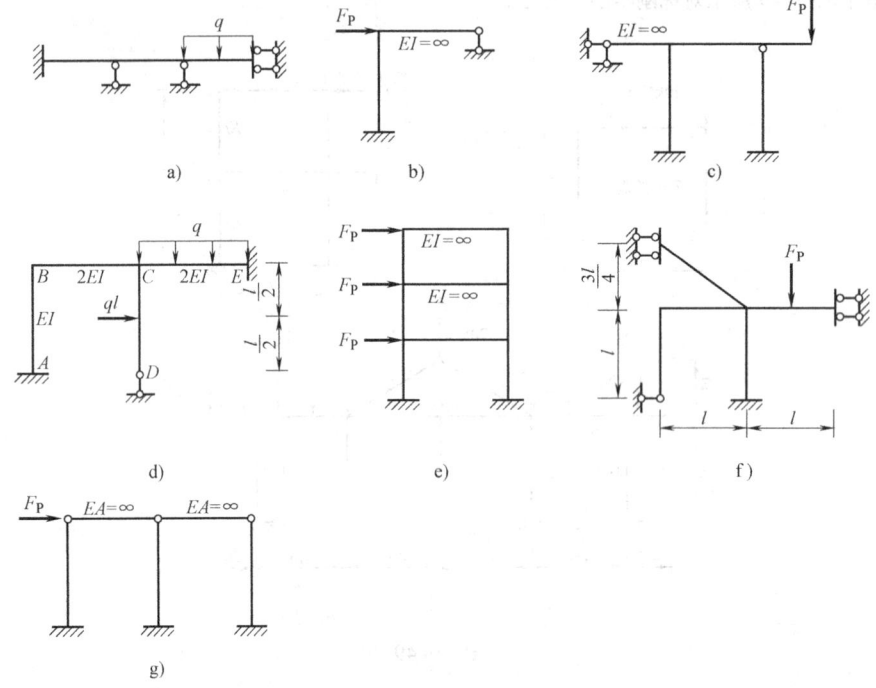

图 9-52

9-12 图 9-54 所示刚架，各杆为矩形截面，截面宽度相同，柱高 $2l$，截面高 $h=l/8$，横梁长 l，截面高 $1.59h$，E 为常数。线膨胀系数为 α，试用力矩分配法计算该刚架，作弯矩图。

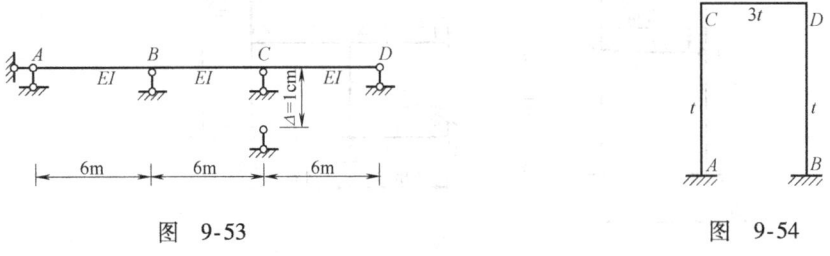

图 9-53   图 9-54

9-13 试用力矩分配法和位移法联合应用的方法计算图 9-55 所示刚架，并作 M 图。

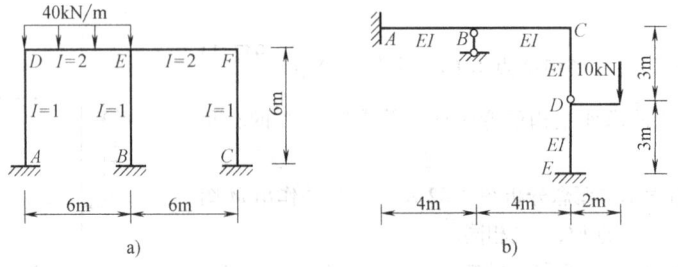

图 9-55

9-14 在多层刚架的分层计算法和反弯点法中，各引入了哪些近似假设？它们可应用于什么情况？

9-15 用反弯点法计算图 9-56 所示刚架，并作出 M 图。圆圈内数字为杆件线刚度的相对值。

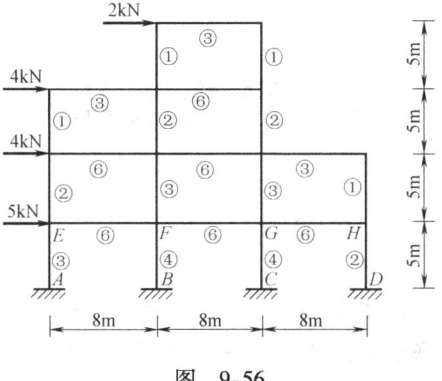

图 9-56

第 10 章　影响线及其应用

10.1　移动荷载和影响线的概念

前几章讨论了在位置不变的静荷载作用下的计算。工程中的一些结构，如起重机梁、桥梁，除了承受上述荷载外，还受到起重机、汽车等移动荷载的作用。这些荷载的大小、方向是不变的，但其作用位置是不断移动的，因而结构的反力和各截面的内力也将随荷载位置的移动而变化，于是，必须研究移动荷载组作用在结构上什么位置时将产生某项内力（包括支座的约束力）的最大值，以作为结构设计的依据。为此，首先必须研究结构在荷载移动过程中各项内力的变化规律，然后根据这种规律来确定某种具体移动荷载组可能产生的内力最大值。这也就是本章的主要内容。

实际上工程中所遇到的移动荷载，通常是间距不变的（如起重机、汽车的轮距都是一定的）平行集中荷载或均布荷载。为简便起见，先研究一个竖向单位集中荷载 $\overline{F}_P=1$ 在结构上移动所产生的影响，然后根据叠加原理再进一步研究各种移动荷载对结构产生的影响。

表示 $\overline{F}_P=1$ 作用位置改变时结构反力、某截面内力或挠度等变化规律的图形叫做反力、该截面内力或挠度的影响线。它是研究移动荷载作用的基本工具。

下面举例说明影响线的概念。

图 10-1a 所示为一简支梁 AB，设 $\overline{F}_P=1$ 在梁上移动，讨论支座反力 F_{RB} 的变化规律。取 A 点作坐标原点，用 x 表示荷载作用点的横坐标。显然 x 为定值时，F_P 为固定荷载；当 x 为变量时，F_P 就是移动荷载了。在本例中 x 为变量，取值范围为 $0 \leqslant x \leqslant l$，利用平衡条件 $\sum M_A = 0$，得

$$F_{RB} = \frac{x}{l} \tag{a}$$

式（a）称为反力 F_{RB} 的影响线方程，它表征反力 F_{RB} 与荷载位置 x 之间的函数关系。将式（a）用图形来表示，即得 F_{RB} 的影响线，如图 10-1b 所示。

由于式（a）为一次式，故 F_{RB} 的影响线是一条直线。当 $x=0$ 时，$F_{RB}=0$，当 $x=l$ 时，$F_{RB}=1$。根据这两个纵标值分别建立相应的纵标再连以直线，便得到了 F_{RB} 的影响线。

由图 10-1b 所示的 F_{RB} 的影响线，可清楚地看出 $\overline{F}_P=1$ 在梁上移动时，F_{RB} 的变化规律。如 $x=l/4$ 时，$F_{RB}=1/4$；$x=l/2$ 时，$F_{RB}=1/2$；$x=3l/4$ 时，$F_{RB}=3/4$；$x=l$ 时，$F_{RB}=1$。因 $x=l$ 时 F_{RB} 的值最大，故这一荷载位置称为 F_{RB} 的最

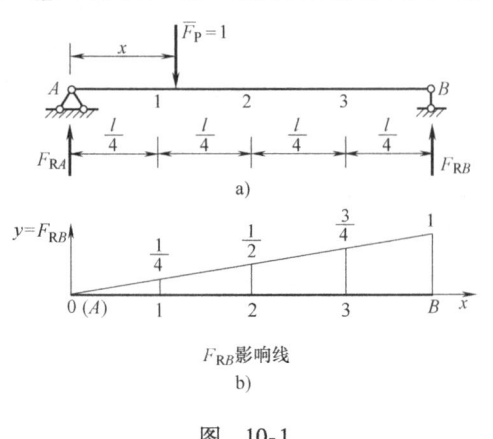

图 10-1

不利荷载位置，$F_{RB}=1$ 则是 $\overline{F}_P=1$ 沿梁移动时 F_{RB} 的最大值。

综上所述，可得出影响线的定义如下：当方向不变的单位集中荷载沿结构移动时，表示结构某指定处的某一量值（反力、某截面内力或挠度等）变化规律的图形，称为该量值的影响线。

10.2 静力法作静定梁的影响线

静定结构的支座反力和内力影响线有两种基本作法——静力法和机动法。本节通过求单跨梁的支座反力和内力影响线说明静力法。

静力法是以荷载的作用位置 x 为变量，通过平衡条件，确定所求反力或某截面内力等的影响线方程。静力法的一般作法是：先以变量 x 标记单位荷载 $\overline{F}_P=1$ 的作用位置，然后以平衡条件确定反力或某截面的内力，这样即得到所求量值与 x 的关系式——该量值的影响线方程，然后再根据影响线方程绘出影响线。

10.2.1 简支梁的影响线

1. 支座反力影响线

简支梁支座反力 F_{RB} 的影响线已在上一节讨论过（见图 10-1）。现在讨论支座反力 F_{RA} 的影响线。

将 $\overline{F}_P=1$ 放在任意位置，距 A 为 x，如图 10-2a 所示。由

$$\sum M_B = 0, \quad F_{RA} \times l - 1 \times (l-x) = 0$$

得

$$F_{RA} = \frac{l-x}{l} \qquad (0 \leq x \leq l)$$

这就是 F_{RA} 的影响线方程，是 x 的一次方程，因此，影响线是一条直线，由两个纵坐标可以确定。

$\overline{F}_P=1$ 在 A 点，$x=0$，$F_{RA}=1$

$\overline{F}_P=1$ 在 B 点，$x=l$，$F_{RA}=0$

利用这两点的纵坐标便可以画出 F_{RA} 的影响线，如图 10-2c 所示。

支座反力影响线的纵标无单位。

2. 剪力影响线

现在绘制图 10-2a 所示简支梁指定截面 C 的剪力 F_{QC} 的影响线。当 $\overline{F}_P=1$ 作用在 C 点以左或以右时，剪力 F_{QC} 的影响线方程具有不同的表示式，应当分别考虑。

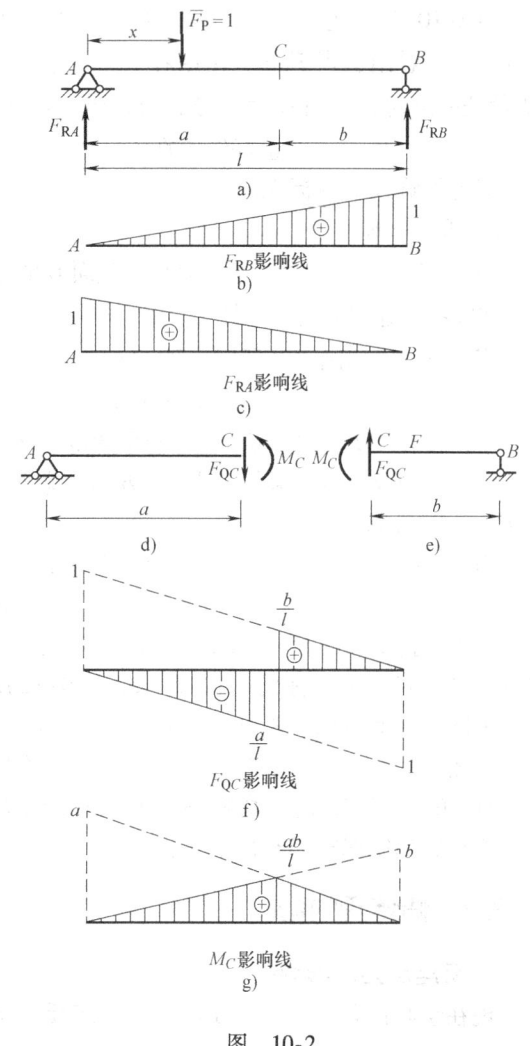

图 10-2

当 $\bar{F}_P = 1$ 作用在 C 点以右时，取截面 C 左边的 AC 为隔离体（见图 10-2d），由 $\sum F_y = 0$，求得

$$F_{QC} = F_{RA} \quad (\bar{F}_P = 1 \text{ 在 } CB \text{ 段})$$

由此看出，在 CB 段内，F_{QC} 的影响线与 F_{RA} 的影响线相同，可利用 F_{RA} 的影响线作 F_{QC} 在 CB 段的影响线。为此，先作 F_{RA} 的影响线，然后保留其中的 CB 段（AC 段则画以虚线），C 点的纵坐标可按比例关系求得为 $\dfrac{b}{l}$，如图 10-2f 所示。

当 $\bar{F}_P = 1$ 作用在 C 点以左时，取截面 C 右边的 CB 为隔离体（见图 10-2e），由 $\sum F_y = 0$，求得

$$F_{QC} = -F_{RB} \quad (\bar{F}_P = 1 \text{ 在 } AC \text{ 段})$$

由此看出，在 AC 段内，F_{QC} 的影响线与 F_{RB} 的影响线相同，但正负号相反；可利用 F_{RB} 的影响线作 F_{QC} 在 AC 段的影响线。为此，可先把 F_{RB} 的影响线反过来画在基线下面。然后保留其中的 AC 段（CB 段则画以虚线），C 点的纵坐标可按比例关系求得为 $-\dfrac{a}{l}$，如图 10-2f 所示。

由图 10-2f 可见，F_{QC} 的影响线分成 AC 和 CB 两段，由两段平行线所组成，在 C 点形成台阶。由此看出，当 $\bar{F}_P = 1$ 作用在 AC 段任一点时，截面 C 为负号剪力；当 $\bar{F}_P = 1$ 作用在 CB 段任一点时，截面 C 为正号剪力；当 $\bar{F}_P = 1$ 越过 C 点由左侧移到右侧时，截面 C 的剪力将引起突变；当 $\bar{F}_P = 1$ 正好作用在 C 点时，F_{QC} 的影响系数（即纵坐标）没有意义。

剪力影响线的纵标无单位。

3. 弯矩影响线

现在绘制图 10-2a 所示简支梁指定截面 C 的弯矩 M_C 的影响线。仍分成两段（$\bar{F}_P = 1$ 在 C 点以左和以右）分别考虑。与求 F_{QC} 的影响线时一样，可以利用图 10-2d、e 的隔离体来求 M_C。

当 $\bar{F}_P = 1$ 作用在 CB 段时，取 C 的左边为隔离体，得

$$M_C = F_{RA} \times a \quad (\bar{F}_P = 1 \text{ 在 } CB \text{ 段})$$

由此看出，在 CB 段内，M_C 的影响系数等于 F_{RA} 的影响系数的 a 倍。因此，可先把 F_{RA} 影响线的纵标乘以 a，然后保留其中的 CB 段，就得到 M_C 在 CB 段的影响线。这里 C 点的纵标应为 ab/l，如图 10-2g 所示。

当 $\bar{F}_P = 1$ 作用在 AC 段时，取 C 的右边为隔离体，得

$$M_C = F_{RB} \times b \quad (\bar{F}_P = 1 \text{ 在 } AC \text{ 段})$$

因此，可先把 F_{RB} 的影响线的纵标乘以 b，然后保留其中的 AC 段，就得到 M_C 在 AC 段的影响线。这里 C 点的纵标仍是 ab/l，如图 10-2g 所示。

由图 10-2g 可见，M_C 的影响线分成 AC 和 CB 两段，每一段都是直线，形成一个三角形，如图 10-2g 所示。由此看出，当 $\bar{F}_P = 1$ 作用在 C 点时，弯矩 M_C 为极大值；当 $\bar{F}_P = 1$ 由 C 点向梁的两端移动时，弯矩 M_C 逐渐减小到零。

弯矩影响线纵标是长度的单位。

10.2.2 伸臂梁的影响线

1. 支座反力的影响线

现在绘制伸臂梁（见图 10-3a）支座反力 F_{RA}、F_{RB} 的影响线。取 A 点为坐标原点，横坐标 x 以 A 点向右为正。当荷载 $\bar{F}_P = 1$ 作用于梁上任一点 x 时，由平衡方程分别求得支座反

力 F_{RA} 和 F_{RB} 为

$$\left.\begin{array}{l}\sum M_B=0,\ F_{RA}=\dfrac{l-x}{l}\\[2mm] \sum M_A=0,\ F_{RB}=\dfrac{x}{l}\end{array}\right\} \quad (-l_1\leqslant x\leqslant l+l_2)$$

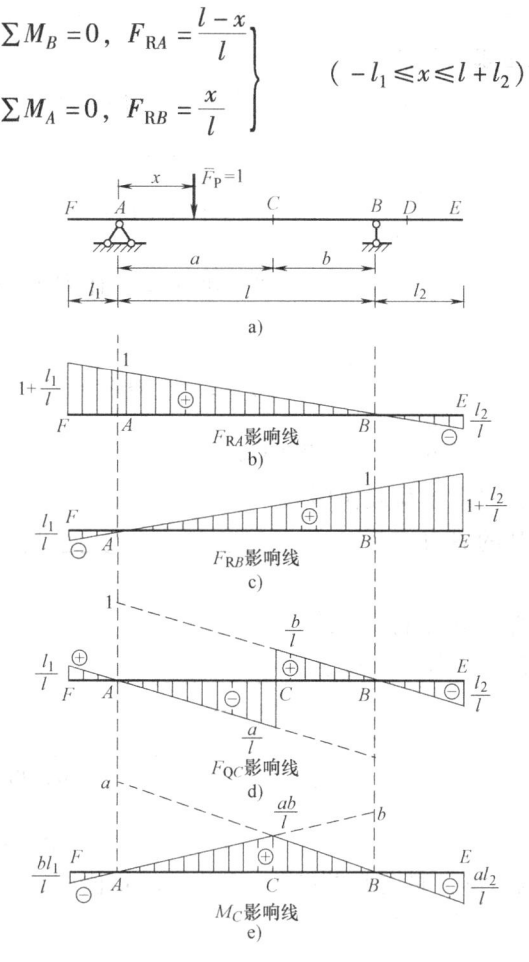

图 10-3

这两个支座反力影响线方程与简支梁反力影响线方程完全相同，只是荷载 $\overline{F}_P=1$ 作用范围即 x 的变化范围有所扩大。在简支梁中，x 的变化范围为 $0\leqslant x\leqslant l$，这里则为 $-l_1\leqslant x\leqslant l+l_2$。在 AB 跨内的影响线与简支梁的影响线完全相同，仍是直线；在悬伸部分（注意当 $\overline{F}_P=1$ 在支座 A 以左时，x 取负值），只需将直线向两个伸臂部分延长，即得到支座反力的整个影响线，如图 10-3b、c 所示。

2. AB 跨内剪力和弯矩的影响线

现在绘制图 10-3a 所示伸臂梁 AB 跨内指定截面 C 的剪力 F_{QC} 和弯矩 M_C 的影响线。

当 $\overline{F}_P=1$ 作用在 C 点以左时，取截面 C 右边的 CBE 为隔离体，求得

$$\left.\begin{array}{l}F_{QC}=-F_{RB}\\ M_C=F_{RB}b\end{array}\right\} \quad (\overline{F}_P=1\ \text{在}\ FC\ \text{段})$$

当 $\overline{F}_P=1$ 作用在 C 点以右时，取截面 C 左边的 FAC 为隔离体，求得

$$\left.\begin{array}{l}F_{QC}=F_{RA}\\ M_C=F_{RA}a\end{array}\right\} \quad (\overline{F}_P=1\ \text{在}\ CE\ \text{段})$$

由此可知，F_{QC} 和 M_C 的影响线方程和简支梁的相应影响线方程相同。因而只需将相应简支梁截面 C 的剪力和弯矩影响线向伸臂部分延长即得，如图 10-3d、e 所示。

3. 伸臂部分剪力和弯矩的影响线

现在绘制图 10-3a 所示伸臂梁伸臂部分截面 D 的剪力 F_{QD} 和弯矩 M_D 的影响线。

当 $\bar{F}_P = 1$ 作用在截面 D 以左时，因截面 D 的右边部分无外力作用，所以

$$\left.\begin{array}{l} F_{QD} = 0 \\ M_D = 0 \end{array}\right\} \quad (\bar{F}_P = 1 \text{ 在 } FD \text{ 段})$$

当 $\bar{F}_P = 1$ 作用在截面 D 以右时，以 D 为坐标原点，x 在 D 右时取正值（见图 10-4a）。取 D 右为隔离体，求得

$$\left.\begin{array}{l} F_{QD} = 1 \\ M_D = -x \end{array}\right\} \quad (\bar{F}_P = 1 \text{ 在 } DE \text{ 段})$$

由此，可作 F_{QD} 和 M_D 的影响线，如图 10-4b、c 所示。这里，只有 DE 段影响线的纵坐标值不为零，也就是说，只有当荷载作用于 DE 段时，才对截面 D 的剪力和弯矩产生影响。

通过以上简支梁和伸臂梁影响线的绘制，可得到用静力法作静定结构某量值影响线的步骤为：

1）将单位荷载 $\bar{F}_P = 1$ 放在结构上的任意位置，适当选择坐标原点，以 $\bar{F}_P = 1$ 作用位置 x 为变量。

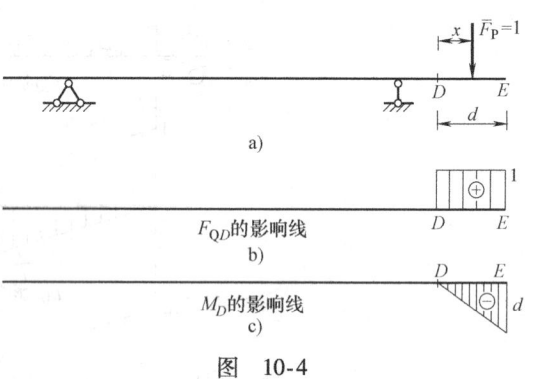

图 10-4

2）用截面法截取隔离体，通过平衡方程，求出所求量值的影响线方程。

3）根据影响线方程，作影响线。

10.3　间接荷载作用时静定梁的影响线

在上一节介绍了荷载直接作用于梁上时影响线的作法，实际上不少结构常受到间接荷载的作用，间接荷载也称结点荷载，例如，桥梁或房屋建筑中的某些主梁，是通过一些次梁（纵梁和横梁）将荷载传到主梁上的。主梁上这些荷载的传递点即为主梁的结点。从移动荷载来说，不论是荷载在次梁上的哪些位置，其作用都是要通过这些固定的结点传递到主梁上。如图 10-5a 所示的梁系，AB 为一简支主梁，横梁支在主梁的 A、C、D、E、B 点处，这些点就是结点。通常设横梁上各结点间的纵梁是简支梁。

间接荷载作用下的各项影响线，可由直接荷载作用（$\bar{F}_P = 1$ 在主梁上移动）时的影响线加以修正而得。下面以图 10-5a 所示主梁截面 K 的弯矩 M_K 的影响线为例，说明间接荷载作用主梁影响线的具体作法。

首先，当荷载 $\bar{F}_P = 1$ 沿纵梁移动到各横梁位置时，就相当于荷载直接作用在主梁的结点上，即此时的间接荷载与直接荷载所得 M_K 影响线纵标完全相同，如图 10-5c 中的 y_C、y_D、y_E 及两端的零纵标均为有效。

其次，当荷载 $\overline{F}_P = 1$ 在任一节间移动时，如图 10-5b 所示位于纵梁 CD 上，主梁承受从横梁传来的两个结点荷载 r_1 和 r_2，其位置固定而大小在变化

$$r_1 = \frac{d-x}{d},\quad r_2 = \frac{x}{d}$$

根据影响线的定义和叠加原理，截面 K 的弯矩受它们的影响，可写成

$$M_K = r_1 y_C + r_2 y_D = \left(1 - \frac{x}{d}\right) y_C + \frac{x}{d} y_D$$

这就是一个节间内的 M_K 影响线方程，即 $M_K = y(x)$ 是 x 的一次函数，代表一段直线。

由此可知，只要找到直接荷载作用下的 M_K 影响线的各结点处的纵标，作为间接荷载下的有效纵标，将相邻纵标顶点逐段连以直线，就成间接荷载下的 M_K 影响线。由图 10-5c 可见，两者在大部分节间的直线段是重合的，只是在截面 K 所在的节间 CD 内，虚线所示的三角形顶点被修正掉了。

以上的讨论同样也适用于主梁其他量值的影响线。这样，可以将间接荷载作用下某一量值的影响线的作法归纳如下：

1) 先绘出直接荷载作用下该量值的影响线。

2) 由于影响线在任意两个相邻结点之间为一直线，因此，将所有相邻两个结点之间影响线纵标的顶点分别都用直线相连，即得该量值在间接荷载作用下的影响线。

依照上述作法，可得主梁上截面 K 的剪力 F_{QK} 的影响线如图 10-5d 实线所示，即在节间 CD 内应连成一斜直线。可以看出，不论截面 K 位于 C、D 两点之间任何一处，F_{QK} 的影响线都一样。此外，由上述作法可以推知：主梁支座反力 F_{RA}、F_{RB} 的影响线和结点处截面的内力（弯矩、剪力）影响线与直接荷载作用时完全相同，此处不再画出。

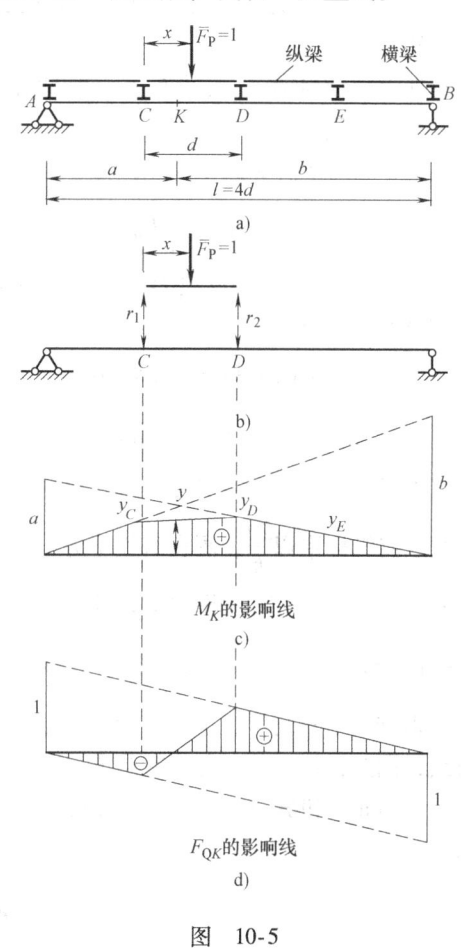

图 10-5

10.4 静力法作静定桁架的影响线

图 10-6a 所示为一平行弦桁架。设单位荷载沿桁架下弦 AG 移动，试作各杆轴力的影响线。桁架通常承受结点荷载，荷载传递的方式与图 10-6b 所示的梁相同，后者称为前者的等代梁。因此，绘制静定桁架各杆内力的影响线，可以利用结点荷载作用下梁的影响线的性质。如任一杆的轴力（如 F_{Nbc}）的影响线在相邻结点之间为一直线。把单位荷载 $\overline{F}_P = 1$ 依次置于 A、B、C、D、E、F、G 诸点，计算 F_{Nbc} 的数值，用纵标表示出来，再连以直线，就

得到 F_{Nbc} 的影响线。

现以图 10-6a 所示桁架为例，说明桁架影响线的静力作法，其基础仍然是截面法和结点法。

（1）支座反力 F_{RA} 和 F_{RG} 的影响线　桁架支座反力 F_{RA} 和 F_{RG} 的影响线与简支梁支座反力 F_{RA} 和 F_{RG} 的影响线相同，图中没有画出。

（2）上弦杆轴力 F_{Nbc} 的影响线　作截面 I—I，以 C 为力矩中心，用力矩方程 $\sum M_C = 0$ 求 F_{Nbc}。

如单位荷载在 C 点的右方，取截面 I—I 左边部分为隔离体，得

$$F_{RA} \times 2d + F_{Nbc} h = 0$$

$$F_{Nbc} = -\frac{2d}{h} F_{RA} \qquad (a)$$

如单位荷载在 C 点以左，取截面 I—I 右边部分为隔离体，得

$$F_{RG} \times 4d + F_{Nbc} h = 0$$

$$F_{Nbc} = -\frac{4d}{h} F_{RG} \qquad (b)$$

在图 10-6c 中，利用式（a）作出 F_{RA} 的影响线，将纵标乘以 $\frac{2d}{h}$，画在基线下方，取 C 以右一段；又利用式（b）作出 F_{RG} 的影响线，将纵标乘以 $\frac{4d}{h}$，画于基线下方，取 C 以左一段。这样，得到一个三角形。由于在相邻结点之间都是直线，因此，得到的三角形就是 F_{Nbc} 的影响线。

式（a）和式（b）可以合并为一个式子，即

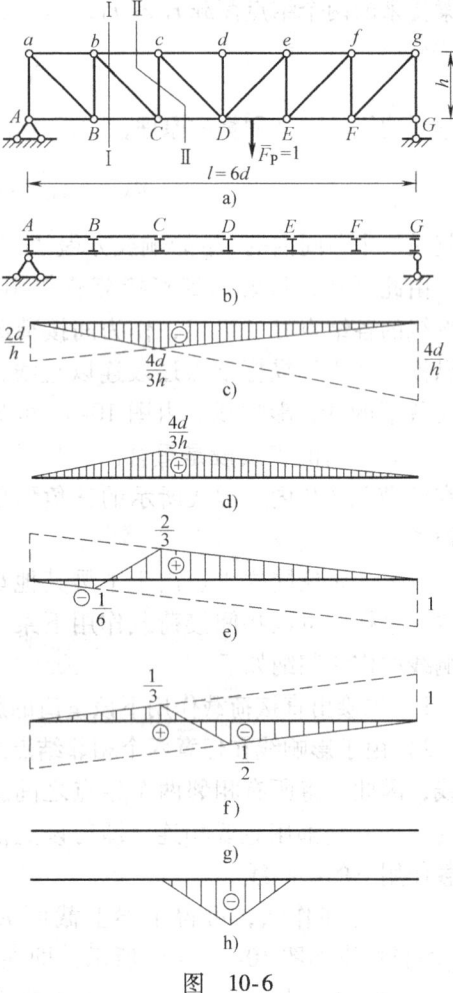

图　10-6

a）桁架　b）等代梁　c）F_{Nbc} 影响线
d）F_{NCD} 影响线　e）F_{ybC} 影响线　f）F_{NcC} 影响线
g）F_{NdD} 影响线（下承）　h）F_{NdD} 影响线（上承）

$$F_{Nbc} = -\frac{M_C^0}{h} \qquad (c)$$

式中，M_C^0 是相应的简支梁（见图 10-6b）结点 C 的弯矩。

由式（c）可知，F_{Nbc} 的影响线为一三角形，顶点的纵标为

$$-\frac{ab}{lh} = -\frac{2d \times 4d}{6dh} = -\frac{4d}{3h}$$

（3）下弦杆轴力 F_{NCD} 的影响线　作截面 II—II，以结点 c 为力矩中心，用力矩方程 $\sum M_c = 0$，得

$$F_{NCD} = \frac{M_C^0}{h} \qquad (d)$$

即 F_{NCD} 的影响线可由相应简支梁结点 C 的弯矩影响线得到，只需将后者的数据除以 h。图

10-6d 所示为 F_{NCD} 的影响线。

(4) 斜杆 bC 轴力的竖向分力 F_{ybC} 影响线 仍然用截面Ⅰ—Ⅰ，分三段考虑。单位荷载作用在 C 点以右时，考虑截面Ⅰ—Ⅰ以左部分的平衡，由投影方程 $\sum F_y = 0$，得

$$F_{ybC} = F_{RA} \tag{e}$$

单位荷载作用在 B 点以左时，考虑截面Ⅰ—Ⅰ以右部分的平衡，得

$$F_{ybC} = -F_{RG} \tag{f}$$

单位荷载作用在 B、C 之间，影响线为直线。

根据上述分析作出 F_{ybC} 的影响线，如图 10-6e 所示。利用相应梁节间 BC 的剪力 F_{QBC}^0，可将上述分析概括成一个式子

$$F_{ybC} = F_{QBC}^0 \tag{g}$$

图 10-6e 所示的影响线其实就是相应梁的节间剪力 F_{QBC}^0 的影响线。

(5) 竖杆轴力 F_{NcC} 的影响线 作截面Ⅱ—Ⅱ，利用投影方程 $\sum F_y = 0$，求 F_{NcC}。可利用相应梁节间 CD 的剪力 F_{QCD}^0 列出下列式子

$$F_{NcC} = -F_{QCD}^0 \tag{h}$$

图 10-6f 系 F_{NcC} 的影响线，是按节间剪力 F_{QCD}^0 的影响线作出的，但将正负号作了相应改变。

(6) 竖杆轴力 F_{NdD} 的影响线 在上面的分析中，一直假设单位荷载沿下弦移动，即由桁架下弦结点承受荷载（下承桁架）作用。这样，由上弦结点 d 的平衡，可知

$$F_{NdD} = 0$$

因此，F_{NdD} 的影响线与基线重合（见图 10-6g），不管单位荷载在什么位置，dD 永远是零杆。

如果假设单位荷载沿桁架的上弦移动，由桁架上弦结点承受荷载（上承桁架）作用，则由结点 d 的平衡，可知：当 $\overline{F}_P = 1$ 在结点 d 时，$\overline{F}_{NdD} = -1$；当 $\overline{F}_P = 1$ 在其他结点时，$\overline{F}_{NdD} = 0$。由于结点之间是直线，因此，F_{NdD} 的影响线如图 10-6h 所示，是一个三角形。

由此可知，作桁架的影响线时，要注意区分桁架是下弦承载，还是上弦承载。在本例中，如果桁架改为上承，则 F_{Nbc}、F_{NCD}、F_{ybC} 的影响线仍如图 10-6c、d、e 所示，但图 10-6f 中的 F_{NcC} 影响线需要修改，因为在上承桁架中，式（h）应用下式代替

$$F_{NcC} = -F_{Qbc}^0$$

而 F_{NcC} 影响线应按节间剪力 F_{Qbc}^0 的影响线作出，但正负号相反。

10.5 机动法作静定梁的影响线

前面介绍了绘制影响线的静力法。本节介绍绘制静定梁影响线的另一方法，即机动法。

10.5.1 机动法作影响线的原理和步骤

用机动法绘制影响线是以虚位移原理为依据的。下面以图 10-7a 所示的单伸臂梁 AB 的支座反力 F_{RA} 为例，说明这一方法。

为了求出支座反力 F_{RA}，将与它相应的约束去掉而以力 Z 代替其作用，如图 10-7b 所示。这样，原结构就变成了具有一个自由度的机构。因以力 Z 代替了原有约束的作用，故它仍能维持平衡。然后使该机构发生任意微小的虚位移，并以 δ_Z 表示与未知力 Z 相应的虚位移，以与 Z 正方向一致者为正；δ_P 表示和 F_P 相应的虚位移，以与力 F_P 的方向一致者为正。则由于该机构在力 Z、F_P 和 F_{RB} 共同作用下处于平衡，因此，根据虚位移原理，各力所做虚功的总和应等于零，即

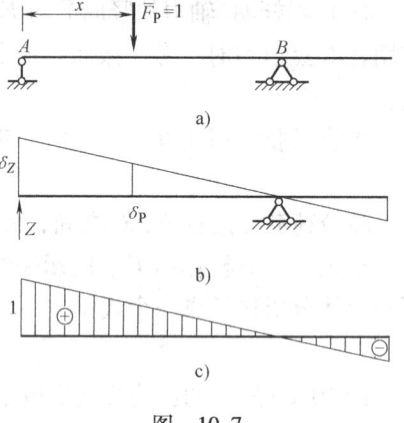

图 10-7

$$Z\delta_Z + F_P\delta_P = 0$$

在绘制影响线时，取 $\overline{F}_P = 1$，故

$$Z = -\frac{\delta_P}{\delta_Z}$$

式中，δ_Z 的数值在给定虚位移的情况下是不变的；而 δ_P 却随荷载 $\overline{F}_P = 1$ 位置的不同而变化。按照虚位移原理，δ_Z 和 δ_P 都是微小的量，但两者的比值 δ_P/δ_Z 可以是相当大的有限值。为了方便，在不改变各点的虚位移方向、δ_P 和 δ_Z 比值的前提下，令 $\delta_Z = 1$，上式就变成为

$$Z = -\delta_P$$

可见此时 δ_P 的变化情况即反映出荷载 $\overline{F}_P = 1$ 移动时 Z 的变化规律。也即取 $\delta_Z = 1$ 时梁的虚位移图（δ_P 图）便代表了 Z 的影响线，只是符号相反而已。由于 δ_P 是以与力 F_P 的方向一致者为正，即 δ_P 图以下为正，而 Z 与 δ_P 反号，故该 Z 的影响线应以虚位移向上为正。故 F_{RA} 影响线如图 10-7c 所示。

因此，机动法作静定结构支座反力或内力 Z 的影响线的步骤如下：

1）撤去与 Z 相应的约束，代以未知力 Z。

2）使体系沿 Z 的正方向发生位移，作出荷载作用点的竖向位移图（δ_P 图），由此可定出 Z 的影响线的形状。

3）再令 $\delta_Z = 1$，可进一步定出影响线各纵坐标的数值。

4）横坐标轴以上的图形，影响线纵坐标取正号；横坐标轴以下的图形，则取负号。

机动法可以不经具体计算快速地得出影响线的轮廓，这给设计工作提供了方便，而且我们还可利用它来校核静力法所绘制的影响线。

10.5.2 机动法作简支梁的影响线

现以例题说明用机动法绘制简支梁某截面弯矩和剪力的影响线。

例 10-1 用机动法作图 10-8a 所示简支梁 C 截面的弯矩和剪力的影响线。

解 （1）弯矩 M_C 的影响线。撤去截面 C 处与弯矩 M_C 相应的约束（即在截面 C 处改为铰结），代以一对大小相等方向相反的使下边受拉的力偶 M_C。这时铰 C 两侧的刚体可以相对转动。

给体系沿 M_C 的方向以虚位移，如图 10-8b 所示。这里，与 M_C 相应的位移 δ_Z 就是铰 C

左右两侧截面的相对转角。利用 δ_Z 可以确定位移图中的纵坐标。由于 δ_Z 是微小转角，可先求得 $BB_1 = \delta_Z b$。按几何关系，可求出 C 点竖向位移为 $\frac{ab}{l}\delta_Z$。这样，得到的位移图（见图10-8b）即代表 M_C 的影响线的形状。

为了求得影响系数的数值，再将图10-8b 中位移图除以 δ_Z，即得到 M_C 影响线，如图10-8c 所示，其中 C 点的纵坐标为 $\frac{ab}{l}$。

应当指出，由于虚位移 δ_Z 是微小值，因此这里只说将 δ_P 图除以 δ_Z，而不说令相对转角 $\delta_Z = 1\,\text{rad}$。换句话说，如果仍采用"令 $\delta_Z = 1$"的说法，则应理解为令竖向位移中的参数 δ_Z 等于1，而不是直接令相对转角 δ_Z 等于1rad。

（2）剪力 F_{QC} 的影响线。撤去截面 C 处相应于剪力 F_{QC} 的约束（即将截面 C 左、右改为用两个平行于杆轴的平行链杆连接），代以一对大小相等方向相反的剪力 F_{QC}，图10-8d 所示具有一个自由度的机构。此时，在截面 C 处能发生相对竖向位移，但不能发生相对的转动和水平移动。

给体系沿 F_{QC} 方向以虚位移。由于 AC 和 BC 两刚片是用两根水平的平行链杆相连，因此 AC 和 BC 只能在竖直方向作相对平行移动。如先给 AC 段虚位移到 AC_1，则 BC 段虚位移后必到 BC_2，且 $BC_2 // AC_1$，位移图如图10-8d 所示。切口处的相对竖向位移即为 δ_Z。图10-8d 所示即为 F_{QC} 影响线的形状。令 $\delta_Z = 1$，即得 F_{QC} 的影响线，如图10-8e 所示。

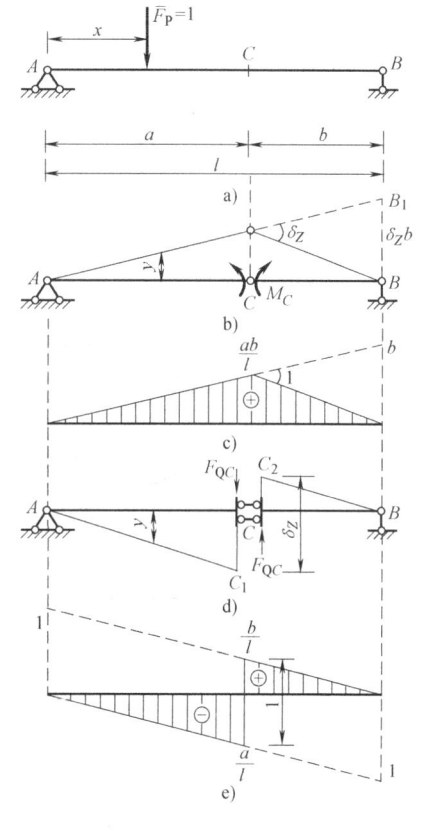

图 10-8

a）简支梁　b）M_C 相应的虚位移图
c）M_C 影响线　d）F_{QC} 相应的虚位移图
e）F_{QC} 影响线

显然，F_{QC} 影响线由左、右三角形的两平行直线组成。由几何关系即可确定影响线的各控制点纵坐标数值。F_{QC} 影响线在坐标轴以上取正号，在坐标轴以下取负号。

10.5.3 机动法作静定多跨梁的影响线

用机动法作静定多跨梁的支座反力和内力的影响线十分简便。原理与步骤均同前，只是应注意撤去约束后虚位移图形的特点。静定多跨梁是由基本部分和附属部分组成，撤去约束后给虚位移时，应搞清哪些部分可以发生虚位移，哪些部分则不能发生虚位移。属于附属部分的某量，撤去相应的约束后，体系只能在附属部分发生虚位移，基本部分在不能动；因此，位移图只限于附属部分。属于基本部分的某量，撤去相应约束后，在基本部分和其所支承的附属部分都能发生虚位移，位移图在基本部分和其所支承的附属部分都有。下面以例题说明机动法作静定多跨梁的影响线的具体作法。

例10-2　试用机动法作图10-9a 所示静定多跨梁的 M_K、F_{QK}、M_C、F_{QE} 和 F_{RD} 的影响线。

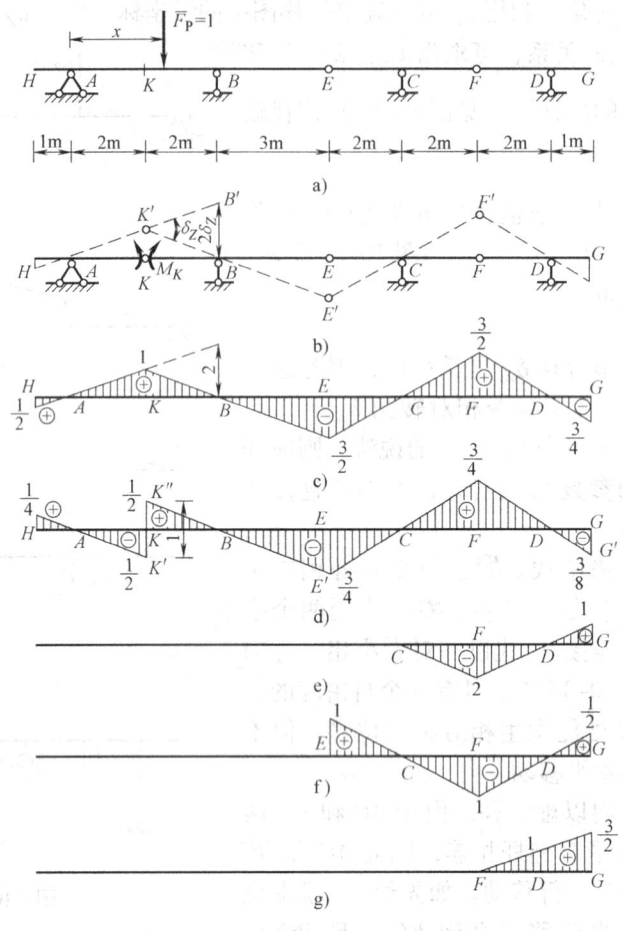

图 10-9

a) 静定多跨梁 b) 与 M_K 相应的虚位移 c) M_K 的影响线 d) F_{QK} 的影响线
e) M_C 的影响线 f) F_{QE} 的影响线 g) F_{RD} 的影响线

解 (1) M_K 的影响线。在截面 K 加铰,使发生虚位移,如图 10-9b 所示。铰 K 两侧相对转角为 δ_Z,截距 $BB' = 2\delta_Z$。将图 10-9b 中的 δ_P 图除以 δ_Z(或令竖距中参数 $\delta_Z = 1$,即令 $BB' = 2$),即得 M_K 的影响线,如图 10-9c 所示。各控制点的纵坐标可按比例关系求出。在横坐标轴以上的图形为正号,以下的为负号。

(2) F_{QK} 的影响线。以下不再画体系的虚位移图,直接作出影响线的图形。F_{QK} 影响线的图形与 K 点两侧截面发生竖向错动时的 δ_P 图成比例。作图时,先保持各支点的位移为零;然后,在 K 点两边分别作平行线 AK' 和 $K''B$,在 K 点错动的方向与剪力 F_{QK} 的正方向一致(使隔离体顺时针转动),同时令 $K'K'' = \delta_Z = 1$;最后,作附属部分 EF 和 FG 的影响线,为此,连接 $E'C$,并延长到 F';连接 $F'D$,并延长到 G'。这样,便得到 F_{QK} 的影响线,如图 10-9d 所示。

(3) M_C 的影响线。在截面 C 加铰后,HE 和 EC 仍不能发生虚位移,因此,M_C 的影响线在 HC 段与基线重合。但附属部分 CF 和 FG 可发生虚位移。与 M_C 对应的位移 δ_Z 即为铰 C 两侧截面的相对转角。由于 EC 无转角,故 CF 的转角即为 δ_Z,而 F 点的竖向位移为 $2\delta_Z$。令其中的参数 $\delta_Z = 1$,故 F 点的影响线纵坐标等于 2。M_C 的影响线如图 10-9e 所示。

(4) F_{QE} 的影响线。当 E 点两侧截面沿 F_{QE} 正方向发生错动时,基本部分 HE 不能发生位移,因此,在 HE 段 F_{QE} 影响线恒等于零。EF 段绕支座 C 转动,FG 段绕支座 D 转动。令与 F_{QE} 对应的相对位移(即 E 点纵坐标)δ_Z 等于 1,便得到 F_{QE} 的影响线,如图 10-9f 所示。

(5) F_{RD} 的影响线。在静定多跨梁中,FG 是 HF 的附属部分。当撤去支杆 D 时。HF 段仍不能发生位移,因此,在 HF 段 F_{RD} 影响线恒等于零。令 FG 段在 D 点沿 F_{RD} 方向发生单位竖向位移,便得到 F_{RD} 的影响线,如图 10-9g 所示。

10.6 铁路和公路的标准荷载制

公路和铁路桥梁上行驶的汽车、履带车、火车及其他车辆都属于一组有规律排列的移动荷载。现分别介绍公路、铁路的标准荷载制。

10.6.1 公路的标准荷载

设计公路桥涵使用的标准荷载,分为计算荷载和验算荷载两种。计算荷载以汽车车队的移动荷载组表示,分为四个等级:汽车—10 级、汽车—15 级、汽车—20 级和汽车—超 20 级。车队的纵向顺序如图 10-10 所示。每个车队中主车的数码不限,主车的前、后轴总重即等级中的数值,但重车只有一辆。例如,汽车—10 级车队中的主车前、后轴总重为 100kN,一辆重车为 150kN(前轴重 50kN,后轴重 100kN)。汽车的轴距是固定的,都是 4m;各辆汽车之间的距离可任意改变,但不得小于图示的规定尺寸。设计时还必须考虑车队行驶方向的问题,既可以由右端、也可以由左端进入桥梁。验算荷载的具体形式和使用方法可查阅公路工程的设计规范及技术标准。

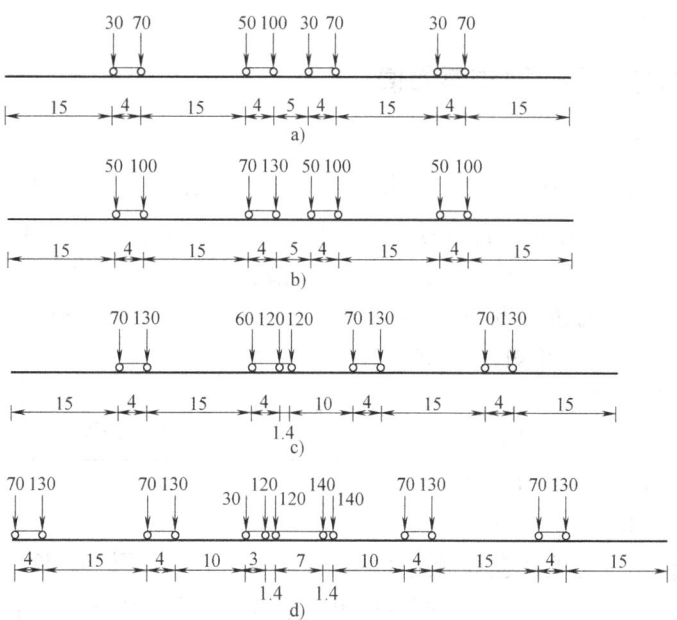

图 10-10(重量单位:kN;长度单位:m)
a) 汽车—10 级 b) 汽车—15 级 c) 汽车—20 级 d) 汽车—超 20 级

10.6.2 铁路的标准荷载

设计铁路桥涵使用的标准荷载，称为"中华人民共和国铁路标准活载"，简称中—活载。它包括普通活载和特种活载两种，如图 10-11 所示。普通活载（见图 10-11a）中前五个集中力表示一台机车的五个轴重，轴距为 1.5m，中部一段 30m 长的均布荷载表示机车及煤水车的均重。特别活载（图 10-11b）代表个别重型车辆的轴重。

图 10-11 所示是一个车道（一线两轨）上的一列火车荷载，如桥梁上铺设的是单线铁路，且有两片主梁时，则每片主梁承受图示荷载的一半。使用中—活载时，可由图中任意截取一段荷载，但不得改变间距。由图示荷载分析，同时考虑集中荷载比仅截取均布荷载段影响量大；对跨度特别小的受弯杆件，特种活载常给出较大的量值。应考虑列车可由左端也可由右端进入桥梁。

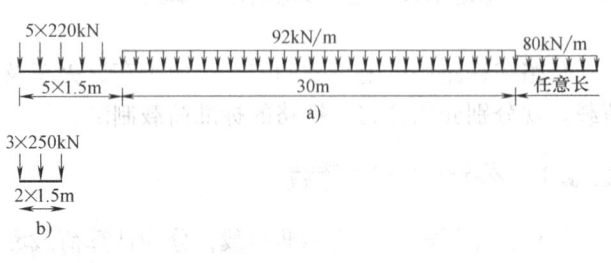

图 10-11
a) 铁路标准荷载—普通活载　b) 铁路标准荷载—特种活载

10.7 影响线的应用

绘制影响线的目的是解决移动荷载作用下的结构计算问题。概括起来，一是当荷载位置已知时，利用影响线求影响量；一是利用某种量值的影响线判断移动荷载对该量值的最不利位置。现分别讨论如下。

10.7.1 当荷载位置固定时求某量值

1. 集中荷载作用情况

在图 10-12a 所示的外伸梁上，有一组确定的集中荷载 F_{P1}、F_{P2}、F_{P3} 作用于梁上，现拟求截面 C 处的弯矩值。为此，首先绘制 M_C 的影响线，如图 10-12b 所示，并计算出对应各荷载作用点的纵坐标 y_1、y_2、y_3。然后根据叠加原理可知，在 F_{P1}、F_{P2}、F_{P3} 共同作用下，M_C 值为

$$M_C = F_{P1}y_1 + F_{P2}y_2 + F_{P3}y_3$$

一般情况，若有一系列集中荷载 F_{P1}，F_{P2}，$\cdots$，F_{Pn} 同时作用在结构上，而结构的某一量值 Z 的影响线在各荷载作用点处的纵坐标为 y_1，y_2，$\cdots$，y_n，则在这组集中荷载共同作用下，量值 Z 为

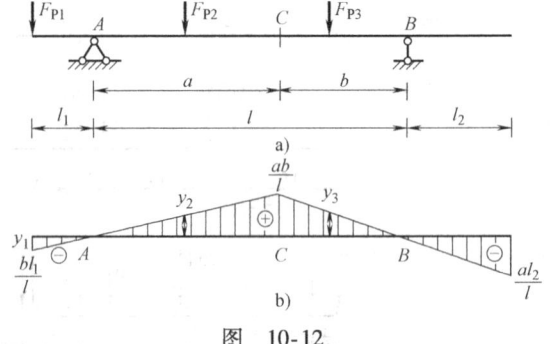

图 10-12

$$Z = F_{P1}y_1 + F_{P2}y_2 + \cdots + F_{Pn}y_n = \sum_{i=1}^{n} F_{Pi}y_i \tag{10-1}$$

应用式（10-1）时，需注意纵坐标 y_i 的正负号。

2. 分布荷载作用情况

设图 10-13a 所示梁的 DE 段有分布荷载作用，其集度为 $q(x)$，求截面 C 的弯矩。

首先绘制 M_C 的影响线如图 10-13b 所示。将 DE 间分布荷载沿其长度分成许多微段，则每一微段 $\mathrm{d}x$ 内的荷载 $q(x)\mathrm{d}x$ 可看做集中荷载，而它所产生的 M_C 值是 $q(x)\mathrm{d}x \cdot y$，此处 y 为与 $q(x)\mathrm{d}x$ 位置（坐标为 x）相应的 M_C 影响线上的纵坐标。全部分布荷载产生的 M_C 值便是

$$M_C = \int_{x_1}^{x_2} q(x) y \mathrm{d}x \qquad (10\text{-}2)$$

推广到一般情形，在分布荷载作用下，结构的某一量值 Z 等于

$$Z = \int_{x_1}^{x_2} q(x) y \mathrm{d}x \qquad (10\text{-}3)$$

式中，y 为 x 处的 Z 影响线的纵坐标；x_1、x_2 为分布荷载作用区之端点的坐标。

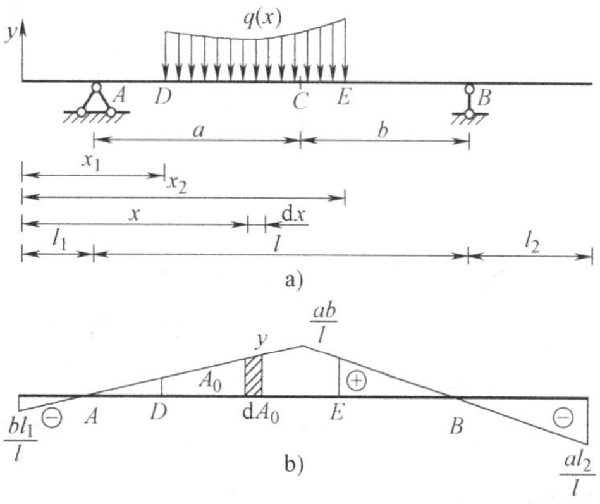

如为均布荷载时，则上式中 $q(x) = q$，式（10-3）变为

$$Z = qA_0 \qquad (10\text{-}4)$$

注意影响线中 y 值有正、负区分，计算面积 A_0 时应予以注意。

图 10-13

10.7.2 判定最不利荷载位置

1. 均布荷载

（1）长度固定的一段均布荷载　履带式起重机是这种荷载的典型例子。此外，如集中荷载的个数较多，间距较小，数值较接近时，也可视为均布荷载。

设在图 10-14a 所示的简支梁上有一段长度为 d，集度为 q 的移动均布荷载，现确定在其作用下，对某一截面 C 的弯矩的最不利位置。

首先绘制 M_C 影响线，如图 10-14b 所示。设荷载停留在图 10-14a 所示的位置上不动，则由式（10-4）可算得

$$M_C = qA_0$$

若荷载位置向右有一微小移动 $\mathrm{d}x$，则荷载在 M_C 影响线上所对应的面积将增加 $y_n \mathrm{d}x$，并减小 $y_m \mathrm{d}x$（见图 10-14b），于是弯矩 M_C 的增量 $\mathrm{d}M_C$ 为

$$\mathrm{d}M_C = q(y_n \mathrm{d}x - y_m \mathrm{d}x) = q(y_n - y_m)\mathrm{d}x$$

即

$$\frac{\mathrm{d}M_C}{\mathrm{d}x} = q(y_n - y_m)$$

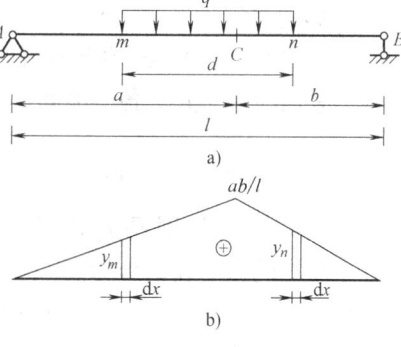

图 10-14

当截面 C 的弯矩 M_C 为最大时，应满足 $\frac{\mathrm{d}M_C}{\mathrm{d}x} = 0$ 的条件，即

$$\frac{dM_C}{dx} = q(y_n - y_m) = 0 \tag{10-5}$$

由于 q 为定值，不能为零，只有 $y_n - y_m = 0$，或

$$y_n = y_m \tag{10-6}$$

上式说明，一段长度为 d 的移动荷载，其集度为 q，当移动至两端点对应的影响线纵标相等时，所对应的影响线面积最大，也即 M_C 达到最大，故而这一荷载位置即是最不利荷载位置。

（2）可以任意布置的均布荷载 建筑物中的人群等荷载属于这种荷载。由于可以任意断续地布置，故不利位置是在影响线正号部分布满荷载（求最大值时），或在负号部分布满荷载（求最小值时），分别如图 10-15b、c 所示。

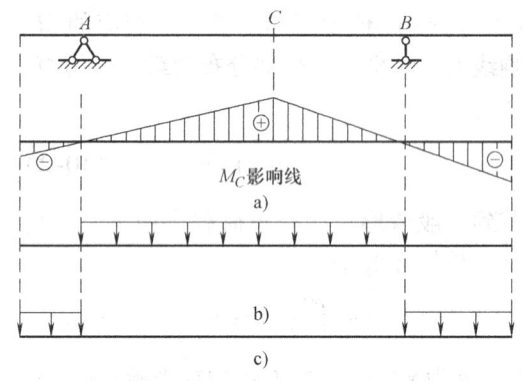

图 10-15

2. 集中荷载

（1）单个竖向集中荷载 若移动荷载为单个竖向集中荷载 F_P，则最不利荷载位置即在影响线纵标最大值处，即

$$Z_{max} = F_P y_{max} \tag{10-7}$$

（2）集中荷载组 如果移动荷载是一组集中荷载，要确定某量 Z 的最不利荷载位置，通常分成两步进行：

第一步，求出使 Z 达到极值的荷载位置。这种荷载位置称为荷载的临界位置。

第二步，从荷载的临界位置中选出荷载的最不利位置。也就是从 Z 的极大值中选出最大值，从极小值中选出最小值。

下面以多边形影响线为例，说明荷载临界位置的特点及其判定方法。

图 10-16a 所示为一组集中荷载，荷载移动时其间距和数值保持不变。图 10-16b 所示为某量 Z 的影响线，为一多边形。各边的倾角以 α_1、α_2、α_3 表示（其中 α_1 和 α_2 是正的，α_3 是负的）。各边区间内荷载的合力用 F_{R1}、F_{R2}、F_{R3} 表示。

根据叠加原理，并按各边区间内荷载的合力来计算，则

$$Z = F_{R1}\bar{y}_1 + F_{R2}\bar{y}_2 + F_{R3}\bar{y}_3 = \sum_{i=1}^{3} F_{Ri}\bar{y}_i$$

式中，$\bar{y}_1$、$\bar{y}_2$、$\bar{y}_3$ 分别是各段荷载合力 F_{R1}、F_{R2}、F_{R3} 对应的影响线纵坐标。

设荷载移动 Δx（向右移动时 Δx 为正），则纵坐标 $\bar{y}_i$ 的增量为

$$\Delta \bar{y}_i = \Delta x \tan\alpha_i$$

而 Z 的增量为

$$\Delta Z = \Delta x \sum_{i=1}^{3} F_{Ri}\tan\alpha_i \tag{10-8}$$

显然，使 Z 成为极大值的临界位置，必须满

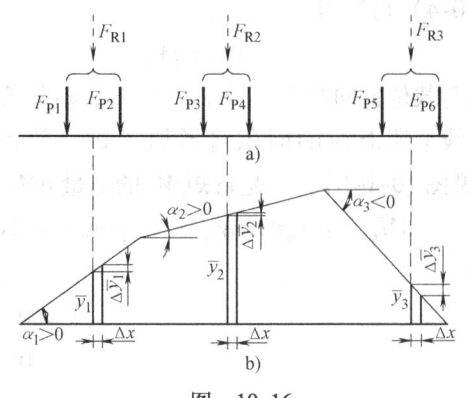

图 10-16

a) 荷载 b) Z 的影响线

足如下条件：荷载自临界位置向右或向左移动时，Z 值均应减少或等于零，即 $\Delta Z \leq 0$，即

$$\Delta x \sum_{i=1}^{3} F_{Ri} \tan\alpha_i \leq 0 \qquad (a)$$

式（a）还可分为两种情况：

$$\left.\begin{array}{l}\text{当 } \Delta x > 0 \text{ 时（荷载稍向右移），} \sum F_{Ri}\tan\alpha_i \leq 0 \\ \text{当 } \Delta x < 0 \text{ 时（荷载稍向左移），} \sum F_{Ri}\tan\alpha_i \geq 0\end{array}\right\} \quad (10\text{-}9)$$

同理，使 Z 成为极小值的临界位置，必须满足如下条件：

$$\left.\begin{array}{l}\text{当 } \Delta x > 0 \text{ 时（荷载稍向右移），} \sum F_{Ri}\tan\alpha_i \geq 0 \\ \text{当 } \Delta x < 0 \text{ 时（荷载稍向左移），} \sum F_{Ri}\tan\alpha_i \leq 0\end{array}\right\} \quad (10\text{-}10)$$

下面只讨论 $\sum F_{Ri}\tan\alpha_i \neq 0$ 的情形。这时可得出如下结论：如果 Z 为极值（极大或极小），则荷载稍向左、右移动时，$\sum F_{Ri}\tan\alpha_i$ 必须变号。

下面分析在什么情况下 $\sum F_{Ri}\tan\alpha_i$ 才有可能变号。首先，由于 $\tan\alpha_i$ 是影响线中各段直线的斜率，它是常数，因此，要使 $\sum F_{Ri}\tan\alpha_i$ 改变符号，只有各段内的合力 F_{Ri} 改变数值才有可能。其次，整个荷载稍向左、右移动时，要使 F_{Ri} 改变数值，则在临界位置中必须有一个集中荷载正好作用在影响线的顶点上（例如，设有集中力 F_{Pcr} 作用在第 i 段和第 $i+1$ 段直线之间的顶点上，那么，当整个荷载稍向左移动时，F_{Pcr} 应计入 F_{Ri}；当稍向右移时，F_{Pcr} 应计入 F_{Ri+1}；）。总之，当荷载稍向左、右移动时，$\sum F_{Ri}\tan\alpha_i$ 变号的必要条件是一个集中荷载作用于影响线的顶点，但这不是充分条件。

当影响线为三角形时，临界位置的特点可以用更方便的形式表示出来。如图 10-17 所示，设 Z 的影响线为一三角形。如要求 Z 的极大值，则在临界位置必有一荷载 F_{Pcr} 正好在影响线的顶点上。以 F_R^L 表示 F_{Pcr} 左方荷载的合力，F_R^R 表示 F_{Pcr} 右方荷载的合力，式（10-9）可写为

$$\left.\begin{array}{l}\text{荷载向右移，} F_R^L \tan\alpha - (F_{Pcr} + F_R^R)\tan\beta \leq 0 \\ \text{荷载向左移，} (F_R^L + F_{Pcr})\tan\alpha - F_R^R \tan\beta \geq 0\end{array}\right\} \quad (10\text{-}11)$$

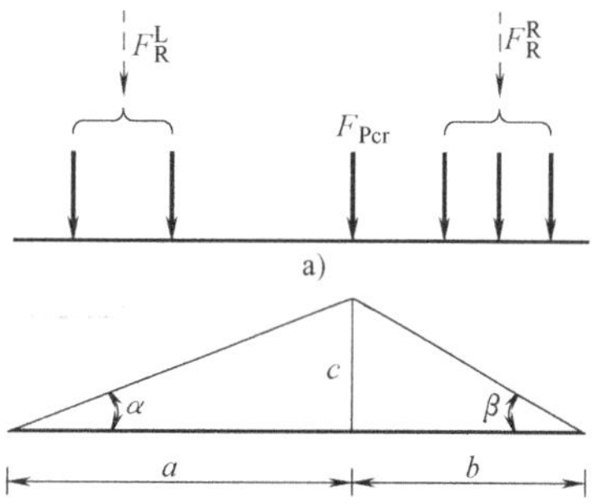

在式（10-11）中，代入 $\tan\alpha = \dfrac{c}{a}$，$\tan\beta = \dfrac{c}{b}$，得

$$\left.\begin{array}{l}\dfrac{F_R^L}{a} \leq \dfrac{F_{Pcr} + F_R^R}{b} \\ \dfrac{F_R^L + F_{Pcr}}{a} \geq \dfrac{F_R^R}{b}\end{array}\right\} \quad (10\text{-}12)$$

图 10-17

式（10-12）表明，临界位置的特点为有一集中荷载 F_{Pcr} 在影响线的顶点，将 F_{Pcr} 计入哪一边（左边或右边），则哪一边的平均集度要大。

应注意，以上判别式是假定荷载自左向右移动而推得的，如自右向左也可得到同样的判别式（读者试自行推演）。故判别式与荷载移动方向无关。

一般而言，给出一组移动荷载和量值 Z 的影响线后，需根据判别式选取若干个荷载作

试算，方能确定哪一个是临界荷载并从而定出最不利荷载位置。通常在数值较大、排列较密的那几个荷载中，出现临界荷载的可能性较大。有时临界荷载不止一个，这时可将相应极值分别算出，看哪一个为最大，发生最大极值的那个荷载位置就是最不利位置。

归结起来，确定荷载最不利位置的步骤如下：

1) 从荷载中选定一个集中力 F_{Pcr}，使它位于影响线的一个顶点上。

2) 当 F_{Pcr} 在顶点稍左或稍右时，分别求 $\sum F_{Ri} \tan\alpha_i$ 的数值。如果 $\sum F_{Ri} \tan\alpha_i$ 变号（或由零变为非零），则此荷载位置称为临界位置，而荷载 F_{Pcr} 称为临界荷载。如果 $\sum F_{Ri} \tan\alpha_i$ 不变号，则此位置不是临界位置。

3) 对每个临界位置可求出 Z 的一个极值，然后从各种极值中选出最大值或最小值。同时，也就确定了荷载的最不利位置。

例 10-3 图 10-18a 所示为一简支起重机梁，跨度为 12m。两台起重机传来的最大轮压为 82kN（$F_{P1} = F_{P2} = F_{P3} = F_{P4} = 82$kN），轮距为 3.5m，两台起重机并行的最小间距为 1.5m。求截面 C 弯矩最大时的荷载最不利位置及 M_C 的最大值。

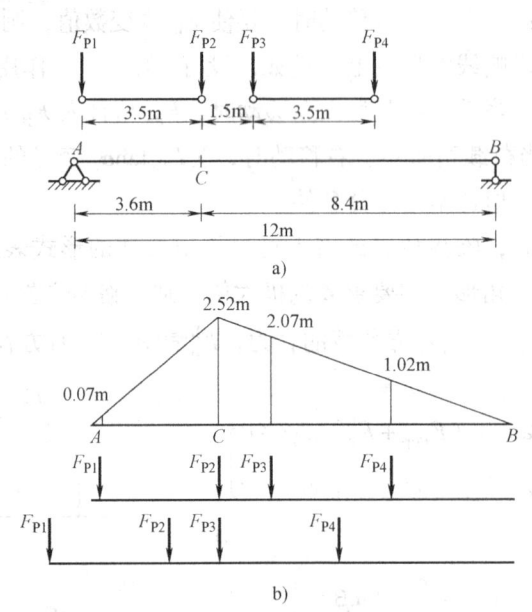

图 10-18

a) 起重机梁及轮压、轮距 b) M_C 影响线及荷载最不利位置

解 (1) 作 M_C 的影响线，如图 10-18b 所示。

(2) 临界荷载 F_{Pcr} 可能是 F_{P2} 或 F_{P3}，先把 F_{P2} 视作 F_{Pcr}，用式 (10-12) 验算

$$\text{荷载稍向左移}, \frac{82+82}{3.6} \text{kN} \cdot \text{m} > \frac{82+82}{8.4} \text{kN} \cdot \text{m}$$

$$\text{荷载稍向右移}, \frac{82}{3.6} \text{kN} \cdot \text{m} < \frac{82+82+82}{8.4} \text{kN} \cdot \text{m}$$

故 F_{P2} 是一临界荷载。

再把 F_{P3} 视作 F_{Pcr}，用式（10-12）验算，此时，荷载 F_{P1} 已跑出梁外

荷载稍向左移，$\dfrac{82+82}{3.6}\text{kN}\cdot\text{m} > \dfrac{82}{8.4}\text{kN}\cdot\text{m}$

荷载稍向右移，$\dfrac{82}{3.6}\text{kN}\cdot\text{m} > \dfrac{82+82}{8.4}\text{kN}\cdot\text{m}$

故 F_{P3} 不是临界荷载。

（3）将 F_{P2} 置于 C 点为 M_C 的荷载最不利位置（见图 10-18b），相应的最大弯矩为

$$M_{C\max} = 82\times(0.07+2.52+2.07+1.02)\text{kN}\cdot\text{m} = 465.76\text{kN}\cdot\text{m}$$

10.8 简支梁的内力包络图和绝对最大弯矩

10.8.1 简支梁的内力包络图

在设计起重机梁等承受移动荷载的结构时，必须求得在恒荷载和移动活荷载共同作用下各杆件、各截面可能出现的最大内力、最小内力。用上节介绍的确定最不利荷载位置进而求某量值最大值的方法，可以求出简支梁任一截面的最大内力值。如果把梁上各截面的最大最小内力纵标用同一比例尺画出，并分别连成曲线，这就是内力包络图。简支梁有弯矩包络图和剪力包络图。包络图表示各截面内力变化的极限值，是结构设计中的主要依据。

下面先以简支梁在单个集中荷载 F_P 作用下的弯矩包络图和剪力包络图为例加以说明。

如图 10-19a 所示简支梁，当单个集中荷载在梁上移动时，某个截面 C 的弯矩影响线如图 10-19b 所示。从上节分析可知，最不利荷载位置即是 F_P 作用于影响线之三角形的顶点处时，而此时 $M_{C\max}=F_P\times\dfrac{ab}{l}$。将梁分为若干等分，可分别求得各分点处的弯矩最大值。设将梁分为 10 等分，依次取 $a=0.1l$，$a=0.2l$，…，按上述计算式得各个截面的弯矩最大值为 $M_{C\max}=0.09F_Pl$，$0.16F_Pl$，…，$0.09F_Pl$。将这些值绘于图 10-19c 的水平基线上并连成曲线即为单个荷载作用下弯矩的包络图。

图 10-19d 所示为 F_{QC} 影响线，将梁分成 10 等分，将各等分点的最大（最小）剪力值标于图 10-19e 的水平基线上，连接各纵坐标值，即为剪力包络图，如图 10-19e 所示。

图 10-20a 所示为一简支起重机梁，跨度为 12m。图 10-20b 所示为此起重机梁所受的移动荷载。两台起重机传来的最大轮压为 82kN（$F_{P1}=F_{P2}=F_{P3}=F_{P4}=82$kN），轮距为 3.5m，两台起重机并行的最小间距为 1.5m。

将起重机梁分为十等分，在起重机荷载作用下逐个求出各截面的最大弯矩，即可作出弯矩包络图，如图 10-20c 所示。

同样，还可求出剪力包络图，如图 10-20d 所示。

弯矩包络图表示各截面的最大弯矩值，其中弯矩值最大者称为绝对最大弯矩。在进行结构设计时，绝对最大弯矩是设计的重要依据。它代表在一定移动荷载作用下梁内可能出现的弯矩最大值。

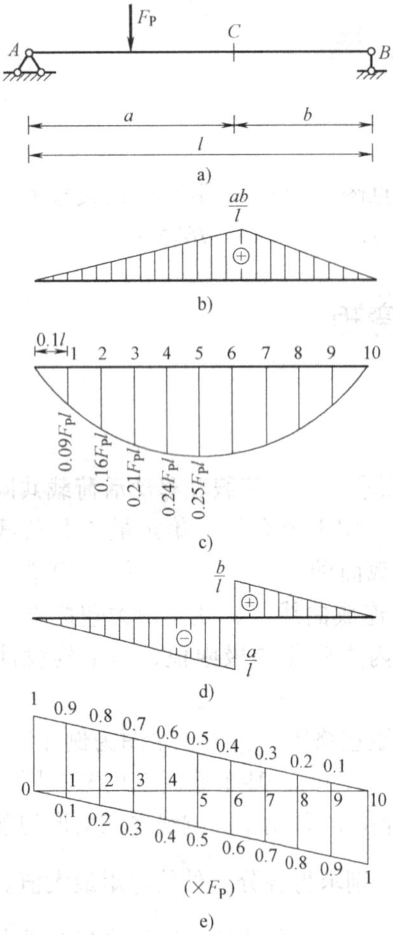

图 10-19

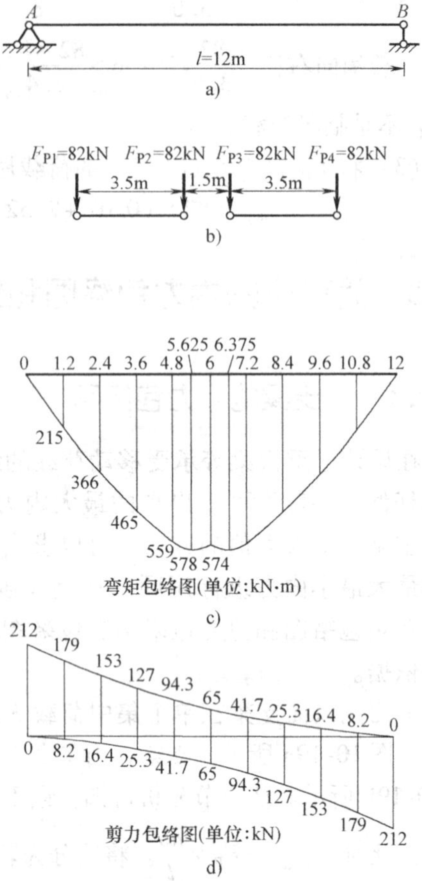

图 10-20

10.8.2 简支梁的绝对最大弯矩

简支梁的绝对最大弯矩可以不经弯矩包络图而直接求出。下面介绍简支梁在一组集中荷载作用下绝对最大弯矩的求法。

图 10-21 所示为一简支梁。移动荷载 F_{P1}，F_{P2}，…，F_{Pn} 的数量和间距不变，在梁上移动。求梁内可能发生的最大弯矩，即绝对最大弯矩。

荷载在任一位置时，梁的弯矩图的顶点永远发生在集中荷载下面。因此，可以断定，绝对最大弯矩必定发生在某一集中荷载的作用点。

试取一个集中荷载 F_{Pcr}，研究它的作

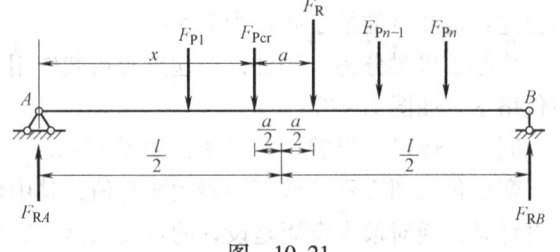

图 10-21

用点的弯矩何时成为最大,以 x 表示 F_{Pcr} 与 A 点的距离,a 表示梁上的荷载合力 F_R 与 F_{Pcr} 的作用线之间的距离。由 $\sum M_B = 0$,得

$$F_{RA} = F_R \frac{l-x-a}{l}$$

F_{Pcr} 作用点的弯矩为

$$M = F_{RA}x - M_{cr} = F_R \frac{l-x-a}{l}x - M_{cr}$$

这里,M_{cr} 表示 F_{Pcr} 左面的荷载对 F_{Pcr} 作用点的力矩之和,是与 x 无关的常数。由

$$\frac{dM}{dx} = 0$$

得

$$\frac{F_R}{l}(l - 2x - a) = 0$$

即

$$x = \frac{l}{2} - \frac{a}{2} \tag{10-13}$$

式(10-13)说明,F_{Pcr} 作用点的弯矩为最大时,梁的中线正好平分 F_{Pcr} 与 F_R 之间的距离。此时最大弯矩为

$$M_{max} = F_R \left(\frac{l}{2} - \frac{a}{2}\right)^2 \frac{1}{l} - M_{cr} \tag{10-14}$$

应用式(10-13)和式(10-14)时,必须注意 F_R 是梁上实有荷载的合力。安排 F_{Pcr} 与 F_R 的位置时,有些荷载可能来到梁上或者离开梁上。这时应重新计算合力 F_R 的数值和位置。

比较各个荷载作用点的最大弯矩,选择其中最大的一个,就是绝对最大弯矩,实际计算中,常常可以估计出哪个荷载或哪几个荷载需要考虑。

例 10-4 试求图 10-22a 所示起重机梁的绝对最大弯矩。

解 不难看出,绝对最大弯矩将发生在荷载 F_{P2} 或 F_{P3} 下面的截面。

先求荷载 F_{P2} 下面的最大弯矩。合力 $F_R = 4 \times 82\text{kN} = 328\text{kN}$,合力作用线在 F_{P2} 与 F_{P3} 中间。此时 $a = 0.75\text{m}$(见图 10-22a),F_{P2} 距跨中 0.375m。

由式(10-14)有

$$M_{max} = F_R \times \left(\frac{l}{2} - \frac{a}{2}\right)^2 \times \frac{1}{l} - M_{cr} = 578\text{kN} \cdot \text{m}$$

再求荷载 F_{P3} 下面的最大弯矩。此时 $a = -0.75\text{m}$(见图 10-22b)。

由式(10-14)有

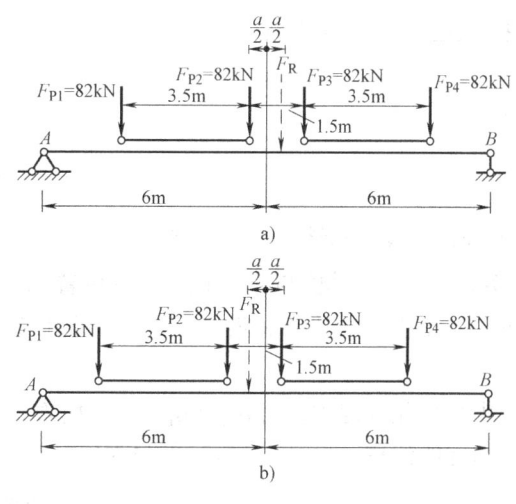

图 10-22

$$M_{\max} = 328 \times \left[\frac{12}{2} - \left(\frac{-0.75}{2}\right)\right]^2 \times \frac{1}{12} \text{kN} \cdot \text{m} - (82 \times 5 + 82 \times 1.5) \text{kN} \cdot \text{m} = 578 \text{kN} \cdot \text{m}$$

由于对称，本题在 F_{P2} 与 F_{P3} 下的最大弯矩相等。因此，绝对最大弯矩即为 578kN·m。

*10.9 超静定结构反力、内力影响线

静定梁的反力、内力的影响线都是由直线段组成，计算纵标和绘制影响线都比较简单。由超静定结构的内力计算可知，当一集中荷载沿超静定梁移动时，梁的反力和内力并非线性变化，反力和内力影响线都是曲线。用静力法绘制超静定梁各量值影响线，必须先解超静定结构，求得影响线方程，将梁分成若干等分，依次求出各分点的纵标，再连成曲线。这样绘制影响线十分繁杂。

不过建筑工程中的多跨连续梁上的活荷载，多是可任意断续地布置的均布荷载，若求其最不利荷载位置，只要知道影响线的轮廓就行，而不必求出影响线纵标的具体数值。由前面可知，机动法可定性地绘出影响线轮廓，这对活荷载作用下连续梁的设计带来极大方便。机动法绘制超静定梁影响线的概念如下。

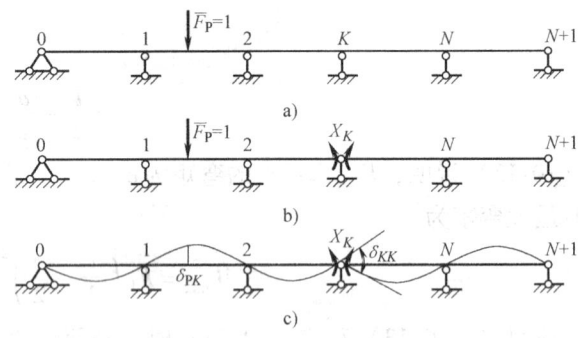

图 10-23

设有一 n 次超静定连续梁如图 10-23a 所示，欲求任一指定截面内力或反力影响线，可切断相应的约束，并以未知力代替其作用。求此力时，即以去掉约束后所得到的 $n-1$ 次超静定梁作为力法的基本结构。以求 K 支座处截面的弯矩影响线为例，所取的基本结构和施加的力 X_K（此时 $X_K = M_K$）示于图 10-23b 中。按照力法的一般原理，根据原来结构在截面 K 处的已知位移条件可建立如下力法方程

$$\delta_{KK} X_K + \delta_{KP} = 0$$

故得

$$X_K = -\frac{\delta_{KP}}{\delta_{KK}} \tag{a}$$

式中，δ_{KK} 代表基本结构上由于 $\overline{X}_K = 1$ 的作用，在截面 K 并沿 X_K 的方向所引起的位移，如图 10-23c 所示，其值与荷载 $\overline{F}_P = 1$ 的位置无关而为一常数，且为正值；δ_{KP} 代表基本结构上由于 $\overline{F}_P = 1$ 作用在截面 K 沿 X_K 的方向所引起的位移，其值则随荷载 $\overline{F}_P = 1$ 的位置移动而变化。

由位移互等定理，有 $\delta_{KP} = \delta_{PK}$，$\delta_{PK}$ 代表由于 $\overline{X}_K = 1$ 的作用在 $\overline{F}_P = 1$ 的着力点并沿其方向所引起的位移。于是式（a）可写为

$$X_K = -\frac{\delta_{KP}}{\delta_{KK}} = -\frac{\delta_{PK}}{\delta_{KK}} \tag{b}$$

在式（b）中，X_K 和 δ_{PK} 均随 $\overline{F}_P = 1$ 移动而变化，它们都是荷载位置 x 的函数，而 δ_{KK} 则为

一常数。因此，式（b）可以更明确地写成以下形式

$$X_K(x) = \frac{\delta_{PK}(x)}{\delta_{KK}}$$

X_K 随 x 变化的图形即为 X_K 的影响线，而函数 $\delta_{PK}(x)$ 的图形即为图 10-23c 所示的竖向位移图。由此得出重要结论：n 次超静定梁某一量值 X_K 的影响线，和去掉与 X_K 相应的约束后，由 $\overline{X}_K = 1$ 所引起的竖向位移图成正比；或者说，由于 $\overline{X}_K = 1$ 所产生的基本结构（$n-1$ 次超静定）的竖向位移图就代表 X_K 影响线的轮廓。因 δ_{PK} 图是取向下为正，而 X_K 与 δ_{PK} 反号，故在 X_K 影响线图形中，应取梁轴线上方的位移为正，下方为负。

综上所述可知，用机动法绘制超静定梁的某一量值 X_K 之影响线的作法是：去掉与 X_K 相应的约束，而使所得基本结构产生与 $\overline{X}_K = 1$ 相应的位移，则由此而得的位移图即代表 X_K 的影响线的轮廓。

下面再列举绘制剪力和竖向反力影响线的例子。如图 10-24a 所示连续梁，设要绘制截面 K 的剪力 F_{QK} 的影响线，为此先将与 F_{QK} 相应的约束去掉，

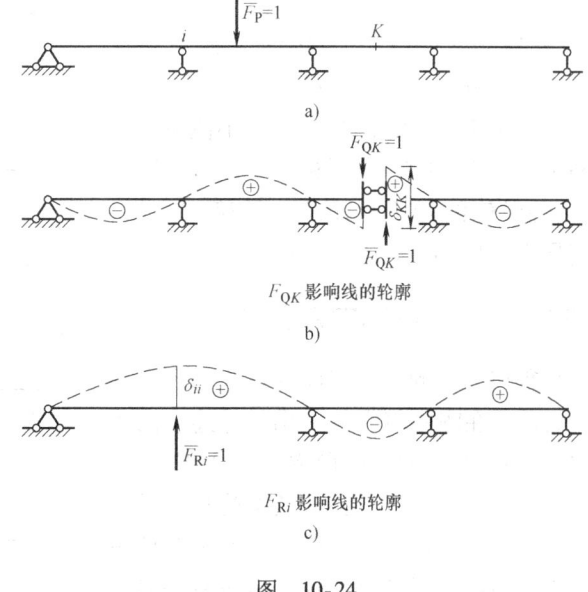

图 10-24

即在 K 处将截面切开并加入两个平行的链杆。这种约束可以抵抗轴力和弯矩，但不能抵抗剪力，然后再以一对剪力 F_{QK} 代替原有约束的作用，使去掉约束后的结构发生与 $\overline{F}_{QK} = 1$ 相应的位移，则所得的位移图即表示 F_{QK} 影响线的轮廓（见图 10-24b）。图 10-24c 表示反力 F_{Ri} 的影响线的轮廓，它是在去掉了该支座约束后以 $\overline{F}_{Ri} = 1$ 作用于基本结构而得到的位移图。

*10.10　连续梁的最不利荷载分布及内力包络图

房屋建筑中的梁板式楼面，它的板、次梁和主梁一般都按连续梁进行计算。这些连续梁将受到恒荷载和活荷载的共同作用，因此，设计时为了保证结构在各种荷载作用下都能安全适用，必须考虑两者的共同影响，求出各个截面可能产生的最大和最小内力值，作为选择截面尺寸的依据。由于恒荷载经常存在且布满全跨，它所产生的内力是固定不变的，活荷载不经常存在且不同时布满各跨，它所产生的内力随活荷载分布的不同而改变。因此，求截面最大内力的主要问题在于确定活荷载的影响。只要求出活荷载作用下某一截面的最大和最小内力，然后再加上恒荷载产生的内力，即得到恒荷载和活荷载共同作用下该截面的最大内力和最小内力。

10.10.1　连续梁的最不利荷载分布

计算某截面在活荷载作用下的最大、最小内力时，需要事先知道相应的活荷载最不利分

布情况，这可利用影响线来判断。

图 10-25 中给出了五跨连续梁的一个支座截面 B 和一个跨中截面 K 的弯矩影响线的图形，同时附有与最大弯矩和最小弯矩相应的最不利活荷载分布图。从图中可以看出，活荷载布满各跨时并不是连续梁的最不利情况。最不利情况是：

1）支座截面最大负弯矩：支座两个邻跨有活荷载，然后每隔一跨有活荷载。

2）跨中截面最大正弯矩：本跨有活荷载，然后每隔一跨有活荷载。

相应于 M_B 和 M_K 的最大、最小值时的最不利荷载位置分别示于图 10-25c、d 和 f、g。当各量值的最不利荷载位置确定之后，则其最大、最小值便不难求得。

10.10.2 连续梁的内力包络图

算得连续梁的每个截面的最大内力和最小内力后，在图中将它们标出，并连成两条曲线（或折线），这个图形称为内力包络图。

由上述内容可知，当连续梁受均布活荷载作用时，其各截面弯矩的最不利荷载位置是在若干跨内布满荷载。这只需按每一跨单独布满活荷载的情况逐一作出其弯矩图，然后对于任一截面，将这些弯矩图中对应的所有正弯矩值相加，便得到该截面在活荷载作用下的最大正弯矩；同样若将对应的所有负弯矩值相加，便得到该截面在活荷载作用下的最大负弯矩值。

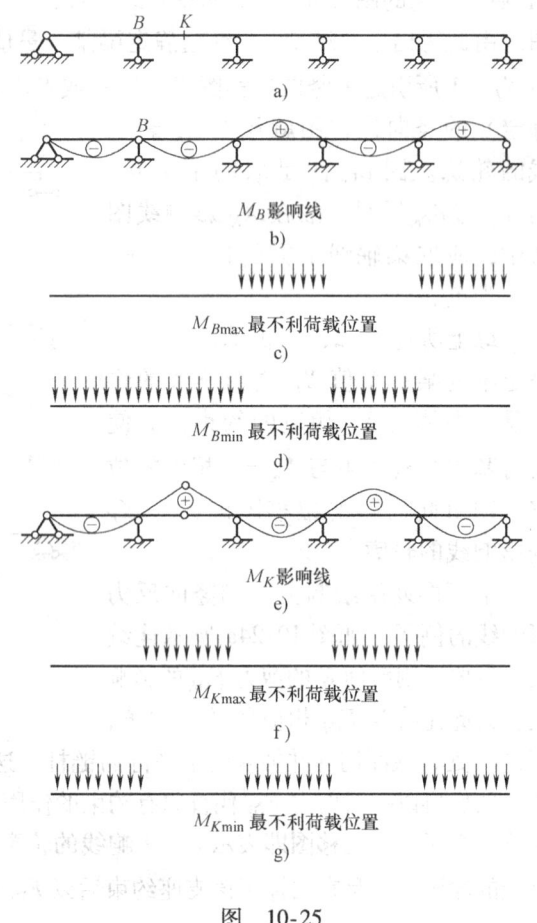

图 10-25

于是对于这种活荷载作用下的连续梁，其弯矩包络图可按如下步骤进行绘制：

1）给出恒荷载作用下的弯矩图。

2）依次按每一跨上单独布满活荷载的情况，逐一绘出其弯矩图。

3）将各跨分为若干等分，对每一等分点处截面，将恒荷载弯矩图中该截面的纵标值与所有各个活荷载面弯矩图中对应的正（负）纵标值之和叠加，得到各截面的最大（小）弯矩值。

4）将上述各最大（小）弯矩值在同一图中按同一比例尺用纵标表出，并以曲线相连，即得到所求的弯矩包络图。

对于表示连续梁在恒荷载和活荷载共同作用下的最大剪力和最小剪力变化情形的剪力包络图，其绘制步骤与弯矩包络图相同。由于设计时，用到的主要是各支座附近截面上的剪力值，因此，通常只将各跨两端靠近支座处截面上的最大剪力值和最小剪力值全求出，而在每跨中以直线相连，近似地作为所求的剪力包络图。

例 10-5 求图 10-26 所示三跨等截面连续梁的弯矩包络图和剪力包络图,梁上承受的恒荷载为 $q=20\text{kN/m}$,活荷载为 $p=37.5\text{kN/m}$。

解 首先用力矩分配法作出恒荷载作用下的弯矩图(见图 10-26b)和各跨分别承受活荷载时的弯矩图(见图 10-26c、d、e),将梁的每一跨分为四等分,求出各弯矩图中等分点的纵标值。然后将图 10-26b 中的纵标值和图 10-26c、d、e 中对应的正(负)纵标值相加即得最大(小)弯矩值。例如,在支座 1 处

$$M_{1\max} = (-32)\text{kN}\cdot\text{m} + 10\text{kN}\cdot\text{m} = -22\text{kN}\cdot\text{m}$$
$$M_{1\min} = (-32)\text{kN}\cdot\text{m} + (-40)\text{kN}\cdot\text{m} + (-30)\text{kN}\cdot\text{m} = -102\text{kN}\cdot\text{m}$$

最后,把各个最大弯矩值和最小弯矩值分别用曲线相连,即得弯矩包络图,如图 10-26f 所示(图中的弯矩单位为 kN·m)。

为了绘出剪力包络图,先绘出恒荷载作用下剪力图(见图 10-27a)和各跨分别承受活

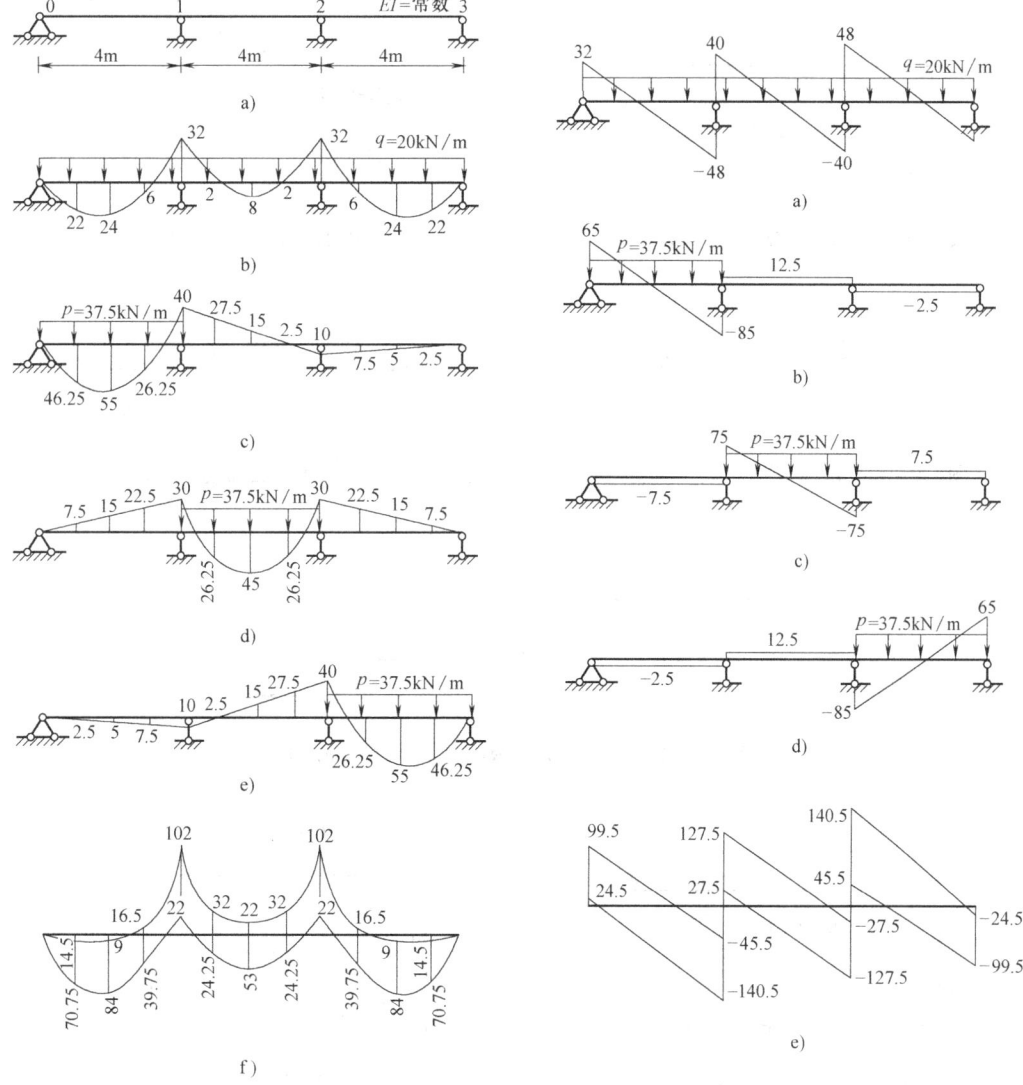

图 10-26

图 10-27

荷载时的剪力图（见图 10-27b、c、d）。然后将图 10-27a 中各支座左、右两边截面处的纵标值和图 10-27b、c、d 中对应的正（负）纵标值相加，便得到最大（小）剪力值。例如，在支座 1 左侧截面上

$$F_{Q1max}^L = (-48)kN + 2.5kN = -45.5kN$$

$$F_{Q1min}^L = (-48)kN + (-85)kN + (-7.5)kN = -140.5kN$$

工程中常把各支座两边截面上的最大剪力值和最小剪力值分别用直线相连，得到近似的剪力包络图，如图 10-27e 所示（图中的剪力单位为 kN）。

习 题

10-1 用静力法作图 10-28 ~ 图 10-34 所示结构所求未知力的影响线（方括号内为指定所求内容）。

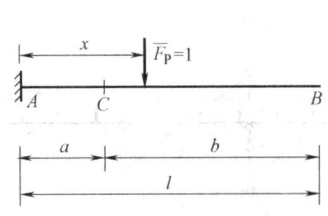

图 10-28 $[F_{Ay}, M_A, M_C, F_{QC}]$

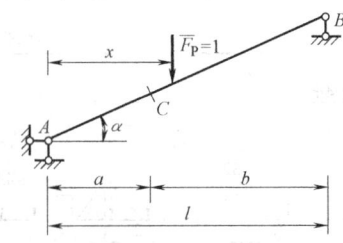

图 10-29 $[F_{Ay}, M_C, F_{QC}, F_{NC}]$

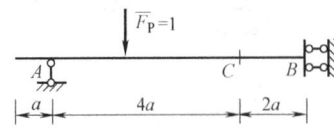

图 10-30 $[F_{QA}^L, F_{QA}^R, F_{QC}, M_C]$

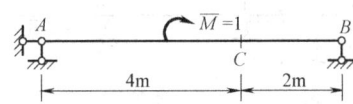

图 10-31 $[\overline{M}=1$ 是单位移动力矩。$M_C, F_{QC}]$

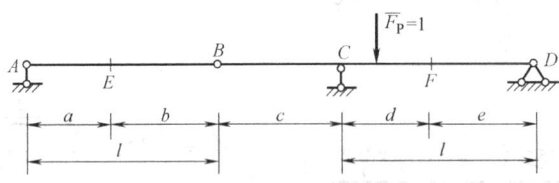

图 10-32 $[F_{Ay}, F_{QB}, M_E, F_{QE}, M_F, F_{QF}]$

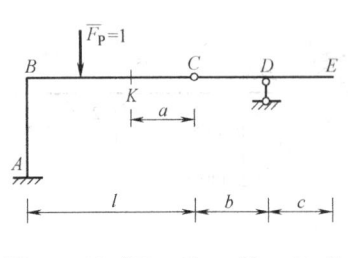

图 10-33 $[M_A, F_{Ay}, M_K, F_{QK}]$

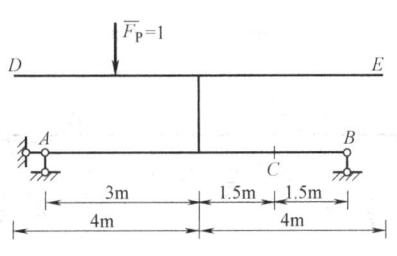

图 10-34 $[F_{Ay}, M_C, F_{QC}]$

10-2 试绘制图 10-35、图 10-36 所示桁架中指定杆内力的影响线。

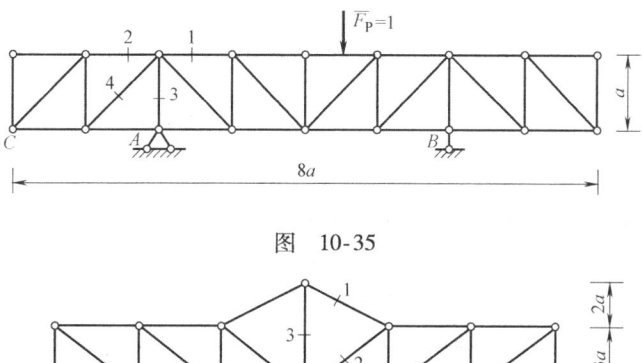

图 10-35

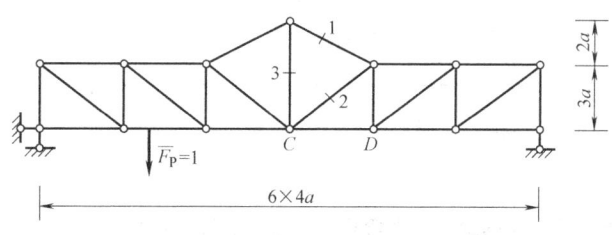

图 10-36

10-3 机动法作图 10-37、图 10-38 所示多跨静定梁所求未知力的影响线（方括号内为指定所求内容）。

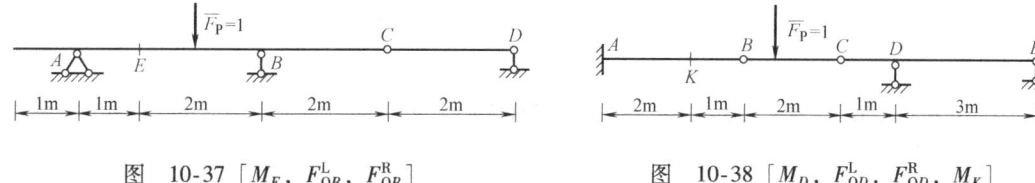

图 10-37 $[M_E, F_{QB}^L, F_{QB}^R]$　　　　图 10-38 $[M_D, F_{QD}^L, F_{QD}^R, M_K]$

10-4 作图 10-39 所示静定梁在间接荷载作用下指定量值的影响线（方括号内为指定量值）。

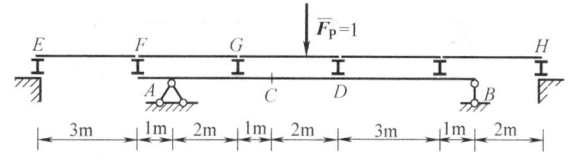

图 10-39 $[F_{Ay}, M_C, F_{QC}, F_{QD}^L, F_{QD}^R]$

10-5 利用影响线计算伸臂梁在图 10-40 所示荷载作用下的 F_{Ay}, M_C, F_{QC}。

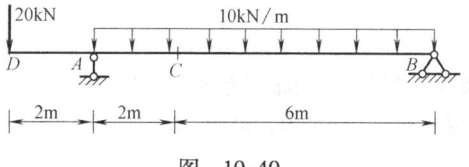

图 10-40

10-6 在图 10-41、图 10-42 所示移动荷载组作用时，求图示梁指定内力的最大值（方括号内为指定内力）。

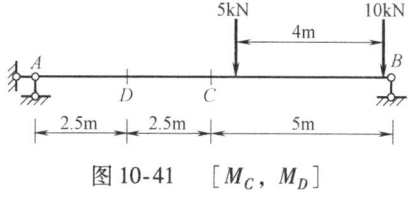

图 10-41 $[M_C, M_D]$

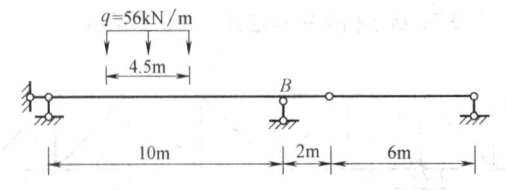

图 10-42 [F_{By}]

10-7 起重机梁上两台起重机的轮压和轮距如图 10-43 所示，求 F_{By} 最大值。

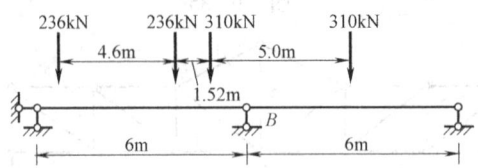

图 10-43

10-8 求图 10-44 所示简支梁的绝对最大弯矩，并与跨中截面最大弯矩值比较。

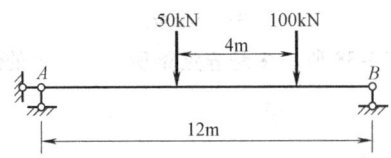

图 10-44

10-9 图 10-45 所示简支梁承受移动荷载作用，梁自重 $q=15\text{kN/m}$。试绘制梁的弯矩包络图（每隔 1/6 跨取一计算截面）。

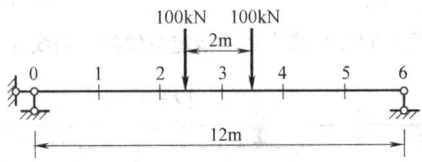

图 10-45

10-10 试绘出图 10-46 所示连续梁的 F_{By}、M_A、M_C、M_K、F_{QK}、F_{QB}^L、F_{QB}^R 的影响线的轮廓。

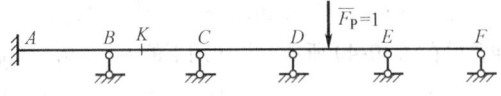

图 10-46

10-11 图 10-47 所示连续梁各跨除承受均布恒荷载 $q=10\text{kN/m}$ 外，还受有可任意布置的均布活荷载 $p=20\text{kN/m}$ 的作用，试绘制其弯矩和剪力包络图，$EI=$ 常数。

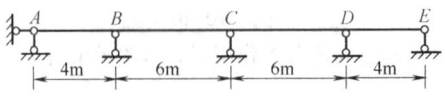

图 10-47

习题参考答案

第 2 章

2-3 图 2-26a 所示结构：$W=-2$，几何不变，有两个多余约束；图 2-26b 所示结构，$W=0$，几何不变，无多余约束；图 2-26c 所示结构：$W=-1$，几何不变，有一个多余约束；图 2-26d 所示结构：$W=-1$，几何不变，有一个多余约束。

2-4 图 2-27a 所示结构为几何不变，无多余约束；图 2-27b 所示结构为几何不变，无多余约束。

2-5 图 2-28a 所示结构为几何不变，无多余约束；图 2-28b 所示结构为几何不变，无多余约束；图 2-28c 所示结构为瞬变体系；图 2-28d 所示结构为几何可变；图 2-28e 所示结构为几何不变，无多余约束；图 2-28f 所示结构为几何不变，有两个多余约束。

2-6 图 2-29a 所示结构为瞬变体系；图 2-29b 所示结构为几何不变，有一个多余约束；图 2-29c 所示结构为几何不变，无多余约束；图 2-29d 所示结构为几何不变，无多余约束；图 2-29e 所示结构为几何不变，无多余约束；图 2-29f 所示结构为几何不变，无多余约束。

2-7 图 2-30a 所示结构为瞬变体系；图 2-30b 所示结构为几何不变，无多余约束；图 2-30c 所示结构为几何不变，无多余约束。

2-8 图 2-31a 所示结构有 3 个自由度，无多余约束；图 2-31b 所示结构有 3 个自由度，1 个多余约束；图 2-31c 所示结构有 3 个自由度，2 个多余约束；图 2-31d 所示结构有 3 个自由度，3 个多余约束。

第 3 章

3-1 图 3-22a 所示结构：$F_Q=\dfrac{F}{2}$，$M=-\dfrac{Fl}{4}$；图 3-22b 所示结构：$F_Q=14\text{kN}$，$M=-26\text{kN}\cdot\text{m}$；图 3-22c 所示结构：$F_{Q1}=-qa$，$M_1=-qa^2$，$F_{Q2}=-2qa$，$M_2=-\dfrac{9}{2}qa^2$；图 3-22d 所示结构：$F_Q=-6\text{kN}$，$M=0$；图 3-22e 所示结构：$F_Q=7\text{kN}$，$M=2\text{kN}\cdot\text{m}$；图 3-22f 所示结构：$F_Q=-7\text{kN}$，$M=17\text{kN}\cdot\text{m}$。

3-3 图 3-24a 所示结构：$M_A=18\text{kN}\cdot\text{m}$（上侧受拉），$M_D=10\text{kN}\cdot\text{m}$（上侧受拉），$M_E=12\text{kN}\cdot\text{m}$（上侧受拉）；图 3-24b 所示结构：$M_{BA}=120\text{kN}\cdot\text{m}$（上侧受拉）；图 3-24c 所示结构：$M_{AD}=2\text{kN}\cdot\text{m}$（左侧受拉），$M_{DC}=4\text{kN}\cdot\text{m}$（右侧受拉），$F_{QAD}=0$，$F_{NAD}=-7\text{kN}\cdot\text{m}$。

3-5 图 3-26a 所示结构：$M_{CB}=M$（下侧受拉），$M_{CA}=0$；图 3-26b 所示结构：$M_{AB}=\dfrac{Fa}{2}$（右侧受拉），$M_{BC}=\dfrac{Fa}{2}$（上侧受拉），$M_{CD}=\dfrac{Fa}{2}$（右侧受拉）；图 3-26c 所示结构：$M_{AC}=40\text{kN}\cdot\text{m}$（左侧受拉），$M_{CB}=40\text{kN}\cdot\text{m}$（上侧受拉），$M_{CD}=80\text{kN}\cdot\text{m}$（上侧受拉）；图 3-26d 所示结构：$M_{AC}=\dfrac{1}{6}qb^2$（右侧受拉），$M_{BD}=\dfrac{1}{6}qb^2$（左侧受拉）；图 3-26e 所示结

构：$M_{DA} = \dfrac{5}{4}ql^2$（右侧受拉），$M_{DB} = \dfrac{3}{2}ql^2$（下侧受拉），$M_{DC} = \dfrac{5}{4}ql^2$（左侧受拉），$M_{DE} = ql^2$（上侧受拉）；图 3-26f 所示结构：$M_{DA} = 0$，$M_{ED} = \dfrac{1}{2}Fl$（下侧受拉），$M_{EB} = Fl$（左侧受拉），$M_{EF} = \dfrac{1}{2}Fl$（上侧受拉），$M_{FC} = 0$。

3-6　图 3-27a 所示结构：$M_{DC} = 0$，$M_{BC} = F_P l$（上侧受拉）；图 3-27b 所示结构：$M_{DC} = 32\text{kN} \cdot \text{m}$（上侧受拉），$M_{BE} = 96\text{kN} \cdot \text{m}$（左侧受拉）；图 3-27c 所示结构：$M_{ED} = 12\text{kN} \cdot \text{m}$（下侧受拉）；图 3-27d 所示结构：$M_{DA} = 6\text{kN} \cdot \text{m}$（上侧受拉），$M_{FC} = 18\text{kN} \cdot \text{m}$（上侧受拉）。

3-7　$M_{CD} = 180\text{kN} \cdot \text{m}$（下侧受拉）。

第 4 章

4-1　图 4-24 所示结构：零杆共有 7 根；图 4-25 所示结构：零杆共有 9 根。

4-2　图 4-26a 所示结构：$F_{N56} = 40\text{kN}$；图 4-26b 所示结构：$F_{N45} = -2.23F_P\text{kN}$，$F_{N46} = -1.12F_P\text{kN}$；图 4-26c 所示结构：$F_{N78} = 2\text{kN}$，$F_{N12} = 10\text{kN}$，$F_{N35} = 7.5\text{kN}$；图 4-26d 所示结构：$F_{N35} = -15\text{kN}$，$F_{N34} = 6.25\text{kN}$。

4-3　图 4-27 所示结构：左第二节间下弦内力为 61.8kN；图 4-28 所示结构：中间竖杆内力为 $2F$。

4-4　图 4-29 所示结构：$F_{N1} = -3.75F$，$F_{N2} = 3.33F$，$F_{N3} = -0.50F$，$F_{N4} = 0.65F$；图 4-30 所示结构：$F_{Na} = -60\text{kN}$，$F_{Nb} = 37.3\text{kN}$，$F_{Nc} = 37.7\text{kN}$，$F_{Nd} = -66.7\text{kN}$。

4-5　图 4-31a 所示结构：$F_{ay} = 10\text{kN}$，$F_{by} = 30\text{kN}$；图 4-31b 所示结构：$F_{Na} = 52.5\text{kN}$，$F_{by} = 10\text{kN}$，$F_{cy} = 10\text{kN}$；图 4-31c 所示结构：$F_{Nc} = 40\text{kN}$；图 4-31d 所示结构：$F_{Na} = 40\text{kN}$，$F_{Nb} = 20\text{kN}$，$F_{Nc} = -105\text{kN}$。

4-6　图 4-32 所示结构：$F_{N1} = -4F$，$F_{N2} = \sqrt{2}F$，$F_{N3} = -\dfrac{\sqrt{2}}{2}F$，$F_{N4} = -F$；图 4-33 所示结构：$F_{Na} = -1.80F$，$F_{Nb} = 2F$；图 4-34 所示结构：$F_{Na} = -F$，$F_{Nb} = \sqrt{2}$；图 4-35 所示结构：$F_{Na} = 292\text{kN}$，$F_{Nb} = -350\text{kN}$，$F_{Nc} = 0$；图 4-36 所示结构：$F_{Na} = -\dfrac{\sqrt{2}}{3}F$，$F_{Nb} = -\dfrac{\sqrt{5}}{3}F$；图 4-37 所示结构：$F_{Na} = -F$，$F_{Nb} = 0$；图 4-38 所示结构：$F_{Na} = 41.7\text{kN}$，$F_{Nb} = -21.4\text{kN}$。

4-7　$F_{Na} = -0.566F$。

第 5 章

5-1　$M_D = 8\text{kN} \cdot \text{m}$，$F_{QD}^L = 7.15\text{kN}$，$F_{QD}^R = -7.15\text{kN}$，$F_{ND}^L = -23.24\text{kN}$，$F_{ND}^R = -30.40\text{kN}$。

5-2　$F_{NA} = 0$，$F_{QA} = -\dfrac{M}{R}$，$F_{NC} = -\dfrac{M}{R}$，$F_{QC} = 0$。

5-3　$M_K = 36\text{kN} \cdot \text{m}$，$F_{QK} = 0$。

5-4 $F_{NDE} = 30\text{kN}$, $F_{NC} = -30\text{kN}$。

5-5 $F_{Ay} = 20\text{kN}$（↑），$F_{By} = 8\text{kN}$（↑），$F_H = 20\text{kN}$（→←），$F_{NC} = -20\text{kN}$，$F_{QC}^L = 20\text{kN}$，$F_{QC}^R = -8\text{kN}$。

5-6 $F_H = 400\text{kN}$（→←），$y_1 = y_2 = 1.5\text{m}$。

5-7 左半拱的合理拱轴线方程 $y = \dfrac{192x - x^3}{256}$。

5-8 合理拱轴线方程 $y = \dfrac{x}{27}(21 - x)$。

5-9 $M_{FB} = \dfrac{2}{3} F_P a$（下侧受拉），$M_{CA} = \dfrac{1}{3} F_P a$（下侧受拉），$F_{NDF} = -\dfrac{4}{3} F_P$。

5-10 $M_{AC} = 12\text{kN} \cdot \text{m}$（左侧受拉），$F_{NCD} = -2\text{kN}$。

5-11 $M_{FA} = -80\text{kN} \cdot \text{m}$，$F_{NFH} = 30\text{kN}$，$F_{NFC} = 30\sqrt{2}\text{kN}$。

5-12 $M_{DA} = 5\text{kN} \cdot \text{m}$（下侧受拉），$F_{NDF} = -5\sqrt{2}\text{kN}$。

5-13 $M_{EC} = 45\text{kN} \cdot \text{m}$（下侧受拉），$F_{NDE} = 0$。

5-14 $F_{NDE} = 135\text{kN}$，$F_{NDF} = 22.5\text{kN}$，$M_K = 7.5\text{kN} \cdot \text{m}$，$F_{QK} = 2.2\text{kN}$，$F_{NK} = -158.2\text{kN}$。

5-15 $F_{NDE} = -\dfrac{1}{2} qa$，$M_{FC} = \dfrac{1}{2} qa^2$（右侧受拉）。

5-16 $F_{NBE} = -\dfrac{1}{2} ql$，$M_F = \dfrac{1}{8} ql^2$，$F_{QDE} = \dfrac{1}{2} ql$。

5-17 $F_{NDE} = 15\text{kN}$，$M_F = 0.75\text{kN} \cdot \text{m}$（上侧受拉），$F_{QFA} = -1.75\text{kN}$，$F_{QFC} = 1.74\text{kN}$。

5-18 $F_{NDE} = 4\text{kN}$，$M_F = 2\text{kN} \cdot \text{m}$（上侧受拉）。

5-19 $M_{ED} = ql^2$（上侧受拉），$F_{QBC} = \dfrac{1}{2} ql$，$F_{NAD} = qa$。

5-20 $M_{HA} = 133.3\text{kN} \cdot \text{m}$（下侧受拉），$F_{NFD} = 134.4\text{kN}$。

第6章

6-1 $\Delta = 3.828 \dfrac{F_P l}{EA}$（→）。

6-2 $\Delta = 2.64\text{mm}$（↓）。

6-3 $\Delta_1 = \dfrac{\pi}{4} \dfrac{F_P R^3}{EI}$（↓），$\Delta_2 = \dfrac{1}{2} \dfrac{F_P R^3}{EI}$（→）。

6-4 $\Delta = \dfrac{ql^3}{15EI}$（→）。

6-5 $\Delta = \dfrac{17ql^4}{384EI}$（↓）。

6-6 $\Delta_1 = \dfrac{5ql^4}{8EI}$（↓），$\Delta_2 = \dfrac{ql^4}{4EI}$（←）。

6-7 $\Delta = \dfrac{17ql^4}{384EI}$（↓）。

6-8 $\Delta_1 = \dfrac{5ql^4}{8EI}$ ($\downarrow$), $\Delta_2 = \dfrac{ql^4}{4EI}$ ($\leftarrow$)。

6-9 $\Delta = \dfrac{53.67q}{EI}$ ($\downarrow$)。

6-10 $\Delta = 0.3\text{mm}$ ($\leftarrow$)。

6-11 $\Delta_1 = \dfrac{3188}{EI}$ ($\leftarrow$), $\Delta_2 = \dfrac{2075}{12EI}$ ($\curvearrowright$)。

6-12 $\Delta = \dfrac{1985}{6EI}$ ($\downarrow$)。

6-13 $\Delta_1 = 0$, $\Delta_2 = \dfrac{0.917ql^4}{EI}$ ($\rightarrow \leftarrow$), $\Delta_3 = \dfrac{1.17ql^3}{EI}$ ($\curvearrowright$)。

6-14 $\Delta = \dfrac{ql^4}{60EI}$ ($\rightarrow \leftarrow$)。

6-15 $\Delta = 0.0058\text{rad}$ ($\curvearrowright$)。

6-16 $\Delta = \dfrac{98.84}{EI}$ ($\downarrow$)。

6-17 $\Delta = \dfrac{360\alpha}{h}$ ($\rightarrow$)。

6-18 $\Delta = 7.5\text{mm}$ ($\uparrow$)。

6-19 $\Delta = \dfrac{3}{8}\alpha tl$ ($\uparrow$)。

6-20 $\Delta = 5\text{cm}$ ($\uparrow$)。

6-21 每根上弦杆比设计尺寸偏长 $\dfrac{6}{11}\text{cm}$。

6-22 $\Delta = \dfrac{a}{h}$ ($\curvearrowright$)。

6-23 $\Delta_1 = \dfrac{3}{4}c$ ($\uparrow$), $\Delta_2 = \dfrac{3c}{l}$ (逆时针)。

6-24 $\Delta = \dfrac{4ql^4}{3EI}$ ($\rightarrow$)。

6-25 $\Delta = \dfrac{3}{16}l\theta$ ($\downarrow$)。

6-26 $F_{Cy} = \dfrac{3}{32}F_P$ ($\downarrow$), $M_B = \dfrac{3}{32}F_P l$ (上侧受拉)。

第7章

7-1 a) $n=9$; b) $n=7$; c) $n=1$; d) $n=3$; e) $n=3$; f) $n=2$; g) $n=7$; h) $n=10$; i) $n=3$; j) $n=1$。

7-2 $M_A = \dfrac{-3Fa(l-a)}{2l}$; $F_{QA} = F\left[1 + \dfrac{3a(l-a)}{2l^2}\right]$; $F_{QB} = -F\left[1 - \dfrac{3a(l-a)}{2l^2}\right]$

7-3 $M_B = -\dfrac{ql^2}{8}$; $F_{QA} = \dfrac{3ql}{8}$; $F_{QB}^R = \dfrac{5ql}{8}$; $F_{QC} = -\dfrac{3ql}{8}$

7-4 $M_{BC}=55.62\text{kN}\cdot\text{m}$；$M_{CB}=82.92\text{kN}\cdot\text{m}$；$F_{QAB}=F_{QBA}=9.27\text{kN}$；
$F_{QBC}=F_{QCB}=-27.7\text{kN}$；$F_{QCD}=F_{QDC}=20.73\text{kN}$；$F_{NAB}=27.7\text{kN}$；
$F_{NDC}=-27.7\text{kN}$；$F_{NBC}=-20.7\text{kN}$。

7-5 $M_{CD}=2.18\text{kN}\cdot\text{m}$；$M_{DC}=30.58\text{kN}\cdot\text{m}$；$M_{DB}=2.18\text{kN}\cdot\text{m}$；$M_{DE}=28.4\text{kN}\cdot\text{m}$；
$F_{QAC}=F_{QCA}=-0.545\text{kN}$；$F_{QCD}=22.9\text{kN}$；$F_{QDC}=-37.1\text{kN}$；
$F_{QBD}=F_{QDB}=0.545\text{kN}$；$F_{QDE}=37.1\text{kN}$；$F_{QED}=-22.9\text{kN}$；$F_{NAC}=-22.9\text{kN}$；
$F_{NBD}=-74.2\text{kN}$；$F_{NCD}=-0.545\text{kN}$；$F_{NDE}=0$。

7-6 $F_{NAD}-1.064\text{kN}$；$F_{NCF}-1.837\text{kN}$；$M_{BA}=8.424\text{kN}\cdot\text{m}$；$M_{EC}=4.380\text{kN}\cdot\text{m}$；
$M_{GF}=22.044\text{kN}\cdot\text{m}$。

7-7 $F_{NDB}=-0.6018F$；$F_{NDE}=0.0897F$；$F_{NDG}=-0.2386F$；$F_{NBG}=0.0973F$；
$F_{NEG}=0.3374F$；$F_{NBE}=-0.4772F$。

7-8 $M_B=\dfrac{F_P a}{2}$；$M_D=-\dfrac{F_P a}{2}$。

7-9 $M_{BA}=17.64\text{kN}\cdot\text{m}$（右拉）；$R_{Ey}=29.8\text{kN}$（↑）；$F_{NBD}=-7.35\text{kN}$。

7-10 $M_{DE}=\dfrac{ql^2}{4}$（上拉）；$M_{ED}=\dfrac{ql^2}{4}$（下拉）。

7-11 $M_{DE}=\dfrac{13}{38}qa^2$（上拉）；$F_{NBE}=-\dfrac{6}{19}qa$（压力）。

7-12 $M_{AD}=\dfrac{5}{14}qa^2$（右拉）；$M_{DE}=\dfrac{1}{7}qa^2$（下拉）。

7-13 $\Delta_{Dy}=\dfrac{181}{3072}\dfrac{ql^4}{EI}$（↓）。

7-14 $M_A=\dfrac{5}{11}Fa$（上侧受拉）；$\Delta_{Cy}=\dfrac{3}{11}\dfrac{Fa^3}{EI}$（↓）。

7-15 $R_A=\dfrac{39}{64}ql$（↑）；$R_C=\dfrac{15}{64}ql$（↓），$M_{BD}=\dfrac{10}{64}ql^2$（右侧受拉）。

7-16 $M_{BA}=\dfrac{5}{24}Fl$（下拉）；$M_{CB}=\dfrac{1}{24}Fl$（上拉）。

7-17 $F_H=13.58\text{kN}$；$M_C=19.36\text{kN}\cdot\text{m}$；$F_{QC}=0$；$F_{NC}=-13.58\text{kN}$；
$M_D=1.918\text{kN}\cdot\text{m}$；$F_{QD}=7.066\text{kN}$；$F_{ND}=-19.76\text{kN}$。

7-18 $M_A=\dfrac{3EI\Delta}{l^2}$；$F_{QA}=F_{QB}=\dfrac{3EI\Delta}{l^3}$。

7-19 $M_{BA}=\dfrac{3EI}{1000a}$；$F_{QAB}=F_{QBA}=\dfrac{3EI}{4000a^2}$；$F_{QBC}=F_{QCB}=\dfrac{3EI}{5000a^2}$；
$F_{NAB}=\dfrac{3EI}{5000a^2}$；$F_{NBC}=\dfrac{3EI}{4000a^2}$。

7-20 $M_{BC}=63.48\text{kN}\cdot\text{m}$；$M_{BA}=63.48\text{kN}\cdot\text{m}$；$M_{AB}=63.48\text{kN}\cdot\text{m}$；
$F_{QBC}=F_{QCB}=15.87\text{kN}$；$F_{QAB}=F_{QBA}=0$；$F_{NAB}=F_{NBA}=-15.87\text{kN}$；
$F_{NBC}=F_{NCB}=0$。

第8章

8-1 (a) 2；(b) 2；(c) 2；(d) 7；(e) 6；(f) 5；(g) 3；(h) 9。

8-2　(a) $M_{DC} = 41.54 \text{kN} \cdot \text{m}$, $M_{CD} = -6.92 \text{kN} \cdot \text{m}$; (b) $M_{BA} = 45.63 \text{kN} \cdot \text{m}$。

8-3　$M_{AB} = -\dfrac{41}{280} F_P l$, $M_{BC} = -\dfrac{11}{280} F_P l$。

8-4　$M_{BA} = 24.0 \text{kN} \cdot \text{m}$, $M_{BC} = -38.4 \text{kN} \cdot \text{m}$, $M_{BE} = 14.4 \text{kN} \cdot \text{m}$。

8-5　$M_{BA} = 26 \text{kN} \cdot \text{m}$; $F_{QBC} = 12.5 \text{kN}$; $F_{NDB} = -36.5 \text{kN}$。

8-6　$M_{AD} = 27.4 \text{kN} \cdot \text{m}$, $M_{BE} = 42.1 \text{kN} \cdot \text{m}$, $M_{DE} = -50.5 \text{kN} \cdot \text{m}$。

8-7　$M_{AC} = -11.3 \text{kN} \cdot \text{m}$, $M_{BD} = -6.7 \text{kN} \cdot \text{m}$, $M_{EC} = 15.4 \text{kN} \cdot \text{m}$。

8-8　$M_{AC} = \dfrac{ql^2}{104}$。

8-9　$M_{AB} = -150 \text{kN} \cdot \text{m}$, $M_{BA} = -30 \text{kN} \cdot \text{m}$, $M_{CD} = M_{DC} = -90 \text{kN} \cdot \text{m}$。

8-10　$M_{AB} = -225 \text{kN} \cdot \text{m}$, $M_{DC} = -135 \text{kN} \cdot \text{m}$。

8-11　$M_{AD} = -0.1628 q l^2$; $M_{ED} = 0.05942 q l^2$; $M_{EB} = -0.1193 q l^2$。

8-12　$M_{CA} = -20 \text{kN} \cdot \text{m}$; $M_{CB} = -5 \text{kN} \cdot \text{m}$; $M_{CD} = 25 \text{kN} \cdot \text{m}$; $M_{DE} = 80 \text{kN} \cdot \text{m}$。

8-13　$M_{AD} = \dfrac{ql^2}{48}$, $M_{DE} = -\dfrac{ql^2}{24}$。

8-14　$M_{AC} = 157.9 \text{kN} \cdot \text{m}$, $M_{CA} = 142.1 \text{kN} \cdot \text{m}$。

8-15　$M_{CB} = 28.7 \text{kN} \cdot \text{m}$。

8-16　$M_{CB} = -47.37 \text{kN} \cdot \text{m}$。

8-17　$M_B = -93.33 \text{kN} \cdot \text{m}$, $M_C = 140.0 \text{kN} \cdot \text{m}$。

8-18　$M_{AB} = -106.1 \text{kN} \cdot \text{m}$, $M_{CB} = 86.8 \text{kN} \cdot \text{m}$, $M_{EF} = -39.3 \text{kN} \cdot \text{m}$。

第9章

9-2　a) $M_{BA} = 90 \text{kN} \cdot \text{m}$, $\varphi_B = 0$。

　　　b) $M_{BD} = -3.64 \text{kN} \cdot \text{m}$, $\varphi_B = -\dfrac{40}{11EI} \text{kN} \cdot \text{m}^2$ （逆时针转向）。

9-3　a) $M_{BA} = 11.33 \text{kN} \cdot \text{m}$, $M_{CD} = -34.36 \text{kN} \cdot \text{m}$。

　　　b) $M_{FA} = -12.86 \text{kN} \cdot \text{m}$。

　　　c) $M_{BA} = -34.06 \text{kN} \cdot \text{m}$。

　　　d) $M_{BC} = -9.26 \text{kN} \cdot \text{m}$。

9-4　a) $M_{BC} = -8.65 \text{kN} \cdot \text{m}$。

　　　b) $M_{BD} = 44.44 \text{kN} \cdot \text{m}$。

　　　c) $M_{DC} = -2.49 \text{kN} \cdot \text{m}$。

　　　d) $M_{BA} = 44 \text{kN} \cdot \text{m}$, $M_{BD} = 8 \text{kN} \cdot \text{m}$。

9-6　a) $M_{BC} = -4 \text{kN} \cdot \text{m}$。

　　　b) $M_{AB} = -6 \text{kN} \cdot \text{m}$。

　　　c) $M_{AB} = 115.36 \text{kN} \cdot \text{m}$。

9-7　a) $M_{BC} = -92 \text{kN} \cdot \text{m}$。

　　　b) $M_{BA} = -0.56 F_P l$。

　　　c) $M_{AB} = -1 \text{kN} \cdot \text{m}$。

习题参考答案 271

9-8 a) $M_{AB} = 0.42 \text{kN} \cdot \text{m}$。
    b) $M_{AB} = 2.53 \text{kN} \cdot \text{m}$。
9-9 $M_{AC} = -206.31 \text{kN} \cdot \text{m}$。
9-11 $M_{BA} = 93.7 \text{kN} \cdot \text{m}$。
9-12 $M_{AC} = -12.225 i\alpha t$。
9-13 a) $M_{AD} = 19.1 \text{kN} \cdot \text{m}$。
    b) $M_{AB} = 1.36 \text{kN} \cdot \text{m}$。
9-15 $M_{AE} = -11.52 \text{kN} \cdot \text{m}$。

第 10 章

10-1 图 10-28 所示结构：$F_{Ay} = 1$；$M_A = -x$；$M_C = \begin{cases} 0 & (0 \le x \le a) \\ -(x-a) & (a \le x \le l) \end{cases}$；

$F_{QC} = \begin{cases} 0 & (0 \le x \le a) \\ 1 & (a \le x \le l) \end{cases}$。

图 12-29 所示结构：$F_{Ay} = F_{Ay}^0$；$M_C = M_C^0$；$F_{QC} = F_{QC}^0 \cos\alpha$；$F_{NC} = -F_{QC}^0 \sin\alpha$，其中上标加"0"者为相应平梁有关量值的影响线。

图 10-30 所示结构：$M_C = 4a$（B 点值）。

图 10-31 所示结构：$M_C = \frac{1}{3}$（A 点值），$M_C = -\frac{2}{3}$（B 点值）；$F_{QC} = -\frac{1}{6}$。

图 10-32 所示结构：$F_{Ay} = 1$（A 点值），$F_{Ay} = 0$（B 点以右值）；$F_{QB} = -1$（B 左点值），$F_{QB} = 0$（B 点以右值）；$M_E = \frac{ab}{l}$（E 点值）；$F_{QE} = -\frac{a}{l}$（E 左点值）；$M_F = -\frac{ce}{l}$（B 点值）；$F_{QF} = \frac{c}{l}$（B 点值）。

图 10-33 所示结构：设 M_A、M_K 均以内侧受拉为正，$F_{Ay} = 1$（B 点、C 点值）；$M_A = -l$（C 点值）；$M_K = -a$（C 点值）；$F_{QK} = 1$（C 右点值）。

图 10-34 所示结构：$F_{By} = \frac{x}{6}$（$-1 \le x \le 7$），$F_{QC} = -F_{By}$；$M_C = 1.5 F_{By}$。

10-2 图 10-35 所示结构：$F_{N1} = \frac{3}{2}$，$F_{N2} = 1$，$F_{N3} = -\frac{3}{2}$，$F_{N4} = \sqrt{2}$，以上均为 C 点值。

图 10-36 所示结构：$F_{N2} = -\frac{1}{10}$（C 点值）；$F_{N2} = -\frac{22}{30}$（D 点值）。

10-3 图 10-37 所示结构：$F_{QB}^L = -\frac{2}{3}$，$F_{QB}^R = 1$，以上均为 C 点值。

图 10-38 所示结构：$M_D = -1$，（C 点值）；$F_{QD}^L = -1$（C 点值）；$F_{QD}^R = \frac{1}{3}$（C 点值）；$M_K = -1$（B 点值）。

10-4 $F_{Ay} = \frac{10}{9}$（F 点值）；$M_C = \frac{4}{3}$（G 点值）；$F_{QC} = -\frac{2}{9}$（G 点值）；$F_{QD}^L = -\frac{2}{9}$（G 点值）；$F_{QD}^R = -\frac{5}{9}$（D 点值）。

10-5　$F_{Ay}=89\text{kN}$；$M_C=66\text{kN}\cdot\text{m}$；$F_{QC}=37\text{kN}$。

10-6　图 10-41 所示结构：$M_C=27.5\text{kN}\cdot\text{m}$；$M_D=18.75\text{kN}\cdot\text{m}$。

图 10-42 所示结构：$F_{By}=264.6\text{kN}$。

10-7　$F_{By}=537.88\text{kN}$。

10-8　$M_{\max}=355.6\text{kN}\cdot\text{m}$；$M_{跨中}=350\text{kN}\cdot\text{m}$。

10-11　$M_{C\max}=-22.94\text{kN}\cdot\text{m}$，$M_{C\min}=-106.48\text{kN}\cdot\text{m}$；$F_{QC\max}=98.23\text{kN}$，$F_{QC\min}=26.46\text{kN}$。

参 考 文 献

[1] 龙驭球,包世华,匡文起,袁驷. 结构力学Ⅰ、Ⅱ基本教程 [M]. 2版. 北京:高等教育出版社,2006.
[2] 蒋玉川,徐双武,胡耀华. 结构力学 [M]. 北京:科学出版社,2008.
[3] 阳日,郑荣跃,阮澎铭,刘寿梅. 结构力学 [M]. 北京:高等教育出版社,2005.
[4] 杨国义. 结构力学 [M]. 北京:中国计量出版社,2007.
[5] 萧允徽,张来仪. 结构力学(Ⅰ)[M]. 北京:机械工业出版社,2006.
[6] 崔恩第,王永跃,周润芳,刘克玲. 结构力学:上册 [M]. 北京:国防工业出版社,2006.
[7] 朱慈勉. 结构力学 [M]. 北京:高等教育出版社,2006.
[8] 包世华,辛克贵,燕柳斌. 结构力学(上册、下册)[M]. 武汉:武汉大学出版社,2001.
[9] 李廉锟. 结构力学 [M]. 4版. 北京:高等教育出版社,2004.
[10] 胡兴国,吴莹. 结构力学 [M]. 3版. 武汉:武汉理工大学出版社,2007.
[11] 赵更新. 结构力学辅导 [M]. 北京:中国水利水电出版社,2002.
[12] 赵更新. 结构力学 [M]. 北京:中国水利水电出版社,2004.
[13] 刘昭培,张韫美. 结构力学 [M]. 天津:天津大学出版社.2003.
[14] 刘尔烈. 结构力学 [M]. 天津:天津大学出版社,1996.
[15] 周竞欧,朱伯钦,许哲明. 结构力学 [M]. 上海:同济大学出版社.2004.
[16] 包世华. 结构力学 [M]. 武汉:武汉理工大学出版社.2003.
[17] 包世华. 结构力学学习指导及解题大全 [M]. 武汉:武汉理工大学出版社.2003.
[18] 王来. 结构力学习题课教程 [M]. 北京:中国建材工业出版社.2004.10.